软件开发微视频讲解大系

C语言从入门到精通
（项目案例版）

明日学院　编著

中国水利水电出版社
www.waterpub.com.cn

·北　京·

内容提要

《C语言从入门到精通（项目案例版）》一书以初学者为目标，全面介绍了C语言入门知识、C语言程序设计、C语言核心技术及C语言项目实战案例等。全书共分17章，其中1～13章详细介绍了使用C语言进行程序开发需要掌握的各种技术，具体内容包括C语言概述、Turbo C 2.0集成开发环境、算法和数据类型、顺序与选择结构程序设计、循环控制、数组、函数、指针、结构体和共用体、位运算、预处理、文件、图形图像等。14～17章通过4个具体的实战项目案例，展现了使用C语言进行项目开发的全过程。另外还有4个案例因为篇幅限制，将其以电子书的形式放在网上，读者可下载后学习（具体下载方法见前言中的相关说明）。

《C语言从入门到精通（项目案例版）》配备了极为丰富的学习资源，具体内容如下：

◎配套资源：240节教学视频（可扫描二维码观看），总时长28小时，以及全书实例源代码。

◎附赠"Visual C++开发资源库"，拓展学习本书的深度和广度。

※实例资源库：881个实例及源码解读　　※模块资源库：15个典型模块完整开发过程展现

※项目资源库：16个项目完整开发过程展现　　※能力测试题库：4种程序员必备能力测试题库

※面试资源库：355道常见C语言面试真题

◎附赠在线课程：包括C语言、C++、C#体系课程、实战课程等多达百余学时的在线课程。

《C语言从入门到精通（项目案例版）》是一本C语言入门视频教程，适合作为C语言爱好者、C语言初学者、C语言工程师、应用型高校、培训机构的教材或参考书。

图书在版编目（ＣＩＰ）数据

C语言从入门到精通 ：项目案例版 ：软件开发微视频讲解大系 / 明日学院编著. -- 北京 ：中国水利水电出版社，2017.10（2019.6重印）
ISBN 978-7-5170-5750-5

Ⅰ. ①C… Ⅱ. ①明… Ⅲ. ①C语言－程序设计 Ⅳ. ①TP312.8

中国版本图书馆CIP数据核字(2017)第192905号

丛书名	软件开发微视频讲解大系
书名	C语言从入门到精通（项目案例版） C YUYAN CONG RUMEN DAO JINGTONG(XIANGMU ANLI BAN)
作者	明日学院 编著
出版发行	中国水利水电出版社 （北京市海淀区玉渊潭南路1号D座 100038） 网址：www.waterpub.com.cn E-mail：zhiboshangshu@163.com 电话：（010）62572966-2205/2266/2201（营销中心）
经售	北京科水图书销售中心（零售） 电话：（010）88383994、63202643、68545874 全国各地新华书店和相关出版物销售网点
排版	北京智博尚书文化传媒有限公司
印刷	三河市龙大印装有限公司
规格	203mm×260mm 16开本 28印张 642千字 1插页
版次	2017年10月第1版 2019年6月第5次印刷
印数	23001—24500册
定价	89.80元

前　言

Preface

C 语言是一门基础并且通用的计算机程序设计语言。它兼具高级语言和汇编语言的特性，既可以编写系统应用程序，也可以作为应用程序设计语言，编写不依赖于计算机硬件的应用程序。因此，C 语言的应用范围非常广泛，可以应用于软件开发、单片机设计及嵌入式系统开发。

C 语言是一种结构化语言。层次清晰，便于按模块化方式组织程序，易于调试和维护。C 语言的表现能力和处理能力极强。它不仅具有丰富的运算符和数据类型，便于实现各类复杂的数据结构。它还可以直接访问内存的物理地址，进行位（bit）一级的操作。由于 C 语言是一门相对简单易学且比较基础的程序设计语言，因此，编程初学者常把 C 语言作为首选。

本书特点

➘ 结构合理，适合自学

本书定位以初学者为主，在内容安排上充分体现了初学者的特点，内容循序渐进、由浅入深，能引领读者快速入门。

➘ 视频讲解，通俗易懂

为了提高学习效率，本书大部分章节都录制了教学视频。视频录制时不是干巴巴的将书中内容阅读一遍，缺少讲解的“味道”，而是采用模仿实际授课的形式，在各知识点的关键处给出解释、提醒和需注意事项，专业知识和经验的提炼，让你高效学习的同时，更多体会编程的乐趣。

➘ 实例丰富，一学就会

本书在介绍各知识点时，辅以大量的实例，并提供具体的设计过程，读者可按照步骤一步步操作，或将代码全部输入一遍，可帮助读者快速理解并掌握所学知识点。最后的 4 个大型综合案例（另外 4 个案例是电子版，需下载后使用，具体下载方法见“前言”中的“本书学习资源列表及获取方式”），运用软件工程的设计思想和 C 语言相关技术，让读者学习软件项目开发的实际过程。

➘ 精彩栏目，及时关键

根据需要并结合实际工作经验，作者在各章知识点的叙述中穿插了大量的“注意”“说明”“技巧”等小栏目，让读者在学习过程中，更轻松地理解相关知识点及概念，切实掌握相关技术的应用技巧。

➘ 详细代码，对照学习

对于程序员来说，写代码是基本技能，所以本书提供了大量实例，并在程序设计的关键位置处给出详细代码及解释，方便读者对照学习。另外，阅读代码也是非常重要的，可以学习和借鉴别人的设计思维，提高自己的编程水平。

本书显著特色

- **体验好**

二维码扫一扫，随时随地看视频。书中大部分章节都提供了二维码，读者朋友可以通过手机微信扫一扫，随时随地看相关的教学视频。（若个别手机不能播放，请参考前言中的“本书学习资源列表及获取方式”下载后在电脑上观看）

- **资源多**

从配套到拓展，资源库一应俱全。本书提供了几乎覆盖全书的配套视频和源文件。还提供了开发资源库供读者拓展学习，具体包括：实例资源库、模块资源库、项目资源库、面试资源库、测试题库等，拓展视野、贴近实战，学习资源一网打尽！

- **案例多**

案例丰富详尽，边做边学更快捷。跟着大量案例去学习，边学边做，从做中学，学习可以更深入、更高效。

- **入门易**

遵循学习规律，入门实战相结合。编写模式采用基础知识+中小实例+实战案例，内容由浅入深，循序渐进，入门与实战相结合。

- **服务快**

提供在线服务，随时随地可交流。提供企业服务QQ、网站下载等多渠道贴心服务。

本书学习资源列表及获取方式

本书的学习资源十分丰富，全部资源如下：

- **配套资源**

（1）本书的配套同步视频共计240节，总时长28小时（可扫描二维码观看或通过下述方法下载）

（2）本书中小实例共计286个，综合案例共计8个（其中4个案例为电子版，需下载后学习）（源代码可通过下述方法下载）

- **拓展学习资源（开发资源库）**

（1）实例资源库（源码分析实例881个）

（2）模块资源库（移植模块15个）

（3）项目资源库（项目案例16个）

（4）面试资源库（面试真题及职业规划355道）

（5）能力测试题库（能力测试题4种）

- **以上资源的获取及联系方式（注意：本书不配带光盘，书中提到的所有资源均需通过以下方法下载后使用）**

（1）读者朋友可以加入下面的微信公众号下载资源或咨询本书的有关问题。

（2）登录网站 xue.bookln.cn，输入书名，搜索到本书后下载。

（3）加入本书学习 QQ 群：772765037（若群满，会创建新群，请注意加群时的提示，并根据提示加群），咨询本书的有关问题。

本书读者

- 编程初学者
- 编程爱好者
- 大中专院校的老师和学生
- 相关培训机构的老师和学员
- 初中级程序开发人员
- 程序测试及维护人员
- 想学习编程的在职人员

致读者

本书由明日学院 C 程序开发团队组织编写，主要编写人员有陈佩峰、周佳星、王国辉、李磊、王小科、贾景波、冯春龙、赵宁、张鑫、何平、李菁菁、张渤洋、杨柳、葛忠月、隋妍妍、赵颖、白宏健、李春林、裴莹、刘媛媛、张云凯、吕玉翠、庞凤、孙巧辰、胡冬、梁英、周艳梅、房雪坤、江玉贞、高春艳、辛洪郁、刘杰、宋万勇、张宝华、杨丽、刘志铭、潘建羽、王博、房德山、宋晓鹤、高洪江、赛奎春等。

在编写本书的过程中，我们始终坚持“坚韧、创新、博学、笃行”的企业理念，以科学、严谨的态度，力求精益求精，但错误、疏漏之处在所难免，敬请广大读者批评指正。

祝读者朋友在编程学习路上一帆风顺！

编　者

目 录

Contents

电子书目录

（以下内容需下载后使用，具体下载方法见本书前言中的“本书学习资源列表及获取方式”）

“开发资源库”目录

第 1 大部分　实例资源库

（881 个完整实例分析，路径：资源包/Visual C++开发资源库/实例资源库）

第 2 大部分　模块资源库

（15 个经典模块，路径：资源包/Visual C++开发资源库/模块资源库）

第 3 大部分　项目资源库

（16 个企业开发项目，路径：资源包/Visual C++开发资源库/项目资源库）

项目 9 进销存管理系统

项目 10 企业电话语音录音管理系统

第 4 大部分　能力测试资源库

（4 类程序员必备能力测试，路径：资源包/Visual C++开发资源库/能力测试）

第 5 大部分　面试系统资源库

（355 道面试真题，路径：资源包/Visual C++开发资源库/面试系统）

第 1 章　C 语言概述

C 语言的发展史及其特点，是每一个初学 C 语言的人都应了解的。一般在刚开始学习 C 语言时，大部分人会使用 Turbo C 2.0 编译器。随着计算机科学的不断发展，有许多人开始选择由 Microsoft 公司推出的 Visual C++ 6.0 及 Visual Studio 2008。本章将就如何在这 3 种环境中编译和运行 C 语言程序进行讲解。本章视频要点如下：

- 了解 C 语言的发展史。
- 了解 C 语言的特点。
- 掌握如何在 Turbo C 2.0 中运行 C 源程序。
- 掌握如何在 Visual C++ 6.0 中运行 C 源程序。
- 掌握如何在 Visual Studio 2008 中运行 C 源程序。

1.1　程序语言的发展

扫一扫，看视频

计算机程序设计语言的发展，经历了从机器语言、汇编语言到高级语言的历程。

1．机器语言

计算机所使用的是由“0”和“1”组成的二进制数，就是写出一串串由“0”和“1”组成的指令序列交由计算机执行，这种语言就是机器语言。使用机器语言是十分痛苦的，特别是在程序有错需要修改时，更是如此。而且，由于每台计算机的指令系统往往各不相同，所以在一台计算机上执行的程序，要想在另一台计算机上执行，必须重新编写程序，造成了重复工作。但由于使用的是针对特定型号计算机的语言，故而运算效率是所有语言中最高的。机器语言，是第一代计算机语言。

2．汇编语言

为了减轻使用机器语言编程的痛苦，人们进行了一种有益的改进——用一些简洁的英文字母、符号串来替代一个特定指令的二进制串。比如，用“ADD”代表加法，“MOV”代表数据传递等。这样一来，人们很容易读懂并理解程序在干什么，纠错及维护都变得方便了。这种程序设计语言就称为汇编语言，即第二代计算机语言。然而计算机是不认识这些符号的，这就需要一个专门的程序，专门负责将这些符号翻译成二进制数的机器语言，这种翻译程序被称为汇编程序。

汇编语言同样十分依赖机器硬件，移植性不好，但效率仍十分高，针对计算机特定硬件而编制的汇编语言程序，能准确发挥计算机硬件的功能和特长，程序精炼而质量高，所以至今仍是一种常用而强有力的软件开发工具。

3．高级语言

从最初与计算机交流的痛苦经历中，人们逐渐意识到，应该设计一种这样的语言，即这种语言接近于数学语言或人的自然语言，同时又不依赖于计算机硬件，编出的程序能在所有机器上通用。

经过努力，1954 年，第一个完全脱离机器硬件的高级语言——FORTRAN 问世了。几十年来，共有几百种高级语言出现，有重要意义的有几十种，影响较大、使用较普遍的有 FORTRAN、ALGOL、COBOL、BASIC、LISP、SNOBOL、PL/1、Pascal、C、PROLOG、Ada、C++、VC、VB、Delphi、Java 等。

1.2　C 语言发展史

C 语言是 1972 年由美国人 Dennis Ritchie 设计，并首次在一台使用 UNIX 操作系统的 DEC PDP-11 计算机上实现的。同时由 B.W.Kernighan 和 D.M.Ritchit 合著了著名的《*THE C Programming Language*》（通常简称为《K&R》，也有人称之为《K&R》标准）一书。但是，在《K&R》中并没有定义一个完整的标准 C 语言。后来美国国家标准学会在此基础上制定了一个 C 语言标准，通常称之为 ANSI C，于 1983 年发表。

C 语言是由一种早期的编程语言 BCPL 发展演变而来的，Martin Richards 改进了 BCPL 语言，从而促进了由 Ken Thompson 所设计的 B 语言的发展，最终导致了七十年代 C 语言的问世。

由于 C 语言的强大功能和各方面的优点逐渐为人们所认识，到了八十年代，C 开始进入其他操作系统，并很快在各类大、中、小和微型计算机上得到了广泛的应用，成为当代最优秀的程序设计语言之一。

扫一扫，看视频

1.3　C 语言的特点

简洁、灵活、表达能力强、产生的目标代码质量高、可移植型好，是 C 语言著称于世的资本。一种语言要具有长久的生命力，总是有不同于其他语言的特点。详细归纳起来，C 语言具有以下 6 个特点。

- C 语言程序结构简洁、紧凑、规整，表达式简练、灵活、实用。用 C 语言编写的程序可读性强，编译效率高。
- C 语言具有丰富的运算符，多达 34 种。丰富的数据类型与丰富的运算符相结合，使 C 语言具有表达灵活和效率高等特点。
- C 语言具有丰富的数据类型。C 语言具有 5 种基本的数据类型、多种构造数据类型以及复合的导出类型，同时还提供了与地址密切相关的指针机器运算符。指针可以指向各种类型的简单变量、数组、结构和联合，乃至函数等。C 语言还允许用户自定义数据类型。
- C 语言是一种结构化程序设计语言，特别适合于大型程序的模块化设计。C 语言具有编写结构化程序所必需的基本流程控制语句。C 语言程序是由函数集合构成的，函数各自独立，并且作为模块化设计的基本单位。C 语言的源文件，可以分割成多个源程序，分别进行编译，然后连接起来构成可知性的目标文件，为开发大型软件提供了极大的方便。C 语言还提供了多种存储属性，使数据可以按其需要在相应的作用域内起作用，从而提高了程序的可靠性。

- C 语言具有较高的可移植性。C 语言程序基本上无需修改，就能用于各种计算机和操作系统。
- C 语言是处于汇编语言和高级语言之间的一种中间型程序设计语言，常被称为中级语言。它把高级语言的基本结构和汇编语言的高效率结合起来，因此既具有高级语言面向用户、可读性强、容易编程和维护等特点，又具有汇编语言面向硬件和系统，可以直接访问硬件的功能。

正是因为C 语言具有上述诸多特点，使其迅速得到了广泛的普及和应用。

C 语言是每个程序设计初学者的首选。就像每个学英语的人在刚开始时都要学习语法知识，只有语法知识掌握牢固了，学起其他内容才会更加得心应手。同样，把 C 语言学好了，再学其他语言就更容易。

1.4 C 语言程序的格式

扫一扫，看视频

任何一种程序设计语言都具有特定的语法规则和一定的表示形式。只有按照一定的格式和语法规则编写程序，才能让计算机充分识别，并且正确执行它。

在介绍 C 语言程序的格式前，先来看两个用 C 语言编写的程序。

例 1.1 十进制转换为十六进制。

```
#include <stdio.h>
main()                                               /*main 主函数*/
{
   int i;                                            /*定义一个变量 i*/
   printf("please input decimalism number:\n");     /*双引号内普通字符原样输出并换行*/
   scanf("%d", &i);                                  /*scanf 函数以十进制形式获得 i 的值*/
   printf("the hex number is %x", i);                /*将 i 的值以十六进制形式输出*/
}
```

例 1.2 求输入的两数之和。

```
#include<stdio.h>
main()
{
int a,b,sum;
printf("please input two numbers:\n");
scanf("%d%d",&a,&b);                                 /*输入两个数 a 和 b*/
sum=add(a,b);                                        /*调用函数 add*/
printf("%d+%d=%d",a,b,sum);
}
int add(int a,int b)                                 /*自定义函数 add*/
{
int c;
c=a+b;
return c;                                            /*将两数之和返回*/
}
```

由上述程序可以看出，C 语言程序具有以下的格式特点。

- C 语言程序是由函数构成的。一个 C 源程序至少包含一个 main 函数，也可以包含一个 main 函数和若干个其他函数。因此，函数是 C 程序的基本单位。被调用的函数可以是系统提供的库函数，如上述程序中的 printf 和 scanf 函数；也可以是用户根据自己的需要自定义的函数，如例 1.2 程序中的 add 函数。
- 在使用 C 语言开发程序时，习惯上使用英文小写字母；当然也可以用大写字母，但是大写字母在 C 语言中通常作为常量或其他特殊用途来使用。应该注意的是，C 语言对大小写是区分的。
- C 语言程序是由一条条语句组成的，书写格式自由，一行内可以写几条语句，一条语句也可以分写在多行上。
- C 语言使用“;”号作为语句间的分隔符。
- 一个 C 语言程序总是从 main 函数开始执行的，而不论 main 函数在整个程序中的位置如何。
- 在 C 语言程序中，使用一对大括号来表示程序的结构层次范围。一个完整的程序模块要用一对大括号括起来，以表示该程序模块的范围。编程时要注意左、右大括号要对应使用。
- 为了增强程序的可读性，可以使用适量的空格和空行。但是，变量名、函数名和 C 语言保留字中间不能加入空格。除此之外的空格和空行可以任意设置，C 语言编译系统是不会理会这些空格和空行符的。

1.5 C 语言程序的运行

1.5.1 编译程序和解释程序

编译程序和解释程序是实现程序运行的途径。原则上说，任何语言既可以编译，也可以解释，但往往很多语言只通过编译或解释就能运行，C 语言就是其中一种，它通过编译实现运行。

C 语言的编译程序将源程序转换为目标代码，然后由计算机直接运行。编译过程本身占用了一些额外的时间，但当你运行程序时，这一点很容易得到补偿——经过编译的程序比在解释环境下运行的程序快得多；唯一的例外是程序特别短，不足 50 行，且没有循环语句。

一个 C 语言程序可以在不同的编译器中运行，后文将逐一介绍一个 C 源文件如何在 Turbo C 2.0、Visual C++ 6.0 及 Visual Studio 2008 中运行。

1.5.2 C 源文件在 Turbo C 2.0 中运行

扫一扫，看视频

先来看一下在 Turbo C 中运行 C 程序的步骤。

为了能使用 Turbo C，必须先将 Turbo C 编译程序安装到磁盘的某一目录下，例如放在 C 盘根目录下一级 TC 子目录下。

（1）打开 tc.exe，屏幕上将出现 Turbo C 集成环境，如图 1.1 所示。

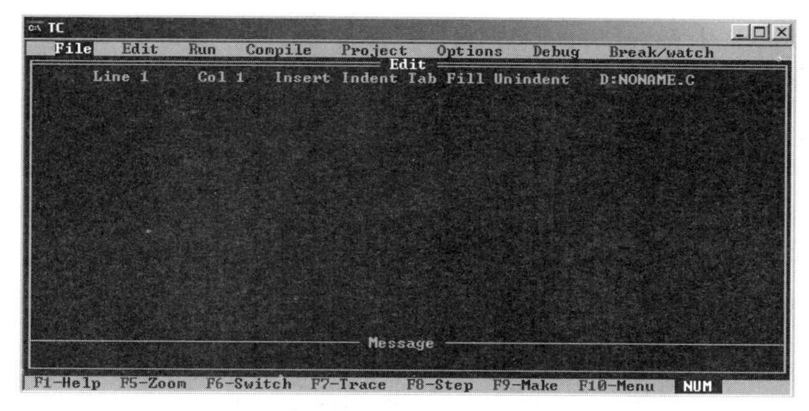

图 1.1 Turbo C 集成环境

（2）通过图 1.1 可以看到在集成环境的上部是菜单栏，其中 8 个菜单项分别代表文件操作、编辑、运行、编译、项目文件、选项、调试、中断/观察等功能。按键盘上的左、右方向键可以在各菜单项之间进行切换，被选中的菜单项以“反相”形式显示。此时按 Enter 键，就会出现一个下拉菜单，通过上、下方向键可以从中选择所需要的命令（或选项）。例如，打开 D:\pro\12.C 文件的过程如图 1.2 所示。

（3）编辑源文件。在编辑状态下可以根据需要输入或修改源程序。

（4）编译源程序。选择 Compile 菜单项，在其下拉菜单中选择 Compile to OBJ 命令（后文中类似操作以“选择 Compile→Compile to OBJ 命令”的形式进行表述）即可进行编译，得到一个后缀名为.OBJ 的目标程序，如图 1.3 所示。

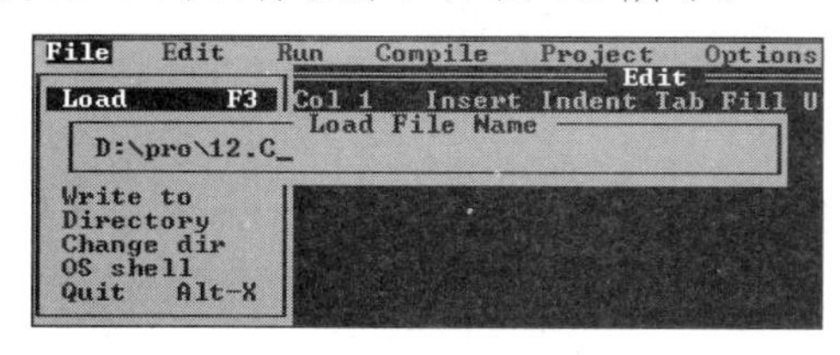

图 1.2 打开指定文件

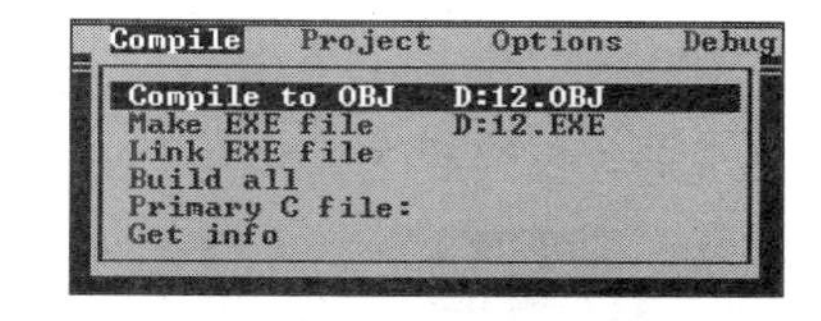

图 1.3 编译源程序

（5）进行编译后，选择“Compile→Link EXE file”命令，进行连接操作，可得到一个后缀名为.EXE 的可执行文件，如图 1.4 所示。

（6）在此也可以将上面两个步骤合并成一个步骤进行：选择“Compile→Make EXE file”命令或按<F9>键，就可以一次性完成编译和连接操作，如图 1.5 所示。

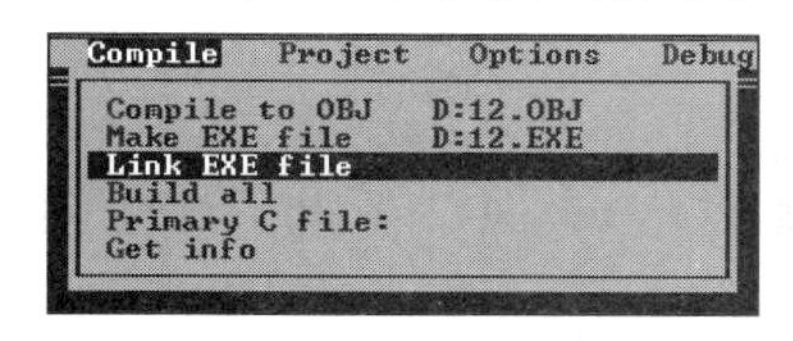

图 1.4 连接

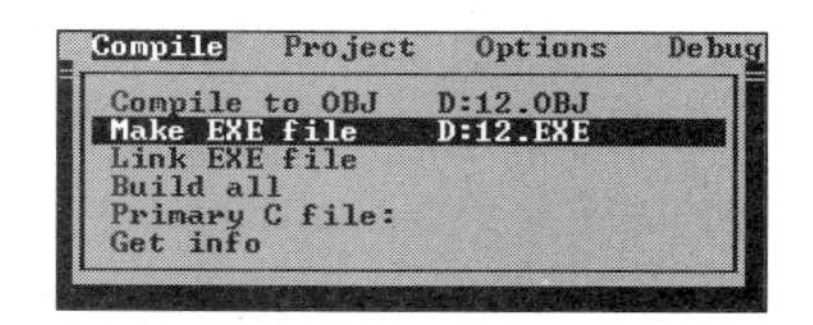

图 1.5 一次性完成编辑的连接操作

（7）执行程序。选择“Run→Run”命令，或直接按<Ctrl+F9>组合键，系统便会执行已编译和连接好的目标文件。

如果运行后出现错误，想修改源程序，可以按<Alt+E>组合键重新回到编辑状态。

（8）退出 Turbo C 环境。可以通过“File→Quit”命令退出，也可按<Alt+X>组合键退出。退出时应对文件进行保存，对未保存的文件系统会给出提示信息。

注意：

在进行文件保存时，要注意文件扩展名的修改。

如果没有将 Turbo C 编译程序安装在 C 盘根目录下一级 TC 子目录下，而是放在 D 盘根目录下一级 TC 子目录下，在对源文件进行编译和连接前应更改一下路径，操作如下。

（1）选择“Options→Directories”命令，如图 1.6 所示。

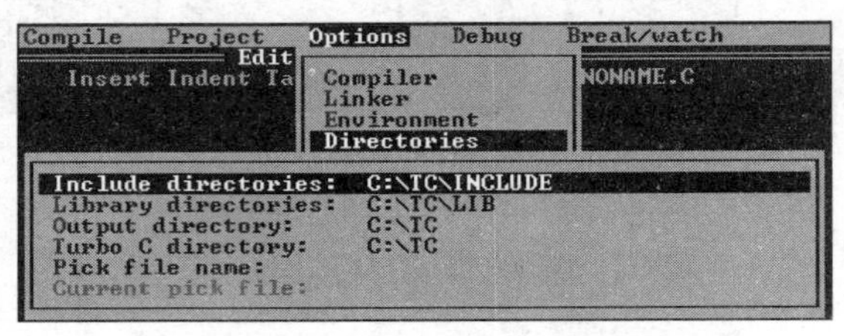

图 1.6　选择“Options→Directories”命令

（2）将子菜单中的路径改成当前目录，即 D 盘根目录下一级 TC 子目录，如图 1.7 所示。

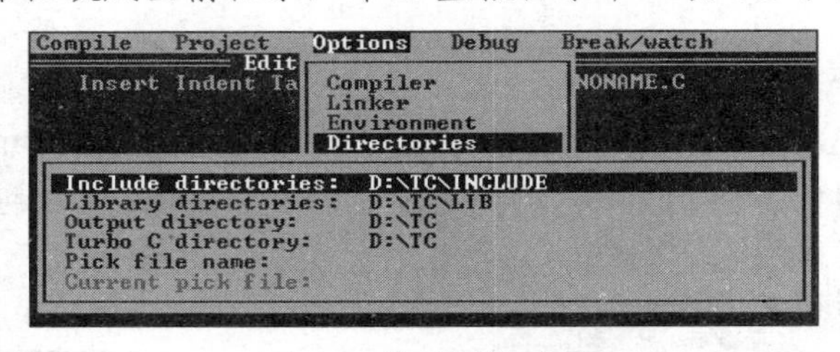

图 1.7　修改后的路径

（3）完成修改后选择“Options→Save options”命令，保存修改的路径，如图 1.8 和图 1.9 所示。

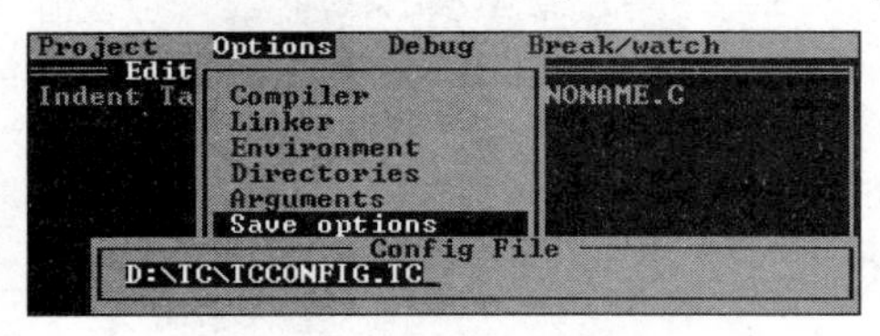

图 1.8　配置文件

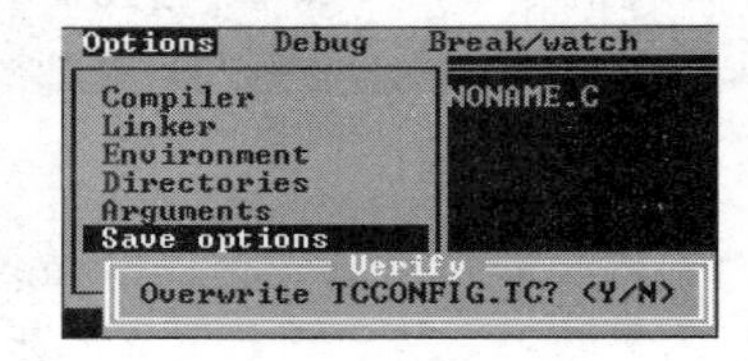

图 1.9　保存路径

扫一扫，看视频

1.5.3　C 源文件在 Visual C++ 6.0 中运行

（1）在安装了 Visual C++ 6.0 之后，通过“开始”菜单打开 Visual C++ 6.0，如图 1.10 所示。

图 1.10　启动 Visual C++ 6.0

（2）进入 Visual C++ 6.0 工作界面，如图 1.11 所示。

（3）选择“File→New”命令，或者直接按<Ctrl+N>组合键，如图 1.12 所示。

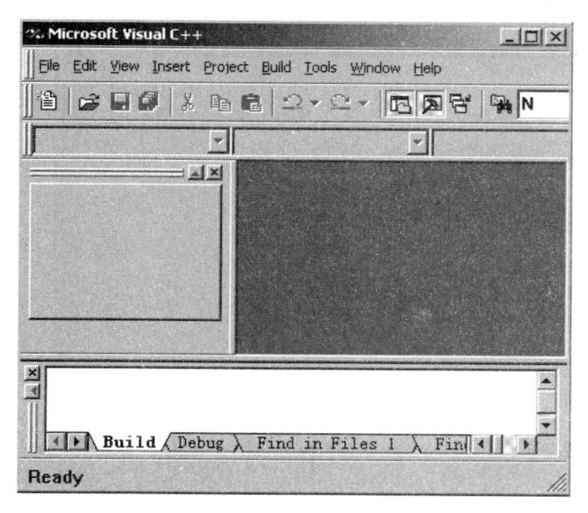

图 1.11　Visual C++ 6.0 工作界面

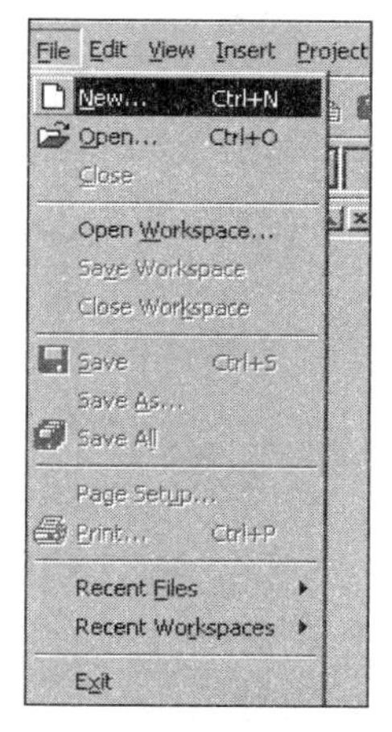

图 1.12　选择“File→New”命令

（4）打开 New 对话框，按图 1.13 所示进行设置。

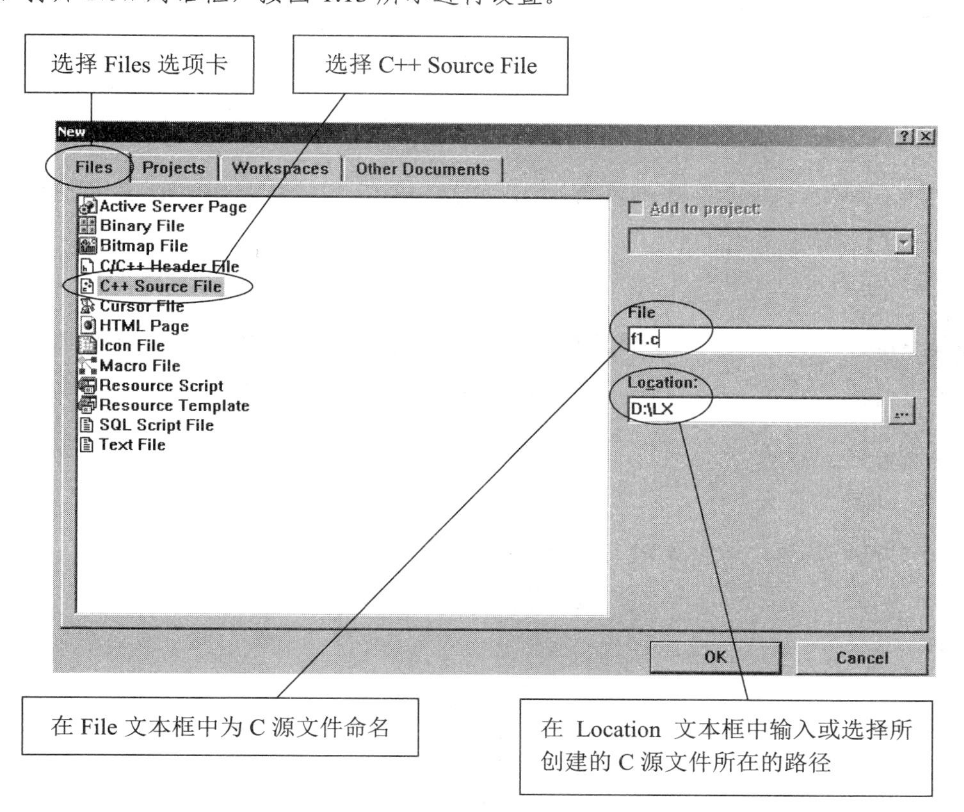

图 1.13　设置文件名称及路径

（5）单击 OK 按钮，返回 Visual C++工作界面，如图 1.14 所示。

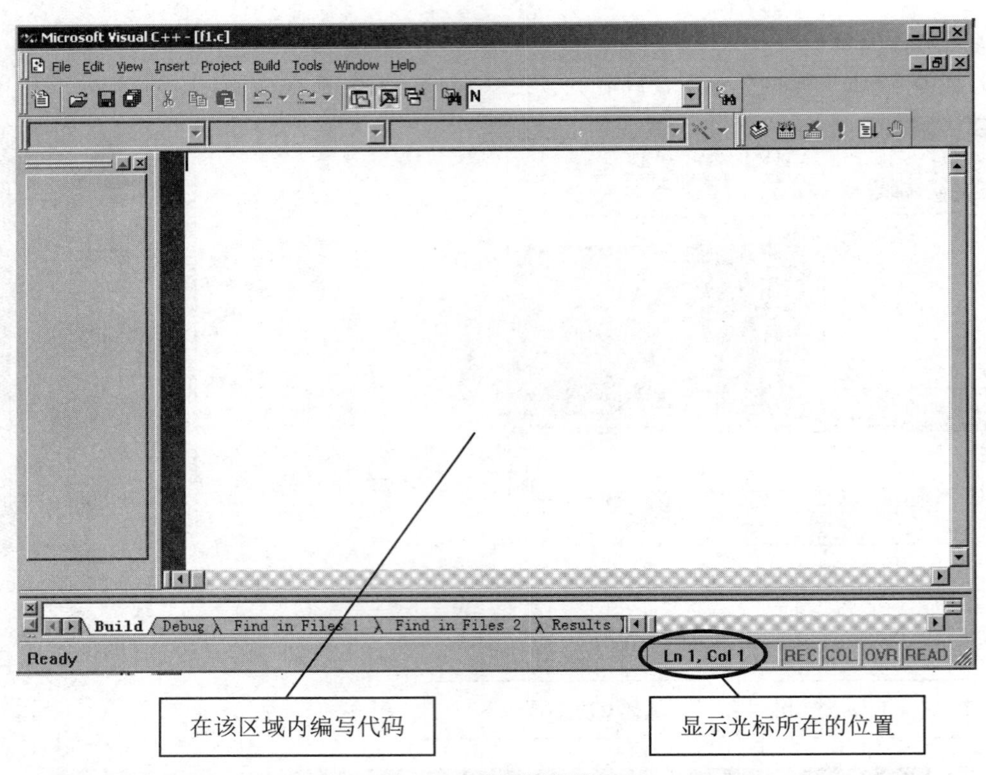

图 1.14　编写代码界面

（6）编写程序代码，然后选择“Build→Compile f1.c”命令（或者按<Ctrl+F7>组合键，或者单击按钮），如图 1.15 所示。

（7）弹出提示对话框，如图 1.16 所示。

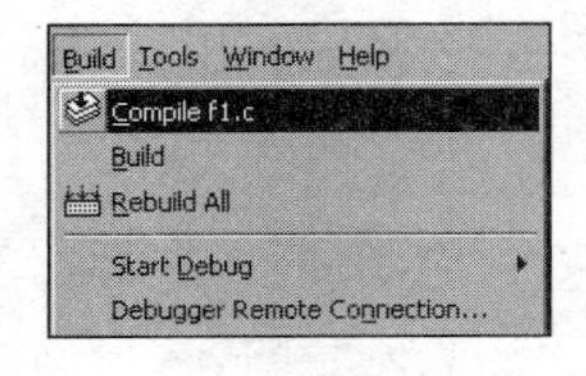

图 1.15　编译

图 1.16　提示对话框

（8）单击“是”按钮，弹出如图 1.17 所示对话框。

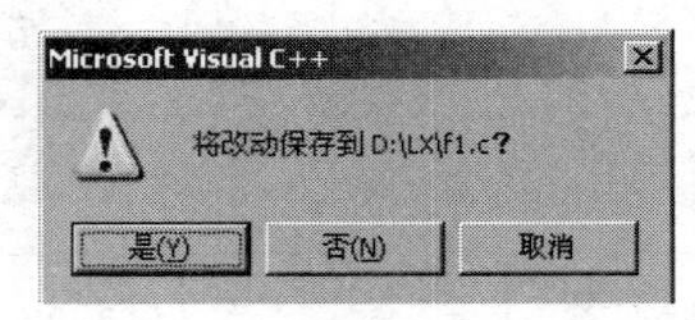

图 1.17　提示对话框

（9）单击“是”按钮，关闭提示对话框。选择“Build→Build f1.exe”命令（或者按<F7>键，或者单击按钮），如图 1.18 所示。

（10）选择“Build→Execute f1.exe”命令（或者按<Ctrl+F5>组合键，或者单击按钮），如

图 1.19 所示。

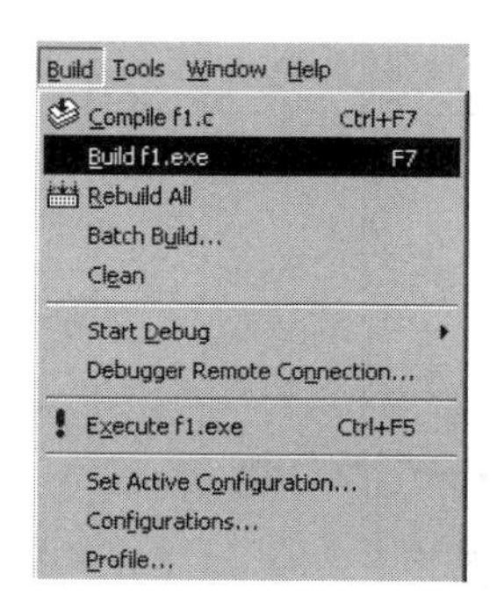

图 1.18　连接

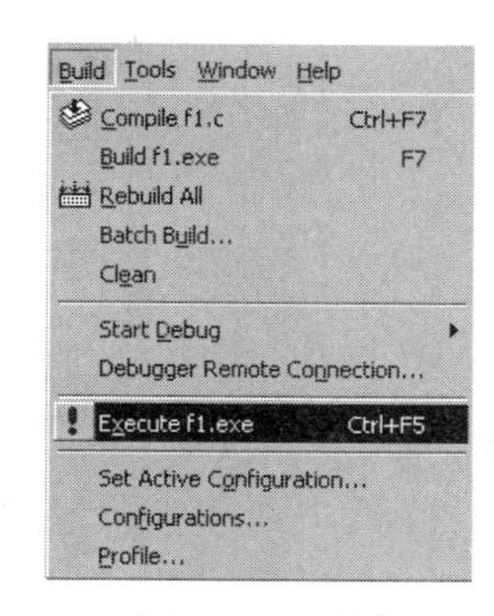

图 1.19　运行

（11）程序运行结果如图 1.20 所示。

（12）按任意键后退出运行界面。

（13）如果源程序进行了修改，则需要保存文件，单击按钮或选择“File→Save”命令即可，如图 1.21 所示。

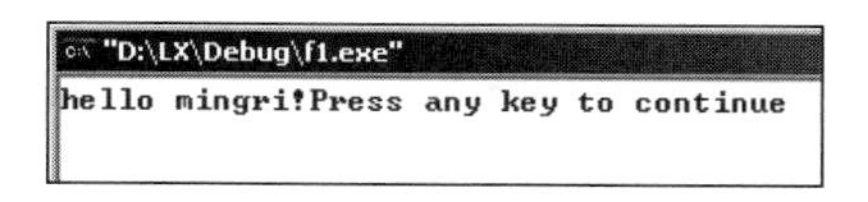

图 1.20　运行结果

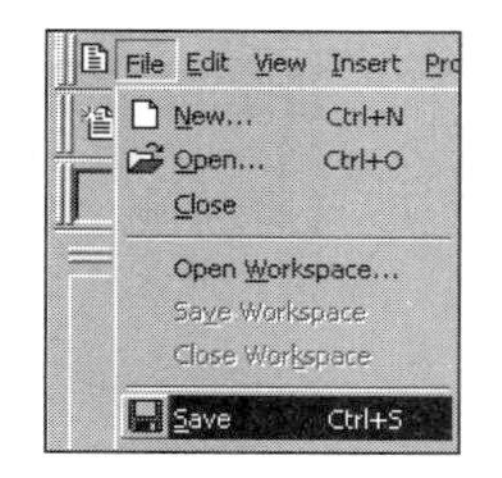

图 1.21　保存

（14）退出 Visual C++6.0，可以单击界面右上角的按钮，也可以选择“File→Exit”命令，如图 1.22 所示。

（15）如果有一个已编译好的 C 源文件，需要使用 Visual C++ 6.0 将其打开并修改，可以选择“File→Open”命令，如图 1.23 所示。

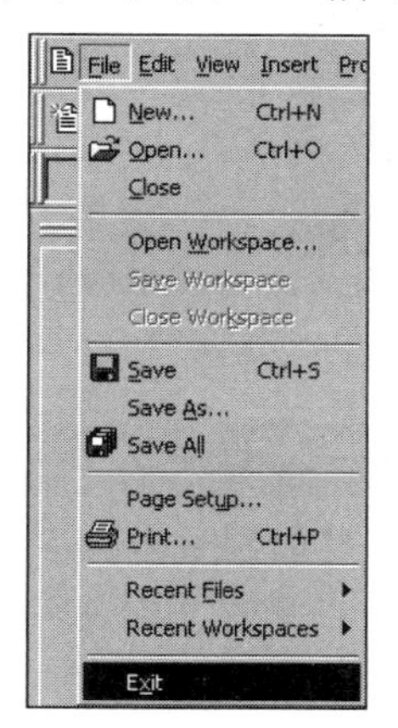

图 1.22　退出

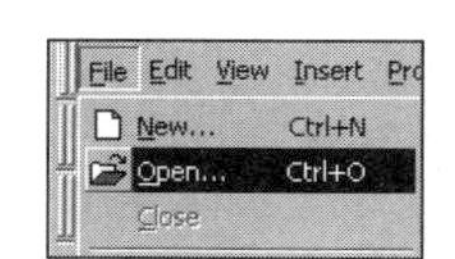

图 1.23　选择“File→Open”命令

（16）在弹出的“打开”对话框中选择要打开的文件，单击“打开”按钮即可，如图 1.24 所示。

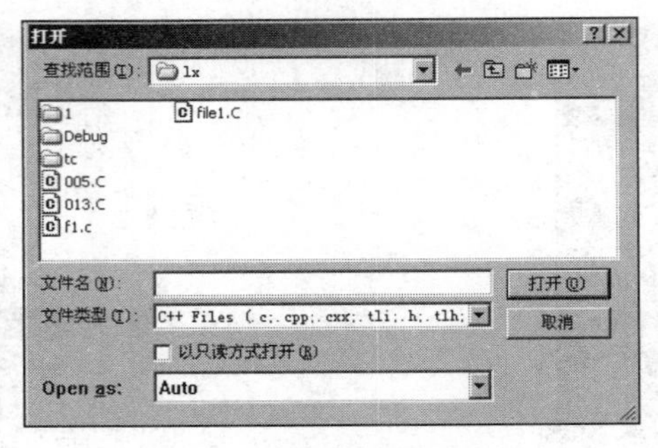

图 1.24　“打开”对话框

1.5.4　C 源文件在 Visual Studio 2008 中运行

（1）在安装了 Visual Studio 2008 之后，通过“开始”菜单打开 Visual Studio 2008，如图 1.25 所示。

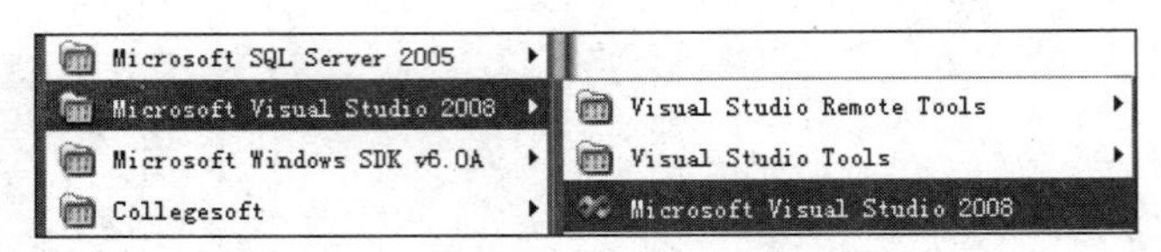

图 1.25　启动 Visual Studio 2008

（2）选择“文件→新建→项目”命令，如图 1.26 所示。

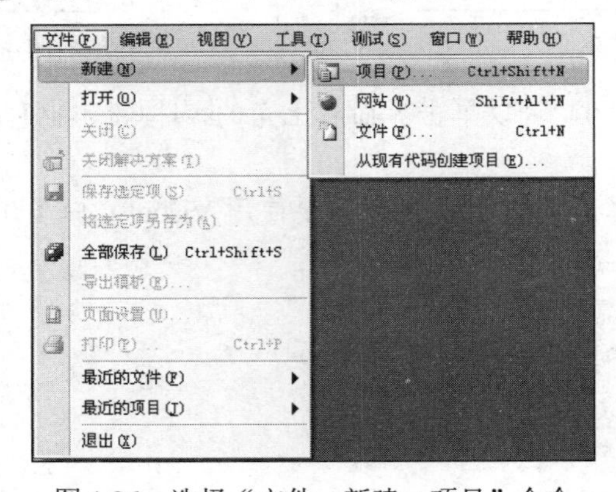

图 1.26　选择“文件→新建→项目”命令

（3）打开“新建项目”对话框，如图 1.27 所示。

（4）在“项目类型”列表框中选择“常规”选项，在“模板”选项组的“Visual Studio 已安装的模板”列表框中选择“空项目”，在“名称”文本框中输入要创建的项目名称“prol”，在“位置”下拉列表框中输入新建项目的存放地址“D:\c”（也可通过单击其右侧的“浏览”按钮来设置），最后单击“确定”按钮，便完成了一个空项目的创建。

（5）选择“视图→解决方案资源管理器”命令，如图 1.28 所示。

（6）打开解决方案资源管理器，可以看到以树形列表的形式显示了项目 prol 的结构，其中包含3个文件夹，即“头文件”“源文件”及“资源文件”，如图1.29所示。

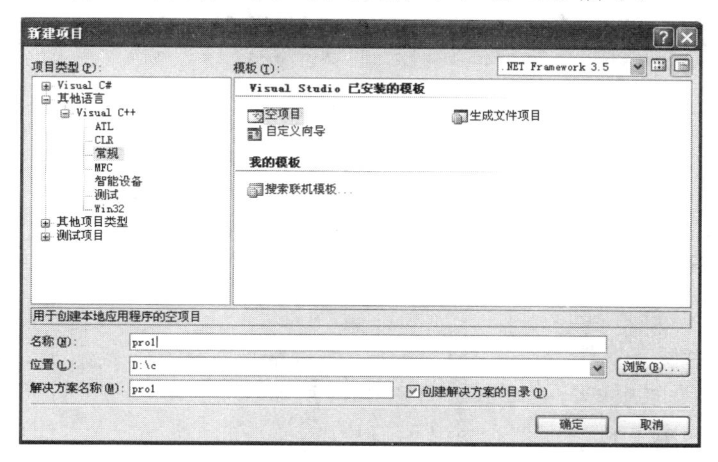

图1.27　“新建项目”对话框

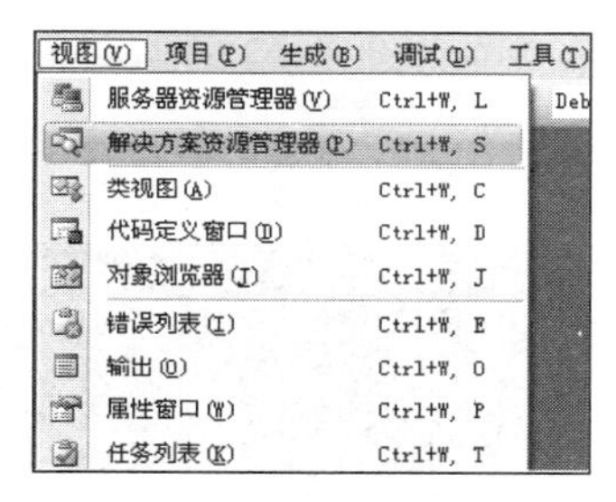

图1.28　选择“视图→解决方案资源管理器”命令

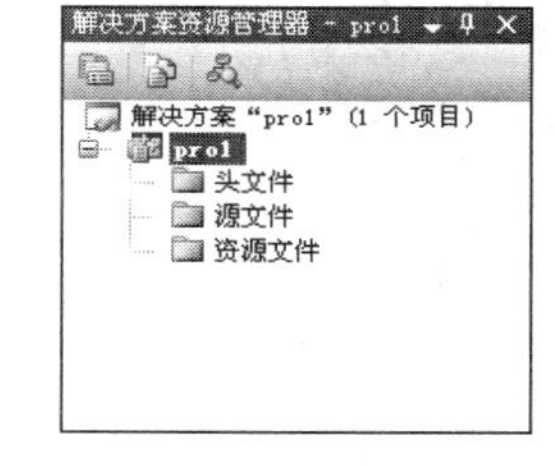

图1.29　解决方案资源管理器

（7）完成项目创建后，便要创建C程序了。选择“项目→添加新项”命令，如图1.30所示。

（8）打开“添加新项-prol”对话框，如图1.31所示。

图1.30　选择“项目→添加新项”命令

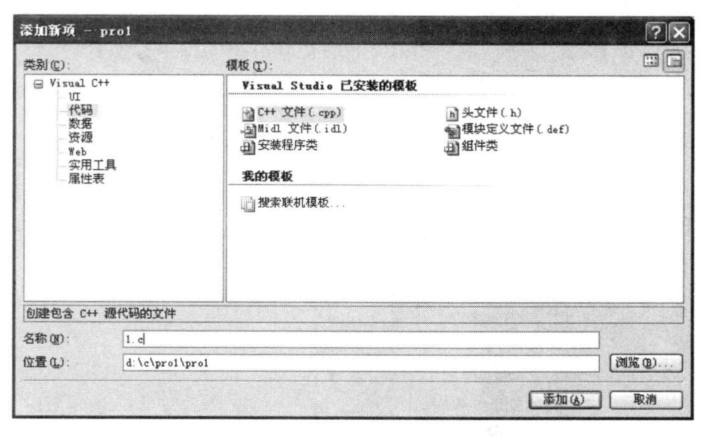

图1.31　“添加新项-prol”对话框

（9）在“类别”列表框中选择“代码”，在“模板”选项组的“Visual Studio已安装的模板”列表框中选择“C++文件(.cpp)”；在“名称”文本框中输入完整的文件名（包括C源文件的扩展名.c）“1.c”；“位置”文本框会自动设定，一般情况下不用更改；然后单击“添加”按钮。

（10）在完成上述操作后，即可建立一个只含有一个 1.c 文件的项目，如图 1.32 所示。

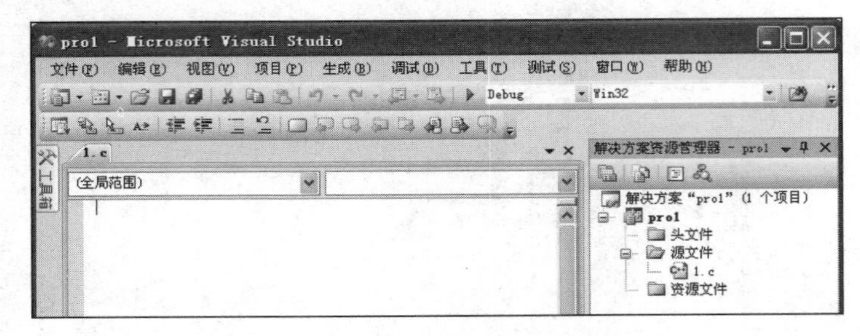

图 1.32　编写程序界面

（11）在此界面中便可以编写简单的 C 程序，然后编译、连接。接下来，选择“调试→开始执行（不调试）”命令，就可以运行 C 程序，如图 1.33 所示。

（12）运行结果如图 1.34 所示。

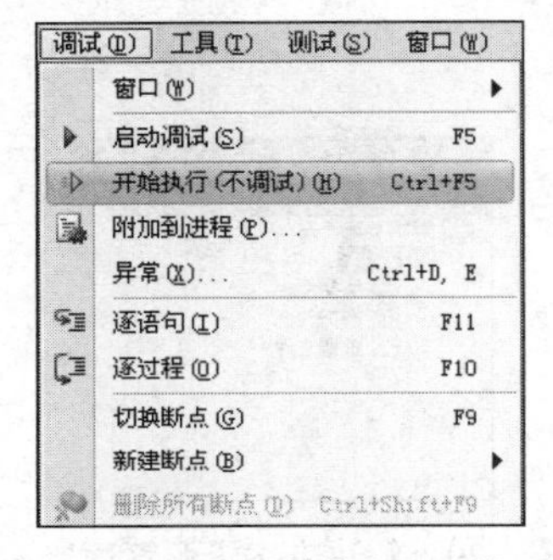

图 1.33　选择“调试→开始执行（不调试）”命令

图 1.34　程序运行界面

（13）当文件修改后需要保存时，可以单击工具栏中的“保存”按钮，或者选择“文件→保存”命令，如图 1.35 所示。

（14）如要退出 Visual Studio 工作界面，可以单击右上角的“关闭”按钮，或者选择“文件→退出”命令，如图 1.36 所示。

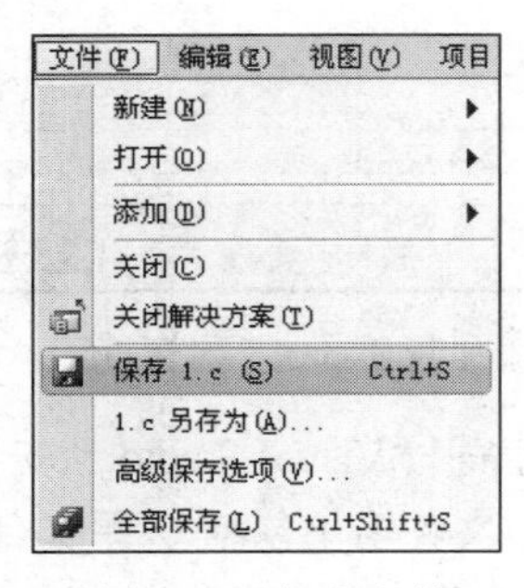

图 1.35　保存文件

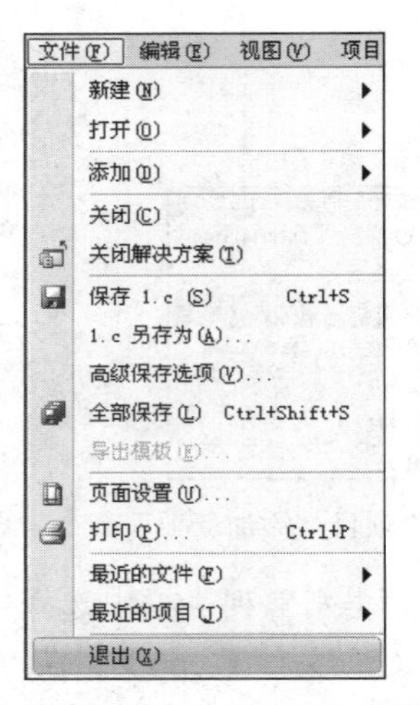

图 1.36　选择“文件→退出”命令

学习了在 3 种不同环境下如何运行 C 源文件，接下来要面对的就是选用的问题。对于初学 C 语言的读者，建议使用 Turbo C 2.0。有关 Turbo C 2.0 编辑器的具体使用方法，将在第 2 章中进行详细的介绍。对 C 语言有了深入的了解后可以使用其他编译工具，包括本书中没有介绍的一些 Linux 下的编辑器。

扫一扫，看视频

第 2 章　Turbo C 2.0 集成开发环境

Turbo C 2.0 不仅是一款快捷、高效的编译软件，还是一个易学、实用的集成开发环境。它速度快、编译效率高，自带编辑程序、调试程序以及许多易用的实用程序，可以用它来建立和运行各式各样的 C 语言程序。本章将就 Turbo C 2.0 的集成开发环境——TC 进行介绍。本章视频要点如下：

- 如何学好本章。
- 了解 Turbo C 2.0 的各项设置。
- 熟练使用该编辑器。
- 了解常见的编译错误信息。

2.1　Turbo C 2.0 简介

Turbo C 2.0 是美国 Borland 公司的产品。该公司在 1987 年首次推出 Turbo C 1.0 产品，其中采用了全然一新的集成开发环境，即通过一系列下拉式菜单，将文本编辑、程序编译、连接以及程序运行集成一体化，大大方便了程序的开发。1988 年，Borland 公司又推出 Turbo C 1.5 版本，增加了图形库和文本窗口函数库等。1989 年，Turbo C 2.0 面世。Turbo C 2.0 在原来集成开发环境的基础上新增了查错功能，并可以在 Tiny 模式下直接生成.COM（数据、代码、堆栈处在同一 64KB 内存中）文件。还可对数学协处理器（支持 8087/80287/80387 等）进行仿真。

随着计算机的普及和软、硬件的高速发展，如今微机上能够运行 C 语言的系统很多，有些新系统的功能更为强大。但这并不意味着 Turbo C 已无用武之地，其凭借如下几方面优势，仍取得了一席之地，尤其在基本的 C 程序设计课程教学中得到了广泛的应用。

- 本系统既简朴又功能完整，开始使用的需要理解的概念少，易入门，特别适合初学者。
- Turbo C 的编程和调试环境也很完整，反映了集成化开发环境的特点。学会其使用方法，不但可以掌握一种实用的程序开发工具，也能为进一步学习使用其他编程工具打下很好的基础。
- 每个软件都对计算机的配置有一定的要求，但 Turbo C 2.0 对计算机配置的要求特别低，一般机器均能满足。基本配置要求如下：可运行于 IBM-PC 系列微机，包括 XT、AT 及 IBM 兼容机。此时要求 DOS 2.0 或更高版本支持，并至少需要 448KB 的 RAM，可在任何彩、单色 80 列监视器上运行。支持数学协处理器芯片，也可进行浮点仿真，这将加快程序的执行。

2.2　TC 热键

在 DOS 系统提示符下输入“TC”，按 Enter 键，数秒钟后 Turbo C 2.0 开发环境就会启动完毕，出现如图 2.1 所示界面。

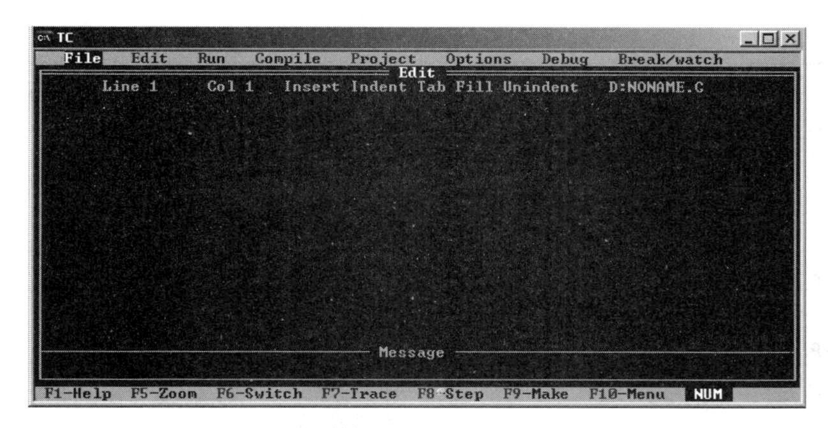

图 2.1　TC 界面

以这种方式启动时，被编辑的程序文件自动被命名为 NONAME.C。屏幕上的整个显示区域被划分成几部分：上方为菜单栏，中间为编辑窗口，接下来是信息窗口，底部为参考栏。这 4 部分构成了 Turbo C 2.0 的主屏幕，以后的编程、编译、调试以及运行都将在这个主屏幕中进行。

在讲解如何使用 Turbo C 2.0 之前，先来了解一下 TC 环境下的热键，如表 2.1 所示。

表 2.1　TC 热键

热　　键	功　　能
F1	求助窗口，提供有关当前位置的信息
F2	当前编辑程序存盘
F3	加载文件
F4	程序运行到光标所在行
F5	放大、缩小活动窗口
F6	开关活动窗口
F7	在调试模式下运行程序，跟踪进入函数内部
F8	在调试模式下运行程序，跳过函数调用
F9	执行 Make 命令
Ctrl+F1	调用有关函数的上下文帮助
Ctrl+F3	显示调用栈
Ctrl+F4	计算表达式
Ctrl+F7	设置监视表达式
Ctrl+F8	断点开关
Ctrl+F9	运行程序
Alt+F1	显示上次的求助
Alt+F3	选择文件加载
Alt+F5	在 TC 界面与用户界面间切换
Alt+F6	开关活动窗口中的内容
Alt+F7	定位上一错误
Alt+F8	定位下一错误
Alt+F9	将 TC 当前编辑文件编译成 OBJ 文件

续表

热　键	功　能
Alt+B	转到 Break/watch 菜单
Alt+C	转到 Compile 菜单
Alt+D	转到 Debug 菜单
Alt+E	转到 Edit 菜单
Alt+F	转到 File 菜单
Alt+O	转到 Options 菜单
Alt+P	转到 Project 菜单
Alt+R	转到 Run 菜单
Alt+X	退出 TC 集成环境

TC 是根据视频模式来决定是否清除用户屏的，当从 DOS 调用 TC 或从释放程序返回 TC 时，它都会把视频模式和光标类型记忆起来。任何时候，当通过“File→OS shell”命令进入 DOS 或使用“File→Quit”命令退出集成开发环境时，只要当前状态与记忆状态有所不同，那么两种状态或其中之一将会被重新设置。但是，如果在调试阶段输入了 DOS 命令解释程序，视频模式和光标类型则仍旧保留它们的原始状态。

提示：

这里所说的“热键”也称为“功能键”或“快捷键”。

2.3 菜单命令

在菜单栏中，Turbo C 2.0 提供了 8 个可供选择的菜单项，分别是 File、Edit、Run、Compile、Project、Options、Debug、Break/watch。下面逐一介绍。

扫一扫，看视频

2.3.1 File（文件）菜单

按<Alt+F>组合键，打开 File 下拉菜单，如图 2.2 所示。

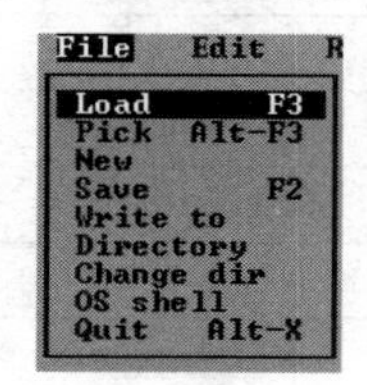

图 2.2　File 下拉菜单

其中各项命令介绍如下。

1．Load（加载）

装入一个文件，可用类似 DOS 的通配符（如*.C）来进行列表选择，也可装入其他扩展名的文件，如文本文件（.txt），只要给出文件名或路径即可。其快捷键为<F3>。

2．Pick（选择）

将最近曾装入编辑窗口的 8 个文件以列表的形式显示，用户可通过上、下方向键移动光标来选择。选择某一文件后，即可将其装入编辑区，并将光标置在上次修改过的地方。此时若选择了 -- load file -- ，屏幕上将出现 Load File Name *.C 提示框，相当于选择了“File→Load”。只要建立了 Pick 文件，集成开发环境便会记住那些编辑过的文件，供下次使用。其快捷键为<Alt+F3>。

3．New（新文件）

创建新的编辑程序，默认文件名为 NONAME.C。在建立新的编辑程序时，会清除编辑区中的当前内容；如果当前内容未保存，则会提示是否保存当前文件。

4．Save（保存）

将编辑区中的文件存盘。若文件名是 NONAME.C，而又要存盘时，系统将询问是否更改文件名。其快捷键为<F2>。

5．Write to（存盘）

可由用户给出文件名，此时会将编辑区中的内容保存到该文件中；若该文件已存在，则询问是否将原文件覆盖，输入 Y 或 N 进行肯定或否定的回答。

6．Directory（目录）

显示目录及目录中的文件，按 Enter 键可选择当前目录。按<F4>键可改变匹配符，并可由用户选择文件名装入编辑程序。

7．Change dir（改变目录）

用于改变当前显示的目录。

8．Os shell（暂时退出）

暂时退出 Turbo C 2.0 到 DOS 提示符下，此时可以运行 DOS 命令；若想返回，只需在 DOS 状态下输入“EXIT”即可。

9．Quit（退出）

退出 Turbo C 2.0，其快捷键为<Alt+X>。

2.3.2　Edit（编辑）菜单

扫一扫，看视频

按<Alt+E>组合键，选择 Edit（编辑）菜单项，然后按 Enter 键，进入编辑窗口。在编辑窗口中，用户可以进行文件编辑。按<F10>键可转到菜单栏。

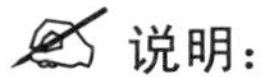 说明：

当进入编辑窗口后，其顶部的名称高亮显示，表示是活动窗口。

1．状态栏

状态栏中显示了多项信息，如图 2.3 所示。

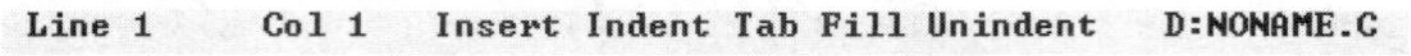

Line 1 Col 1 Insert Indent Tab Fill Unindent D:NONAME.C

图 2.3 状态行

- Line n Col n：表示光标在第 n 行第 n 列。
- Insert：插入模式开关。Insert 可见时为插入状态，不可见时为改写状态。
- Indent：自动缩进模式开关。
- Tab：制表模式开关。
- Fill：当 Tab 开关处于打开状态时，编辑程序将用制表符及空格符优化每一行的开始。
- Unindent：当光标在一行中的第一个非空字符上时，按退格键回退一级。
- D:NONAME.C：当前正在编辑的文件的名称，".C"为其扩展名。如果正在编辑的文件来保存，则会在 Unindent 和 D:NONAME.C 中间出现一个"*"。此时若将文件保存，则"*"会自动消失。

2. 参考栏

参考栏中显示了多个常用的功能键及其作用，如图 2.4 所示。

F1-Help F5-Zoom F6-Switch F7-Trace F8-Step F9-Make F10-Menu NUM

图 2.4 功能键

- F1-Help：获得 Turbo C 2.0 编辑命令的帮助信息。该帮助信息就像学习时用的字典一样，有什么不懂的，随时可以查阅。
- F5-Zoom：扩大编辑窗口到整个屏幕。
- F6-Switch：从一个活动窗口切换到另一个活动窗口。
- F7-Trace：在调试模式下，执行程序的下一行，跟踪范围包括函数调用。
- F8-Step：在调试模式下，执行程序的下一行，但不跟踪函数内部。
- F9-Make：编译连接。
- F10-Menu：从编辑窗口转到菜单栏。

3. 编辑命令

编辑命令简介如表 2.2 所示。

表 2.2 Turbo C 2.0 编辑命令简介

命令	功能
Ctrl+S	左移一个字符
Ctrl+D	右移一个字符
Ctrl+A	左移一个词
Ctrl+F	右移一个词
Ctrl+E	上移一行
Ctrl+X	下移一行
Ctrl+W	上滚
Ctrl+Z	下滚
Ctrl+R	上移一页

续表

命　令	功　能
Ctrl+C	下移一页
Ctrl+Q	到行首
Ctrl+QD	到行尾
Ctrl+QE	到屏幕顶
Ctrl+QX	到屏幕底
Ctrl+QR	到文件顶
Ctrl+QC	到文件底
Ctrl+QB	到块首
Ctrl+QK	到块尾
Ctrl+QP	到上次光标位置
Ctrl+V	插入模式开关
Ctrl+N	插入空白行
Ctrl+Y	删除整行
Ctrl+QY	删到行尾
Ctrl+KB	设置块开始
Ctrl+KK	设置块结尾
Ctrl+KV	块移动
Ctrl+KC	块复制
Ctrl+KY	块删除
Ctrl+KR	读文件
Ctrl+KW	存文件
Ctrl+KP	块文件打印
Ctrl+Q[	查找配对符的后匹配符
Ctrl+Q]	查找配对符的前匹配符
Ctrl+QF	查找
Ctrl+QA	查找并替换
Ctrl+QN	查找位置标记
Ctrl+L	再次查找
Ctrl+U	异常结束操作
Ctrl+QI	自动缩进模式开关
Ctrl+P	控制字符前缀
Ctrl+QW	恢复已覆盖的出错信息
Ctrl+KN	设置位置标记
Ctrl+QT	制表模式开关
Ctrl+QL	恢复行

说明：

Turbo C 2.0 的配对符包括以下几种。

- 花括符“{”和“}”。

- 尖括符“<”和“>”。
- 圆括符“(”和“)”。
- 方括符“[”和“]”。
- 注释符“/*”和“*/”。
- 双引号““””。
- 单引号“’”。

扫一扫，看视频

2.3.3 Run（运行）菜单

按<Alt+R>组合键，打开 Run 下拉菜单，如图 2.5 所示。

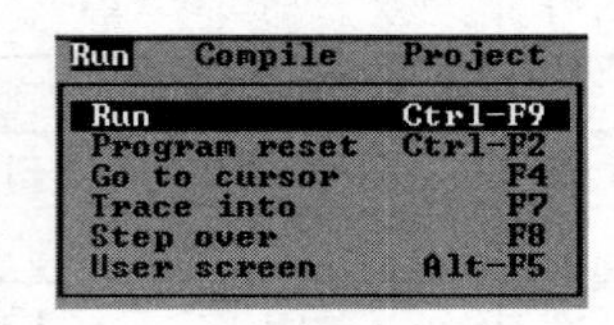

图 2.5 Run 下拉菜单

1．Run（运行程序）

通过“Options→Argument”设置主函数 main 的参数后，选择“Run→Run”命令，运行由“Project→Project name”指定的文件名或当前编辑区的文件。如果对上次编译后的源代码未做过修改，则直接运行到下一个断点（若没有断点，则运行到结束）。如果对上次的源代码进行了修改，则先进行编译、连接后再运行。其快捷键为<Ctrl+F9>。

2．Program reset（程序重启）

中止当前的调试，释放分给程序的空间，关闭已打开文件。其快捷键为<Ctrl+F2>。

3．Go to cursor（运行到光标处）

调试程序时使用，使程序从当前位置运行到编辑窗口中光标所在行。光标所在行应为一条可执行语句，否则将显示警告信息。Go to cursor 也可以初始化调试状态。Go to cursor 并不设置永久性的断点；不过，如果在光标所在行前遇到断点，则程序运行到断点处。发生这种情况时，需要再次使用 Go to cursor 命令。其快捷键为<F4>。

技巧：

如果每次都需要在某一条语句处停一下，就应当使用 Go to cursor 把光标移到需要调试的部分。

4．Trace into（跟踪进入）

若在执行含有调用其他用户自定义的子函数时，则将运行在子函数的定义里；调用结束后，则再次恢复到函数调用的那条语句。若不含可访问的函数，则逐条执行程序。其快捷键为<F7>。

5．Step over（单步执行）

执行当前函数的下一条语句，即使遇到可访问的函数也不会进入到该函数里。这一点区别于 Trace into。其快捷键为<F8>。

6．User screen（用户屏幕）

显示程序运行时在屏幕上显示的结果。其快捷键为<Alt+F5>。

2.3.4　Compile（编译）菜单

扫一扫，看视频

按<Alt+C>组合键，打开 Compile 下拉菜单，如图 2.6 所示。

1．Compile to OBJ（编译生成目标码）

将一个 C 源文件编译生成.OBJ 目标文件，同时显示生成的文件名，如 file1.obj。Turbo C 编译时，将在弹出的窗口中显示编译结果，如图 2.7 所示。

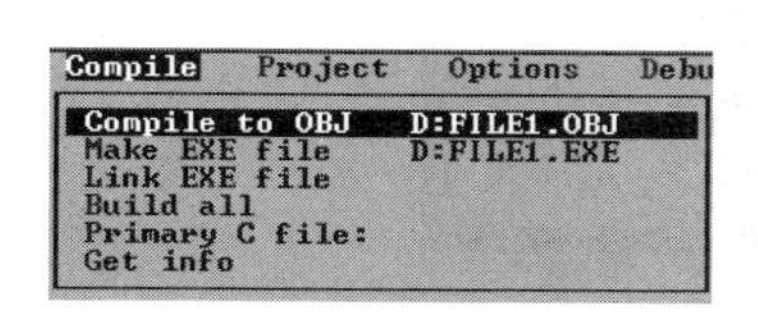

图 2.6　Compile 下拉菜单

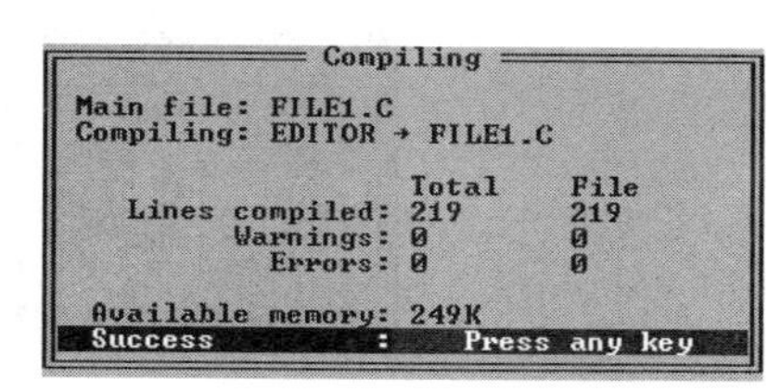

图 2.7　编译

编译完成后，按任意键返回到原窗口。若编译时发现错误，则转到信息窗口的第一条错误上。其快捷键为<Alt+F9>。

2．Make EXE file（生成执行文件）

此命令生成一个.EXE 文件，并显示生成的.EXE 文件名，如 file1.exe，如图 2.8 所示。

其中.EXE 文件名是下面几项之一。

- 由“Project→Project name”说明的项目文件名。
- 由“Primary C file”说明的源文件名。
- 若以上两项都没有文件名，则为当前窗口的文件名。

3．Link EXE file（连接执行文件）

把当前.OBJ 文件及库文件连接在一起，生成.EXE 文件，如图 2.9 所示。

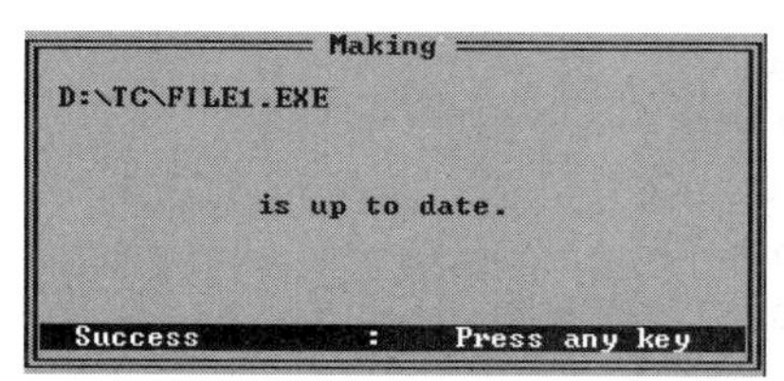

图 2.8　生成可执行文件

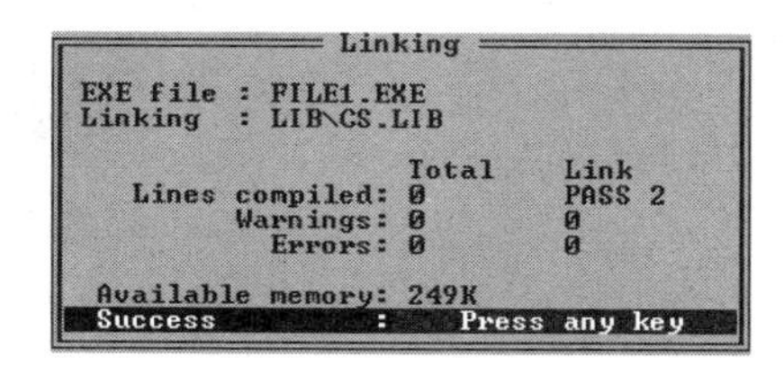

图 2.9　连接

连接执行文件不进行过时检查。

4．Build all（建立所有文件）

重建项目中所有文件，并进行装配，生成.EXE 文件。该命令不进行过时检查。其功能类似于“Compile→Make EXE file”，不过它是无条件执行的，而“Compile→Make EXE file”只重建那些没有过时的文件。

Build all 命令首先将 Project 文件中的所有.OBJ 文件的日期、时间置为 0，然后再组装。

5．Primary C file（主 C 文件）

在该项中指定了主文件后，在以后的编译中，如没有项目文件名则编译此项中规定的主 C 文件，如果编译中有错误，则将此文件自动装入编辑程序，可对其进行修改。即使不再编辑程序，只要按<Alt+F9>组合键，该文件便会重新被编译。

6．Get info（获得信息）

选择“Compile→Get info”命令，可获得如图 2.10 所示的信息。

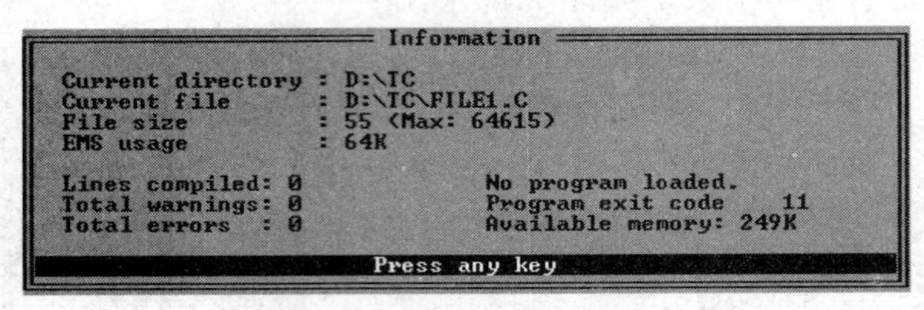

图 2.10　获得信息

其中各项含义分别介绍如下。

- Current directory：当前子目录名。
- Current file：当前源文件名。
- File size：当前源文件大小。
- EMS usage：是否使用 EMS。
- Lines compiled：编译过的行数。
- Total warnings：警告数。
- Total errors：错误数。

2.3.5　Project（项目）菜单

按<Alt+P>组合键，打开 Project 下拉菜单，如图 2.11 所示。

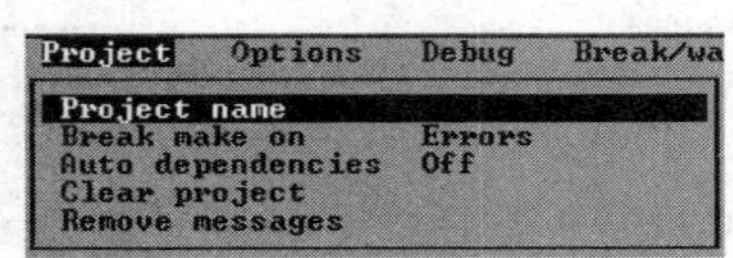

图 2.11　Project 下拉菜单

1．Project name（项目名）

选择一个项目文件名，该项目文件名还是以后将建立的.EXE 及.MAP 文件名。典型项目名具有.PRJ 的扩展名。

说明：

当项目文件中的每个文件无扩展名时，一律按源文件对待。项目中的文件也可以是库文件，但必须写上扩展名.LIB。

2. Break make on（中止编译）

选择 make 终止的默认条件，包括以下 4 种，如图 2.12 所示。

- Waring：警告。
- Errors：错误。
- Fatal errors：致命错误。
- Link：连接之前。

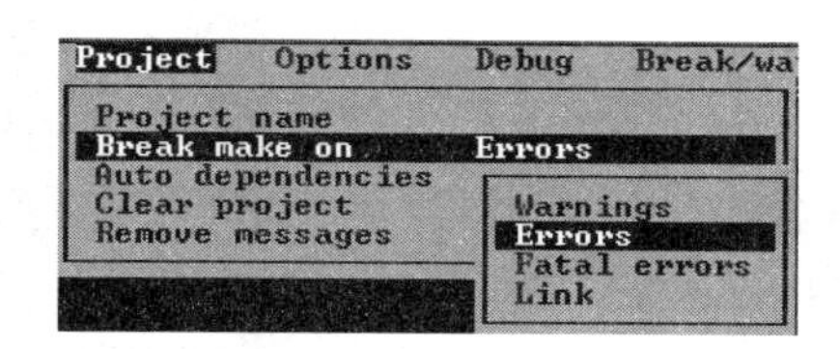

图 2.12 Break make on 子菜单

3. Auto dependencies（自动依赖）

此命令可进行开关，即分为 on 和 off 两种状态，按 Enter 键进行切换。当开关置为 on，编译时将检查工程表中的每个.C 源文件与对应的.OBJ 文件的依赖关系，否则不进行检查。

4. Clear project（清除项目文件）

清除"Project→Project name"指定的项目文件名。

5. Remove messages（删除信息）

把错误信息从信息窗口中清除掉。

2.3.6 Options（选择项）菜单

扫一扫，看视频

按<Alt+O>组合键，打开 Options 下拉菜单，如图 2.13 所示。

1. Compiler（编译器）

其中又提供了多个选项，如图 2.14 所示。

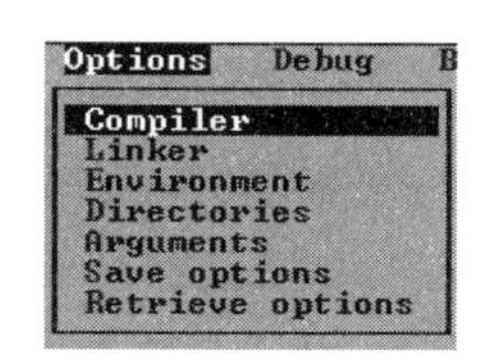

图 2.13 Options 下拉菜单

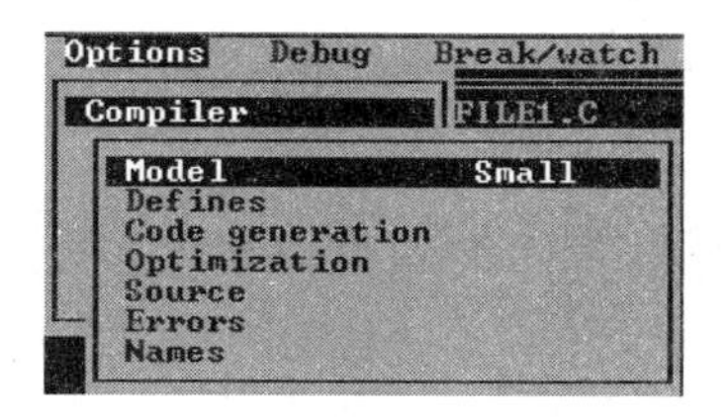

图 2.14 Compiler 子菜单

各项功能介绍如下。

（1）Model

选择的存储模式决定存储器寻址的默认方式，共有 Tiny、Small、Medium、Compact、Large、Huge 6 种不同模式可供用户选择，如图 2.15 所示。

（2）Defines

打开一个宏定义框，用户可输入对处理机的宏定义。多重定义可用分号隔开，赋值可用等号。

说明：

开始和结尾处空格都被去掉，但是中间的空格保留；如果宏定义中需要分号，则必须在前面添加反斜杠。

（3）Code generation

其中包括多个选项，如图 2.16 所示。

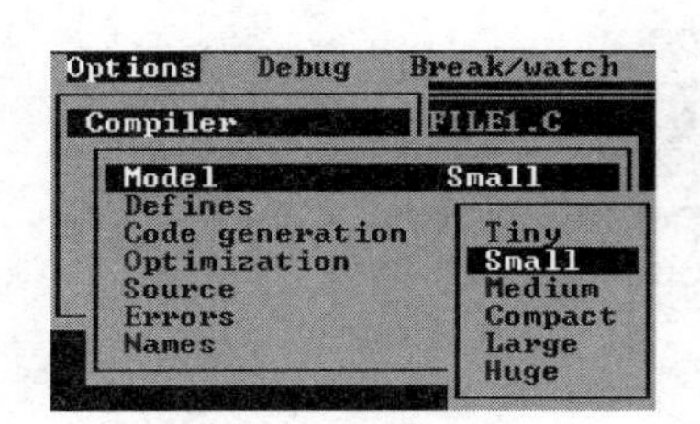

图 2.15　Model 子菜单

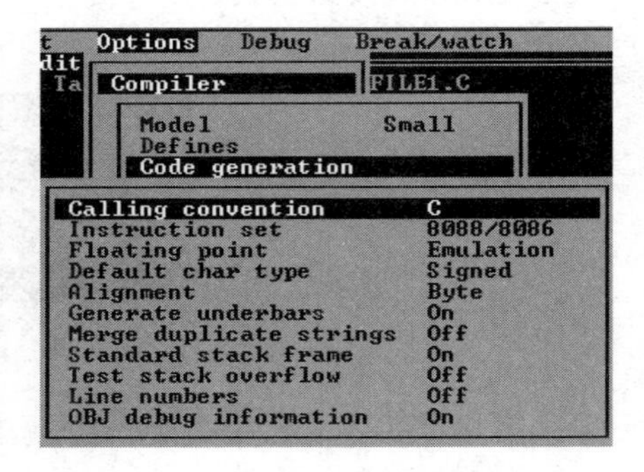

图 2.16　Code generation 子菜单

这些选项告诉编译器产生什么样的目标代码，其具体功能分别介绍如下。

① Calling convention（调用约定）

编译产生一个 C 或 Pascal 函数调用序列。

提示：

如果对这方面知识没有太深入的了解，最好不要更改此项。

② Instruction set（指令设置）

可选择 8088/8086 或 80x86 指令系列，默认为 80x86。

③ Floating point（浮点数）

此开关有 3 种选择，可通过按 Enter 键进行相互间的切换。

- Emulation：选择仿真浮点。
- 8087/80287：直接产生 8087/80287 代码。
- None：不使用浮点数运算。

提示：

如果 Floating point 这一项选择了 None，也就是不使用浮点数运算，而程序中又用到了浮点数运算，则会提示连接错误。

④ Default char type（默认字符类型）

以开关有两种选择，即 Signed 或 Unsigned。若为 Signed，则编译所有 char 声明为有符号字符类型，反之为无符号的。默认值为 Signed。

⑤ Alignment（对齐）

此开关可选择字对齐或字节对齐。

⑥ Generate underbars（下划线）

此开关可选择是否产生下划线，On 为打开，Off 为关闭。

⑦ Merge duplicate strings（合并字符串）

在进行优化时使用，将重复的字符串合并在一起，生成规模小一点的程序。默认值为 Off。

⑧ Standard stack frame（标准堆栈）

该开关可为调试程序提供方便，产生一个标准的栈结构。默认值为 On。

⑨ Test stack overflow（堆栈溢出测试）

产生一段程序运行时检测堆栈溢出的代码。默认值为 Off。建议在程序调试阶段将该开关设置为 On。

⑩ Line number

在映射文件（.OBJ）中放入行号以供调试时使用，不影响程序执行速度。默认值是 Off。

⑪ OBJ debug information（调试信息）

控制调试信息是否放入.OBJ 文件里。默认为 On。

（4）Optimization

其主要功能就是按照程序的需要优化用户代码。其中包括 4 项，如图 2.17 所示。

各项功能分别介绍如下。

① Optimize for（代码生成策略选择）

对目标代码的大小或者生成速度进行选择，二者只能选择其一。通常情况下选择 Size，这样生成的目标代码较小。

② Use register variables（使用寄存器变量）

用来选择是否允许使用寄存器变量。设置为 On 时，寄存器变量自动分配给用户程序；设置为 Off 时，则不使用寄存器变量，就算程序代码中定义了寄存器变量，也仍然不使用。

③ Register optimization（寄存器优化）

通过重复使用寄存器来减少过多的取数操作。

④ Jump optimization

通过去除多余的跳转和重新调整循环及开关语句的方法来实现代码的压缩。

（5）Source

其中包括 3 项，如图 2.18 所示。

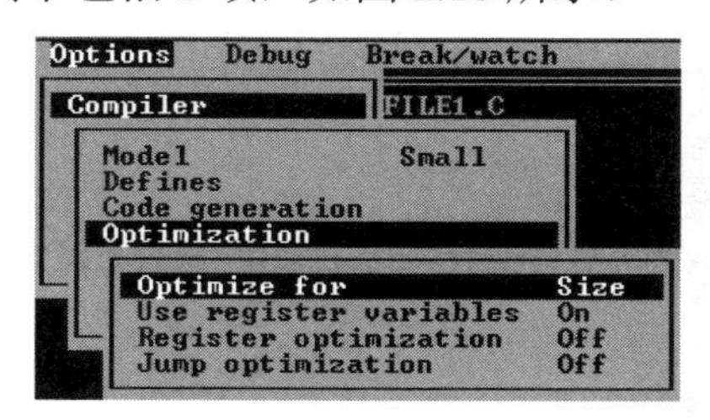

图 2.17　Optimization 子菜单

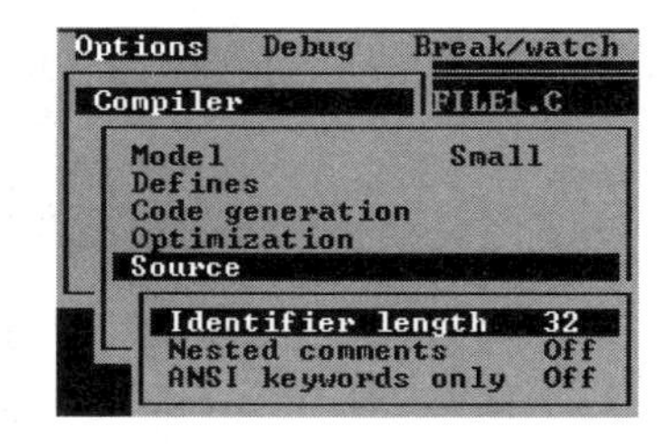

图 2.18　Source 子菜单

各项功能分别介绍如下。

① Indentifier length（标识符长度）

说明标识符中有效字符的个数，这是为了区别不同的标识符。默认值为 32。

② Nested comments（嵌套注释）

是否允许嵌套注释。Turbo C 中允许出现嵌套注释。

提示：

不提倡使用嵌套注释，这样会影响程序的可移植性。

③ ANSI keywords only

是只允许 ANSI 关键字，还是也允许 Turbo C 2.0 关键字。

（6）Error

其中包括 7 项，如图 2.19 所示。

① Errors: stop after

编译程序在发现多少个错误之后停止编译，默认为 25 个。用户可指定错误数量的范围为 0~255。

② Warnings: stop after

编译程序在发现多少个警告之后停止编译，默认为 100 个。用户可指定警告数量的范围为 0~255。

说明：

当指定的警告数为 0 时，将导致编译程序一直继续下去，或者达到警告错误数的上界时停止。

③ Display warnings（显示警告）

该开关的默认值为 On，意思是其下面的 4 种警告可以显示；当为 Off 时，则不显示，如图 2.20 所示。

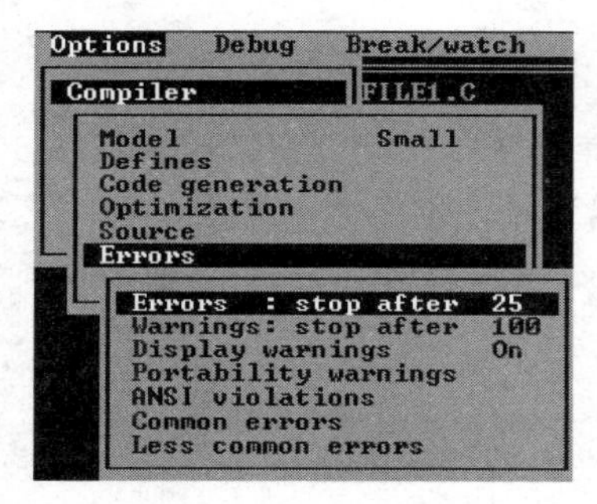

图 2.19 Errors 子菜单

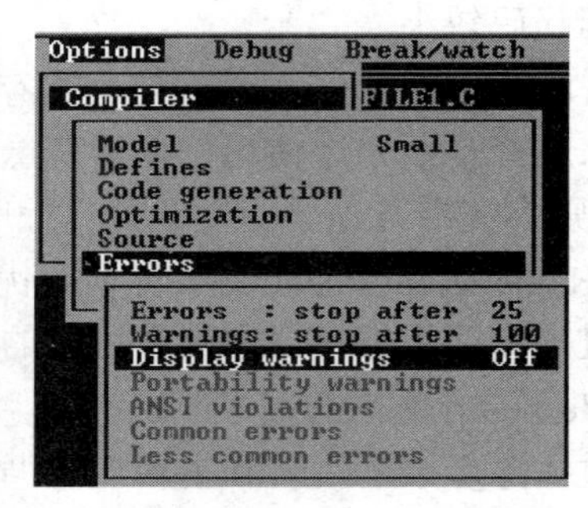

图 2.20 Display warnings 设置

（7）Names

用户可以改变段、组和类的名称，默认值为 Code、Data、BSS，如图 2.21 所示。

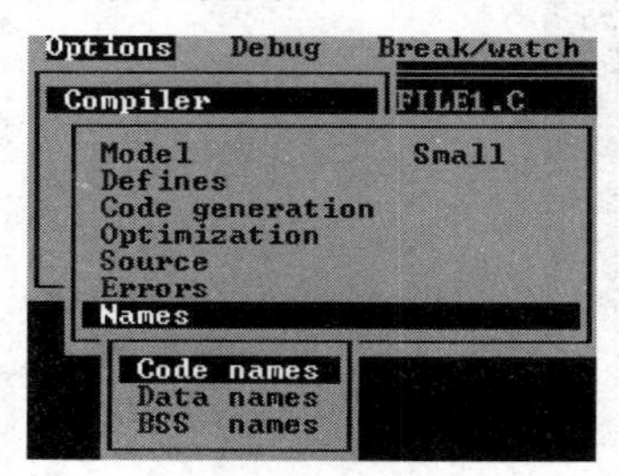

图 2.21 Names 子菜单

2．Linker（连接）

对有关连接程序进行设置。其中包括 7 项，如图 2.22 所示。

各项功能分别介绍如下。

（1）Map file（映射文件）

选择映射文件的类型。分为 4 种情况，如图 2.23 所示。

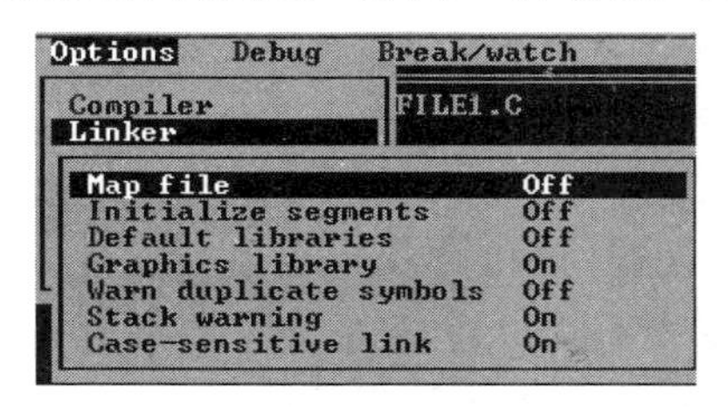

图 2.22　Linker 子菜单

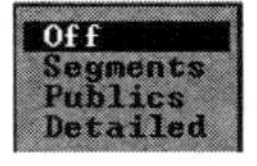

图 2.23　Map file 4 种情况

（2）Initialize segments（段初始化）

是否在连接时初始化没有初始化的段。

（3）Default libraries（默认库）

此选项如为 On，连接程序就会试图在这些库和 Turbo C 提供的默认库中查找未定义的例程。

（4）Graphics library（图形库）

是否连接 Graphics 库中的函数，默认值为 On。

（5）Warn duplicate symbols（警告重复字符）

用于设定者连接程序里存在重复符号时是否产生警告信息。默认值为 Off。

（6）Stack warinig（堆栈警告）

是否让连接程序产生 No stack 的警告信息。若设置为 On，在小模式下生成程序时会产生这种信息。

（7）Case-sensitive link（大小写连接）

如果开关为 On，则区分大小写，否则不区分。通常情况下为 On。

3．Environment（环境）

该用于设置集成环境的各种参数，如图 2.24 所示。

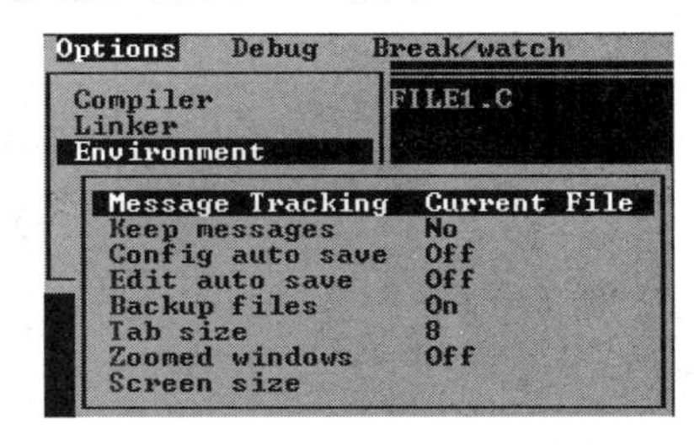

图 2.24　Environment 子菜单

其中各项功能分别介绍如下。

（1）Message Tracking（信息跟踪）

其中含有 3 种类型可供选择。

- Current File：只跟踪编辑窗口中的文件错误。
- All files：跟踪与错误信息相对应的所有文件。

- Off：不跟踪。

（2）Keep messages（保持信息）

编译前是否清除 Message 窗口中的信息。设置为 On 时，Turbo C 保持当前信息窗口中的错误信息，把再次编译所产生的信息附加在后面；设置为 Off 时，编译之前清除 Message 窗口中的信息。

（3）Config auto save（配置自动保存）

设置为 On 时，在“Run→Run”“File→OS shell”或退出集成开发环境之前，如果配置文件从未保存过或保存过又被改动，则 Turbo C 会自动保存；设置为 Off 时不保存。

（4）Edit auto save

是否在“Run→Run”或“File→OS shell”之前，自动存储编辑的源文件。

（5）Backup files

当开关为 On 时，选择“File→Save”命令，Turbo C 会自动为编辑程序中的文件建立一个备份，其扩展名为.BAK。

（6）Tab size（制表键大小）

设置制表键大小，默认为 8。用户可选范围为 2~16。

（7）Zoomed windows（放大窗口）

设置为 On 时，将 Message 窗口和编辑窗口放大到整个屏幕，可通过<F6>键进行两屏间的切换。其快捷键为<F5>。

（8）Screen size

用于设置屏幕文本大小，如图 2.25 所示。

其中包括两项，其功能分别介绍如下。

- 25 line display：标准 PC 显示，即 25 行 80 列。
- 43/50 line display：PC 机装有 EGA 或 VGA，分别是 43 行 80 列或 50 行 80 列。

4．Directories（路径）

设置编译、连接所需文件的路径，以及生成的可执行文件的位置等，如图 2.26 所示。

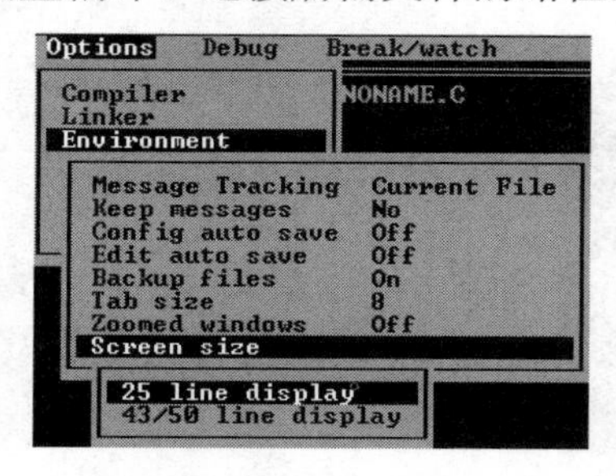

图 2.25　Screen size 选项

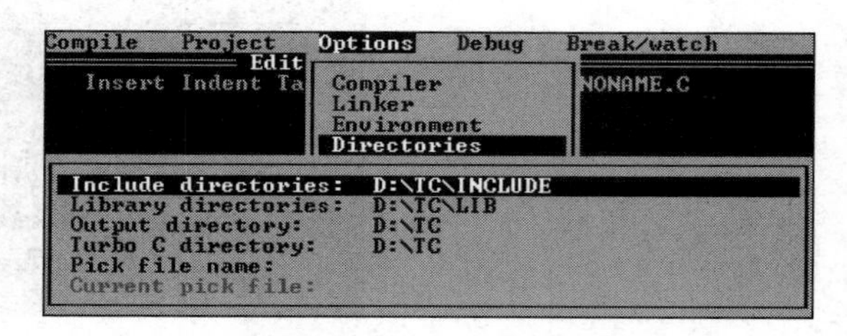

图 2.26　Directories 子菜单

其中各项功能分别介绍如下。

（1）Include directories（头文件目录）

设置头文件所在目录。若头文件目录为 E:\turboc\tc\include，则修改形式如图 2.27 所示。

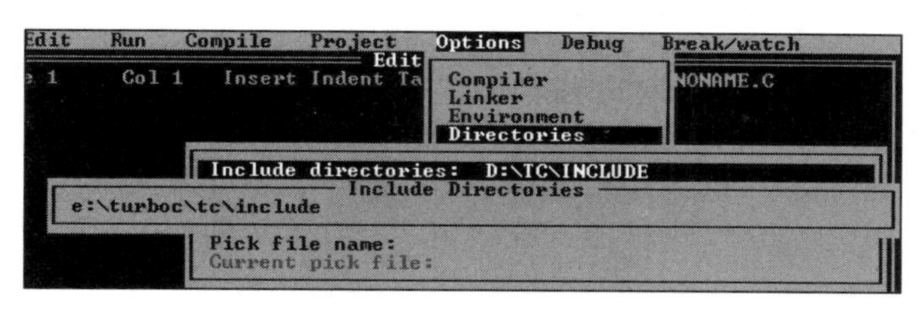

图 2.27 修改路径

（2）Library directories（库目录）

库文件所在目录。允许用户列出多个目录，多个子目录之间用“;”分开，包括空格在内最多可达 127 个字节。

（3）Output directory（输出目录）

输出文件（.OBJ、.EXE、.MAP 文件）的目录。

（4）Turbo C directory（Turbo C 目录）

用于 Turbo C 系统寻找配置文件和帮助文件。

（5）Pick file name

定义新加载的 pick 文件名。若未给出 pick 文件名，则当“Options→Directories→Current pick file”设置包含一文件时才写 pick 文件。

5. Arguments（命令行参数）

允许用户给出运行程序所需的命令行参数（只需要给出参数，文件名可以省略不写），如图 2.28 所示。

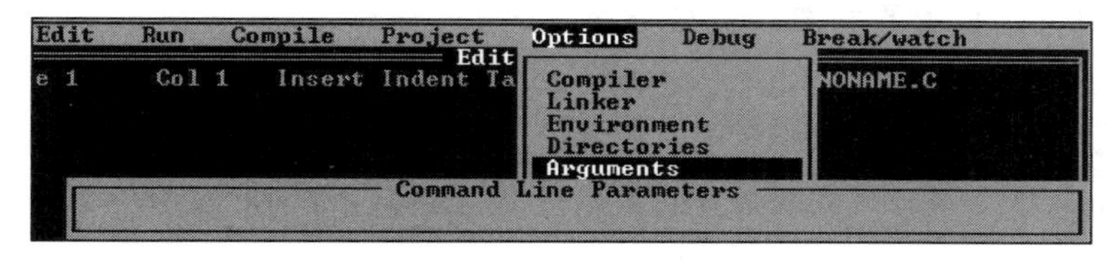

图 2.28 命令行参数

6. Save options（存储配置）

将所有选择的编译程序、连接程序、调试和项目保存到配置文件中。默认的配置文件为 TCCONFIG.TC，启动时将在 Turbo C 目录中去查找该文件。

注意：

在 Directories 中更改完目录后，一定要在 Save options 中保存。

7. Retrieve options

加载一个配置文件到 TC 中。

2.3.7 Debug（调试）菜单

按<Alt+D>组合键，打开 Debug 下拉菜单，如图 2.29 所示。

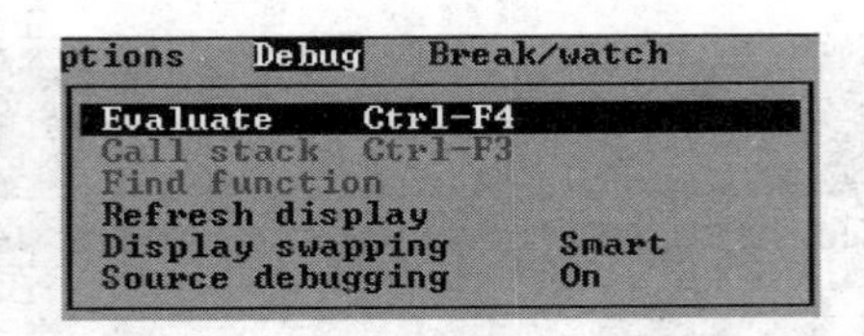

图 2.29　Debug 下拉菜单

该菜单主要用于查错，其中各项介绍如下。

1. Evaluate

计算变量或表达式并显示其值。当选择该命令时，将打开一个窗口，如图 2.30 所示。

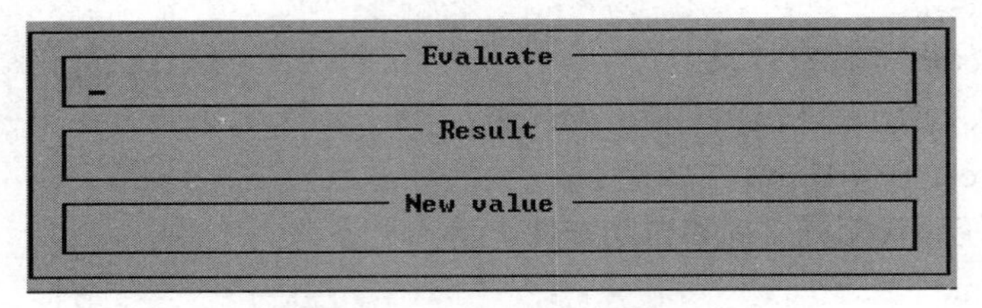

图 2.30　Evaluate 选项

（1）Evaluate

计算任何合法的 C 表达式，但不包括以下 3 方面。

- 函数调用。
- 用#define 或 typedef 定义的符号及宏。
- 不在当前执行函数里的局部、静态变量。

（2）Result

显示表达式的计算结果。

（3）New value

赋予新值。

2. Call stack（调用堆栈）

该项不可点击。在调试时用于检查堆栈情况，调用堆栈显示到目前为止的函数调用情况。main 在栈底，正在运行的函数在栈顶。

3. Find function（查找函数定义）

显示编辑窗口中某一函数的定义。如果该函数不在当前显示文件里，该命令会加载相关文件。

4. Refresh display

如果编辑窗口被重写了，可用此命令恢复编辑窗口的内容。

5. Display Swapping（显示转换）

其中包括以下 3 种选择，如图 2.31 所示。

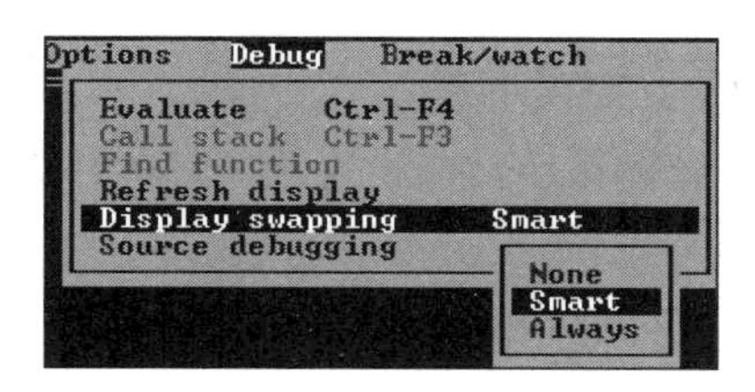

图 2.31　Display swapping 选项

- 设置为默认值 Smart 时，若产生屏幕输出，则屏幕就从编辑屏切换到用户屏；当完成输出后，再次切换回去。
- 设置为 Always 时，执行每条语句都切换。
- 设置为 None 时，调试程序不进行切换，用在不含屏幕输出的代码调试中。

2.3.8　Break/watch（断点及监视表达式）菜单

按<Alt+B>组合键，打开 Break/watch 下拉菜单，如图 2.32 所示。

其中各项命令介绍如下。

1．Add watch（增加监视表达式）

向监视窗口中插入一个监视表达式。当选择此命令时，将弹出一个窗口，如图 2.33 所示。

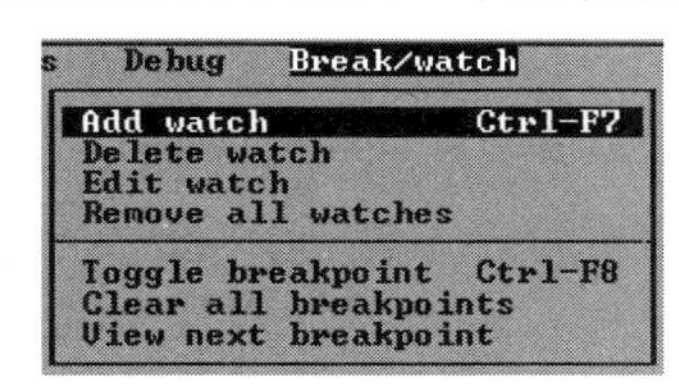

图 2.32　Break/watch 下拉菜单

图 2.33　增加监视表达式

在此窗口内输入监视表达式。其快捷键为<Ctrl+F7>。

2．Delete watch（删除监视表达式）

从监视窗口中删除当前的监视表达式。

3．Edit watch（编辑监视表达式）

在监视窗口中编辑一个监视表达式。

4．Remove all watches（删除所有监视表达式）

从监视窗口中删除所有的监视表达式。

5．Toggle breakpoint（打开或关闭断点）

设置或去除光标所在断点。当其一断点被设置后，它就以高亮度显示。

6．Clear all breakpoints（清除所有断点）

从程序中清除所有断点。

7．View next breakpoint（显示下一个断点）

将光标移动到下一个断点处。光标移动是按设置顺序移的，而不是程序运行到断点。

2.4 编译错误信息

Turbo C 的源程序错误分为 3 种类型：严重错误、一般错误和警告。

- 严重错误：出现的次数比较少，通常是内部编译出错。
- 一般错误：指程序的语法错误、磁盘或内存存取错误或命令行错误等。
- 警告：并不防止编译的进行，只是指出一些值得怀疑的情况，而这些情况可能是合理的，也可能是不合理的。

下面分别介绍这 3 种错误。

1．严重错误及分析方法

- Bad call of in-line function（内部函数非法调用）

分析：在使用一个宏定义的内部函数时，没能正确调用。一个内部函数以两个下划线“__”开始和结束。

- Irreducable expression tree（不可约表达式树）

分析：这种错误指的是文件行中的表达式太复杂，使得代码生成程序无法为它生成代码。这种表达式必须避免使用。

- Register allocation failure（存储器分配失败）

分析：这种错误指的是文件行中的表达式太复杂，使得代码生成程序无法为它生成代码。此时应简化这种繁杂的表达式或干脆避免使用它。

2．一般错误信息及分析

- #operator not followed by maco argument name（#运算符后没跟宏变元名）

分析：在宏定义中，#用于标识一宏变串。“#”号后必须跟一个宏变元名。

- 'xxxxxx' not anargument（'xxxxxx'不是函数参数）

分析：在源程序中将该标识符定义为一个函数参数，但此标识符没有在函数中出现。

- Ambiguous symbol 'xxxxxx'（二义性符号'xxxxxx'）

分析：两个或多个结构的某一域名相同，但具有的偏移、类型不同。在变量或表达式中引用该域而未带结构名时，会产生二义性。此时需修改某个域名或在引用时加上结构名。

- Argument # missing name（参数#名丢失）

分析：参数名已脱离用于定义函数的函数原型。如果函数以原型定义，该函数必须包含所有的参数名。

- Argument list syntax error（参数表出现语法错误）

分析：函数调用的参数间必须以逗号隔开，并以一个右括号结束。若源文件中含有一个其后不是逗号也不是右括号的参数，则出错。

- Array bounds missing（数组的界限符“]”丢失）

分析：在源文件中定义了一个数组，但此数组没有以右方括号结束。

- Array size too large（数组太大）

分析：定义的数组太大，超过了可用内存空间。

- Assembler statement too long（汇编语句太长）

分析：内部汇编语句最长不能超过 480 字节。

- Bad configuration file（配置文件不正确）

分析：TURBOC.CFG 配置文件中包含的不是合适命令行选择项的非注解文字。配置文件命令选择项必须以一个短横线开始。

- Bad file name format in include directive（包含指令中文件名格式不正确）

分析：包含文件名必须用引号（"filename.h"）或尖括号（<filename>）括起来，否则将产生此类错误。如果使用了宏，则产生的扩展文本也不正确，因为无引号没办法识别。

- Bad ifdef directive syntax（ifdef 指令语法错误）

分析：#ifdef 必须以单个标识符（只此一个）作为该指令的体。

- Bad ifndef directive syntax（ifndef 指令语法错误）

分析：#ifndef 必须以单个标识符（只此一个）作为该指令的体。

- Bad undef directive syntax（undef 指令语法错误）

分析：#undef 指令必须以单个标识符（只此一个）作为该指令的体。

- Bad file size syntax（位字段长度语法错误）

分析：一个位字段必须是长度为 1~16 位的常量表达式。

- Call of non-functin（调用未定义函数）

分析：正被调用的函数无定义，通常是由于不正确的函数声明或函数名拼错而造成。

- Cannot modify a const object（不能修改一个常量对象）

分析：对定义为常量的对象进行不合法操作（如常量赋值），引起本错误。

- Case outside of switch（Case 出现在 switch 外）

分析：编译程序发现 Case 语句出现在 switch 语句之外，这类错误通常是由于括号不匹配造成的。

- Case statement missing（Case 语句漏掉）

分析：Case 语句必须包含一个以冒号结束的常量表达式；如果漏了冒号或在冒号前多了其他符号，则会出现此类错误。

- Character constant too long（字符常量太长）

分析：字符常量的长度通常只能是一个或两个字符长，超过此长度则会出现这种错误。

- Compound statement missing（漏掉复合语句）

分析：编译程序扫描到源文件末时，未发现结束符号（大括号）。此类错误通常是由于大括号不匹配所致。

- Conflicting type modifiers（类型修饰符冲突）

分析：对同一指针，只能指定一种变址修饰符（如 near 或 far）；而对于同一函数，也只能给出一种语言修饰符（如 Cdecl、pascal 或 interrupt）。

- Constant expression required（需要常量表达式）

分析：数组的大小必须是常量，此错误通常是由于#define 常量的拼写错误引起。

- Could not find file 'xxxxxx.xxx'（找不到'xxxxxx.xx'文件）

分析：编译程序找不到命令行中给出的文件。

- Declaration missing（漏掉了说明）

分析：当源文件中包含了一个 struct 或 union 域声明，而后面漏掉了分号，就会出现此类错误。

- Declaration needs type or storage class（说明必须给出类型或存储类）

分析：正确的变量说明必须指出变量类型，否则会出现此类错误。

- Declaration syntax error（说明出现语法错误）

分析：在源文件中，若某个说明丢失了某些符号或输入多余的符号，则会出现此类错误。

- Default outside of switch（Default 语句在 switch 语句外出现）

分析：这类错误通常是由于括号不匹配引起的。

- Define directive needs an identifier（Define 指令必须有一个标识符）

分析：#define 后面的第一个非空格符必须是一个标识符；若该位置出现其他字符，则会出现此类错误。

- Division by zero（除数为零）

分析：当源文件的常量表达式出现除数为零的情况，则会造成此类错误。

- Do statement must have while（do 语句中必须有 while 关键字）

分析：若源文件中包含了一个无 while 关键字的 do 语句，则出现此错误。

- Do while statement missing(（do while 语句中漏掉了符号“(”）

分析：在 do 语句中，若 while 关键字后无左括号，则出现此错误。

- Do while statement missing;（do while 语句中漏掉了分号）

分析：在 Do 语句的条件表达式中，若右括号后面无分号则出现此类错误。

- Duplicate Case（Case 情况不唯一）

分析：switch 语句的每个 case 必须有一个唯一的常量表达式值，否则就会导致此类错误的发生。

- Enum syntax error（Enum 语法错误）

分析：若 enum 说明的标识符表达式不对，将出现此类错误。

- Enumeration constant syntax error（枚举常量语法错误）

分析：若赋给 enum 类型变量的表达式值不为常量，则会导致此类错误的发生。

- Error Directive : xxxx（Error 指令: xxxx）

分析：源文件处理#error 指令时，显示该指令指出的信息。

- Error Writing output file（写输出文件错误）

分析：这类错误通常是由于磁盘空间已满，无法进行写入操作而造成。

- Expression syntax error（表达式语法错误）

分析：此错误通常是由于出现两个连续的操作符，括号不匹配或缺少括号、前一语句漏掉了分号引起的。

- Extra parameter in call（调用时出现多余参数）

分析：此错误是由于调用函数时，其实际参数个数多于函数定义中的参数个数所致。

- Extra parameter in call to xxxxxx（调用 xxxxxx 函数时出现了多余参数）

分析：该函数由原型定义。

- File name too long（文件名太长）

分析：#include 指令给出的文件名太长，致使编译程序无法处理，就会出现此类错误。通常 DOS 下的文件名长度不能超过 64 个字符。

- For statement missing)（for 语名缺少")"）

分析：在 for 语句中，如果控制表达式后缺少右括号，就会出现此类错误。

- For statement missing(（for 语句缺少"("）

分析：for 语句中，如果控制表达式后缺少左括号，就会出现此类错误。

- For statement missing;（for 语句缺少“;”）

分析：在 for 语句中，当某个表达式后缺少分号，就会出现此类错误。

- Function call missing)（函数调用缺少")"）

分析：如果函数调用的参数表漏掉了右括号或括号不匹配，就会出现此类错误。

- Function definition out of place（函数定义位置错误）

分析：函数定义不可出现在另一函数内。函数内的任何说明，只要以类似于带有一个参数表的函数开始，就被认为是一个函数定义。

- Function doesn't take a variable number of argument（函数不接受可变的参数个数）

分析：源文件中的某个函数内使用了 va——start 宏，此函数不能接受可变数量的参数。

- Goto statement missing label（goto 语句缺少标号）

分析：在 goto 关键字后面必须有一个标识符。

- If statement missing(（if 语句缺少“(”）

分析：if 关键字后面缺少左括号。

- If statement missing)（if 语句缺少")"）

分析：if 关键字后面缺少右括号。

- Illegal octal digit（非法八进制数）

分析：此类错误通常是由于八进制常数中包含了非八进制数字所致。

- Illegal pointer subtraction（非法指针相减）

分析：此错误是由于一个非指针变量减去一个指针变量造成的。

- Illegal structure operation（非法结构操作）

分析：结构使用了其他操作符。

- Illegal use of floating point（浮点运算非法）

分析：浮点操作数出现在不允许出现的地方（移位、按位逻辑操作、条件等）。

- Illegal use of pointer（指针使用非法）

分析：指针只能在加、减、复制、比较、间接引用和->等操作中使用。如果使用了除上述操作符之外的其他操作符，则会出现此类错误。

- Improper use of a typedef symbol（typedef 符号使用不当）

分析：typedef 声明的符号可能出现拼写错误。

- Incompatible storage class（不相容的存储类型）

分析：源文件的一个函数定义中使用了 extern 关键字，故出现此错误。

- Incompatible type conversion（不相容的类型转换）

分析：试将两种不相容的类型进行相互转换。

- Incorrect command line argument:xxxxxx（不正确的命令行参数：xxxxxx）

分析：该命令参数非法。

- Incorrect command file argument:xxxxxx（不正确的配置文件参数：xxxxxx）

分析：匹配文件非法。

- Incorrect number format（不正确的数据格式）

分析：查看是否出现类似十六进制中出现小数点的情况。

- Incorrect use of default（default 未正确使用）

分析：default 关键字使用不正确，诸如后面的冒号没写等。

- Initializer syntax error（初始化语法错误）

分析：初始化过程中出现了类似少写了操作符之类的错误。

- Invaild indirection（无效的间接运算）

分析：间接运算操作符要求非 void 指针作为操作分量。

- Invalid macro argument separator（无效的宏参数分隔符）

分析：在发现宏的参数名后面出现其他非法字符时，会出现此类错误。

- Invalid pointer addition（无效的指针相加）

分析：源程序中试图将两个指针相加。

- Invalid use of dot（.使用错）

分析：点操作符使用错误，该操作符后面须跟一标识符。

- Macro argument syntax error（宏参数语法错误）

分析：宏的参数不符合标识符的规定。

- Macro expansion too long（宏扩展太长）

分析：宏对自身进行扩展时常会出现此类错误。

- Mismatch number of parameters in definition（定义中参数个数不匹配）

分析：函数原型中的参数与定义中的参数不匹配。

- Misplaced break（break 位置错误）

分析：类似于 break 语句出现在循环体外的错误。

- Misplaced continue（continue 位置错误）

分析：类似于 continue 语句出现在循环体外的错误。

- Misplaced decimal point（十进制小数点位置错）

分析：浮点参数的指数部分有一个十进制小数点。

- Misplaced else（else 位置错）

分析：else 语句缺少与之相匹配的 if 语句。

- Misplaced else directive（else 指令位置错）

分析：没有与#else 指令相匹配的#if、#ifdef 或#ifndef。

- Misplaced endif directive（endif 指令位置错）

分析：没有与#endif 指令相匹配的#if、#ifdef 或#ifndef。

- Must be addressable（必须是可编址的）

分析：某一表达式使用了不可编址操作符。

- Must take address of memory location（必须是内存一地址）

分析：没有接受内存地址。

- No file name ending（无文件终止符）

分析：#include 语句中缺少“"”或“>”。

- No file names given（未给出文件名）

分析：编辑窗口中没有任何文件。

- Non-protable pointer comparison（不可移植的指针比较）

分析：不恰当地将一个指针和一个非指针进行比较。

- Non-protable return type conversion（不可移植的返回类型转换）

分析：返回语句中的表达式类型与函数说明中的类型不同。

- Not an allowed type（不允许的类型）

分析：在源文件中说明了几种禁止了的类型。

- Out of memory（内存不够）

分析：工作内存用完。

- Pointer required on left side of（操作符左边须是一指针）

分析：使用了“->”而左边的操作数却不是指针类型，这时会提示该错误。

- Redeclaration of 'xxxxxx'（'xxxxxx'重定义）

分析：此标识符已经定义过。

- Size of structure or array not known（结构或数组大小不定）

分析：类似于数组未指定大小的错误。

- Statement missing;（语句缺少“;”）

分析：语句后少写了“;”。

- Structure or union syntax error（结构体或共用体语法错误）

分析：结构体和共用体定义有错误，类似于左边没写花括号之类的错误。

- Structure size too large（结构太大）

分析：源文件中说明了一个结构，它所需的内存区域太大以致存储空间不够。

- Switch statement missing (（switch 语句缺少“(”）

分析：可能少写了一个“(”。

- Switch statement missing)（switch 语句缺少“)”）

分析：可能少写了一个“)”。

- Too few parameters in call（函数调用参数太少）

分析：对带有原型的函数调用参数不够。

- Too few parameters in call to'xxxxxx'（调用'xxxxxx'时参数太少）

分析：调用函数时给出的参数不够。

- Too many cases（cases 太多）

分析：switch 最多只能有 257 个 case。

- Too many decimal points（十进制小数点太多）

分析：一个浮点型常量带有不止一个的十进制小数点。

- Too many default cases（defaut 语句太多）

分析：switch 语句中出现了不止一条的 default 语句。

- Too many exponents（阶码太多）

分析：浮点型常量中有不止一个的阶码。

- Too many initializers（初始化太多）

分析：初始化比说明所允许的多。

- Too many storage classes in declaration（说明中存储类太多）

分析：一个说明只允许有一种存储类。

- Too many types in declaration（说明中类型太多）

分析：一个说明只允许有一种基本类型。

- Too much auto memory in function（函数中自动存储太多）

分析：当前函数声明的自动存储超过了可用的存储器空间。

- Too much global define in file（文件中定义的全局数据太多）

分析：数据总数超过了 64KB。

- Two consecutive dots（两个连续点）

分析：出现了两个连续的点。

- Type missmatch in parameter 'XXXXXXX'（参数'XXXXXXX'类型不匹配）

分析：源文件中由原型说明了一个函数指针调用的函数，而所指定的参数不能转换为已说明的参数类型。

- Type mismatch in parameter 'XXXXXXXX' in call to 'YYYYYYYY'（调用'YYYYYYYY'时参数'XXXXXXXX'数型不匹配）

分析：源文件中由原型说明了一个指定的参数，而指定参数不能转换为另一个已说明的参数类型。

- Type mismatch in redeclaration of 'XXX'（重定义类型不匹配）

分析：源文件中把一个已经说明的变量重新说明为另一种类型。

- Unable to creat output file 'XXXXXXXX.XXX'（不能创建输出文件'XXXXXXXX.XXX'）

分析：当工作磁盘已满或写保护时产生此类错误。

- Unable to create turboc.lnk（不能创建 turboc.lnk ）

分析：不能存取磁盘或磁盘已满。

- Unable to execute command 'xxxxxxxx'（不能执行'xxxxxxxx'命令）

分析：找不到 TLINK 或 MASM，或者磁盘出错。

- Unable to open include file 'xxxxxxx.xxx'（不能打开包含文件'xxxxxxx.xxx'）

分析：编译程序找不到该包含文件，可能没有在指定目录下。

- Unable to open input file 'xxxxxxxx.xxx'（不能打开输入文件'xxxxxxxx.xxx'）

分析：编译程序找不到源文件。

- Undefined label 'xxxxxxxx'（标号'xxxxxxxx'未定义）

分析：函数中 goto 语句后的标号没有定义。

- Undefined structure 'xxxxxxxx'（结构'xxxxxxxx'未定义）

分析：源文件中使用了未经说明的某个结构。

- Undefined symbol 'xxxxxxx'（符号'xxxxxxx'未定义）

分析：标识符说明或引用处出现了错误

- Unexpected end of file in comment started on line #（源文件在某个注释中意外结束）

分析：注释结束符可能漏掉了。

- Unexpected end of file in conditional stated on line #（源文件在#行开始的条件语句中意外结束）

分析：通常是漏掉#endif 或拼写错误。

- Unknown preprocessor directive 'xxx'（不认识的预处理指令：'xxx'）

分析：预处理指令'xxx'未知。

- Unterminated character constant（未终结的字符常量）

分析：发现了一个不匹配的省略符。

- Unterminated string（未终结的串）

分析：发现了一个不匹配的省略号

- Unterminated string or character constant（未终结的串或字符常量）

分析：串或字符开始后没有终结。

- User break（用户中断）

分析：在进行编译或连接时用户按了<Ctrl+Break>组合键。

- Value required（赋值请求）

分析：出现变量未赋值的情况。

- While statement missing (（while 语句漏掉“(”）

分析：while 语句缺少左括号。

- While statement missing)（while 语句漏掉“)”）

分析：while 语句缺少右括号。

- Wrong number of arguments in of 'xxxxxxxx'（调用'xxxxxxxx'时参数个数错误）

分析：调用某个宏时，参数个数不对。

3. 警告

- 'xxxxxxxx' declared but never used（说明了'xxxxxxxx'但一直未使用）

分析：在源文件中说明了此变量，但是并没有使用。

- 'xxxxxxxx' is assigned a value which is never used（'xxxxxxxx'被赋值，但一直未使用）

分析：'xxxxxxxx'出现在赋值语句中，但直到整个程序结束也一直未被使用。

- 'xxxxxxxx' not part of structure（'xxxxxxxx'不是结构体的一部分）

分析：点左边的不是结构，或者箭头的左边不指向结构。

- Call to function with prototype（调用无原型函数）

分析：当“原型请求”警告可用，而又调用了一个无原型的函数时，发出此警告。

- Code has no effect（代码无效）

分析：当编译程序遇到一个含无操作符的语句时，发出此类警告。

- Conversion may lose significant digits（转换可能丢失高位数字）

分析：类似于将 long 型变量转换成 int 类型时，可能出现类似警告。

- No declaration for function 'xxxxxxxx'（函数'xxxxxxxx'没有说明）

分析：当“说明请求”警告可用，而又调用了一个没有预先说明的函数时，发出此警告。

- Non-portable pointer comparision（不可移植指针比较）

分析：可能是在源文件中将一个指针和另一个非指针进行了比较。

- Parameter 'xxxxxxxx' is never used（参数'xxxxxxxx'没有使用）

分析：函数说明中的某参数在函数体中从未使用。

- Possible use of 'xxxxxxxx' before definition（在定义'xxxxxxxx'之前可能已使用）

分析：源文件的某一表达式中使用了未经复制的变量。

- Superfluous & with function or array（在函数或数组中有多余的&）

分析：取地址操作符对一个数组或函数名来说是不需要的。

- Undefined structure 'xxxxxxxx'（结构'xxxxxxxx'未定义）

分析：在源文件中使用了该结构，但是该结构却未定义。

扫一扫，看视频

第 3 章　算法、数据类型

学好 C 语言十分重要，它是学好其他各类语言的基础。对于 C 语言来说，掌握其数据类型、运算符及表达式是学好这门语言的根基。本章视频要点如下：

- 如何学好本章。
- 掌握流程图的画法。
- 掌握常用的 3 种数据类型。
- 了解变量间的数据类型转换。
- 熟悉常用运算符。
- 掌握重点的运算符及表达式。

3.1　程序的组成部分

一个 C 语言程序一般由以下几部分组成，如图 3.1 所示。

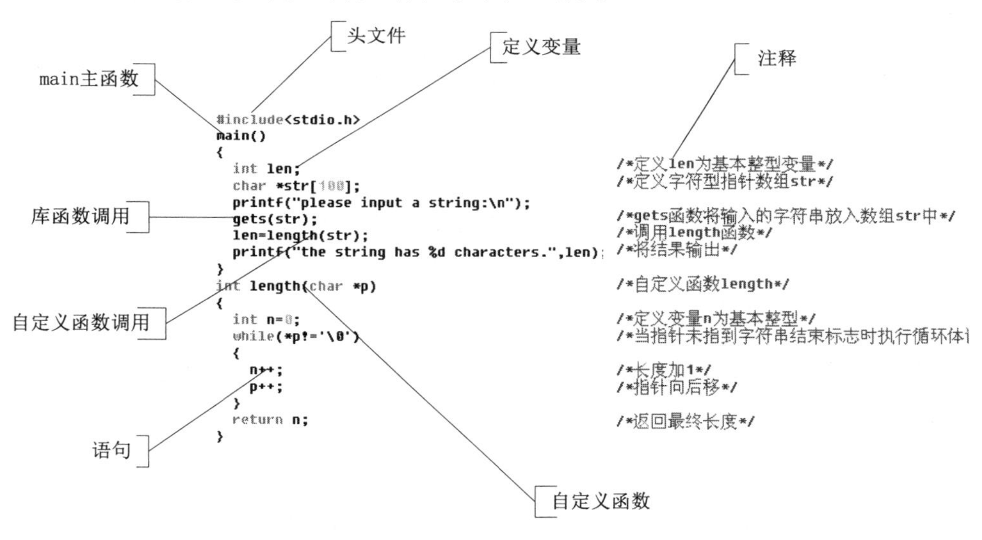

图 3.1　程序组成部分

其中几个重要组成部分说明如下。

- 头文件：所要调用的函数或其他内容在哪个头文件中，在程序的开始部分就应加上相应的头文件。
- 定义变量：根据程序的需要自定义一些变量，可将不同的变量定义成不同的数据类型。
- 库函数调用：调用具有一定功能、已经编译好的函数。
- 自定义函数：根据程序的需要，自定义一些具有特殊功能的函数。该函数的定义过程需要在代码中体现。

- 注释：为方便理解、调试程序，而添加的注解。

3.2 算　　法

面向对象程序设计语言，如 Smalltalk、EIFFEL、C++、Java、C#等语言，强调的是数据结构；而面向过程的程序设计语言，如 C、Pascal、FORTRAN 等语言，主要关注的是算法。算法与程序设计和数据结构密切相关，是解决一个问题的完整的步骤描述，包括解决问题的策略、规则、方法等。算法的描述形式有很多种，如传统流程图、结构化流程图及计算机程序语言等。

3.2.1　算法的概念

一个算法是为解决某一特定类型的问题而制定的一个实现过程。就像建造一栋楼之前，要先在图纸上绘出其构造图，算法就是在编写程序前先整理出的基本思路。它具有下列特征：

1．有穷性

一个算法必须在执行有穷步之后结束且每一步都可在有穷时间内完成，不能无限地执行下去。

2．确定性

算法的每一个步骤都应当是确切定义的，对于每一个过程不能有二义性，将要执行的每个动作必须严格而清楚地规定。

3．可行性

算法中的每一步都应当能有效地运行，也就是说算法应是可行的，并要求最终得到正确的结果。

4．输入

一个算法应有零个或多个输入。输入是指在执行算法时需要从外界取得的必要的信息，即算法所需的初始量等信息。

5．输出

一个算法有一个或多个输出。什么是输出？输出就是算法最终所求的结果。

3.2.2　流程图

流程图是一种传统的算法表示法，它用一些图框来代表各种不同性质的操作，用流程线来指示算法的执行方向。由于它直观形象、易于理解，所以应用极为广泛，特别是在语言发展的早期阶段，只有通过流程图才能简明地表述算法。常见的流程图符号如图 3.2 所示。

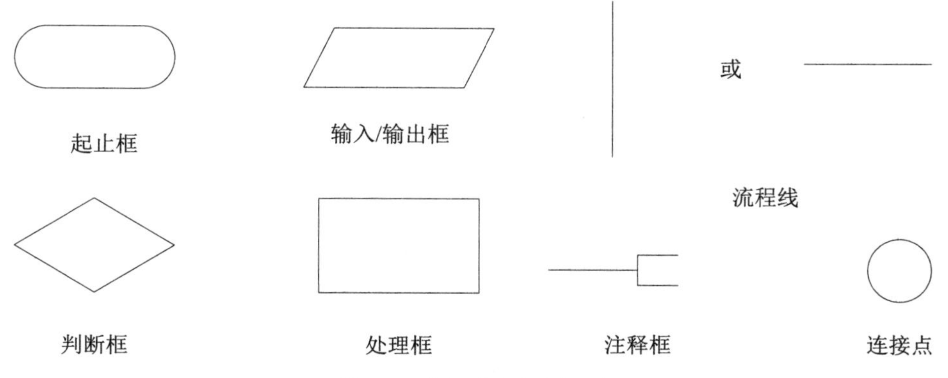

图 3.2　常见的流程图符号

其中，起止框是用来标识算法开始和结束的；判断框的作用是对一个给定的条件进行判断，根据给定的条件是否成立来决定如何执行后面的操作；连接点是将画在不同地方的流程线连接起来。下面通过几个例子来看下这些图框是如何使用的。

例 3.1　有 3 个数 x、y、z，要求按大小顺序把它们打印出来。流程图如图 3.3 所示。

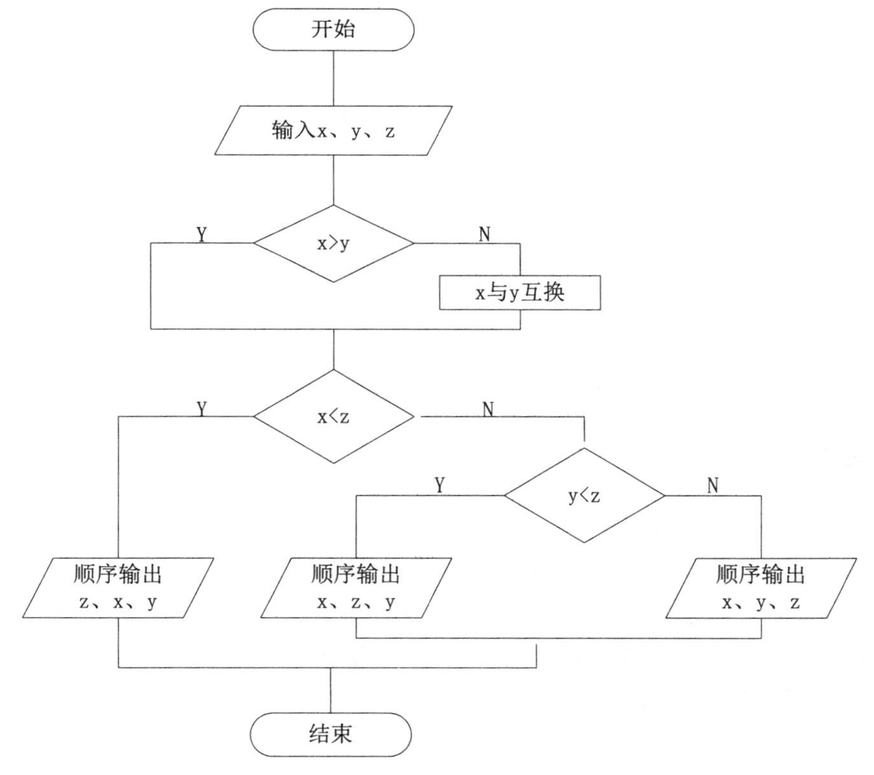

图 3.3　由大到小输出 3 个数流程图

例 3.2　求两个数 a 和 b 的最大公约数。流程图如图 3.4 所示。

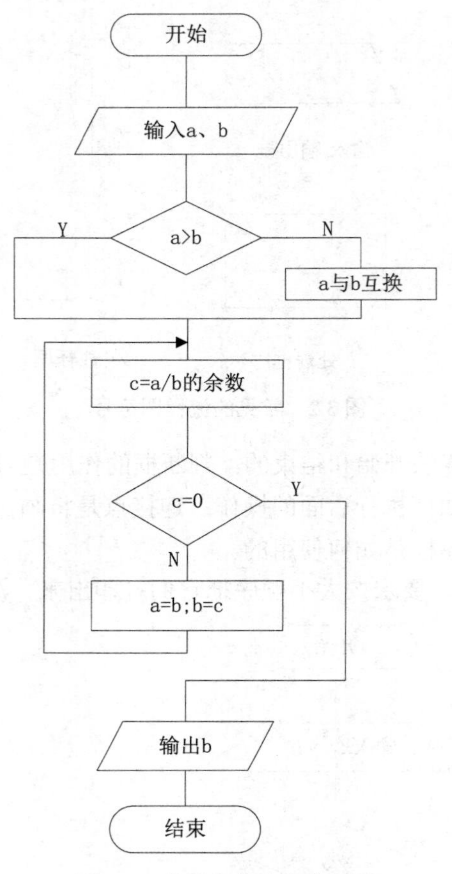

图 3.4　求最大公约数流程图

说明：

流程线从下往上或从右向左时，必须带箭头，除此以外，都不画箭头，流程线的走向总是从上向下或从左向右。

3.2.3　3 种基本结构

经过研究发现，任何复杂的算法，都可以由顺序结构、选择结构和循环结构这 3 种基本结构组成。这 3 种基本结构之间可以并列、相互包含，但不允许交叉或从一个结构直接转到另一个结构的内部去。

整个算法都是由 3 种基本结构组成的，所以只要规定好 3 种基本结构的流程图的画法，就可以画出任何算法的流程图。

1. 顺序结构

顺序结构是简单的线性结构。在顺序结构的程序中，各操作是按照它们出现的先后顺序执行的，如图 3.5 所示。

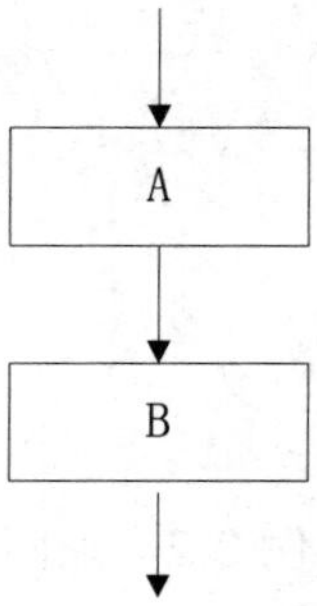

A

B

图 3.5　顺序结构

在执行完 A 框所指定的操作后，接着执行 B 框所指定的操作。在该结构中，只有一个入口点 A 和一个出口点 B。

2. 选择结构

选择结构也叫分支结构，如图 3.6 和图 3.7 所示。

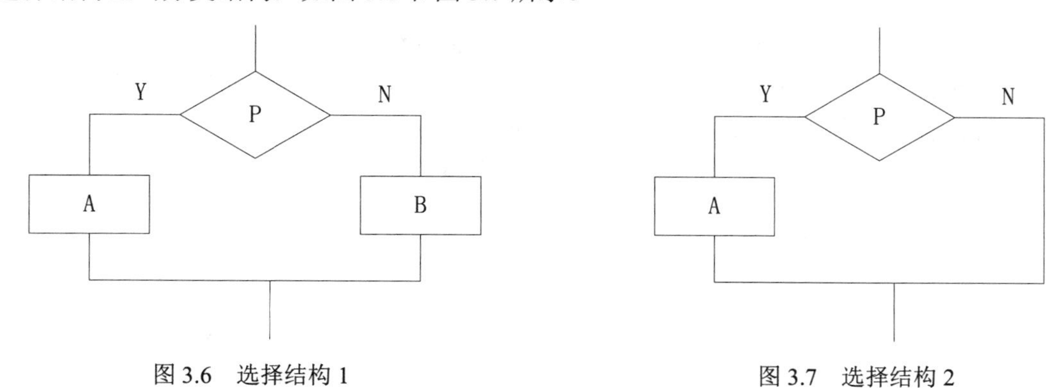

图 3.6 选择结构 1　　　　图 3.7 选择结构 2

选择结构中必须包含一个判断框。如图 3.6 所示是根据给定的条件 P 是否成立选择执行 A 框或 B 框；如图 3.7 所示是根据给定的条件 P 进行判断，如果条件成立执行 A 框，否则什么也不做。

3. 循环结构

在循环结构中，反复执行一系列操作，直到条件不成立时才终止循环。按照判断条件出现的位置，可将循环结构分为当型循环结构和直到型循环结构。

（1）当型循环，如图 3.8 所示。

当型循环是先判断条件 P 是否成立，如果成立，则执行 A 框；执行完 A 框后，再次判断条件 P 是否成立，如果成立，继续执行 A 框；如此反复，直到条件 P 不成立为止，此时不执行 A 框，跳出循环。

（2）直到型循环，如图 3.9 所示。

图 3.8 当型循环　　　　图 3.9 直到型循环

直到型循环是先执行 A 框，然后再判断条件 P 是否成立，如果条件 P 成立则再次执行 A 框；然后再次判断条件 P 是否成立，如果成立，继续执行 A 框；如此反复，直到条件 P 不成立，此时不执行 A 框，跳出循环。

说明：

这 3 种基本结构都只有一个入口、一个出口，结构内的每一部分都有可能被执行，且不会出现无终止循环的情况。

3.2.4　N-S 流程图

N-S 流程图是另一种算法表示法，是由美国人 I.Nassi 和 B.Shneiderman 共同提出的。其根据是：既然任何算法都是由前面介绍的 3 种基本结构组成的，那么各基本结构之间的流程线就是多余的。因此去掉了所有的流程线，将全部的算法写在一个矩形框内。N-S 流程图也是算法的一种结构化描述方法，同样也有 3 种基本结构，分别如图 3.10～图 3.13 所示。

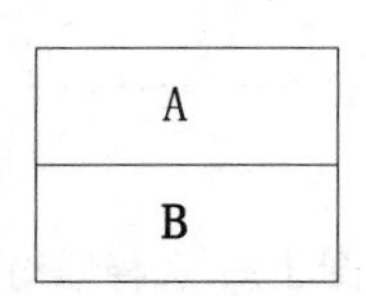

图 3.10　顺序结构 N-S 流程图

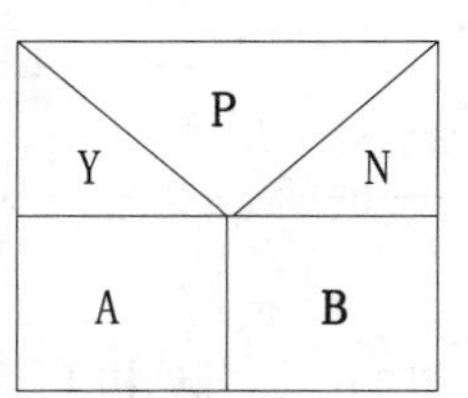

图 3.11　选择结构 N-S 流程图

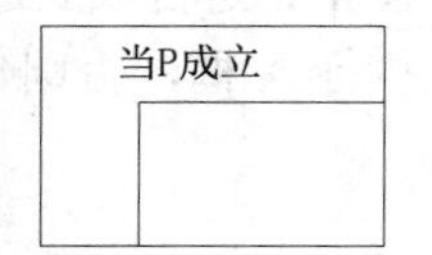

图 3.12　当型循环 N-S 流程图

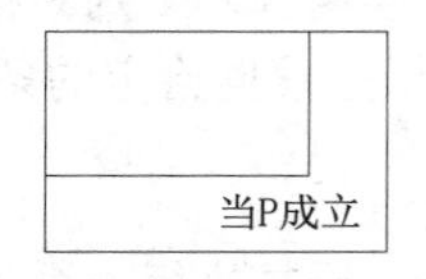

图 3.13　直到型循环 N-S 流程图

例 3.1N-S 流程图如图 3.14 所示。
例 3.2N-S 流程图如图 3.15 所示。

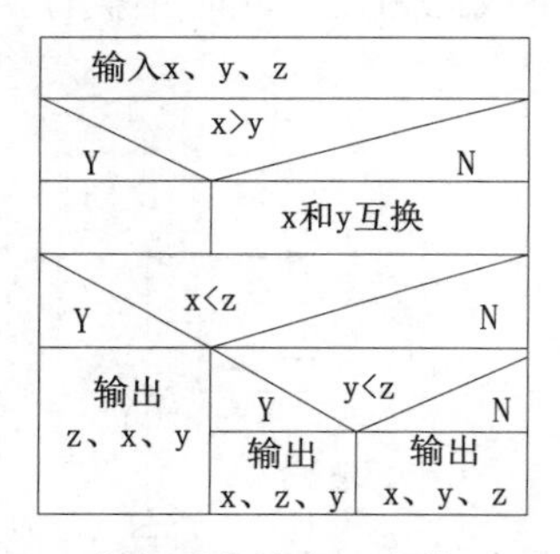

图 3.14　由大到小输出 3 个数 N-S 流程图

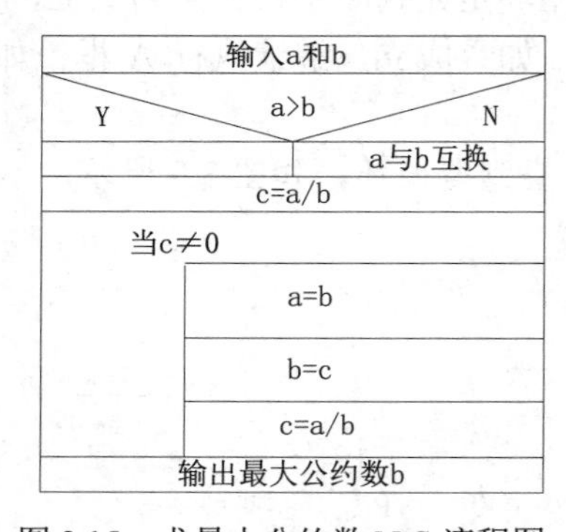

图 3.15　求最大公约数 N-S 流程图

3.3　标识符与数据类型

3.3.1　标识符

所谓标识符，是指常量、变量、语句标号以及用户自定义函数的名称。作为标识符必须满足以下规则：

- 所有标识符必须以字母或下划线开头。
- 标识符的其他部分可以由字母、下划线或数字组成。

- 大小写字母表示不同意义，即代表不同的标识符。
- Turbo C 中标识符允许有 32 个字符。
- 标识符不能是关键字。

例如，ac.12、37_ab、￥12、ab#，这些标识符均是不合法的。又如，下面列举的标识符均是合法的：_abc、xy12、_12a、day、sum。

规则中第 1 条规定了标识符只能是字母或下划线，其他均不可，所以上面的 37_ab 是不合法的标识符。根据第 2 条的规定可判断出￥12 和 ab#均是不合法的标识符，因为“￥”和“#”不是字母、下划线和数字中的任意一个。规则中的第 3 条表明 C 语言中的字母是有大小写区别的，因此 sum、Sum 和 SUM 是 3 个不同的标识符。

ANSI 标准规定，标识符可以为任意长度，但外部名必须至少能由前 8 个字符唯一地区分。这是因为某些编译程序（如 IBM PC 的 MS C）仅能识别前 8 个字符。

标识符不能和 C 语言的关键字相同，也不能和用户已编写的函数或 C 语言库函数同名。

3.3.2 数据类型

C 语言程序中用到的数据都必须先指定其数据类型才可使用，数据结构是以数据类型的形式出现的。C 语言中的数据类型如图 3.16 所示。

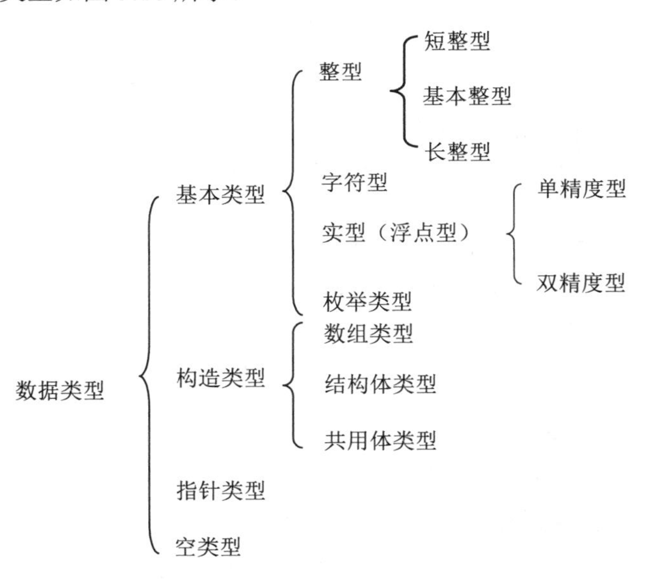

图 3.16 C 语言中的数据类型

这些数据类型均是 ANSI 标准中的数据类型，C 语言中的数据都属于以上这些类型，无论该数据是常量还是变量。本章中主要介绍基本数据类型。

3.4 常 量

在程序运行过程中，其值不能被改变的量称为常量。常量可以划分为不同的类型，包括整型常量（即整常数）、实型常量和字符型常量。

扫一扫，看视频

3.4.1 整型常量

在C语言中，整型常量（或者说整常数）八进制、十六进制和十进制3种。

（1）八进制整常数必须以0开头，即以0作为八进制数的前缀。数码取值为0~7。八进制数通常是无符号数。

- 以下各数是合法的八进制数：015、0101、0123。
- 以下各数不是合法的八进制数：256（无前缀0）、0396（包含了非八进制数9）。

（2）十六进制整常数的前缀为0X或0x。其数码取值为0～9、A～F或a～f。

- 以下各数是合法的十六进制整常数：0X2A1、0XC5、0XFFFF。
- 以下各数不是合法的十六进制整常数：5A（无前缀0X）、0X3S（含有非十六进制数S）。

（3）十进制整常数没有前缀。其数码取值为0～9。

- 以下各数是合法的十进制整常数：9、23、-452、145。
- 以下各数不是合法的十进制整常数：093（前面不应该出现0）、2A（含有非十进制数A）。

提示：

在程序中是根据前缀来区分各种进制数的，因此在书写整常数时不要把前缀弄错了，以免造成结果不正确。

（4）再来看一下整型常量的后缀。在16位字长的机器上，基本整型的长度也为16位，因此表示的数的范围也是有限定的。十进制无符号整常数的表示范围为0~65535，有符号整常数的表示范围为-32768~+32767；八进制无符号整常数的表示范围为0~0177777；十六进制无符号整常数的表示范围为0X0~0XFFFF或0x0~0xffff。如果使用的数超过了上述范围，就必须用长整数来表示。长整数是用后缀“L”或“l”来表示的。例如：

- 十进制长整数：327L、856000L、63653L。
- 八进制长整数：036L、057L、0277777L。
- 十六进制长整数：0X1AL、0XBC5L、0X1FFFFL。

说明：

长整型数327L和基本整常数327在数值上并无区别；但对于327L，因为是长整型，C编译系统将为它分配4字节存储空间，而对于327，因为是基本整型，只分配2字节的存储空间。

（5）无符号整常数也可用后缀来表示，其后缀为“U”或“u”。例如，212u、0X25Abu、056u。

前缀、后缀可同时使用，以表示各种类型的数。例如，0523Lu表示八进制无符号长整数523，其十进制为339。

（6）整型数据在内存中是以二进制的形式存放，数值是以补码表示的。一个正数的补码和其原码的形式相同；一个负数的补码是将该数绝对值的二进制形式，按位取反再加1。

例如，十进制数15在内存中的存放情况如图3.17所示。

又如，十进制数-38在内存中的存放情况如下。

① 首先求-38的绝对值的二进制形式，如图3.18所示。

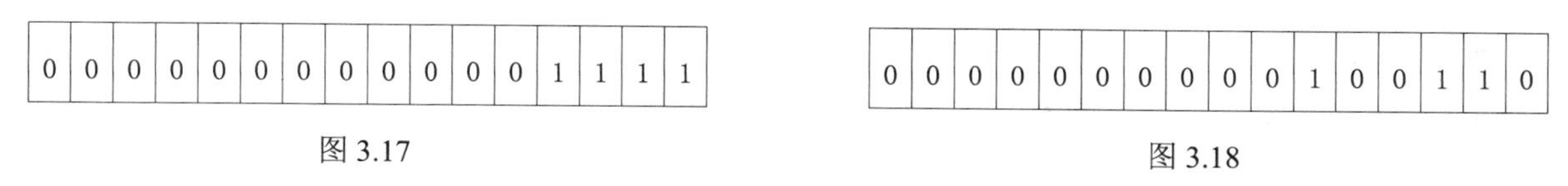

图 3.17　　　　图 3.18

② 按位取反后如图 3.19 所示。

③ 在取反的基础上再加 1，就是-38 在内存中存放的情况，如图 3.20 所示。

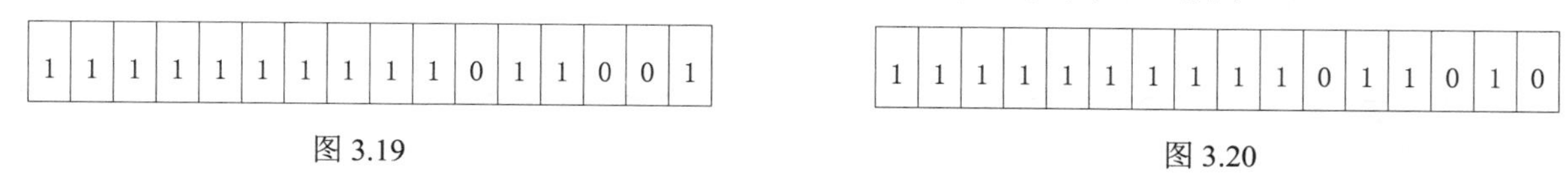

图 3.19　　　　图 3.20

提示：

对于有符号整数，其在内存中存放的最左面一位表示符号位。如果该位为 0，则说明该数为正；若为 1，则说明该数为负。

3.4.2 实型常量

实型也称为浮点型，实型常量也称为实数或者浮点数。在 C 语言中，实数只采用十进制。它有两种形式，即十进制数形式和指数形式。

1．十进制数形式

由 0～9 和小数点组成。例如，0.0、3.25、0.00596、5.0、536.、-5.3、-0.002 等均为合法的实数。

2．指数形式

由十进制数加上阶码标志“e”或“E”以及阶码组成。例如，23e3 或 23E3 都表示 23×10^3。

注意：

字母 e（或 E）之前必须要有数字，且 e 后面的指数必须为整数。

例如，以下不是合法的实数：E5（E 之前无数字）、-5（无 e 或 E）、3E3.5（E 后面不能为小数）。

说明：

在字母 e（或 E）之前的小数部分中，小数点左边应有一位（且只能有一位）非零的数字，称之为规范化的指数形式。

3.4.3 字符型常量

扫一扫，看视频

字符型常量分为字符常量和字符串常量，而字符常量又可进一步分为一般字符常量和特殊字符常量。

1．一般字符常量

一般字符常量是指用单引号括起来的一个字符，如‘a’和‘?’都是合法的字符常量。在 C 语言中，字符常量具有以下特点。

- 字符常量只能用单引号括起来，不能用双引号或其他括号。
- 字符常量只能是单个字符，不能是字符串。

- 字符可以是字符集中的任意字符，但数字被定义为字符型之后就不能再参与数值运算。

2. 特殊字符常量

转义字符是一种特殊的字符常量。转义字符以“\”开头，后跟一个或几个字符。转义字符具有特定的含义，不同于字符原有的含义，故称“转义”字符。例如，例1.1中的‘\n’就是一个转义字符，代表回车换行。常用的转义字符及其含义如表3.1所示。

表3.1 常用的转义字符及其含义

转 义 字 符	转义字符的意义
\n	回车换行
\t	横向跳到下一制表位置
\v	竖向跳格
\b	退格
\r	回车
\f	走纸换页
\\	反斜杠“\”
\'	单引号
\a	鸣铃
\ddd	1～3位八进制数所代表的字符
\xhh	1～2位十六进制数所代表的字符

C语言字符集中的任何一个字符均可用转义字符来表示。表3.1中的\ddd和\xhh正是为此而提出的。ddd和hh分别为八进制和十六进制的ASCII代码。例如，‘\101’表示ASCII码（十进制数）“A”，\XOA表示换行等。

例3.3 转义字符应用。

```
#include<stdio.h>
main()
{
    printf("12\t34\r56\n7     8\b9 10");                    /*输出转义字符*/
    printf("\n\052,\x26");
}
```

程序运行结果如图3.21所示。

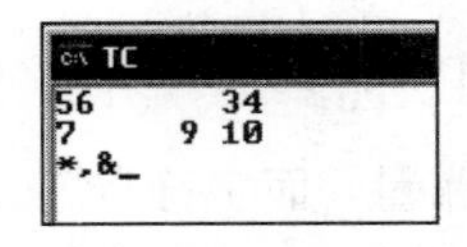

图3.21 转义字符

3.4.4 字符串常量

1. 字符串常量的概念和字符串长度

字符串常量是用一对双引号括起来的若干字符序列。

字符串中字符的个数称为字符串长度。长度为 0 的字符串（即一个字符都没有的字符串）称为空串。

例如，“welcome to our school”和“hello girl”等都是字符串常量，其长度分别为 21 和 10（空格也是一个字符）。

2．字符串常量的存储

C 语言规定：在存储字符串常量时，由系统在字符串的末尾自动加一个‘\0’作为字符串的结束标志。例如字符串常量“welcome”，其在内存中的存储形式如图 3.22 所示。

注意：

> 在源程序中书写字符串常量时，不必加结束字符‘\0’，系统会自动添加。

字符常量‘A’与字符串常量“A”是两个不同的概念，其区别主要体现在以下几方面。

（1）定界符不同：字符常量使用单引号，而字符串常量使用双引号。

（2）长度不同：字符常量的长度固定为 1；而字符串常量的长度，可以是 0，也可以是某个整数。这里字符串常量“A”的长度是 2 而不是 1，其存储形式如图 3.23 所示。

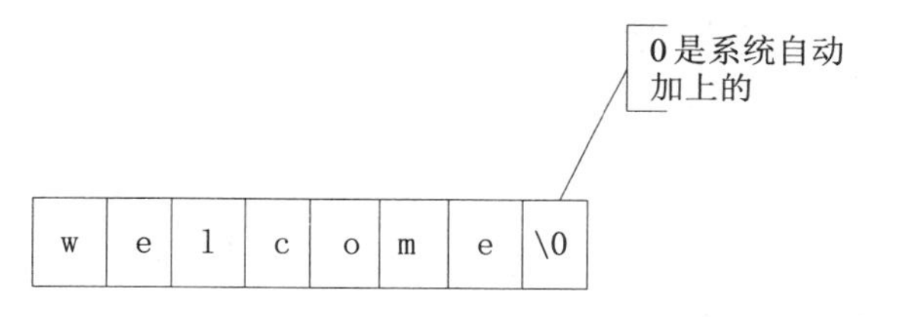

图 3.22　字符串常量“welcome”在内存中的存储

A	\0

图 3.23　字符串常量“A”的存储形式

（3）存储要求不同：字符常量存储的是字符的 ASCII 码值；而字符串常量，除了要存储有效的字符外，还要存储一个结束标志‘\0’。

前面学习的过程中多次提到 ASCII 码，后文中也会经常用到，在此就给出 ASCII 码对照表，如表 3.2 所示。

表 3.2　ASCII 码对照表

Bin	Dec	Hex	缩写/字符	解　释
00000000	0	00	NUL（null）	空字符（\0）
00000001	1	01	SOH（star to f heading）	标题开始
00000010	2	02	STX（star to f text）	正文开始
00000011	3	03	ETX（end of text）	正文结束
00000100	4	04	EOT（end of transmission）	传输结束
00000101	5	05	ENQ（enquiry）	请求
00000110	6	06	ACK（acknowledge）	收到通知
00000111	7	07	BEL（bell）	响铃（\a）
00001000	8	08	BS（backspace）	退格（\b）
00001001	9	09	HT（horizontal tab）	水平制表符（\t）
00001010	10	0A	LF（NL）（linefeed,newline）	换行键（\n）
00001011	11	0B	VT（verticaltab）	垂直制表符

续表

Bin	Dec	Hex	缩写/字符	解　释
00001100	12	0C	FF（NP）（formfeed,newpage）	换页键（\f）
00001101	13	0D	CR（carriage return）	回车键（\r）
00001110	14	0E	SO（shift out）	不用切换
00001111	15	0F	SI（shift in）	启用切换
00010000	16	10	DLE（data link escape）	数据链路转义
00010001	17	11	DC1（device control 1）	设备控制 1
00010010	18	12	DC2（device control 2）	设备控制 2
00010011	19	13	DC3（device control 3）	设备控制 3
00010100	20	14	DC4（device control 4）	设备控制 4
00010101	21	15	NAK（negative acknowledge）	拒绝接收
00010110	22	16	SYN（synchronou sidle）	同步空闲
00010111	23	17	ETB（end of trans mission block）	传输块结束
00011000	24	18	CAN（cancel）	取消
00011001	25	19	EM（end of medium）	介质中断
00011010	26	1A	SUB（substitute）	替补
00011011	27	1B	ESC（escape）	溢出
00011100	28	1C	FS（file separator）	文件分隔符
00011101	29	1D	GS（group separator）	分组符
00011110	30	1E	RS（record separator）	记录分隔符
00011111	31	1F	US（unit separator）	单元分隔符
00100000	32	20	SP（space）	
00100001	33	21	!	
00100010	34	22	"	
00100011	35	23	#	
00100100	36	24	$	
00100101	37	25	%	
00100110	38	26	&	
00100111	39	27	'	
00101000	40	28	(	
00101001	41	29	)	
00101010	42	2A	*	
00101011	43	2B	+	
00101100	44	2C	,	
00101101	45	2D	-	
00101110	46	2E	.	
00101111	47	2F	/	
00110000	48	30	0	
00110001	49	31	1	
00110010	50	32	2	

续表

Bin	Dec	Hex	缩写/字符	解　　释
00110011	51	33	3	
00110100	52	34	4	
00110101	53	35	5	
00110110	54	36	6	
00110111	55	37	7	
00111000	56	38	8	
00111001	57	39	9	
00111010	58	3A	:	
00111011	59	3B	;	
00111100	60	3C	<	
00111101	61	3D	=	
00111110	62	3E	>	
00111111	63	3F	?	
01000000	64	40	@	
01000001	65	41	A	
01000010	66	42	B	
01000011	67	43	C	
01000100	68	44	D	
01000101	69	45	E	
01000110	70	46	F	
01000111	71	47	G	
01001000	72	48	H	
01001001	73	49	I	
01001010	74	4A	J	
01001011	75	4B	K	
01001100	76	4C	L	
01001101	77	4D	M	
01001110	78	4E	N	
01001111	79	4F	O	
01010000	80	50	P	
01010001	81	51	Q	
01010010	82	52	R	
01010011	83	53	S	
01010100	84	54	T	
01010101	85	55	U	
01010110	86	56	V	
01010111	87	57	W	
01011000	88	58	X	
01011001	89	59	Y	

续表

Bin	Dec	Hex	缩写/字符	解　释
01011010	90	5A	Z	
01011011	91	5B	[	
01011100	92	5C	\	
01011101	93	5D	]	
01011110	94	5E	^	
01011111	95	5F	_	
01100000	96	60	`	
01100001	97	61	a	
01100010	98	62	b	
01100011	99	63	c	
01100100	100	64	d	
01100101	101	65	e	
01100110	102	66	f	
01100111	103	67	g	
01101000	104	68	h	
01101001	105	69	i	
01101010	106	6A	j	
01101011	107	6B	k	
01101100	108	6C	l	
01101101	109	6D	m	
01101110	110	6E	n	
01101111	111	6F	o	
01110000	112	70	p	
01110001	113	71	q	
01110010	114	72	r	
01110011	115	73	s	
01110100	116	74	t	
01110101	117	75	u	
01110110	118	76	v	
01110111	119	77	w	
01111000	120	78	x	
01111001	121	79	y	
01111010	122	7A	z	
01111011	123	7B	{	
01111100	124	7C	|	
01111101	125	7D	}	
01111110	126	7E	~	
01111111	127	7F	DEL（delete）	

3.5 变　　量

在程序运行过程中，其值可以改变的量称为变量。变量可以划分为不同的类型，包括整型变量、实型变量和字符型变量。

3.5.1 整型变量

整型变量可分为以下几类。

1. 基本整型变量

类型说明符为 int，在内存中占 2 字节，其取值范围为基本整常数。数据在内存中是以二进制形式存放的，这点在前面提过。如果定义了一个整型变量 i，并为 i 赋初值 14，则应写成如下形式。

```
int i;
i=14;
```

在计算机上使用 Turbo C 编译系统，每一个整型变量在内存中占 2 字节。十进制数 14 的二进制形式为 1110，其在内存中的实际存放情况如图 3.24 所示。

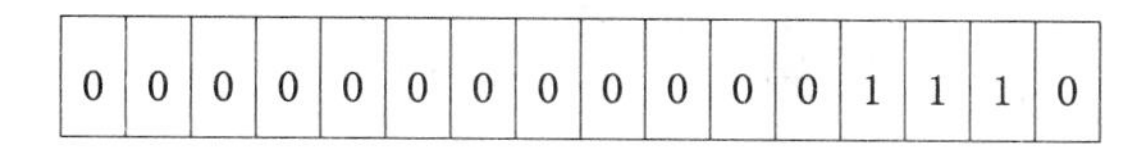

图 3.24　数据 14 在内存中的存放情况

2. 短整型变量

类型说明符为 short int 或 short，其所占字节和取值范围均与基本整型相同。数据在内存中也是以二进制形式存放。

3. 长整型变量

类型说明符为 long int 或 long，在内存中占 4 字节。数据在内存中也是以二进制形式存放。

4. 无符号整型变量

类型说明符为 unsigned，有以下 3 种无符号整型变量。

- 无符号基本整型变量：类型说明符为 unsigned int 或 unsigned。
- 无符号短整型变量：类型说明符为 unsigned short。
- 无符号长整型变量：类型说明符为 unsigned long。

各种无符号整型变量所占的内存空间字节数与相应的有符号整型变量相同。因为省去了符号位，所以不能表示负数。表 3.3 列出了 Turbo C 中各类整型变量所分配的内存字节数及数的表示范围。

表 3.3　整型变量

类型说明符	数 的 范 围	分配字节数
[signed] int	-32768~32767	2
unsigned [int]	0~65535	2
[signed] short [int]	-32768~32767	2
unsigned short [int]	0~65535	2
long [int]	-2147483648~2147483647	4
unsigned long [int]	0~4294967295	4

整型变量声明的一般形式如下：

```
类型说明符 变量名标识符，变量名标识符，…;
```

例如：

```
int x,y,z;
```

定义x、y、z为基本整型。

```
long x,y;
```

定义x、y为长整型。

说明：

有符号整型变量在内存中存储时，最左面的一位是表示符号的，该位为 0，表示数值为正，该位为 1 表示数值为负。无符号整型变量在内存中存储时，最左面一位表示数据的第一位，而不是符号位。

注意：

进行变量声明时允许在一个类型说明符后，说明多个相同类型的变量。各变量名之间用逗号间隔。类型说明符与变量名之间至少用一个空格间隔。最后一个变量名之后必须以“;”号结尾。变量应在使用前加以定义。

扫一扫，看视频

3.5.2　实型变量

实型变量分为单精度型变量、双精度型变量和长双精度型变量。

1．单精度型变量

类型说明符为 float。该实型数据在内存中占 4 字节（32 位），有效数字为 6~7 位，表示的数值范围是-3.4×10^{-38}~3.4×10^{38}。

2．双精度型变量

类型说明符为 double。该实型数据在内存中占 8 字节（64 位），有效数字为 15~16 位，表示的数值范围是-1.7×10^{-308}~1.7×10^{308}。

3．长双精度型变量

类型说明符为 long double。该实型数据在内存中占 16 字节（128 位），有效数字为 18~19 位，表示的数值范围是-1.2×10^{-4932}~1.7×10^{4932}。

3.5.3 字符型变量

字符型变量的类型说明符为 char，一般占用 1 字节内存单元。

1. 变量值的存储

字符型变量用来存储字符型常量。将一个字符型常量存储到一个字符型变量中，实际上是将该字符的 ASCII 码值（无符号整数）存储到内存单元中。

例如：

```
char ch1;                                   /*定义一个字符型变量 ch1*/
ch1='a';                                    /*给字符型变量赋值*/
```

2. 特性

字符数据在内存中存储的是字符的 ASCII 码，即一个无符号整型数据，其形式与整型数据的存储形式一样，所以 C 语言允许字符型数据与整型数据通用。

（1）一个字符型数据，既可以字符形式输出，也可以整型数据形式输出。

例 3.4 字符型数据与整型数据间的运算。

```
#include<stdio.h>
main()
{
    char c1,c2;
    c1='a';                                 /*字符 a 赋给 c1*/
    c2='b';                                 /*字符 b 赋给 c2*/
    c1=c1+10;
    c2=c2-c1+10;
    printf("%c,%d\n%c,%d",c1,c1,c2,c2);
}
```

程序运行结果如图 3.25 所示。

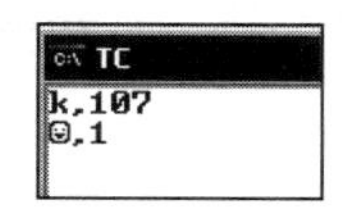

图 3.25 字符型数据与整型数据间的运算

说明：

有些系统将字符型变量处理成带符号的整型数据，其取值范围是-128~127。当使用%d 对一个字符进行输出时，如果该字符的 ASCII 码值在 0~127 范围内，则将输出一个整数；如果 ASCII 码值在 128~255 之间，此时输出将会得到一个负整数。

（2）允许对字符数据进行算术运算，此时就是对它们的 ASCII 码值进行算术运算。

例 3.5 字符型数据进行算术运算。

```
#include<stdio.h>
main()
{
  char ch1,ch2;
```

```
 ch1='a'; ch2='B';                            /*给 ch1、ch2 赋值*/
 printf("ch1=%c,ch2=%c\n",ch1-32,ch2+32);     /*用字符形式输出一个大于 256 的数值*/
 printf("ch1+10=%d\n", ch1+10);
 printf("ch1+10=%c\n", ch1+10);
 printf("ch2+10=%d\n", ch2+10);
 printf("ch2+10=%c\n", ch2+10);
}
```

程序运行结果如图 3.26 所示。

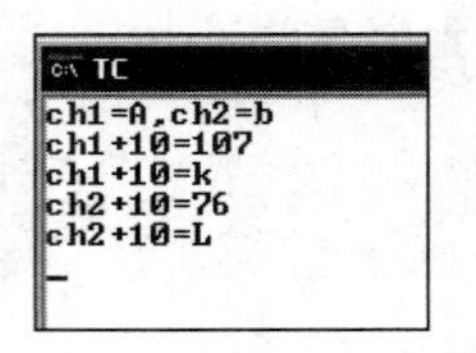

图 3.26　算术运算结果

3.6　赋值与类型转换

3.6.1　变量赋初值

在编写程序的过程中常需要对一些变量预先设置初值。C 语言允许在定义变量的同时给变量赋初值。有以下几种赋初值的情况：

（1）int x=5。

表示定义 x 为有符号的基本整型变量，赋初值为 5。

（2）int x、y、z=6。

表示定义 x、y、z 为有符号的基本整型变量，z 赋初值为 6。

（3）int x=3、y=3、z=3。

表示定义 x、y、z 为有符号的基本整型变量，且初值均为 3。

注意：

定义变量并赋初值时，可以写成 int x=3, y=3, z=3;，但不可写成 int a=b=c=3;的形式。

扫一扫，看视频

3.6.2　类型转换

变量的数据类型可以转换。方法有两种，一种是自动转换，一种是强制转换。

1．自动转换

自动转换发生在不同数据类型的量混合运算时，由编译系统自动完成。自动转换遵循以下规则：

- 若参与运算的量的类型不同，则先转换成同一类型，然后进行运算。
- 转换按数据长度增加的方向进行，以保证精度不降低。例如，int 型和 long 型运算时，先把 int 型转换成 long 型后再进行运算。
- 所有的浮点运算都是以双精度进行的，即使仅含 float 单精度量的表达式，也要先转换成 double 型，再进行运算。

- char 型和 short 型参与运算时，必须先转换成 int 型。
- 在赋值运算中，赋值号两边量的数据类型不同时，赋值号右边量的类型将转换为左边量的类型。如果右边量的数据类型长度比左边长时，将丢失一部分数据，从而降低精度；丢失的部分按四舍五入向前舍入。

当有如下定义：

```
char a;
int b;
long int c;
float d;
double e;
result=(a+b)*(c-a)/(d/e)
```

则其转换关系如图 3.27 所示。

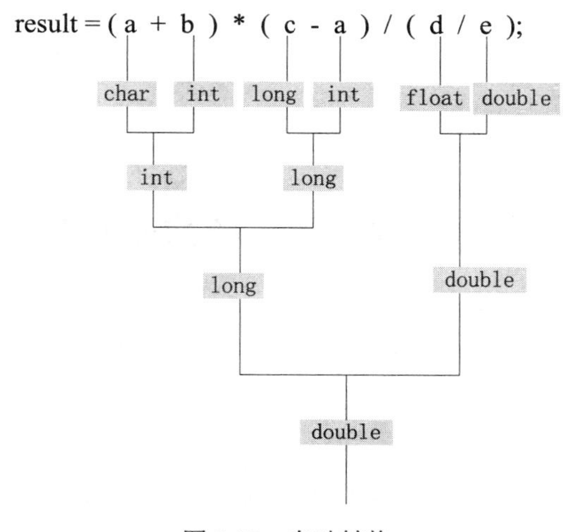

图 3.27　自动转换

2. 强制转换

强制转换是通过类型转换运算来实现的。其一般形式如下：

```
(类型说明符) (表达式)
```

其功能是把表达式的运算结果强制转换成类型说明符所表示的类型。例如：

```
(float) x;
```

表示把 a 转换为单精度型。

```
(int)(x+y);
```

表示把 x+y 的结果转换为整型。

注意：

类型说明符必须加括号，如(int)x;强制类型转换后不改变数据声明时对该变量定义的类型。

例 3.6　强制类型转换应用。

```
#include<stdio.h>
main()
{
    float i,j;
```

```
    int k;
    printf("please input:\n");
    scanf("%f,%f",&i,&j);
    k=(int)i%(int)j;                                    /*%两侧要求是整数*/
    printf("%d",k);
}
```

程序运行结果如图 3.28 所示。

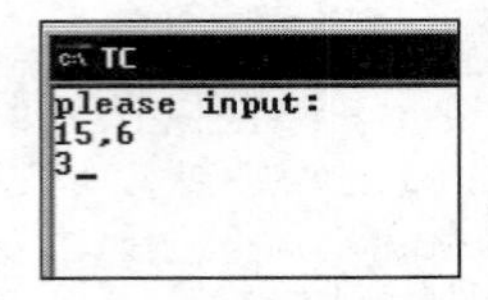

图 3.28　强制类型转换

如果将程序中的如下语句：

```
k=(int)i%(int)j;
```

改写成：

```
k=i%j;
```

则会提示如图 3.29 所示的错误。

```
Compiling E:\CPRO\24.C:
•Error E:\CPRO\24.C 8: Illegal use of floating point in function main
```

图 3.29　错误提示

取余运算符“%”两侧只能是整数，不可以出现浮点数，所以要将定义的单精度变量 i 和 j 强制转换为整型。

3.7　运算符及表达式

扫一扫，看视频

3.7.1　赋值运算符和赋值表达式

1．赋值运算符

赋值运算符“=”是 C 语言中常用的运算符之一，其功能是为变量赋值。

2．类型转换

将实型数据赋给整型变量时，舍弃实数的小数部分。

例 3.7　类型转换。

```
#include <stdio.h>
main()
{
    int i, j;
    i = 3.14159;
    j = 5.99;
    printf("%d\n%d\n", i, j);
    printf("%f\n%f", (float)i, (float)j);                 /*强制转换成单精度型*/
}
```

程序运行结果如图 3.30 所示。

- 将整型数据赋给实型变量时，数值大小不发生改变，但以浮点数形式存储到变量中。
- 在 Turbo C 中将字符型数据赋给整型变量时，由于字符只占 1 字节，故将字符数据的 8 位放到整型变量低 8 位中。若字符最高位为 0，则整型变量高 8 位补 0；若字符最高位为 1，则整型变量高 8 位补 1。若将一个整型数据赋给一个字符型变量，只需将其低 8 位放到字符型变量中。
- 变量赋值时（unsigned int 赋给 long 或 int 赋给 long），若不存在符号扩展问题，只需将高位补 0，若要进行符号位扩展则根据数据的正负进行扩展，如果是正值，则高 16 位补 0，如果是负值，则高 16 位补 1。

3．复合的赋值运算符

在赋值符“=”之前加上其他运算符，可以构成复合的赋值运算符。

例如，“+=”是一个复合赋值运算符，a+=3 等价于 a=a+3；又如 a*=b+c 等价于 a=a*(b+c)（这里 b+c 外面的括号要注意不能省略）。

C 语言规定可以使用 10 种复合赋值运算符，分别是+=、-=、*=、/=、%=、<<=、>>=、&=、^=、|=。

例 3.8　复合运算应用。

```
#include<stdio.h>
main()
{
    int a;
    printf("please input:\n");
    scanf("%d",&a);                                 /*输入数值赋给变量 a*/
    a+=a*=a/=a-6;
    printf("the result is %d\n",a);                 /*将计算结果输出*/
}
```

程序运行结果如图 3.31 所示。

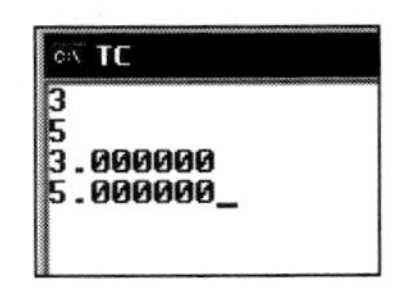

图 3.30　类型转换

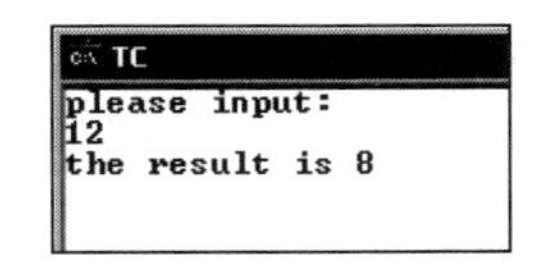

图 3.31　复合运算

要正确地求解本实例，首先要了解一个概念，即“结合性”。所谓结合性，是指当一个操作数两侧的运算符具有相同的优先级时，该操作数是先与左边的运算符结合，还是先与右边的运算符结合。自左至右的结合方向，称为左结合性；反之，称为右结合性。

说明：

结合性的作用是当几个运算符具有相同的优先级时决定先执行哪一个。每个运算符都有某一级别的优先级，同时也拥有左结合性或右结合性。优先级决定一个不含括号的表达式中操作数之间的紧密程度。但是，许多运算符的优先级是相同的，这时运算符的结合性就能发挥作用了。

复合赋值运算符的结合方向自右至左。因为“-”的优先级高于复合的赋值运算符，所以先计算减法，即 a-6=6，所以原式变为 a+=a*=a/=6。接下的运算过程如下：

a+=a*=a/=6

a=a/6=2

a=a*a=2*2=4

a=a+a=4+4=8

4．赋值表达式

由赋值运算符或复合赋值运算符，将一个变量和一个表达式连接起来的表达式，称为赋值表达式。赋值表达式的一般形式如下：

```
变量 （复合）赋值运算符 表达式;
```

（复合）赋值运算符右边出现了表达式，那么什么是表达式？表达式是 C 语句的主体。在 C 语言中，表达式由运算符和操作数组成。最简单的表达式可以只含有一个操作数。根据表达式含有的运算符的个数，可以把表达式分为简单表达式和复杂表达式两种。简单表达式是指只含有一个运算符的表达式，而复杂表达式是指含有两个或两个以上运算符的表达式。例如：

```
x=2;
```

该表达式就是一个简单表达式。它是由一个变量、一个赋值运算符和一个常量组成的赋值表达式，其作用是将 x 赋值为 2。该表达式的值类型为 x 的类型。

如：

```
x=y+z;
```

该表达式即为复杂表达式，在表达式中含有“=”和“+”两个运算符。

扫一扫，看视频

3.7.2 算术运算符和算术表达式

1．基本的算术运算符

- 加法运算符“+”：加法运算符为双目运算符，即应有两个量参与加法运算，如 x+y、5+6 等。具有右结合性。
- 减法运算符“-”：减法运算符为双目运算符；但“-”也可用作负值运算符，此时为单目运算，如 x-y、-5 等，具有左结合性。
- 乘法运算符“*”：双目运算，如 x*y、3*6 等具有左结合性。
- 除法运算符“/”：双目运算，如 x/y、6/4 等具有左结合性。
- 求余运算符（模运算符）“%”：双目运算，要求参与运算的量均为整型。求余运算的结果等于两数相除后的余数，如 8%3 的值为 2，具有左结合性。

参加+、-、*、/运算的两个数中有一个数为实数，则结果是 double 型，因为所有实数都按 double 型进行运算。

例 3.9 算术运算符应用。

```
#include<stdio.h>
main()
{
```

```
    int a,b,r1,r2,r3,r4,r5;
    printf("please input:\n");
    scanf("%d,%d",&a,&b);                    /*输入两个数据赋给变量 a 和 b*/
    r1=a+b;
    r2=a-b;
    r3=a*b;
    r4=a/b;
    r5=a%b;
    printf("a+b=%d\n",r1);                   /*输出 a+b 的结果*/
    printf("a-b=%d\n",r2);                   /*输出 a-b 的结果*/
    printf("a*b=%d\n",r3);                   /*输出 a*b 的结果*/
    printf("a/b=%d\n",r4);                   /*输出 a/b 的结果*/
    printf("a mod b=%d\n",r5);               /*输出 a 对 b 取余的结果*/
}
```

程序运行结果如图 3.32 所示。

2. 自增、自减运算符

在 C 语言中有两个很有用的运算符，而在其他高级语言中通常没有。这两个运算符就是增 1 和减 1 运算符“++”和“--”，运算符“++”使操作数加 1，而“--”则使操作数减 1。自增 1、自减 1 运算符均为单目运算，都具有右结合性。可有以下几种形式：

- ++i：i 自增 1 后再使用 i。
- --i：i 自减 1 后再使用 i。
- i++：使用 i 后 i 的值再自增 1。
- i--：使用 i 后 i 的值再自减 1。

上述 4 种形式在使用时经常会出现错误。通过例 3.10 来了解一下自增、自减运算符的使用方法。

例 3.10　自加、自减运算符应用。

```
#include<stdio.h>
main()
{
    int i=5,x1,x2,x3,x4;                     /*定义变量为基本整型，并为部分变量赋初值*/
    x1=i++;                                  /*先将 i 值赋给 x1，然后加 1*/
    x2=++i;                                  /*将 i 值加 1 后的结果赋给 x2*/
    x3=i--;                                  /*将 i 值赋给 x3 后 i 值减 1*/
    x4=--i;                                  /*将 i 值减 1 后的结果赋给 x4*/
    printf("%d,%d,%d,%d",x1,x2,x3,x4);       /*输出 x1、x2、x3、x4*/
}
```

程序运行结果如图 3.33 所示。

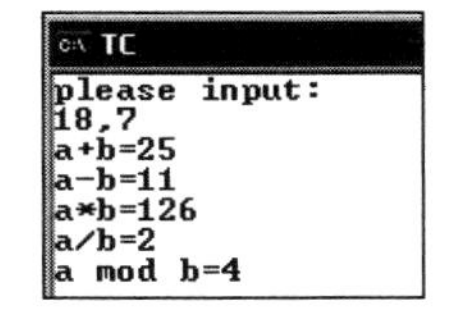

图 3.32　算术运算符应用

图 3.33　自增自减运算符应用

扫一扫，看视频

3.7.3 关系运算符和关系表达式

1. 关系运算符

“关系运算”实际上是“比较运算”，关系运算符也就是比较两个操作数大小的符号。C 语言中提供了 6 种关系运算符，如表 3.4 所示。

表 3.4 关系运算符

操 作 符	作 用
>	大于
>=	大于等于
<	小于
<=	小于等于
==	等于
!=	不等于

关系运算符都是双目运算符，其结合性均为左结合。关系运算符的优先级低于算术运算符，高于赋值运算符。在 6 个关系运算符中，<、<=、>、>=的优先级相同，高于==和!=；==和!=的优先级相同。

2. 关系表达式

用关系运算符将两个表达式连接起来的式子称为关系表达式。关系表达式的一般形式如下：

```
表达式 关系运算符 表达式
```

例如，a>b-c 就是一个合法的关系表达式。由于表达式又可以是关系表达式，因此允许出现嵌套的情形，如 a>(b>c+d)等。关系表达式的值是一个逻辑值，即“真”或“假”。

例 3.11 关系运算符应用。

```
#include<stdio.h>
main()
{
    int a=5,b=10,c=8,d=6,x1,x2,x3;          /*定义变量为基本整型，并为部分变量赋初值*/
    x1=a>b>d;
    x2=a>(b>d);
    x3=a+b>c+d;
    printf("%d,%d,%d",x1,x2,x3);            /*输出上面 3 个表达式的值*/
}
```

程序运行结果如图 3.34 所示。

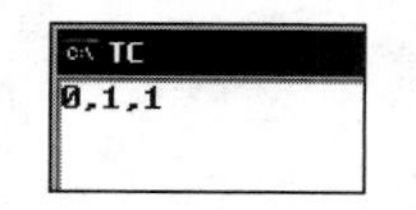

图 3.34 关系运算符应用

扫一扫，看视频

3.7.4 逻辑运算符和逻辑表达式

1. 逻辑运算符

逻辑运算符是指用形式逻辑原则来建立数值间关系的符号。C 语言中提供了 3 种逻辑运算符，如表 3.5 所示。

表 3.5 逻辑运算符

操 作 符	作 用
&&	逻辑与
||	逻辑或
!	逻辑非

“&&”和“||”是“双目运算符”，它要求有两个操作数，结合方向自左至右；“!”是“一目运算符”，要求有一个操作数，结合方向自右至左。逻辑运算的值也为“真”和“假”两种，用 1 和 0 来表示。其求值规则如下。

- 与运算“&&”：参与运算的两个量都为真时，结果才为真，否则为假。
- 或运算“||”：参与运算的两个量只要有一个为真，结果就为真。
- 非运算“!”：参与运算的量为真时，结果为假；参与运算的量为假时，结果为真。

C 语言编译系统在给出逻辑运算结果时，以 1 代表“真”，0 代表“假”。反过来，在判断一个量是为“真”还是为“假”时，则以 0 代表“假”，以非 0 的数值作为“真”。例如，由于 8 和 9 均为非 0，因此 8&&9 的值为“真”，即为 1。

2. 逻辑表达式

逻辑表达式的一般形式如下：

```
表达式 逻辑运算符 表达式
```

其中的表达式可以又是逻辑表达式，从而形成嵌套的情形。例如：

```
(a||b)&&c
```

根据逻辑运算符的左结合性，上式也可写为：

```
a||b&&c
```

逻辑表达式的值是式中各种逻辑运算的最后值，以 1 和 0 分别代表“真”和“假”。

对逻辑表达式有以下几点要强调一下：

（1）逻辑运算符两侧的操作数，除了可以是 0 和非 0 的整数外，也可以是其他任何类型的数据，如实型、字符型等。

（2）在计算逻辑表达式时，只有在必须执行下一个表达式才能求解时，才求解该表达式。也就是说，并不是所有的表达式都被求解。

- 对于逻辑与运算，如果第 1 个操作数被判定为“假”，系统不再判定或求解第 2 个操作数。
- 对于逻辑或运算，如果第 1 个操作数被判定为“真”，系统不再判定或求解第 2 个操作数。

例 3.12 逻辑运算符应用。

```
#include<stdio.h>
```

```
main()
{
    int i=5,j=8,k=12,l=4,x1,x2;                    /*定义变量并对部分变量赋值*/
    x1=i>j&&k>l;
    x2=!(i>j)&&k>l;
    printf("%d,%d",x1,x2);                          /*输出上面两个表达式的值*/
}
```

程序运行结果如图 3.35 所示。

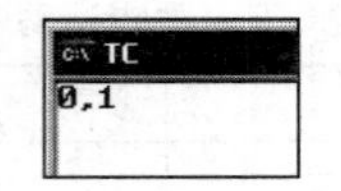

图 3.35　逻辑运算符

```
x1=i>j&&k>l;
```

在该语句中，由于前面的表达式 i>j 为假，又由于是与运算，所以系统就不会再判断 k 是否大于 1。

```
x2=!(i>j)&&k>l;
```

在该语句中，由于前面的表达式!(i>j)为真，又因为是与运算，所以系统会接着判断 k 是否大于 1。

扫一扫，看视频

3.7.5　逗号运算符和逗号表达式

在 C 语言中，逗号“,”也是一种运算符，称为逗号运算符。其优先级别最低，结合方向自左至右。其功能是把两个表达式连接起来，组成一个表达式，称之为逗号表达式。

其一般形式为：

```
表达式 1, 表达式 2
```

其求值过程是先求解表达式 1，再求解表达式 2，并以表达式 2 的值作为整个逗号表达式的值。

逗号表达式的一般形式可以扩展为：

```
表达式 1, 表达式 2, 表达式 3, … , 表达式 n
```

该逗号表达式的值为表达式 n 的值。

例 3.13　逗号运算符应用。

```
#include<stdio.h>
main()
{
    int a=4,b=6,c=8,res1,res2;
    res1=a+b,res2=b+c;                              /*res2 等于这个逗号表达式的值*/
    printf("y=%d,x=%d",res1,res2);                  /*将 res1、res2 输出*/
}
```

程序运行结果如图 3.36 所示。

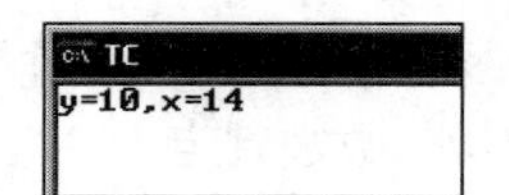

图 3.36　逗号运算符

本例中，res2 等于整个逗号表达式的值，也就是表达式 2 的值；res1 是表达式 1 的值。对于逗号表达式还要说明两点：

（1）逗号表达式一般形式中的表达式 1 和表达式 2 也可以又是逗号表达式。

例如：

```
表达式 1, (表达式 2, 表达式 3)
```

上面这个表达式就形成了嵌套情形。因此可以把逗号表达式扩展为以下形式：

```
表达式 1, 表达式 2, …, 表达式 n
```

整个逗号表达式的值等于表达式 n 的值。

（2）程序中使用逗号表达式，通常是要分别求逗号表达式内各表达式的值，并不一定要求整个逗号表达式的值。

注意：

并不是在所有出现逗号的地方都组成逗号表达式，如在变量声明中，函数参数表中的逗号只是用作各变量之间的间隔符。

3.7.6　运算符

在表 3.6 中，运算符按照优先级高低由上向下排列，在同一块方格内的运算符具有相同的优先级。

表 3.6　运算符

运　算　符	解　　释	结 合 方 式	运算对象个数	优　先　级
() [] -> .	圆括号（函数等） 数组、下标 指向结构体成员 结构成员访问	由左向右		1
! ~ ++ -- + - * & （类型） sizeof	逻辑非 按位取反 自增 自减 正号 负号 指针运算符 取地址 类型转换 求大小	由右向左	单目运算符	2
* / %	乘 除 求模	由左向右	双目运算符	3
+ -	加 减	由左向右	双目运算符	4
<< >>	左移 右移	由左向右	双目运算符	5

续表

<table>
<tr><th>运 算 符</th><th>解 释</th><th>结 合 方 式</th><th>运算对象个数</th><th>优 先 级</th></tr>
<tr><td><
<=
>=
></td><td>小于
小于等于
大于等于
大于</td><td>由左向右</td><td>双目运算符</td><td>6</td></tr>
<tr><td>==
!=</td><td>等于
不等于</td><td>由左向右</td><td>双目运算符</td><td>7</td></tr>
<tr><td>&</td><td>按位与</td><td>由左向右</td><td>双目运算符</td><td>8</td></tr>
<tr><td>^</td><td>按位异或</td><td>由左向右</td><td>双目运算符</td><td>9</td></tr>
<tr><td>|</td><td>按位或</td><td>由左向右</td><td>双目运算符</td><td>10</td></tr>
<tr><td>&&</td><td>逻辑与</td><td>由左向右</td><td>双目运算符</td><td>11</td></tr>
<tr><td>||</td><td>逻辑或</td><td>由左向右</td><td>双目运算符</td><td>12</td></tr>
<tr><td>?:</td><td>条件</td><td>由右向左</td><td>三目运算符</td><td>13</td></tr>
<tr><td>=、+=、-=、*=、/=、&=、^=、|=、<<=、>>=</td><td>各种赋值</td><td>由右向左</td><td>双目运算符</td><td>14</td></tr>
<tr><td>,</td><td>逗号（顺序求值）</td><td>由左向右</td><td></td><td>15</td></tr>
</table>

扫一扫，看视频

第 4 章　顺序与选择结构程序设计

了解程序设计语言的编程基础，是走入程序设计领域的第一步。顺序结构程序设计是最简单的程序设计；选择结构程序设计中用到了一些条件判断语句，增加了程序的功能，也增强了程序的逻辑性与灵活性。本章将详细介绍这两种程序设计的方法。本章视频要点如下：

- 如何学好本章。
- 熟悉什么是 C 语句。
- 掌握字符的输入与输出。
- 掌握格式输入与输出函数。
- 重点掌握 if 语句。
- 熟练使用 switch 语句。

4.1　C 语句及赋值语句

4.1.1　C 语句概述

与其他高级语言一样，C 语言的语句也是用来向计算机系统发出操作指令的。C 程序的执行部分是由语句组成的，所以一个实际的程序应当包含若干语句，程序的功能也是由执行语句实现的。C 语句可分为以下 5 类。

1．表达式语句

表达式语句由表达式加上分号“;”组成。其一般形式如下：

```
表达式;
```

例如：

```
x=x+1
```

是一个表达式，而不是语句。

```
x=x+1;
```

则是一个语句。比较表达式来看，语句多了一个分号。

2．函数调用语句

函数调用语句由函数名、实际参数加上分号组成。其一般形式如下：

```
函数名(实际参数);
```

执行函数调用语句就是调用函数体并把实际参数赋予函数定义中的形式参数，然后执行被调函数体中的语句，求函数值。例如：

```
printf("hello world");
```

就是一个函数调用语句。printf 函数是库函数中已有的函数，不需要用户自定义。

例 4.1　判断回文数。

```
#include<stdio.h>
```

```
int palind(char str[],int k, int i)            /*自定义函数检测是否为回文字符串*/
{
  if(str[k]==str[i-k]&&k==0)                   /*递归结束条件*/
    return 1;
  else if(str[k]==str[i-k])                    /*判断相对应的两个字符是否相等*/
    palind(str,k-1,i);                         /*递归调用*/
  else
    return 0;
}
main()
{
  int i=0,n=0;                                 /*i 记录字符个数，n 是函数返回值*/
  char ch,str[20];
  while ((ch=getchar())!='\n')
    {
      str[i]=ch;
      i++;
    }
  if(i%2==0)                                   /*当字符串中字符个数为偶数时*/
    n=palind(str,(i/2),i-1);
  else
    n=palind(str,(i/2-1),i-1);                 /*当字符串中字符个数为奇数时*/
  if(n==0)
    printf("not palindrome");                  /*当 n 为 0 时说明不是回文数，否则是回文数*/
  else
    printf("palindrome");
  getch();
}
```

在上述程序中：

```
palind(str,k-1,i);c
```

就是函数调用语句。这个函数是用户自定义的。调用该函数前，必须对该函数先进行定义。

3. 控制语句

C 语言从执行方式上看，可以分为顺序、选择、循环这 3 种基本结构。一般情况下，程序都不会是简单的顺序结构，通常会是顺序、选择、循环这 3 种结构的复杂组合。C 语言中规定了 9 种控制语句，用以实现选择结构与循环结构。它们可以分为以下 3 类。

- 条件判断语句：if 语句、switch 语句。
- 循环执行语句：do while 语句、while 语句、for 语句。
- 转向语句：break 语句、goto 语句、continue 语句、return 语句。

4. 复合语句

把多条语句用大括号“{}”括起来，组成一条语句，称之为复合语句。在程序中应把复合语句看成是单条语句，而不是多条语句。例如：

```
{
    t=a;
```

```
    a=b
    b=t;
}
```

是一条复合语句。复合语句内的各条语句都必须以分号“;”结尾，在大括号“}”外不能加分号。

5. 空语句

只有一个分号“;”的语句称为空语句。

```
;
```

因为只有一个分号，所以上述语句就是一条空语句。空语句是什么也不执行的语句。

4.1.2 赋值语句

扫一扫，看视频

赋值语句是由赋值表达式加上一个分号构成的表达式语句。其一般形式如下：

变量(复合)赋值运算符 表达式;

赋值语句的功能和特点都与赋值表达式相同。C 语言的赋值语句具有其他高级语言的复制语句的一切特点和功能。

对于赋值语句，有以下几个方面要强调一下。

（1）由于在（复合）赋值运算符右边的表达式也可以是一个赋值表达式，所以就会形成嵌套的情形。其展开之后的一般形式为：

变量(复合)赋值运算符 变量(复合)赋值运算符…(复合)赋值运算符 表达式;

例如：

```
a=b=c=3;
```

就是一种嵌套的情形，它实际上等效于：

```
c=3;
b=c;
a=b;
```

（2）C 语言中的赋值号“=”或复合赋值号都是一个运算符，在其他大多数语言中它们并不是运算符的一种。

（3）注意在变量声明中给变量赋初值和赋值语句的区别。给变量赋初值是变量声明的一部分。例如：

```
int i=10,j=15;
```

该语句是给变量赋初值，i=10 和 j=15 之间要用逗号隔开，而不是分号隔开。该语句是变量声明的一部分。

（4）在应用中要注意赋值表达式和赋值语句的概念的不同，赋值表达式可以包括在其他表达式中。例如：

```
if((x=y)<=0)
z=y;
```

上面语句中的 x=y，就是一个表达式而不是语句，若在该表达式后加上“;”，变成语句，即：

```
if((x=y;)<=0)
z=y;
```

是不合法的，因为在 if 的条件中是不能出现语句的。

（5）在变量声明中，不允许连续给多个变量赋初值。如下述声明是错误的：

```
int a=b=c=5
```

必须写为

```
int a=5,b=5,c=5;
```

而赋值语句允许连续赋值。这一点尤为重要，读者要引起重视。

（6）注意赋值表达式和赋值语句的区别。赋值表达式是一种表达式，它可以出现在任何允许表达式出现的地方，而赋值语句则不能。例如:

```
if(a>b)
b=a;
```

因为 a>b 是表达式而且 if 后面()内要求是表达式，所以上述语句合法。如果写成

```
if(a>b;)
b=a;
```

因为 a>b;是语句，所以上述语句不合法。

4.2 字符数据输入/输出

扫一扫，看视频

4.2.1 字符数据输出

为实现字符数据的输出，C 语言库函数中提供了一个 putchar 函数，其作用是向终端输出一个字符。这里有一点要注意，就是 putchar 每次只输出一个字符。

putchar 函数的一般形式如下：

```
putchar(c)
```

输出字符变量 c 的值。c 可以是字符型变量或整型变量。

例 4.2 字符输出函数应用。

```
#include <stdio.h>
main()
{
    char a, b, c, d;
    a = 'h';
    b = 'e';
    c = 'l';
    d = 'o';
    putchar(a);                                    /*输出字符变量 a*/
    putchar(b);                                    /*输出字符变量 b*/
    putchar(c);                                    /*输出字符变量 c*/
    putchar(c);                                    /*输出字符变量 c*/
    putchar(d);                                    /*输出字符变量 d*/
}
```

程序运行结果如图 4.1 所示。

图 4.1 字符输出

4.2.2　字符数据输入

扫一扫，看视频

为实现字符数据的输入，C 语言库函数中提供了一个 getchar 函数，其作用是从终端输入一个字符。这里有一点要注意，就是 getchar 每次获取一个字符。

getchar 函数的一般形式如下：

```
getchar ()
```

函数的返回值就是从输入设备得到的字符。

例 4.3　字符输入/输出函数。

```
#include <stdio.h>
main()
{
    char a, b;
    a = getchar();                                        /*获取字符*/
    b = getchar();
    putchar('\n');                                        /*回车*/
    putchar(a);                                           /*输出字符*/
    putchar(b);
}
```

程序运行结果如图 4.2 所示。

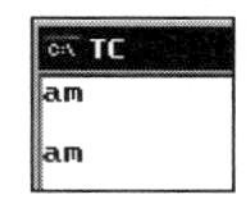

图 4.2　字符输入/输出

前面讲过的这两个函数 putchar 和 getchar，在使用前都要加上：

```
#include<stdio.h>
```

4.3　格式输入/输出函数

4.3.1　格式输出函数

扫一扫，看视频

1. printf 函数的一般格式

前面列举的实例中已用到 printf 函数，其作用是向终端输出若干个任意类型的数据。printf 函数是一个标准库函数，其函数原型在头文件 stdio.h 中。printf 函数的一般形式如下：

```
printf(格式控制, 输出表列)
```

其中“格式控制”是用双引号括起来的字符串，也称“转换控制字符串”。格式控制分为格式字符串和非格式字符串两种。格式字符串是以%开头的字符串，在%后面跟有各种格式字符，以说明输出数据的类型、形式、长度、小数位数等。非格式字符串也就是通常所说的普通字符，即在输出时原样输出。例如：

```
printf("%d,%d",a,b);
```

这里的“%d”就是格式字符串；“,”是非格式字符串，即普通字符；a 和 b 是输出列表。

2. 格式控制

对不同类型的数据，使用不同的格式字符。常用的有以下几种格式字符。

（1）d 格式字符，用来输出十进制整数。

- %d：按整型数据的实际长度输出。
- %md：m 为指定的输出字段的宽度。如果数据的位数小于 m，则左端补以空格；若大于 m，则按实际位数输出。
- %ld：输出长整型数据。

例 4.4 格式输出函数应用。

```
#include <stdio.h>
main()
{
    int i, k;
    long j;
    i = 36;
    j = 42767;
    k = 123;
    printf("%d,%d\n", i, k);                    /*以十进制形式输出 i 和 k*/
    printf("%4d,%2d\n", i, k);                  /*以指定格式输出*/
    printf("%ld", j);
}
```

程序运行结果如图 4.3 所示。

（2）o 格式字符，以八进制形式输出整数。

- %o：按整型数据的实际长度输出。
- %mo：m 为指定的输出字段的宽度。如果数据的位数小于 m，则左端补以空格；若大于 m，则按实际位数输出。
- %lo：输出长整型数据。

例 4.5 八进制输出。

```
#include<stdio.h>
main()
{
    int i=32;
    printf("%d,%o",i,i);                        /*以八进制形式输出*/
}
```

程序运行结果如图 4.4 所示。

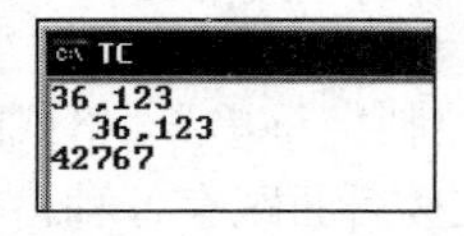

图 4.3　格式输出函数

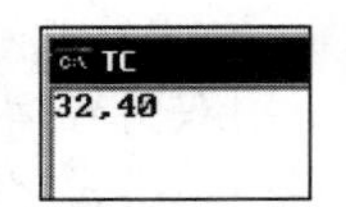

图 4.4　八进制输出

注意：

由于八进制数不带符号，故将内存单元中各位转换成八进制时将符号位也一起作为八进制数的一部分输出。

（3）x 格式字符，以十六进制形式输出整数。

- %x：按整型数据的实际长度输出。
- %mx：m 为指定的输出字段的宽度。如果数据的位数小于 m，则左端补以空格；若大于 m，则按实际位数输出。
- %lx：输出长整型数据。

例 4.6　十六进制输出。

```
#include<stdio.h>
main()
{
    int i=32;
    printf("%d,%o,%x",i,i,i);                    /*分别以十进制、八进制、十六进制输出数据*/
}
```

程序运行结果如图 4.5 所示。

（4）u 格式字符，以十进制形式输出无符号型数据。

例 4.7　无符号形式输出。

```
#include<stdio.h>
main()
{
    int i,j;
    i=32768,j=32767;                             /*为变量赋初值*/
    printf("%d,%d\n",i,j);
    printf("%u,%u",i,j);                         /*以无符号形式输出 i 和 j*/
}
```

程序运行结果如图 4.6 所示。

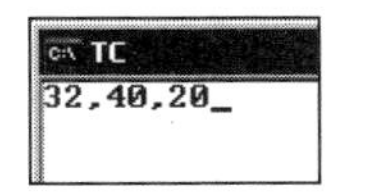

图 4.5　十六进制输出

图 4.6　无符号形式输出

（5）c 格式字符，用来输出一个字符。

说明：

当一个整数的范围在 0~255 之间，也可以用字符形式输出；同样，一个字符数据也可以整数形式输出。

例 4.8　字符数据的输出。

```
#include<stdio.h>
main()
{
    int i=99;
    char ch='a';
    printf("%d,%c",ch,i);                        /*以十进制和字符形式输出*/
}
```

程序运行结果如图 4.7 所示。

（6）s 格式符，用来输出一个字符串。

- %s：将字符串按实际长度输出。
- %ms：输出的字符串占 m 列。如字符串本身长度大于 m，则突破 m 的限制，将字符串全部输出；若字符串长度小于 m，则左补空格。
- %-ms：如果字符串长度小于 m，则在 m 列范围内，字符串向左靠，右补空格。
- %m.ns：输出占 m 列，但只取字符串中左端 n 个字符。这 n 个字符输出在 m 列的右侧，左补空格。
- %-m.ns：输出长整型数据。输出占 m 列，但只取字符串中左端 n 个字符。这 n 个字符输出在 m 列的左侧，右补空格。

注意：

如果以%m.ns 或%-m.ns 形式输出时 m 的值小于 n，则 m 自动取 n 值。

例 4.9　字符串输出。

```
#include<stdio.h>
main()
{
    char *str="helloworld";
    printf("%s\n%10.5s\n%-10.2s\n%.3s",str,str,str,str);   /*以指定格式输出*/
}
```

程序运行结果如图 4.8 所示。

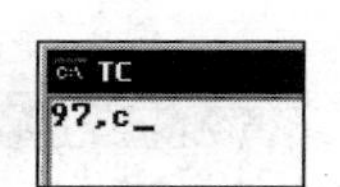

图 4.7　字符形式输出

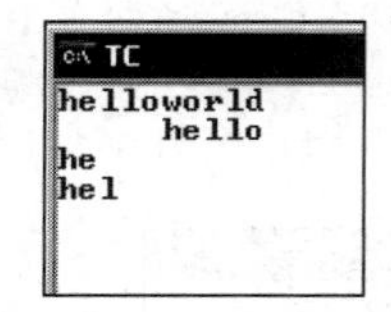

图 4.8　字符串输出

（7）f 格式字符，以小数形式输出实型数据。

- %f：不指定字段宽度，整数部分全部输出，小数部分输出 6 位。
- %m.nf：输出的数据占 m 列，其中有 n 位小数。如果数值长度小于 m，则左端补空格。
- %-m.nf：输出的数据占 m 列，其中有 n 位小数。如果数值长度小于 m，则右端补空格。

注意：

以%f 形式输出的数据并不全都是准确的，只有前 7 位数字是有效数字。双精度数同样可用%f 输出。

例 4.10　实型数据输出。

```
#include<stdio.h>
main()
{
    float i=2998.453257845;                          /*定义单精度型并附初值*/
    double j=2998.453257845;                         /*定义双精度型并赋初值*/
    printf("%f\n%15.2f\n%-10.3f\n%f",i,i,i,j);      /*以指定的格式输出i和j*/
}
```

程序运行结果如图 4.9 所示。

（8）e 格式字符，以指数形式输出实型数据。

- %e：不指定输出数据所占的宽度和小数位数。
- %m.ne：输出的数据占 m 位，其中有 n 位小数。如果数值长度小于 m，则左端补空格。
- %-m.ne：输出的数据占 m 位，其中有 n 位小数。如果数值长度小于 m，则右端补空格。

注意：

输出的指数形式中的指数符号“+”算一位。

例 4.11　指数形式输出。

```
#include<stdio.h>
main()
{
    float i=2998.453257845;
    double j=2998.453257845;
    printf("%e\n%15.2e\n%-10.3e\n%e",i,i,i,j);          /*以指数形式*/
}
```

程序运行结果如图 4.10 所示。

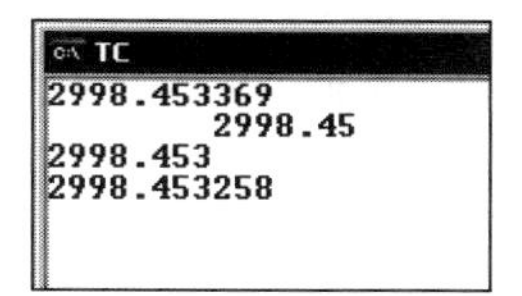

图 4.9　实型数据输出

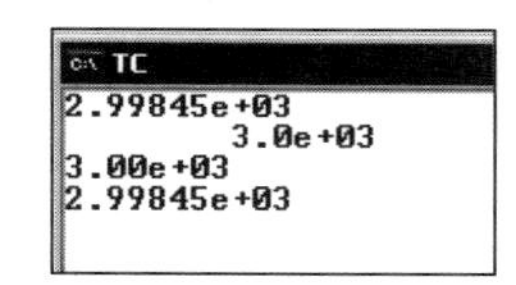

图 4.10　指数形式输出

（9）g 格式字符，输出实数，根据数字的大小自动选择 f 格式或 e 格式。

将以上介绍的几种格式进行归纳，如表 4.1 所示。

表 4.1　printf 格式字符

表示输出类型的格式字符	格式字符意义
d	以十进制形式输出带符号整数（正数不输出符号）
o	以八进制形式输出无符号整数（不输出前缀 0）
x	以十六进制形式输出无符号整数（不输出前缀 0X）
u	以十进制形式输出无符号整数
c	输出单个字符
s	输出字符串
f	以小数形式输出单、双精度实数
e	以指数形式输出单、双精度实数
g	以%f、%e 中较短的输出宽度输出单、双精度实数

说明：

（1）除了格式字符 x、e、g 在使用时可以大写外，其余格式字符必须小写。

（2）在进行字符“%”输出时要注意，必须在格式控制中连写两个%才能得到预期的效果。例如：

```
Printf("%d%%", 100);
```

输出为 100%。

扫一扫，看视频

4.3.2 格式输入函数

1. scanf 函数的一般格式

scanf 函数是一个标准库函数，其函数原型在头文件 stdio.h 中。scanf 函数的一般形式如下：

```
scanf(格式控制, 地址表列);
```

其中，格式控制的作用与 printf 函数相同，但不能显示非格式字符串（普通字符），也就是不能显示提示字符串。地址表列中给出各变量的地址。地址是由地址运算符“&”后跟变量名组成的。例如：&a,&b 分别表示变量 a 和变量 b 的地址，这个地址就是编译系统在内存中给 a、b 变量分配的地址。

例 4.12 使用 scanf 函数输入数据。

```
#include <stdio.h>
main()
{
   int x, y, m, n;
   scanf("%d,%d", &x, &y);
   scanf("%d%d", &m, &n);
   printf("x is %d,y is %d\n", x, y);
   printf("m is %d,n is %d\n", m, n);
}
```

正确的运行结果如图 4.11 所示。

错误的运行结果如图 4.12 所示。

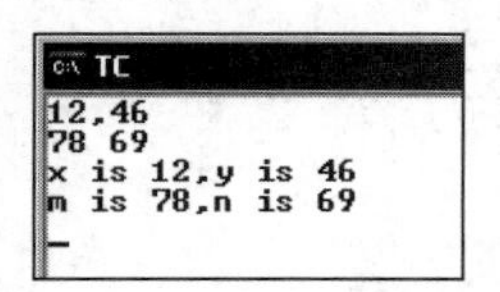

图 4.11 数据输入

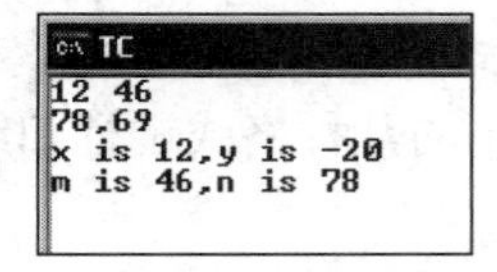

图 4.12 错误的运行结果

为什么输入了相同的数据，输出结果却不同？之所以导致错误的输出结果，其原因是输入的数据没有遵循格式控制的格式。那么什么是格式控制的格式？就是当格式控制中出现%d,%d，即两个%d 之间用逗号隔开，这时输入的数据之间必须用逗号隔开，除此之外用其他字符隔开均会产生错误。如果格式控制中出现%d%d，即两个%d 之间无任何东西，这时输入的两个数据之间可以以一个或多个空格间隔，也可以用 Enter 键、跳格键（Tab），除此之外用其他字符间隔均会产生错误。

例 4.13 使用 scanf 函数实现数据输入。

```
#include<stdio.h>
main()
{
    int a,b,c,d,e;
    scanf("%d%d",&a,&b);                          /*输入 2 个基本整型数据赋给 a、b*/
    scanf("%d%d%d",&c,&d,&e);                     /*输入 3 个基本整型数据赋给 c、d、e*/
    printf("the result is:\n");
    printf("%d,%d,%d,%d,%d",a,b,c,d,e);
}
```

程序运行结果如图 4.13 所示。

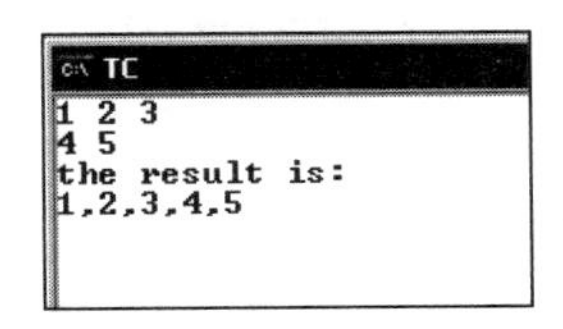

图 4.13　使用 scanf 函数数据输入

2. 格式控制

格式控制的一般形式如下：

```
%[*][域宽][长度]类型
```

其中有方括号[]的项为任选项。

（1）一般形式中的“类型”，即 scanf 函数的格式字符，如表 4.2 所示。

表 4.2　scanf 格式字符

格　　式	字 符 意 义
d	输入十进制整数
o	输入八进制整数
x	输入十六进制整数
u	输入无符号十进制整数
c	输入单个字符
s	输入字符串
f、e、g	输入实型数据（用小数形式或指数形式）

（2）一般形式中的“*”用来表示该输入项读入后不赋予相应的变量，即跳过该输入值。例如：

```
scanf("%d %*d %d",&a,&b);
```

当输入为 12 23 15 时，把 12 赋给 a，23 被跳过，15 赋给 b。

（3）所谓的“域宽”就是指定输入数据所占宽度，域宽应为正整数。

例如：

```
scanf("%5d",&x);
```

当输入 12345678 时只把 12345 赋给变量 x，其余部分被截去。又如：

```
scanf("%4d%4d",&x,&y);
```

当输入 12345678 时将把 1234 赋给 a，而把 5678 赋给 b。

（4）“长度”格式字符为 l 和 h，l 表示输入长整型数据和双精度浮点数，h 表示输入短整型数据。

使用 scanf 函数还必须注意以下几点。

（1）scanf 函数中没有精度控制。例如：

```
scanf("%10.2f",&x);
```

上述语句是非法的。

（2）scanf 函数中要求给出变量地址，所以“&”不可少。

4.4　顺序程序设计举例

前面学过了输入/输出函数，下面就来介绍几个顺序程序设计的例子。

例 4.14　从键盘中输入一个直角三角形的两边，求出其直角边并将其显示在屏幕上。

为了简单起见，设从键盘中输入直角三角形两个直角边 a 和 b，用数学函数 hypot 来求直角三角形的斜边。程序代码如下：

```
#include <stdio.h>
#include <math.h>
main()
{
    float a, b, c;
    printf("please input two orthogonal sides:\n");
    scanf("%f,%f", &a, &b);                          /*从键盘中输入两个直角边*/
    c = hypot(a, b);                                 /*调用 hypot 函数，返回斜边值赋给 c*/
    printf("hypotenuse is:%f\n", c);                 /*将斜边值输出*/
    getch();
}
```

程序运行结果如图 4.14 所示。

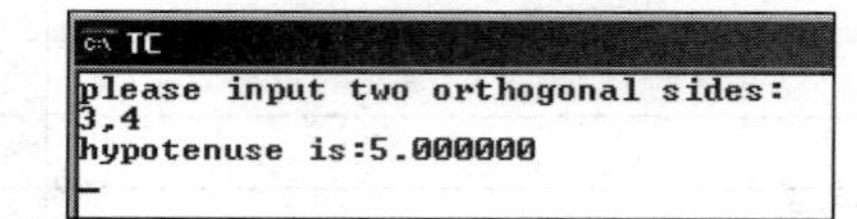

图 4.14　求直角边

例 4.15　有 4 条水渠（A、B、C、D）向一个水池注水。如果单开 A，3 天可以注满；如果单开 B，1 天可以注满；如果单开 c，4 天可以注满；如果单开 D，5 天可以注满。问如果 A、B、C、D 4 条水渠同时注水，注满水池需要几天？

首先要求出每天各条水渠的注水量，这里分别是 1/3、1/1、1/4、1/5；如果 4 条水渠共同注水，就求出每天注水之和，即 1/3+1/1+1/4+1/5。那么 1 个水池多久能注满，只需用 1 除以每天注水之和即可。程序代码如下：

```
#include<stdio.h>
main()
{
    float a1 = 3, b1 = 1, c1 = 4, d1 = 5;            /*定义变量为单精度型*/
    float day;                                       /*定义天数为单精度型*/
    day = 1 / (1 / a1 + 1 / b1 + 1 / c1 + 1 / d1);
                                                     /*计算 4 条水渠同时注水多久可以注满*/
    printf("need %f day!", day);                     /*将计算出的天数输出*/
}
```

运行结果如图 4.15 所示。

例 4.16　输入一个小写字母，将其转换成大写字母后输出。

由小写字母转换成大写字母，只需将输入的小写字母的 ASCII 值减 32 即可。程序代码如下：

```
#include<stdio.h>
main()
{
    char ch;
    ch=getchar();
    printf("lowercase is %c\n",ch);                  /*输出小写字母*/
```

```
    ch=ch-32;                                          /*输出大写字母*/
    printf("majuscule is %c\n",ch);
}
```

程序运行结果如图 4.16 所示。

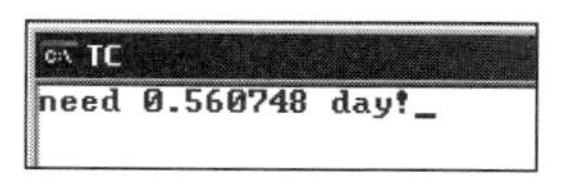

图 4.15　水池注水

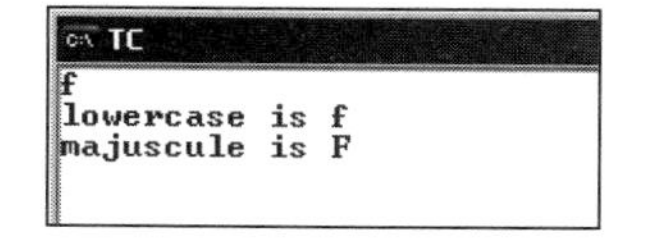

图 4.16　小写字母转换成大写字母

4.5　if 语句

实现选择结构程序设计的一个重要手段就是灵活运用 if 语句。简单地说，if 语句是用来判定所给定的条件是否为真，根据判断出的结果执行下面给出的不同操作。

扫一扫，看视频

4.5.1　if 语句的基本形式

if 语句有 3 种表示形式，分别介绍如下。

1．第 1 种形式

```
if(表达式) 语句组
```

其语义是：如果表达式的值为真，则执行其后的语句，否则不执行该语句。

执行流程如图 4.17 所示。

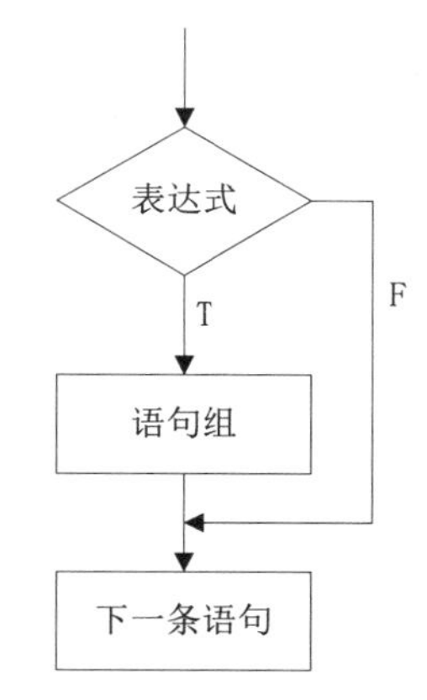

图 4.17　第 1 种形式的流程图

2．第 2 种形式

```
if(表达式)
    语句组 1
else
    语句组 2
```

其语义是：如果表达式的值为真，则执行语句组 1，否则执行语句组 2。

执行流程如图 4.18 所示。

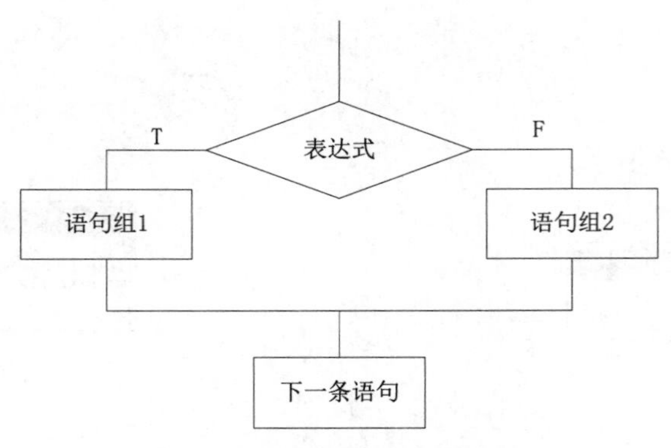

图 4.18　第 2 种形式的流程图

3. 第 3 种形式

```
if(表达式 1)
    语句组 1
else  if(表达式 2)
    语句组 2
else  if(表达式 3)
    语句组 3
    …
else  if(表达式 m)
    语句组 m
else  语句组 n
```

其语义是：依次判断各表达式的值，当出现某个值为真时，则执行其对应的语句，然后跳到整个 if 语句之外继续执行程序。如果所有的表达式均为假，则执行语句组 n，然后继续执行后续程序。

执行流程如图 4.19 所示。

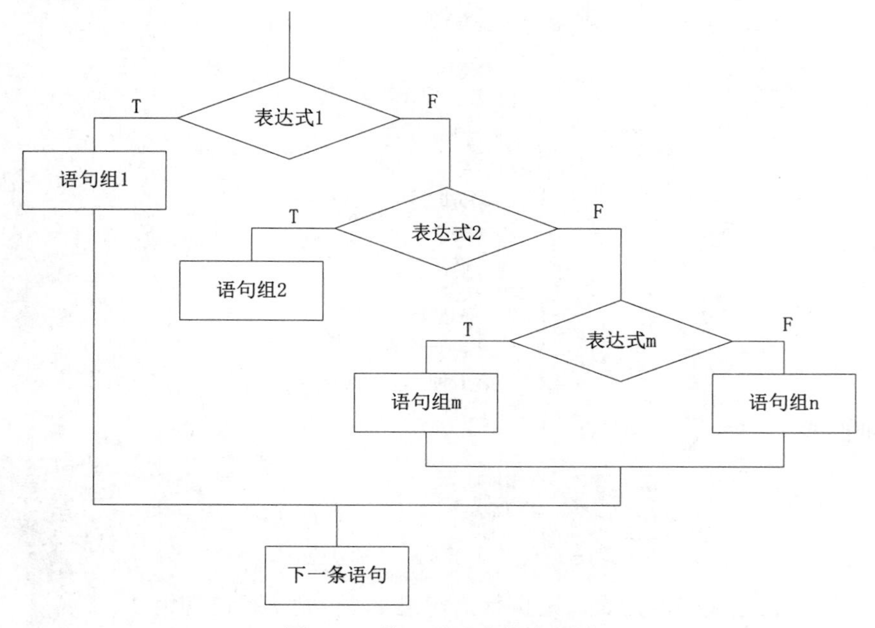

图 4.19　第 3 种形式的流程图

说明：

（1）3 种形式的 if 语句中，在 if 后面都有“表达式”，一般为逻辑表达式或关系表达式。在执行 if 语句时先对表达式求解，若表达式的值为 0，按“假”处理；若表达式的值为非 0，按“真”处理，执行指定的语句。
（2）else 子句不能作为语句单独使用，它必须是 if 语句的一部分，与 if 配对使用。
（3）if 与 else 后面可以包含一条或多条内嵌的操作语句。如果有多条操作语句，要用“{}”将几条语句括起来组成一条复合语句。
（4）if 语句可以嵌套使用，即在 if 语句中又包含一条或多条 if 语句。在使用时应注意，else 总是与其上面最近的未配对的 if 配对。

例 4.17　任意输入 3 个整数，编程实现对这 3 个整数进行由小到大排序。

程序流程图如图 4.20 所示。

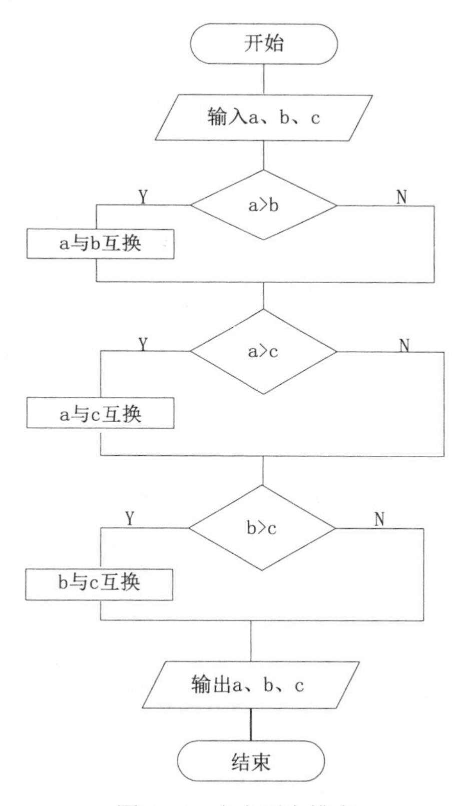

图 4.20　由小到大排序

要对 3 个数进行由小到大排序，需对这 3 个数中任意 2 个数进行比较。借助中间变量 t，按照自己指定的顺序将这 3 个数由小到大存放。

程序代码如下：

```
#include <stdio.h>
main()
{
   int a, b, c, t;                        /*定义 4 个基本整型变量 a,b,c,t*/
   clrscr();                              /*清屏*/
   printf("please input a,b,c:\n");       /*双引号内普通字符原样输出并换行*/
```

```
    scanf("%d%d%d", &a, &b, &c);                /*输入任意 3 个数*/
    if (a > b)                                  /*如果 a 大于 b，借助中间变量 t 实现 a,b 值互换*/
    {
        t = a;
        a = b;
        b = t;
    }
    if (a > c)                                  /*如果 a 大于 c，借助中间变量 t 实现 a,c 值互换*/
    {
        t = a;
        a = c;
        c = t;
    }
    if (b > c)                                  /*如果 b 大于 c，借助中间变量 t 实现 b,c 值互换*/
    {
        t = b;
        b = c;
        c = t;
    }
    printf("the order of the number is:\n");
    printf("%d,%d,%d", a, b, c);                /*输出函数将 a,b,c 的值顺序输出*/
}
```

程序运行结果如图 4.21 所示。

例 4.18　从键盘上输入一个表示年份的整数，判断该年份是否是闰年，判断后的结果显示在屏幕上。

计算闰年的方法用自然语言描述如下：如果某年能被 4 整除但不能被 100 整除，或者该年能被 400 整除，则该年为闰年。如果用表达式来表示上面这句话，则表示的形式如下：

```
year%4==0&&year%100!=0)||year%400==0
```

程序代码如下：

```
#include <stdio.h>
main()
{
    int year;                                               /*定义基本整型变量 year*/
    printf("please input the year:\n");
    scanf("%d", &year);                                     /*从键盘输入表示年份的整数*/
    if ((year % 4 == 0 && year % 100 != 0) || year % 400 == 0)    /*判断闰年条件*/
        printf("%d is a leap year", year);                  /*满足条件的输出是闰年*/
    else
        printf("%d is not a leap year", year);              /*否则输出不是闰年*/
}
```

程序运行结果如图 4.22 所示。

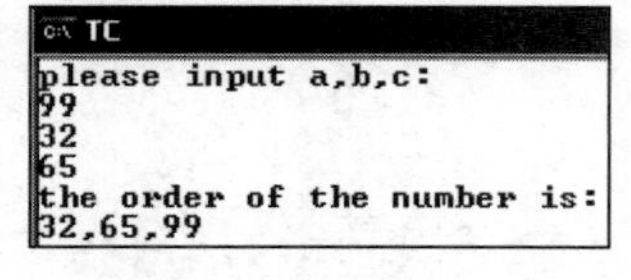

图 4.21　排序

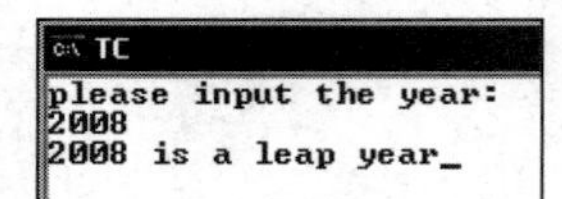

图 4.22　判断闰年

4.5.2　if 语句的嵌套形式

扫一扫，看视频

在 if 语句中又包含一条或多条 if 语句，称为 if 语句的嵌套。一般形式如下：

```
if()
  if()
语句组 1
  else
语句组 2
else
if()
语句组 3
else
语句组 4
```

一般形式中的粗体部分就是内嵌的 if 语句。

注意：

在使用嵌套的 if 语句时要注意 if 与 else 的配对关系，else 总是与其上面最近的未配对的 if 配对。

说明：

编写程序的过程中，如果 if 和 else 的数目不一样，根据要实现的功能，可以加大括号（或称花括弧）来确定配对关系。例如：

```
if()
  {
    if()
    语句 1
  }
  else
     语句 2
```

4.5.3　条件运算符

扫一扫，看视频

C 语言中的条件运算符功能强大且使用灵活，在条件运算符的基础上形成的条件表达式语句能够替代某些 if-else 形式的语句。这个三目运算符的一般形式如下：

```
表达式 1? 表达式 2: 表达式 3
```

- 条件运算符优先于赋值运算符，比关系运算符和算术运算符都低。
- 条件运算符的结合方向为“自右至左”。
- 条件表达式中，表达式 1 的类型可以与表达式 2 和表达式 3 的类型不同。

例 4.19　判断一个数是否既是 5 又是 7 的整倍数。

解决本问题的算法思想是对输入的数 x 用 5 和 7 分别整除，看是否能同时被 5 和 7 整除。如果能，则输出 yes，否则输出 no。程序流程图如图 4.23 所示。

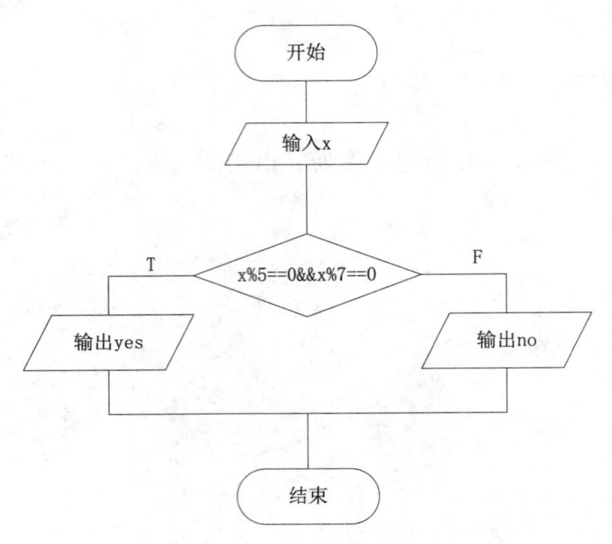

图 4.23　判断 5 和 7 的整倍数

程序代码如下：

```
#include<stdio.h>
main()
{
    int x;
    printf("please input a number:\n");
    scanf("%d", &x);                              /*从键盘中输入一个数*/
    if (x % 5 == 0 && x % 7 == 0)                 /*判断该数是否能同时被 5 和 7 整除*/
        printf("yes");                            /*如果能，则输出 yes*/
    else
        printf("no");                             /*如果不能，则输出 no*/
}
```

注意观察，会发现本实例中使用了 if-else 语句。上面提到了条件表达式语句可以替换 if-else 语句，替换后就成了例 4.20。

例 4.20　利用条件表达式判断一个数是否是 5 和 7 的整倍数。

```
#include<stdio.h>
main()
{
int x;
printf("please input a number:\n");
scanf("%d",&x);
(x%5==0&&x%7==0)?printf("yes"):printf("no");      /*为真输出 yes，为假输出 no*/
}
```

程序运行结果如图 4.24 所示。

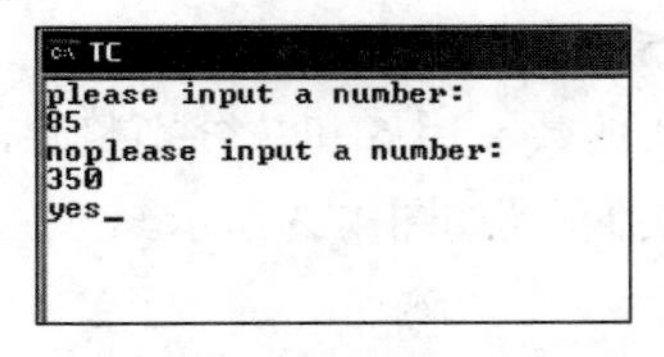

图 4.24　整倍数

扫一扫，看视频

4.6　switch 语句

编写程序时，经常使用 if-else-if 语句来实现多路检测。虽然这种方法可行，但有的时候显得不够灵活。由于层次太多，很容易混淆，以致出现错误。由于这个原因，C 语言提供了一种多分支选择语句 switch。switch 语句的一般形式如下：

```
switch(表达式)
{
case 常量表达式 1:
                语句 1;
case 常量表达式 2:
                语句 2;
…
case 常量表达式 n:
                语句 n;
default:
                语句 n+1;
}
```

其语义是：计算表达式的值，并逐个与其后的常量表达式的值进行比较。当表达式的值与某个常量表达式的值相等时，即执行其后的语句，然后不再进行判断，继续执行后面所有 case 后的语句；如表达式的值与所有 case 后的常量表达式的值均不相等，则执行 default 后的语句。

这里可以将 switch 形象地比喻成一个提供饮品的投币机，可以将 case 语句看成该机器提供的多种不同口味的饮料，表达式的值可以看成用户选择的一种口味，当选择完某种口味后便可取到相应的饮料，而出来饮料的这个过程就相当于 case 后面对应的语句。

说明：

每一个 case 后的常量表达式的值必须互不相同，否则就会出现相互矛盾的现象；各个 case 和 default 的出现次序不影响执行结果；在执行一个 case 分支后，如果想使流程跳出 switch 结构，即终止 switch 语句的执行，可以在相应的语句后加 break 来实现。最后一个 default 可以不加 break 语句。

例 4.21　输入百分制分数，给出相应的等级。当分数大于等于 90 为‘A’，80~89 为‘B’，70~79 为‘C’，60~69 为‘D’，60 分以下为‘E’。

输入成绩，如果是 100 分，这时只需把它看成 90 分，因为 100 分和 90 分都是 A 等的。对输入的成绩使用除法便求出其高位数字，通过高位数字就可以判断出输出的成绩在哪个等级。使用 switch 语句对取出的高位数字进行选择判断，如果高位数为 9 则是 A 等，如果为 8 则是 B 等……依此类推，分别出现 C、D、E 等。程序代码如下：

```
#include<stdio.h>
main()
{
    int score;
    printf("\nplease enter score(score<=100):");
    scanf("%d", &score);                    /*输入学生成绩*/
    if (score == 100)                       /*如果成绩是 100 分，则和 90 分是一样的等级*/
```

```
        score = 90;
    score = score / 10;                         /*求出成绩的高位数字*/
    switch (score)
    {
        case 9:
            printf("the grade is A");           /*等级为A*/
            break;
        case 8:
            printf("the grade is B");           /*等级为B*/
            break;
        case 7:
            printf("the grade is C");           /*等级为C*/
            break;
        case 6:
            printf("the grade is D");           /*等级为D*/
            break;
        default:
            printf("the grade is E");           /*等级为E*/
    }
}
```

程序运行结果如图 4.25 所示。

```
TC
please enter score(score<=100):95
the grade is A
please enter score(score<=100):82
the grade is B
please enter score(score<=100):23
the grade is E
please enter score(score<=100):66
the grade is D
please enter score(score<=100):78
the grade is C_
```

图 4.25　评定成绩

如果将上述程序改写成例 4.22，会发生什么呢？

例 4.22　switch 语句中缺少 break。

```
#include<stdio.h>
main()
{
    int score;
    printf("\nplease enter score(score<=100):");
    scanf("%d", &score);                        /*输入学生成绩*/
    if (score == 100)                           /*如果成绩是100分，则和90分是一样的等级*/
        score = 90;
    score = score / 10;                         /*求出成绩的高位数字*/
    switch (score)
    {
        case 9:
            printf("the grade is A\n");         /*等级为A*/
        case 8:
            printf("the grade is B\n");         /*等级为B*/
        case 7:
```

```
        printf("the grade is C\n");                /*等级为C*/
    case 6:
        printf("the grade is D\n");                /*等级为D*/
    default:
        printf("the grade is E\n");                /*等级为E*/
  }
}
```

程序运行结果如图 4.26 所示。

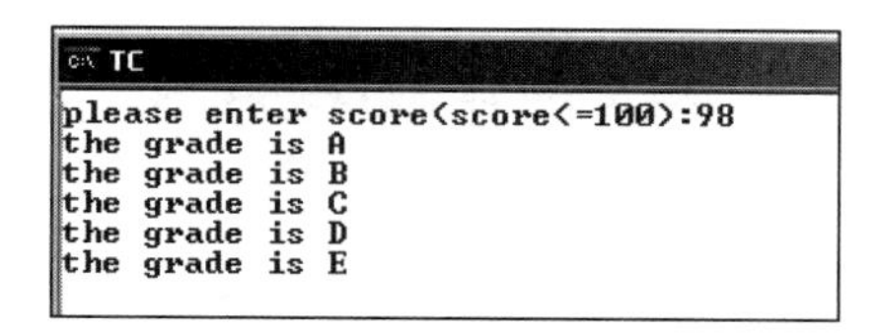

图 4.26　不使用 break

对比例 4.21 和例 4.22，很容易发现例 4.21 的运行结果是想得到的最终结果。那么为什么会出现例 4.22 所示的运行结果？仔细查看两个程序的代码，便会发现不同之处，例 4.21 中的每个 case 分支后都带有 break，这就是所提到的，要想终止 switch 循环，就要在对应的语句后加 break。因此，也可以将 switch 语句的一般语句改成如下形式。

```
switch(表达式)
{
    case 常量表达式 1:
                语句 1;
                break;
    case 常量表达式 2:
                语句 2;
                break;
    …
    case 常量表达式 n:
                语句 n;
                break;
    default:
                语句 n+1;
}
```

例如：

```
switch(i)
{
    case 1:
        语句 1;
        break;
    case 2:
    case3:
        语句 2;
        break;
    case 4:
        语句 3;
        break;
```

```
    case 5:
      语句 4;
    default:
      语句 5;
}
```

当变量 i 的值为 1 时，执行语句 1；当变量 i 的值为 2 或 3 时，执行语句 2；当变量 i 的值为 4 时，执行语句 3；当变量的值为 5 时，执行语句 4；当变量 i 取上述值以外的值时，执行语句 5。

4.7 选择结构程序举例

例 4.23 编程实现输入三角形的三边，判断是否能组成三角形，若可以则输出它的面积和三角形的类型。

在解决该问题之前，必须知道三角形的一些相关内容，如如何判断输入的三边能否组成三角形、三角形面积的求法等。当从键盘中输入三边，只需判断这三条边中任意的两边之和是否大于第三边，如果大于则根据三角形的相关性质（三边相等是等边三角型；两边相等是等腰三角形；两边的平方和等于第三边的平方是直角三角形等），再进一步判断该三角形是什么三角形，否则说明不能组成三角形。

在程序编写过程中，也要注意“&&”和“||”的恰当使用。程序代码如下：

```
#include <stdio.h>
#include <math.h>
main()
{
    float a, b, c;
    float s, area;
    scanf("%f,%f,%f", &a, &b, &c);                    /*输入 3 条边*/
    if (a + b > c && b + c > a && a + c > b)          /*判断两边之和是否大于第三边*/
    {
        s = (a + b + c) / 2;
        area = sqrt(s *(s - a)*(s - b)*(s - c));      /*计算三角形的面积*/
        printf("the area is:%f\n", area);             /*输出三角形的面积*/
        if (a == b && a == c)                         /*判断 3 条边是否相等*/
            printf("equilateral triangle\n");
                                                      /*输出等边三角形*/
        else if (a == b || a == c || b == c)
                                                      /*判断三角形中是否有两边相等*/
            printf("isoceles triangle\n");
                                                      /*输出等腰三角形*/
        else if ((a *a + b * b == c *c) || (a *a + c * c == b *b) || (b *b + c* c ==
a *a))                                                /*判断是否有两边的平方和大于第三边
                                                        的平方*/
            printf("right angled triangle\n");        /*输出直角三角形*/
        else
            printf("triangle");                       /*普通三角形*/
    }
    else
```

```
        printf("can not compose triangle");
    /*如果两边之和小于第三边，不能组成三角形*/
}
```

程序运行结果如图 4.27 所示。

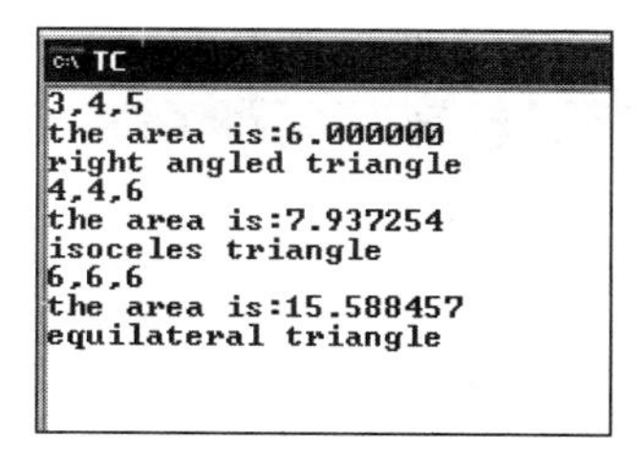

图 4.27　三角形判断

例 4.24　某加油站有 a、b、c 3 种汽油，售价分别为 3.25、3.00、2.75（元/千克）；同时还提供了“自己加”和“协助加”两个服务等级，用户可以得到 5%或 10%的优惠。编程实现针对用户输入的加油量 x、汽油的品种 y 和服务的类型 z，输出用户应付的金额。

本程序通过 switch 循环来实现不同的选择，代码如下：

```
#include <stdio.h>
main()
{
    float x, m1, m2, m;
    char y, z;
    scanf("%f,%c,%c", &x, &y, &z);                    /*输入选择油的千克数、种类及服务*/
    switch (y)
    {
        case 'a':
            m1 = 3.25;
            break;
        case 'b':
            m1 = 3.00;
            break;
        case 'c':
            m1 = 2.75;
            break;
    }
    switch (z)
    {
        case 'a':
            m2 = 0;
            break;
        case 'm':
            m2 = 0.05;
            break;
        case 'e':
            m2 = 0.1;
            break;
    }
    m = x * m1 - x * m1 * m2;                         /*计算应付的钱数*/
```

```
    printf("the type of oil is:%c\n", y);
    printf("the type of server is:%c\n", z);
    printf("the money is:%.3f", m);
}
```

程序运行结果如图 4.28 所示。

```
8,a,m
the type of oil is:a
the type of server is:m
the money is:24.700_
```

图 4.28　加油站加油

扫一扫，看视频

第 5 章　循 环 控 制

编写程序时，许多问题都要用到循环控制。循环结构也是结构化程序设计的基本结构之一，因此熟练掌握循环结构是程序设计最基本的要求。本章主要介绍 while 循环、do-while 循环和 for 循环语句，3 种循环语句在一般情况下可以相互转换。本章视频要点如下：

- 如何学好本章。
- 掌握 while 语句的使用。
- 掌握 do-while 语句的使用。
- 熟练掌握 for 循环及其变体。
- 了解 goto 语句。
- 掌握 break 语句和 continue 语句及其区别。

5.1　while 及 do-while 语句

while 语句和 do-while 语句都是 C 语言中循环结构的一种实现方式。while 语句用来实现当型循环结构；do-while 语句较 while 语句在执行和判断的顺序上有所不同。下面详细介绍这两种语句。

5.1.1　while 语句

扫一扫，看视频

while 语句的一般形式如下：

```
while(表达式)语句
```

其语义是当表达式的值为真（非 0）时，执行 while 语句中的内嵌语句。该语句的特点是先判断表达式，后执行语句。其流程图如图 5.1 所示。

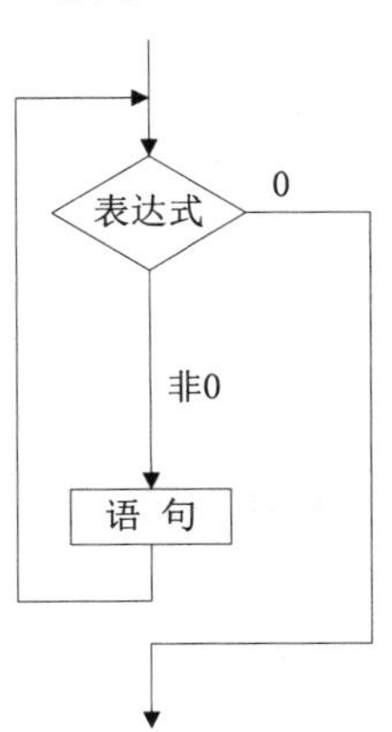

图 5.1　while 语句流程图

说明：

- while 语句中的表达式一般是关系表达式或逻辑表达式，只要表达式的值为真（非 0）即可继续循环。
- 循环体如果包含一条以上的语句，应该用大括号括起来，以复合语句的形式出现。如果不加大括号，则 while 语句的范围直到 while 后面第一个分号处。
- 在循环体中应有使循环趋向于结束的语句，以避免死循环。

例 5.1 编程计算 s=1+1/2+1/3+…+1/n。

解决本问题之前要找出规律，通过观察可以发现每一项的分子不变，分母随着项数变化而变化。第 1 项分母是 1，第 2 项分母是 2，第 3 项分母是 3……依此类推。本程序的流程图如图 5.2 所示。

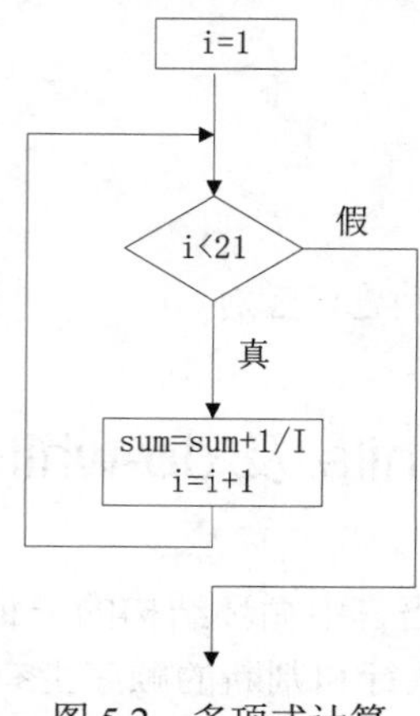

图 5.2 多项式计算

程序代码如下：

```
#include<stdio.h>
main()
{
   int i = 1;                              /*定义变量 i 为基本整型并给 i 赋初值 1*/
   double sum = 0;                         /*定义变量 sum 为双精度型并赋初值 0*/
   while (i <21)                           /*当 i 小于等于 n 时，sum 逐次累加求和*/
   {
      sum = sum + 1.0 / (double)i;
      i++;
   }
   printf("sum=%lf\n",sum);                /*将 n 与 sum 的值打印输出*/
}
```

程序运行结果如图 5.3 所示。

图 5.3 多项式求和

例 5.2 从键盘中输入一个数 n，求 n!。

该程序流程图如图 5.4 所示。

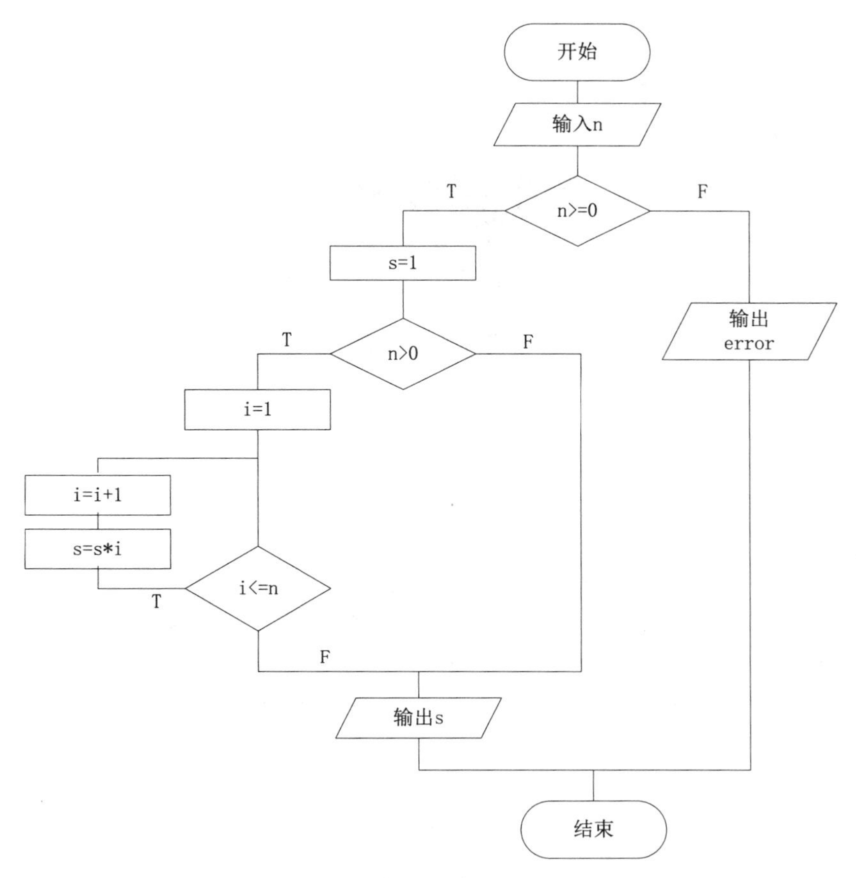

图 5.4　求 n!

```
#include<stdio.h>
main()
{
    int n,i;
    long int fac;                                    /*定义长整型变量*/
    printf("please input n (n>=0) :");
    scanf("%d",&n);                                  /*输入数值赋给变量 n*/
    if (n>=0)                                        /*判断 n 是否大于等于 0*/
    {
        fac = 1;
        if (n>0)
        {
            i =1;
            while(i<=n)
            {
                fac*=i;                              /*计算阶乘*/
                i=i+1;
            }
        }
        printf("%d! = %ld \n",n,fac);                /*输出计算的结果*/
    }
```

```
    else
        printf("error\n");
}
```

程序运行结果如图 5.5 所示。

```
TC
please input n (n>=0) :8
8! = 40320
please input n (n>=0) :7
7! = 5040
please input n (n>=0) :6
6! = 720
```

图 5.5　求 n!

扫一扫，看视频

5.1.2　do-while 语句

do-while 语句的一般形式如下：

```
do
    循环体语句
while(表达式);
```

其语义是：先执行一次指定的循环体语句，然后判别表达式，当表达式的值为真（非 0）时，返回重新执行循环体语句，如此反复，直到表达式的值等于 0 为止，此时循环结束。其特点是：先执行循环体，然后判断循环条件是否成立。其流程图如图 5.6 所示。

例 5.3　将例 5.1 用 do-while 语句实现。

该程序流程图如图 5.7 所示。

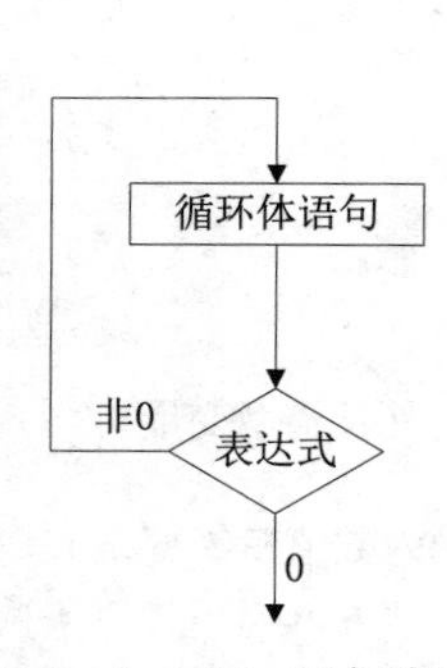

图 5.6　do-while 语句流程图

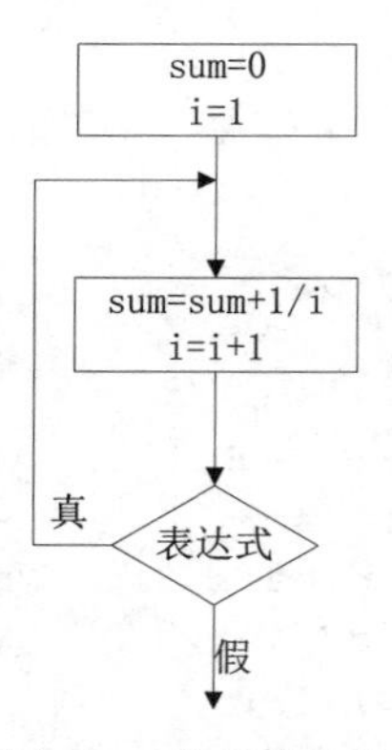

图 5.7　多项式求和

程序代码如下：

```
main()
{
    int i = 1;                          /*定义变量 i 为基本整型并给 i 赋初值 1*/
    double sum =0;                      /*定义变量 sum 为双精度型并赋初值 0*/
    clrscr();
    do                                  /*当 i 小于等于 n 时，sum 逐次累加求和*/
    {
        sum = sum + 1.0 / (double)i;
        i++;
    } while(i<21);
```

```
    printf("sum=%lf\n",sum);                    /*将 n 与 sum 的值打印输出*/
}
```

运行结果如图 5.8 所示。

图 5.8　多项式求和

通过例 5.1 和例 5.3 可以发现，同一个问题可以用 while 语句来处理，也可以用 do-while 语句处理。

通常情况下，用 while 语句和 do-while 语句处理同一个问题时得出的结果往往是相同的，但两者终归是不同的，在处理某些问题时得出的结果也会有所不同，如例 5.4（while 语句实现）和例 5.5（do-while 语句实现）。

例 5.4　while 循环体语句一次也不执行举例。

```
#include<stdio.h>
main()
{
    int i=15,sum=0;
    while(i<15)
        sum=sum+i;                              /*求和*/
    printf("the sum is:%d",sum);                /*将所求结果输出*/
}
```

程序运行结果如图 5.9 所示。

例 5.5　do-while 语句和 while 语句的区别。

```
#include<stdio.h>
main()
{
    int i=15,sum=0;
    do                                          /*使用 do-while 判断*/
    {
        sum=sum+i;                              /*循环体语句*/
    }while(i<15);
    printf("the sum is:%d",sum);
}
```

程序运行结果如图 5.10 所示。

图 5.9　while 求和

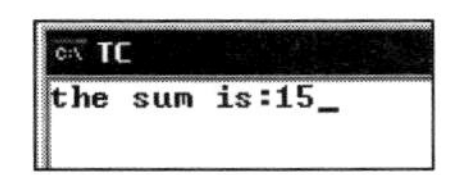

图 5.10　do-while 求和

通过上面两个例子可以发现，例 5.5 只是将例 5.4 中的 while 语句换成了 do-while 语句，程序运行结果截然不同。这主要是因为 while 语句先判断后执行，先判断 i<15 表达式是否为真，因为表达式为假，故没有执行循环体语句；而 do-while 语句是先执行后判断，无论表达式是否为真都先执行，执行完再判断。

5.2　for 语句

在 C 语句和其他高级程序语言中，循环允许执行一系列语句直到满足一个确定的条件为止。这个条件可以预定义，如即将介绍的 for 循环和 5.1 节介绍的 while 和 do-while 循环。

扫一扫，看视频

5.2.1 for 循环的变体

1. for 语句的一般形式

for 语句的一般形式如下：

```
for(表达式 1; 表达式 2; 表达式 3)语句;
```

其执行过程如下：

步骤 1：先求解表达式 1。

步骤 2：求解表达式 2，若其值为非 0，则执行 for 语句中指定的内嵌语句，然后执行下面的步骤 3；若表达式 2 的值为 0，则结束循环，转到步骤 5。

步骤 3：求解表达式 3。

步骤 4：返回步骤 2 继续执行。

步骤 5：循环结束，执行 for 语句下面的一条语句。

归纳上述 5 个步骤，其流程图如图 5.11 所示。

说明：

（1）表达式 1 通常用来给循环变量赋初值，一般是赋值表达式。也允许在 for 语句外给循环变量赋初值，此时可以省略该表达式。

（2）表达式 2 通常是循环条件，一般为关系表达式或逻辑表达式。如果表达式 2 省略，即不判断循环条件，也就是认为表达式 2 始终为真，则循环将无终止地进行下去。

（3）表达式 3 通常用来修改循环变量的值，一般是赋值语句。表达式 3 也可以省略，但此时程序设计者应另外设法保证循环能正常结束。

（4）表达式 1、表达式 2 及表达式 3 这 3 条语句之间必须用分号隔开。

来看一个 for 循环的简单应用示例。

例 5.6 求 1～100 的所有整数之和。

该程序的流程图如图 5.12 所示。

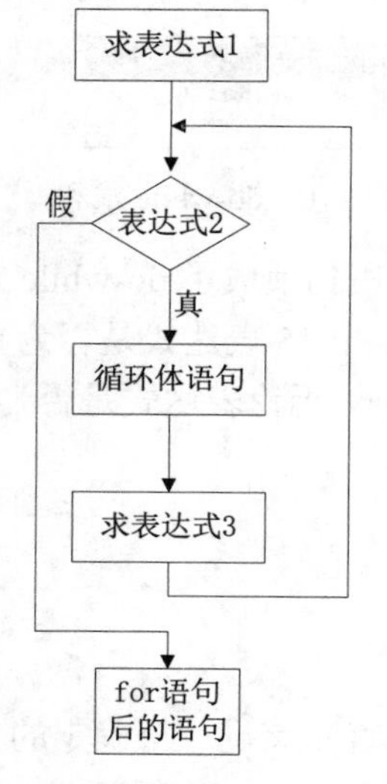

图 5.11 for 语句流程图

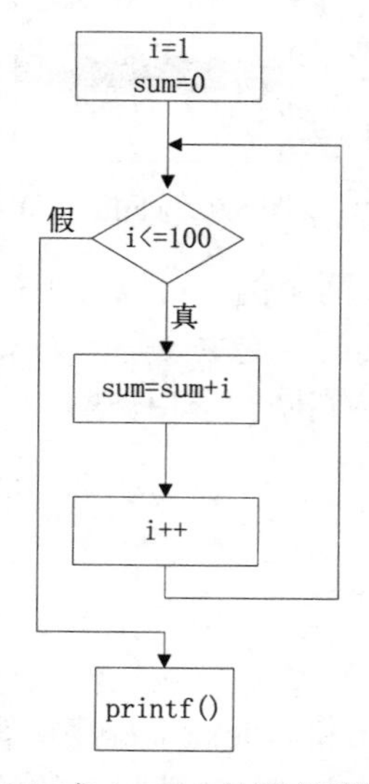

图 5.12 求 1～100 的所有整数之和

程序代码如下：

```
#include<stdio.h>
main()
{
    int i,sum=0;
    for(i=1;i<=100;i++)
        sum=sum+i;                                      /*累加求和*/
    printf("the sum is %d:",sum);                       /*输出所求的和*/
}
```

程序运行结果如图 5.13 所示。

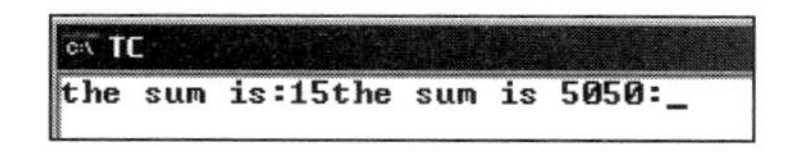

图 5.13　求和

从这个程序中可以知道 x 的初值为 1，当满足 i 小于等于 100 这个条件时执行 for 循环体语句。这里的循环体语句是：

```
sum=sum+i;
```

若不满足条件则跳出循环。执行完循环体语句后，执行表达式 3，即 i++，直到表达式 2 的条件不成立跳出循环，执行循环体外的语句。

2．for 循环的变体

（1）for 循环有若干种变体，正是因为这种变体而大大增强了它的功能和灵活性。最常见的一种变体是运用逗号运算符，使得两个或两个以上的变量共同实现对循环的控制。例如：

```
for(x=0,y=0;x+y<20;++x)
{
    printf("please input y:\n");
    scanf("%d",y);
    …
}
```

这里逗号分割了两条初始化语句。每次 x 值加 1，重复循环，y 的值由键盘输入。当 x 和 y 的和大于或等于 10 时，便终止循环。

（2）前面说明中提到过“表达式 1”可以省略，如例 5.6 可以写成例 5.7 所示形式。

例 5.7　省略表达式 1 的情况。

```
#include<stdio.h>
main()
{
    int i=1,sum=0;
    for(;i<=100;i++)                                    /*省略表达式 1*/
        sum=sum+i;                                      /*累加求和*/
    printf("the sum is %d:",sum);
}
```

说明：

表达式可以省略，但是分号不能省。

（3）表达式 2 可以省略，及不判断循环条件，循环将无终止地进行，例如：

```
for(iCount=1; ;iCount++)
{
    sum=sum+iCount;
}
```

例如，例 5.6 可以写成例 5.8 所示形式。

例 5.8 省略表达式 1 和表达式 2。

```
#include<stdio.h>
main()
{
    int i=1,sum=0;
    for(;;i++)                              /*省略表达式 1 和表达式 2*/
    {
        if(i>100)
            break;
        sum=sum+i;                          /*累加求和*/
    }
    printf("the sum is %d:",sum);
}
```

实际上在出现 for(;;)这种结构时，可以使用 break 语句避免其出现死循环。break 语句将在后文介绍。

（4）表达式 3 也可以省略，如例 5.6 可写成例 5.9 所示形式。

例 5.9 省略表达式 1 和表达式 3。

```
#include<stdio.h>
main()
{
int i=1,sum=0;
for(;i<=100;)
{
    sum=sum+i;                              /*累加求和*/
    i++;
}
printf("the sum is %d:",sum);
}
```

观察上例会发现，省略了表达式 1 和表达式 3 的 for 语句实现的功能相当于 while 语句所能实现的功能。例如，例 5.9 可写成如下形式。

```
#include<stdio.h>
main()
{
int i=1,sum=0;
while(i<=100)                               /*while 循环语句进行判断*/
{
    sum=sum+i;                              /*累加求和*/
    i++;
}
printf("the sum is %d:",sum);
}
```

（5）3 个表达式都省略，如例 5.6 可写成 5.10 所示形式。

例 5.10　表达式 1、表达式 2、表达式 3 均省略。

```
#include<stdio.h>
main()
{
    int i=1,sum=0;
    for(;;)                                 /*省略表达式 1、表达式 2、表达式 3*/
    {
        if(i>100)
            break;                          /*使用 break 跳出 for 循环，否则程序陷入死循环*/
        sum=sum+i;
        i++;
    }
    printf("the sum is %d:",sum);
}
```

3 个表达式均省略相当于 while(1)。

5.2.2　循环嵌套

扫一扫，看视频

一个 for 循环体内又包含另一个完整的 for 循环结构，称为 for 循环的嵌套。内嵌的循环中还可以嵌套循环，这样就形成了多层循环。

for 循环嵌套的一般形式如下：

```
for(;;)
{
    for(;;)
    {…}
}
```

前面讲过的 while 循环、do-while 循环和 for 循环这 3 种循环之间可以相互嵌套。如以下几种都是合法的嵌套形式：

（1）

```
while()
{
    …
    for()
    {…}
    …
}
```

（2）

```
while()
{
    …
    while()
    {…}
    …
}
```

（3）

```
do
```

```
{
    …
    do
    {…}while();
    …
}while();
```

（4）

```
do
{
    …
    while();
    {…}
    …
}while();
```

（5）

```
do
{
    …
    for(;;)
    {…}
    …
}while();
```

5.3 转移语句

程序中的语句通常总是按顺序方向或语句功能所定义的方向执行的。如果需要改变程序的正常流向，可以使用转移语句。例如，goto、break、continue 都是转移语句。本节就来介绍下这 3 种语句。

扫一扫，看视频

5.3.1 goto 语句

goto 语句也称为无条件转移语句，其一般形式如下：

```
goto 语句标号;
```

其中“语句标号”是按标识符规定书写的符号，放在某一语句行的前面；标号后加冒号（:）。语句标号起标识语句的作用，与 goto 语句配合使用。例如：

```
label: i++;
```

是合法的，而

```
123:i++;
```

是不合法的。

C 语言不限制程序中使用标号的次数，但各标号不得重名。goto 语句的语义是改变程序流向，转去执行语句标号所标识的语句。

goto 语句一般有两种用途：

- 与 if 语句一起构成循环结构。

- 从循环体中跳转到循环体外。

下面举例来看下 goto 语句是如何使用的。

例 5.11　求解从键盘中输入字符的个数。

```
#include<stdio.h>
main()
{
    int n=0;
    printf("input a string\n");
   loop: if(getchar()!='\n')                            /*设置语句标号*/
     {
         n++;
         goto loop;                                      /*使用 goto 语句*/
     }
     printf("%d",n);
}
```

程序运行结果如图 5.14 所示。

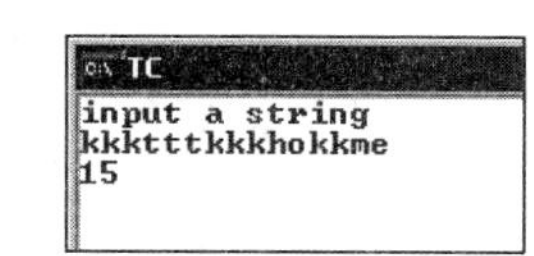

图 5.14　求字符个数

本例用 if 语句和 goto 语句构成循环结构。当输入字符不为回车时即执行 n++进行计数，然后转移至 if 语句循环执行，直至输入字符为回车的才停止循环。

5.3.2　break 语句

扫一扫，看视频

break 语句只能用在 switch 语句或循环语句中，其作用是跳出 switch 语句或跳出本层循环，转去执行后面的程序。break 语句还可以用来从循环体内跳出循环体，即提前结束循环，接着执行循环下面的语句。

由于 break 语句的转移方向是明确的，所以不需要语句标号与之配合。break 语句的一般形式如下：

```
break;
```

break 语句不能用于 switch 语句和循环语句之外的任何其他语句。

下面这段代码是从 AT&T 的电话服务程序中摘录下来的，这段代码曾在一定范围内造成 AT&T 电话服务的停顿。

```
network code()
{
   switch (line)
   {
      case THING1:
          doit1();
          break;
      case THING2:
          if (x = STUFF)
          {
             do_first_stuff();
             if (y == OTHER_STUFF)
                 break;
             do_later_stuff();
```

```
            }
            initialize_modes_pointer();
            break;
            default;
            processing();
    }
    use_modes_pointer();
}
```

这个程序员的本意是希望从 if 语句跳出，但是他却忘了 break 语句事实上跳出的是最近的那层循环语句或 switch 语句。但是现在，他跳出了 switch 语句，然后执行了

```
use_modes_pointer();
```

这条语句。但是，必要的初始化工作并未完成，这就是程序在后来运行时会出现问题的原因。

扫一扫，看视频

5.3.3 continue 语句

continue 语句只能用在循环体中，其一般形式如下：

```
continue;
```

其语义是：结束本次循环，即不再执行循环体中 continue 语句之后的语句，转入下一次循环条件的判断与执行。

注意：

continue 和 break 语句的最大区别在于，break 语句结束整个循环，而 continue 语句只结束本次循环，继续下次循环。

例 5.12 从键盘中输入一个偶数，编程实现将该偶数拆分成两个素数之和并输出在屏幕上。

```
#include <stdio.h>
#include <math.h>
main()
{
    int a, b, c, d, flag = 0;
    scanf("%d", &a);                                    /*从键盘中输入一个偶数*/
    for (b = 3; b <= a / 2; b += 2)                     /*因为拆分成素数，所以 b 每次加 2*/
    {
        for (c = 2; c <= sqrt(b); c++)                  /*判断 b 是否是素数*/
            if (b % c == 0)
                break;
            if (c > sqrt(b))
                d = a - b;                              /*如果 b 是素数求出 d*/
            else
                continue;
            for (c = 2; c <= sqrt(d); c++)              /*判断 d 是否是素数*/
                if (d % c == 0)
                    break;
                if (c > sqrt(d))
                {
                    printf("the result is:%d=%d+%d\n", a, b, d);
                                                        /*将拆分的结果输出*/
                    flag = 1;                           /*flag 置 1 说明至少可拆分成一组*/
```

```
            }
    }
    if (flag == 0)
        printf("can not split!");
}
```

程序运行结果如图 5.15 所示。

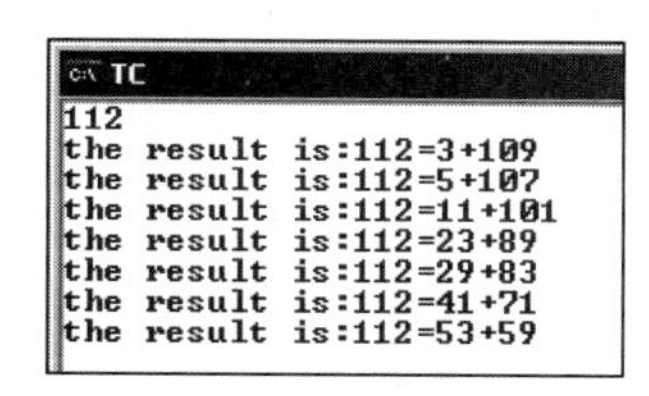

图 5.15　偶数拆分

5.4　循环控制应用举例

例 5.13　用#打印三角形，如图 5.16 所示。

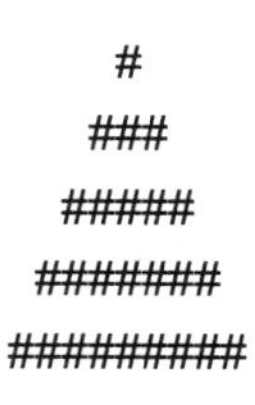

图 5.16　用#打印三角形

程序代码如下：

```
#include<stdio.h>
main()
{
    int i, j, k;                              /*定义变量 i,j,k 为基本整型*/
    for (i = 1; i <= 5; i++)                  /*控制行数*/
    {
        for (j = 1; j <= 5-i; j++)            /*控制空格数*/
            printf(" ");
        for (k = 1; k <= 2 *i - 1; k++)       /*控制打印#号的数量*/
            printf("#");
        printf("\n");
    }
}
```

程序运行结果如图 5.17 所示。

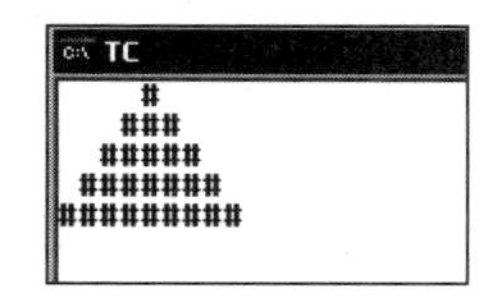

图 5.17　打印三角形

从上面程序中可以看出，第 1 个 for 循环控制整个图形的行数，本例中的图形共 5 行，所以 i 的范围为 1～5；第 2 个 for 循环用来控制空格的数量，这时需要找出每行空格数在图形中的规律，第 1 行需 4 个空格，第 2 行需 3 个空格，依此类推，第 5 行需 0 个空格，其规律就是每行的空格数等于 5 减去行数，这样就确定了第 2 个 for 循环中 j 的范围；第 3 个 for 循环用来控制输出#的数量，同样也要找出每行需输出的字符个数的规律，第 1 行输出 1 个#，第 2 行输出 3 个#，依此类推，第 5 行输出 9 个#，其规律就是即每行需输出#的个数等于行数的 2 倍减 1，这样也就确定了第 3 个 for 循环中 k 的范围。

例 5.14 打印乘法口诀表。

```
#include<stdio.h>
main()
{
    int i, j;                              /*定义 i, j 两个变量为基本整型*/
    for (i = 1; i <= 9; i++)               /*for 循环中的 i 为乘法口诀表中的行数*/
    {
        for (j = 1; j <= i; j++)           /*乘法口诀表中的另一个因子，取值范围受因子 i 的影响*/
            printf("%d*%d=%d ", i, j, i *j);          /*输出 i, j 及 i*j 的值*/
        printf("\n");                                 /*打完每行值后换行*/
    }
}
```

程序运行结果如图 5.18 所示。

```
TC
1*1= 1
2*1= 2 2*2= 4
3*1= 3 3*2= 6 3*3= 9
4*1= 4 4*2= 8 4*3=12 4*4=16
5*1= 5 5*2=10 5*3=15 5*4=20 5*5=25
6*1= 6 6*2=12 6*3=18 6*4=24 6*5=30 6*6=36
7*1= 7 7*2=14 7*3=21 7*4=28 7*5=35 7*6=42 7*7=49
8*1= 8 8*2=16 8*3=24 8*4=32 8*5=40 8*6=48 8*7=56 8*8=64
9*1= 9 9*2=18 9*3=27 9*4=36 9*5=45 9*6=54 9*7=63 9*8=72 9*9=81
```

图 5.18　打印乘法口诀

本例中两次用到 for 循环，第 1 次 for 循环即把它看成乘法口诀表的行数，同时也是每行进行乘法运算的第 1 个因子，第 2 个 for 循环范围的确定建立在第 1 个 for 循环的基础上，即第 2 个 for 循环的最大取值是第 1 个 for 循环中变量的值。

扫一扫，看视频

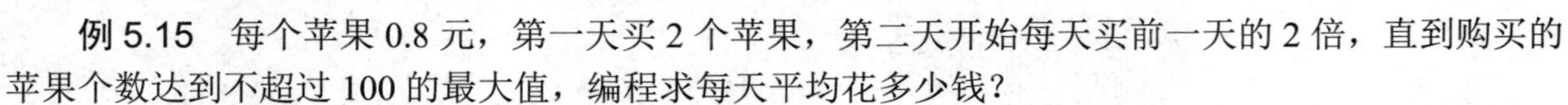

例 5.15 每个苹果 0.8 元，第一天买 2 个苹果，第二天开始每天买前一天的 2 倍，直到购买的苹果个数达到不超过 100 的最大值，编程求每天平均花多少钱？

本题的算法思想如下：假设每天购买的苹果数为 n，花的钱数总和为 money，那么 money 和 n 之间的关系为 money=money+0.8*n，其具体含义是截止到目前所花的钱数等于今天购买苹果所花的钱数与之前所花的钱数的总和。这里应注意 n 的变化，n 初值应为 2，随着天数的增加（day++），n 值随之变化（即 n=n*2）。以上过程应在 while 循环体中进行。那么什么才是这个 while 语句结束的条件呢？根据题意可知“购买的苹果个数应是不超过 100 的最大值”，那么很明显 n 的值是否小于 100 便是判断这个 while 语句是否执行的条件。

程序代码如下：

```
#include <stdio.h>
main()
{
```

```
 int n=2,day=0;                      /*定义 n、day 为基本整型*/
 float money=0,ave;                  /*定义 money、ave 为单精度型*/
 while(n<100)                        /*苹果个数不超过 100，故 while 中表达式 n 小于 100*/
 {
   money+=0.8*n;                     /*将每天花的钱数累加求和*/
   day++;                            /*天数自加*/
   n*=2;                             /*每天买前一天个数的 2 倍*/
 }
 ave=money/day;                      /*求出平均每天花的钱数*/
 printf("The result is %.6f",ave);
}
```

程序运行结果如图 5.19 所示。

例 5.16　中国古代数学家张丘建在他的《算经》中提出了一个著名的“百钱买百问题”：鸡翁一，值钱五；鸡母一，值钱三；鸡雏三，值钱一。百钱买百鸡，问翁、母、雏各几何？

根据题意，设公鸡、母鸡和雏鸡分别为 cock、hen 和 chick。如果 100 元全买公鸡，那么最多能买 20 只，所以 cock 的范围是大于等于 0 小于等于 20；如果全买母鸡，那么最多能买 33 只，所以 hen 的范围是大于等于 0 小于等于 33；如果全买小鸡，那么最多能买 99 只（根据题意小鸡的数量应小于 100 且是 3 的倍数）。在确定了各种鸡的范围后进行穷举并判断。判断的条件有以下 3 点：

（1）所买的 3 种鸡的钱数总和为 100。

（2）所买的 3 种鸡的数量之和为 100。

（3）所买的小鸡数必须是 3 的倍数。

程序代码如下：

```
#include <stdio.h>
main()
{
    int cock, hen, chick;                                          /*定义变量为基本整型*/
    for (cock = 0; cock <= 20; cock++)                             /*公鸡范围在 0~20 之间*/
        for (hen = 0; hen <= 33; hen++)                            /*母鸡范围在 0~33 之间*/
            for (chick = 3; chick <= 99; chick++)                  /*小鸡范围在 3~99 之间*/
                if (5 *cock + 3 * hen + chick / 3 == 100)          /*判断钱数是否等于 100*/
                    if (cock + hen + chick == 100)      /*判断购买的鸡数是否等于 100*/
                        if (chick % 3 == 0)             /*判断小鸡数是否能被 3 整除*/
                            printf("cock:%d hen:%d chick:%d\n", cock, hen,chick);
}
```

程序运行结果如图 5.20 所示。

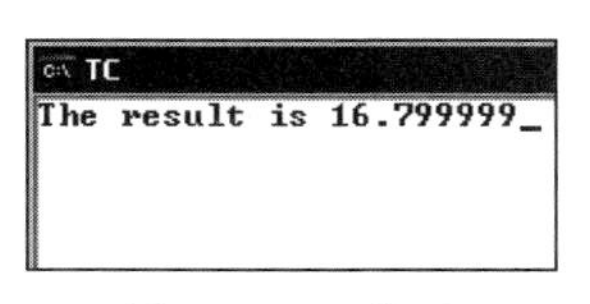

图 5.19　买苹果

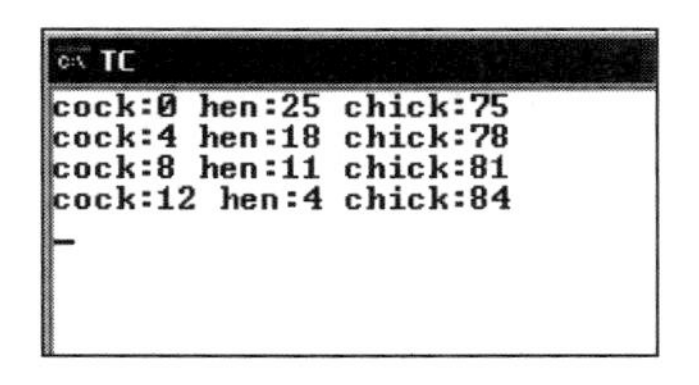

图 5.20　“百钱买百鸡”问题

例 5.17　一个数如果恰好等于它的因子之和，这个数就称为完数。例如 6 的因子是 1、2、3，而 6=1+2+3，因此 6 是完数。编程求出 1000 以内的所有完数。

本例采用穷举的方法对 1000 以内的数逐个求因子“再求和”看是否等于该数，如果相等则输出该数，否则进行下次循环。这里要强调的是求一个数 i 的因子的方法是用该数 i 对从 1 到 i-1 的所有数取余，看余数是否为 0，如果为 0 则说明该数是 i 的因子。程序代码如下：

```
#include <stdio.h>
main()
{
    int i, j, sum = 0;                          /*定义变量为基本整型*/
    for (i = 1; i < 1000; i++)                  /*对 1000 以内的数进行穷举*/
    {
        sum = 0;
        for (j = 1; j < i; j++)
            if (i % j == 0)                     /*判断 j 是否是 i 的因子*/
                sum += j;                       /*因子相加求和*/
        if (sum == i)                           /*判断该数是否等于各因子之和*/
            printf("%4d", i);
    }
}
```

程序运行结果如图 5.21 所示。

图 5.21　完数

扫一扫，看视频

第 6 章　数　　组

数组类型是构造类型的一种，数组中的每一个元素都属于同一种类型。本章主要介绍一维数组、二维数组、字符数组的定义和引用，以及字符串处理函数。本章视频要点如下：

- 如何学好本章。
- 掌握一维数组的应用。
- 掌握二维数组的应用。
- 掌握字符数组的应用。
- 熟练使用字符串处理函数。
- 了解多维数组的定义和引用。

6.1　一 维 数 组

一维数组是 C 语言中用来存储和处理一维序列数据的数据类型。数组中的所有元素均属于同一种类型。组合使用数组名和数组下标可以方便地访问数组元素。本节将对一维数组的定义、数组元素的访问和初始化等内容进行介绍。

扫一扫，看视频

6.1.1　一维数组的定义和引用

1. 一维数组的定义

一维数组是用于存储一维数列中数据的集合。一维数组的定义方式如下：

```
类型说明符 数组名[常量表达式];
```

- “数组名”就是这个数组型变量的名称，命名规则与变量名一致。
- 数组中存储元素的数据类型由“类型说明符”给出，可以是任意的数据类型（整型、实型、字符型等）。
- “常量表达式”定义了数组中存放的数据元素的个数，即数组长度。例如 a[5]，5 表示数组中有 5 个元素，下标从 0 开始，到 4 结束。

注意：

在数组 a[5]中，只能使用 a[0]、a[1]、a[2]、a[3]、a[4]而不能使用 a[5]，若使用 a[5]会出现下标越界的错误。

2. 一维数组的引用

数组必须先定义再使用。数组元素的表示形式如下：

```
数组名[下标]
```

下标可以是整型常量或整型表达式。

例 6.1　任意输入 5 个数据，编程实现将这 5 个数据逆序存放。

```
#include<stdio.h>
main()
```

```
{
    int a[5], i, temp;                          /*定义数组及变量为基本整型*/
    printf("please input array a:\n");
    for (i = 0; i < 5; i++)                     /*逐个输入数组元素*/
        scanf("%d", &a[i]);
    printf("array a:\n");
    for (i = 0; i < 5; i++)                     /*将数组中的元素逐个输出*/
        printf("%d", a[i]);
    printf("\n");
    for (i = 0; i < 2; i++)                     /*将数组中元素的前后位置互换*/
    {
        temp = a[i];                            /*元素位置互换的过程借助中间变量 temp*/
        a[i] = a[4-i];
        a[4-i] = temp;
    }
    printf("Now array a:\n");
    for (i = 0; i < 5; i++)                     /*将转换后的数组再次输出*/
        printf("%d", a[i]);
}
```

程序运行结果如图 6.1 所示。

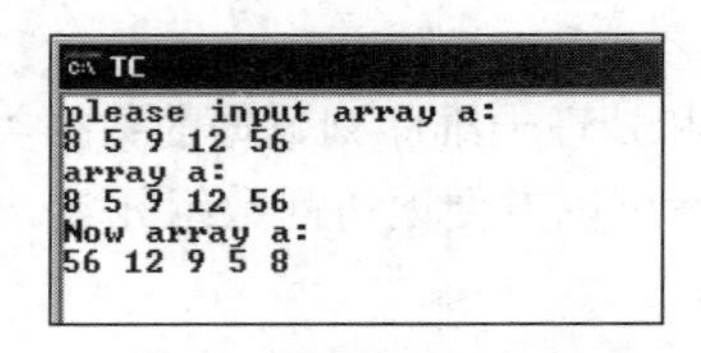

图 6.1　逆序存放

程序中借助中间变量 temp 实现数据间的互换。语句 int a[5]是定义一个有 5 个元素的数组，程序中用到的 a[i]就是对数组元素的引用。

扫一扫，看视频

6.1.2　一维数组的初始化

一维数组的初始化可以通过以下几种方法来实现。

（1）在定义数组时直接对数组元素赋初值。

例 6.2　隔位输出数组中的元素。

```
#include<stdio.h>
main()
{
    int i,a[8]={0,1,2,3,4,5,6,7};               /*对一维数组中的全部元素赋值*/
    for(i=0;i<8;i=i+2)
        printf("%d\n",a[i]);                    /*输出数组中的元素*/
}
```

程序运行结果如图 6.2 所示。

图 6.2　隔位输出

（2）只给一部分元素赋值，未赋值的部分元素值为 0。

例 6.3 部分元素赋值。

```
#include<stdio.h>
main()
{
    int i,a[8]={0,1,2,3};                          /*对数组中部分元素赋初值*/
    for(i=0;i<8;i=i+2)
        printf("%d\n",a[i]);
}
```

程序运行结果如图 6.3 所示。

（3）在对全部数组元素赋初值时，可以不指定数组长度。

例 6.4 不指定数组长度。

```
#include<stdio.h>
main()
{
    int i,a[]={0,1,2,3,4};
    for(i=0;i<5;i=i+2)
        printf("%d\n",a[i]);                       /*使用 for 循环隔位输出数组中的元素*/
}
```

程序运行结果如图 6.4 所示。

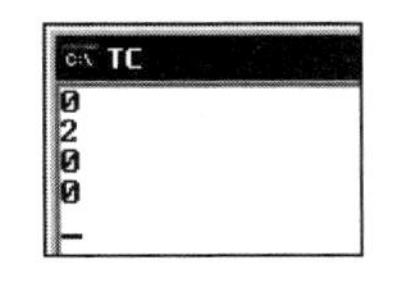

图 6.3 部分元素赋值

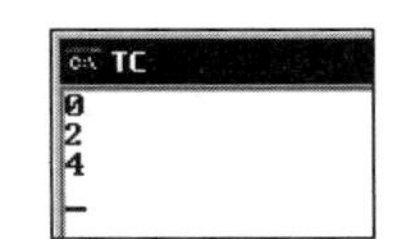

图 6.4 不指定数组长度

6.2 二 维 数 组

二维数组用来存储各种类型的二维数列。它是在一维数组的基础上衍生出来的，使用方法与一维数组类似。本节将介绍二维数组的定义、引用和初始化等内容。

扫一扫，看视频

6.2.1 二维数组的定义和引用

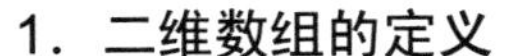

1. 二维数组的定义

二维数组的定义方式如下：

```
类型说明符 数组名[常量表达式1][常量表达式2];
```

其中，“常量表达式 1”表示第 1 维下标的长度，“常量表达式 2”表示第 2 维下标的长度。例如：

```
int a[2][4];
```

声明了一个 3 行 4 列的数组，数组名为 a，其下标变量的类型为整型。该数组的下标变量共有 2×4 个，即：

a[0][0],a[0][1],a[0][2],a[0][3]

a[1][0],a[1][1],a[1][2],a[1][3]

在C语言中，二维数组是按行排列的，即先存放a[0]行，再存放a[1]行。每行中有4个元素，也是依次存放。

2. 二维数组的引用

二维数组元素的表示形式为：

```
数组名[下标][下标]
```

下标可以是整型常量或整型表达式。与一维数组一样，这里要注意下标越界的问题。例如：

```
int a[2][4];
…
a[2][4]=9;
```

上面这种表示是错误的，a为2行4列的数组，那么其行下标的最大值为1，列下标的最大值为3，所以a[2][4]超过了数组的范围，下标越界。

扫一扫，看视频

6.2.2 二维数组的初始化

（1）分行给二维数组赋初值。例如：

```
int a[2][3]={{1,2,3},{4,5,6}};
```

第1个大括号内的元素赋给第1行的元素，第2个大括号内的元素赋给第2行。

例6.5 分行赋值。

```
#include<stdio.h>
main()
{
    int i,j,a[2][3]={{0,1,2},{3,4,5}};
    for(i=0;i<2;i++)                                /*二维数组的行数*/
    {
        for(j=0;j<3;j++)                            /*二维数组的列数*/
            printf("%5d",a[i][j]);                  /*将二维数组元素输出*/
        printf("\n");
    }
}
```

程序运行结果如图6.5所示。

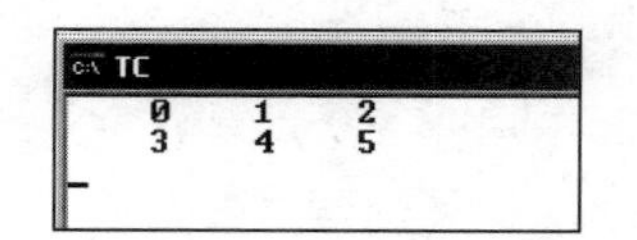

图6.5 分行赋值

（2）可将所有的数据写在一个大括号内，按数组排列的顺序对各个元素赋初值。

例6.6 按数组排列顺序对各元素赋值。

```
#include<stdio.h>
main()
{
    int i,j,a[2][3]={5,4,3,2,1,0};                  /*按排列顺序对数组赋值*/
    for(i=0;i<2;i++)                                /*二维数组的行数*/
    {
```

```
        for(j=0;j<3;j++)                         /*二维数组的列数*/
            printf("%5d",a[i][j]);               /*输出数组元素*/
        printf("\n");
    }
}
```

程序运行结果如图 6.6 所示。

（3）可以对部分元素赋初值（（1）、（2）均适用），未赋初值的元素其值自动为 0。

例 6.7　对部分元素赋初值。

```
#include<stdio.h>
main()
{
    int i,j,a[2][3]={5,4,3};
    for(i=0;i<2;i++)                             /*二维数组的行数*/
    {
        for(j=0;j<3;j++)                         /*二维数组的列数*/
            printf("%5d",a[i][j]);               /*输出数组元素*/
        printf("\n");
    }
}
```

程序运行结果如图 6.7 所示。

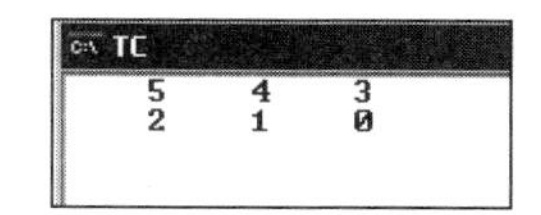

图 6.6　按排列顺序赋值

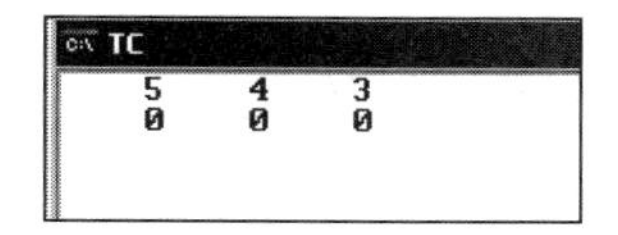

图 6.7　部分元素赋初值

（4）如果对全部元素都赋初值，则定义数组时对第 1 维的长度可以不指定，但第 2 维的长度不能省略。

例 6.8　不指定二维数组中第 1 维的长度。

```
#include<stdio.h>
main()
{
    int i,j,a[][3]={5,4,3,9,33,63};              /*全部元素赋值，不指定第 1 维的长度*/
    for(i=0;i<2;i++)                             /*二维数组的行数*/
    {
        for(j=0;j<3;j++)                         /*二维数组的列数*/
            printf("%5d",a[i][j]);               /*输出数组元素*/
        printf("\n");
    }
}
```

程序运行结果如图 6.8 所示。

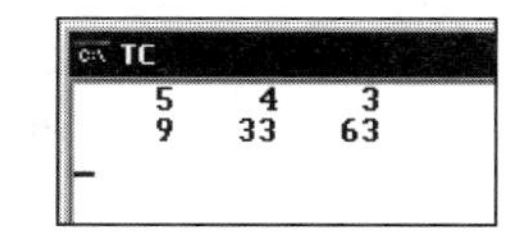

图 6.8　不指定第 1 维长度

6.3 字 符 数 组

用来存放字符数据的数组是字符数组。字符数组中的每一个元素存放一个字符，其定义和使用方法与其他类型的数组基本相似。

扫一扫，看视频

6.3.1 字符数组的定义和引用

字符数组的定义与其他类型的数组类似，标准形式如下：

```
char 数组名[常量表达式]
```

例如：

```
char array[5];
array[0]='h';
array[1]='e';
array[2]='l';
array[3]='l';
array[4]='o';
```

定义 array 为字符数组，包含 5 个元素。

扫一扫，看视频

6.3.2 字符数组的初始化

对字符数组赋初值的方法有多种，分别介绍如下。

（1）最简单的方法是逐个字符赋给数组中各元素。

例 6.9 用*打印平行四边形，如图 6.9 所示。

```
*****
 *****
  *****
   *****
    *****
```

图 6.9 用*打印平行四边形

```
#include<stdio.h>
main()
{
    char a[5] =
    {
        '*', '*', '*', '*', '*'
    };                                  /*定义字符型数组，5 个元素初值均为'*'*/
    int i, j, k;                        /*定义变量 i,j,k 为基本整型*/
    for (i = 0; i < 5; i++)             /*输出 5 行*/
    {
        for (j = 1; j <= i; j++)        /*输出空格的数量随着行数的变化而变化*/
            printf(" ");
        for (k = 0; k < 5; k++)
```

```
        printf("%c", a[k]);                /*将 a 数组中的元素输出*/
    printf("\n");                          /*每输出一行后换行*/
  }
}
```

程序运行结果如图 6.10 所示。

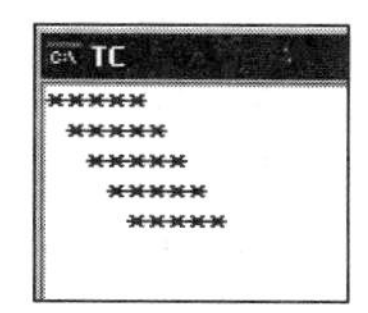

图 6.10 输出平行四边形

上述程序中

```
char a[5] =
  {
    '*', '*', '*', '*', '*'
  };
```

就是把 5 个字符（全都是‘*’）赋给 a[0]~a[4]。

当给字符数组赋初值时，如果提供的初值个数大于数组长度，则按语法错误处理。如果初值个数小于数组长度，则只将这些字符赋给数组中前面那些元素，其余元素自动定为空字符，即‘\0’。如将例 6.9 改成如下形式：

```
#include<stdio.h>
main()
{
  char a[5] =
  {
    '*', '*', '*', '*', '*','#','#'
  };                                       /*定义字符数组，5 个元素初值均为'*'*/
  int i, j, k;                             /*定义变量 i,j,k 为基本整型*/
  for (i = 0; i < 5; i++)                  /*输出 5 行*/
  {
    for (j = 1; j <= i; j++)               /*输出空格的数量随着行数的变化而变化*/
      printf(" ");
    for (k = 0; k < 5; k++)
      printf("%c", a[k]);                  /*将 a 数组中的元素输出*/
    printf("\n");                          /*每输出一行后换行*/
  }
}
```

这时会提示错误，如图 6.11 所示。

图 6.11 错误提示

（2）如果初值个数与预定的数组长度相同，在定义时可以省略数组长度，系统会自动根据初值个数确定数组长度。如例 6.9 中的语句

```
char a[5] =
  {
```

```
        '*', '*', '*', '*', '*'
    };
```

可写成

```
char a[] =
    {
        '*', '*', '*', '*', '*'
    };
```

（3）利用字符串给字符数组赋初值。通常用一个字符数组来存放一个字符串。字符串总是以'\0'作为串的结束符，因此当把一个字符串存入一个数组时，也把结束符'\0'存入数组，并以此作为该字符串结束的标志。有了'\0'标志后，字符数组的长度就显得不那么重要了。当然，在定义字符数组时还是要估计实际字符串长度，以保证数组长度始终大于字符串实际长度。如果在一个字符数组中先后存放多个不同长度的字符串，则应使数组长度大于最长的字符串的长度。以字符串的方式对数组进行初始化赋值如下:

```
char c[]={"hello world"};
```

或去掉{}写为:

```
char c[]="hello world";
```

用字符串方式赋值比用字符逐个赋值要多占一个字节，多占的这个字节用于存放字符串结束标志'\0'。上面的数组c在内存中的实际存放情况如图6.12所示。

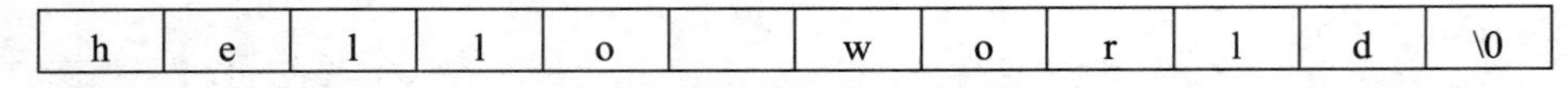

h	e	l	l	o		w	o	r	l	d	\0

图6.12　内存中存储情况

'\0'是由C编译系统自动加上的。所以上面的赋值语句等价于:

```
char[]={'h', 'e', 'l', 'l', 'o', ' ', 'w', 'o', 'r', 'l', 'd', '\0'};
```

但是下面语句:

```
char[]={'h', 'e', 'l', 'l', 'o', ' ', 'w', 'o', 'r', 'l', 'd'};
```

却与上面的语句不等价，前者长度为12（包括'\0'），后者长度为11。

注意:

字符串用""号括起，这点有别于字符。

扫一扫，看视频

6.3.3　字符数组的输入/输出

字符数组的输入/输出有以下两种方法。

（1）格式字符%c，实现字符数组中字符的逐个输入与输出。

例6.10　字符数组中逐个字符输出。

```
#include<stdio.h>
main()
{
    int i;
    char array[12]={'h','e','l','l','o',' ','m','i','n','g','r','i'};
    for(i=0;i<12;i++)
        printf("%c",array[i]);                    /*以字符形式输出字符数组的元素*/
}
```

程序运行结果如图 6.13 所示。

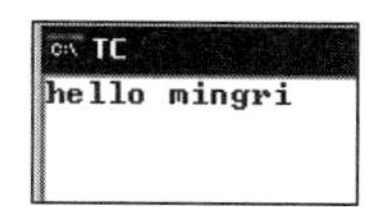

图 6.13　字符输出

例 6.10 中使用%c 实现字符数组中元素的逐个输出。又如例 6.11 实现字符数组中元素的逐个输入后再逐个输出。

例 6.11　字符逐个输入到字符数组中，再输出。

```
#include<stdio.h>
main()
{
    int i;
    char array[12];
    printf("please input string:\n");
    for(i=0;i<12;i++)
        scanf("%c",&array[i]);                  /*逐个输入字符到字符数组中*/
    printf("the string is:\n");
    for(i=0;i<12;i++)
        printf("%c",array[i]);                  /*逐个输出字符数组中的字符*/
}
```

程序运行结果如图 6.14 所示。

（2）格式字符%s，将整个字符串依次输入或输出。

例 6.12　字符串输入输出。

```
#include<stdio.h>
main()
{
    int i;
    char array[22];                             /*定义字符型数组*/
    printf("please input string:\n");
    scanf("%s",array);                          /*输入字符串*/
    printf("the string is:\n");
    printf("%s",array);                         /*输出字符串*/
}
```

程序运行结果如图 6.15 所示。

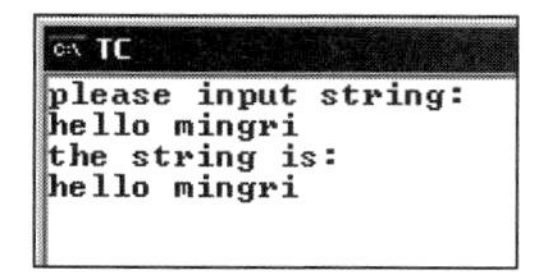

图 6.14　字符输入/输出

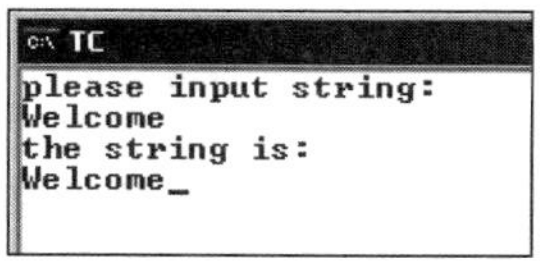

图 6.15　字符串输入/输出

使用%s 进行输入/输出时，有以下几点要注意。

① 通过例 6.12 读者会发现程序中有这样一句：

```
scanf("%s",array);
```

这里的 array 是字符数组名，前面没有“&”，C 语言中规定数组名代表该数组的起始地址。如果写成如下形式是不对的：

```
scanf("%s",&array);
```

② 用%s 格式字符输出字符串时，printf 函数中的输出项是字符数组名，而不是数组元素名。

③ 输出字符不包括结束符‘\0’。

④ 如果一个字符数组中包含多个‘\0’，则在遇到第 1 个时便结束输出。例如，在 6.12 中，当输

入字符串“welcome to our school!”时，输出结果如图 6.16 所示。

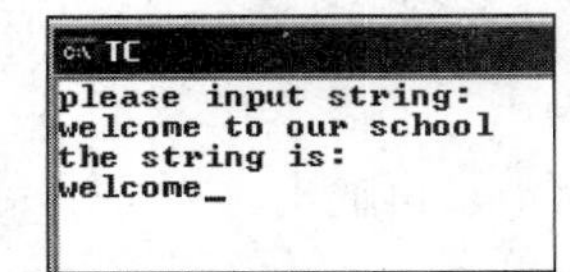

图 6.16　字符串输出

之所以产生图 6.15 所示的结果，是因为实际上并没把这 21 个字符加上‘\0’送到数组 array 中，而只将空格前的字符 welcome 送到 array 中，array 在数组中的存储状态如图 6.17 所示。

w	e	l	c	o	m	e	\0	\0	\0	\0	\0	\0	\0	\0	\0	\0	\0	\0	\0	\0	\0

图 6.17　内存中存储形式

如果想将输入的字符串全部输出，则程序代码应为例 6.13 所示。

例 6.13　多个字符串输入/输出。

```
#include<stdio.h>
main()
{
    int i;
    char array1[10],array2[10],array3[10],array4[10];
    printf("please input string:\n");
    scanf("%s%s%s%s",array1,array2,array3,array4);          /*以字符串的形式接受输入
                                                               的字符串*/
    printf("the string is:\n");
    printf("%s %s %s %s",array1,array2,array3,array4);      /*以字符串的形式输出字符
                                                               数组中的字符串*/
}
```

程序运行结果如图 6.18 所示。

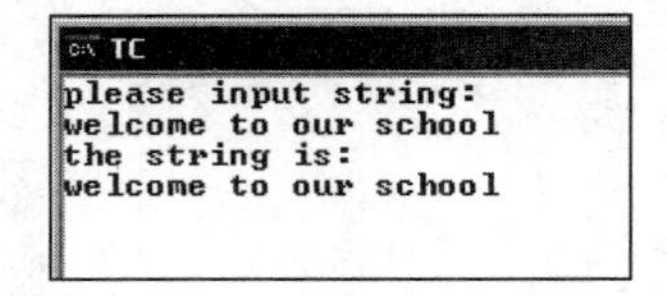

图 6.18　多个字符串输入/输出

6.3.4　字符串处理函数

字符串处理是程序处理中很常用的功能之一，C 语言标准函数库专门为其提供了一系列处理函数。在编写程序的过程中，合理、有效地使用这些字符串处理函数，可以提高编程效率，同时增强程序性能。其中较为常用的字符串处理函数包括 puts 函数、gets 函数、strcat 函数、strcpy 函数、strcmp 函数、strlen 函数、strlwr 函数、strupr 函数等，下面分别介绍。

扫一扫，看视频

1．puts 函数

字符串输出函数 puts 的格式如下：

```
puts (字符数组名)
```

功能：把字符数组中的字符串输出到终端（显示器等）。

例 6.14　puts 函数应用。

```
#include<stdio.h>
#include<string.h>
main()
{
    char c[]="hello\tkk\nhello\ttt";              /*定义字符串数组并赋值*/
    puts(c);                                       /*输出字符串*/
}
```

程序运行结果如图 6.19 所示。

上述程序中的语句：

```
puts(c);
```

也可换成

```
printf("%s",c);
```

运行的最终结果是一样的。

2．gets 函数

字符串输入函数 gets 的格式如下：

```
gets (字符数组名)
```

功能：从终端（键盘等）输入一个字符串。本函数得到一个函数值，即为该字符数组的首地址。

例 6.15　gets 函数应用。

```
#include<stdio.h>
#include<string.h>
main()
{
    char a[20];                                    /*定义字符型数组*/
    printf("input string:\n");
    gets(a);                                       /*获取输入的字符串*/
    puts(a);                                       /*输出字符串*/
}
```

程序运行结果如图 6.20 所示。

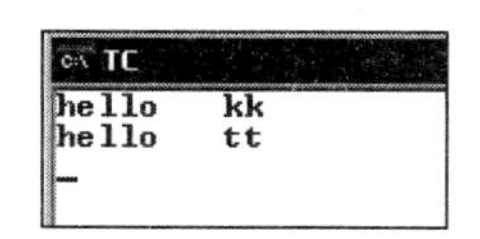

图 6.19　输出字符串

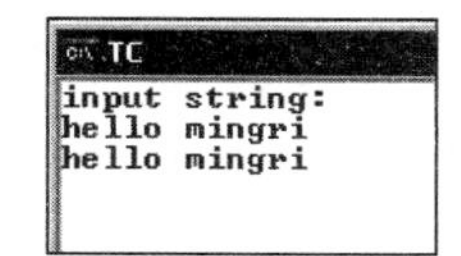

图 6.20　输入/输出字符串

从图 6.20 所示的运行结果中会发现，当输入的字符串中含有空格时，输出仍为全部字符串。这说明 gets 函数并不以空格作为字符串输入结束的标志，而只以回车作为输入结束。这里要注意 gets 函数与 scanf 函数之间的不同。

扫一扫，看视频

3．strcat 函数

字符串连接函数 strcat 的格式如下：

```
strcat(字符数组名 1, 字符数组名 2)
```

功能：把字符数组 2 中的字符串连接到字符数组 1 中字符串的后面，并删去字符串 1 后的串结束标志'\0'。本函数返回值是字符数组 1 的地址。

例 6.16 将已按升序排好的字符串 a 和字符串 b 按升序归并到字符串 c 中并输出。

```
#include<stdio.h>
#include<string.h>
main()
{
    char a[100], b[100], c[200],  *p;
    int i = 0, j = 0, k = 0;
    printf("please input string a:\n");
    scanf("%s", a);                                /*输入字符串 1 放入 a 数组中*/
    printf("please input string b:\n");
    scanf("%s", b);                                /*输入字符串 2 放入 b 数组中*/
    while (a[i] != '\0' && b[j] != '\0')
    {
        if (a[i] < b[j])                           /*判断 a 中字符是否小于 b 中字符*/
        {
            c[k] = a[i];                           /*如果小于，将 a 中字符放到数组 c 中*/
            i++;                                   /*i 自加*/
        }
        else
        {
            c[k] = b[j];                           /*如不小于，将 b 中字符放到 c 中*/
            j++;                                   /*j 自加*/
        }
        k++;                                       /*k 自加*/
    }
    c[k] = '\0';                                   /*将两个字符串合并到 c 中后加结束符*/
    if (a[i] == '\0')                              /*判断 a 中字符是否全都复制到 c 中*/
        p = b + j;                                 /*p 指向数组 b 中未复制到 c 的位置*/
    else
        p = a + i;                                 /*p 指向数组 a 中未复制到 c 的位置*/
    strcat(c, p);                                  /*将 p 指向位置开始的字符串连接到 c 中*/
    puts(c);                                       /*将 c 输出*/
}
```

程序运行结果如图 6.21 所示。

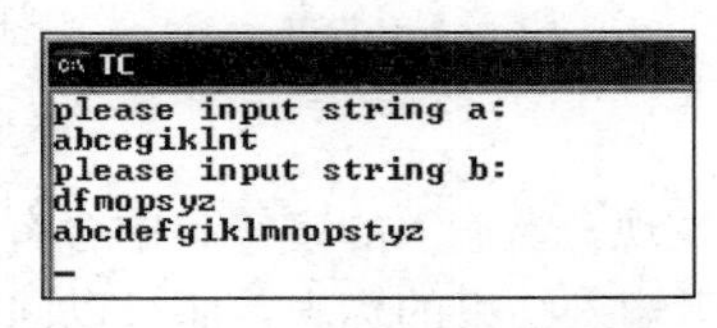

图 6.21　升序归并两个字符串

说明：

在使用 strcat 函数的时候要注意，字符数组 1 的长度要足够大，否则不能装下连接后的字符串。

4．strcpy 函数

字符串复制函数 strcpy 格式：

```
strcpy(字符数组名 1,字符数组名 2)
```

功能：把字符数组 2 中的字符串复制到字符数组 1 中。串结束标志'\0'也一同复制。

说明：

（1）要求字符数组 1 应有足够的长度，否则不能全部装入所复制的字符串。
（2）"字符数组 1"必须写成数组名形式，而"字符数组 2"可以是字符数组名，也可以是一个字符串常量，这时相当于把一个字符串赋予一个字符数组。
（3）不能用赋值语句将一个字符串常量或字符数组直接赋给一个字符数组。

例 6.17　strcpy 函数应用。

```
#include<stdio.h>
#include<string.h>
main()
{
    char str1[30],str2[20];
    printf("please input string1:\n");
    gets(str1);                                    /*输入字符串 1*/
    printf("please input string2:\n");
    gets(str2);                                    /*输入字符串 2*/
    strcpy(str1,str2);                             /*调用 strcpy 函数实现字符串复制*/
    printf("Now the string1 is:\n");
    puts(str1);
}
```

程序运行结果如图 6.22 所示。

```
please input string1:
how are you
please input string2:
nice to meet you
Now the string1 is:
nice to meet you
_
```

图 6.22　strcpy 函数应用

在学过了字符串复函数后，再来看一个字符串连接的例子。

例 6.18　strcat 函数应用。

```
#include<stdio.h>
#include<string.h>
main()
{
    char str1[30],str2[20];
    clrscr();
    printf("please input string1:\n");
    gets(str1);                                    /*获取字符串 1*/
    printf("please input string2:\n");
    gets(str2);                                    /*获取字符串 2*/
    strcat(str1,str2);                             /*调用 strcat 函数实现字符串连接*/
    printf("Now the string1 is:\n");
```

```
    puts(str1);                                    /*将连接后的字符串输出*/
}
```

程序运行结果如图 6.23 所示。

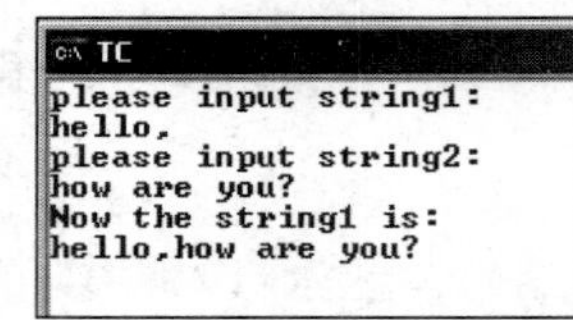

图 6.23　strcat 函数应用

提示：

通过例 6.17 和例 6.18 这两个例子运行出的不同结果会总结出这样一个结论：字符串复制实质上是用字符数组 2 中的字符串覆盖字符数组 1 中的内容，而字符串连接则不存在覆盖等问题，只是单纯地将字符数组 2 中的字符串连接到字符数组 1 中的字符串的后面。

扫一扫，看视频

5．strcmp 函数

字符串比较函数 strcmp 格式如下：

```
strcmp(字符数组名 1,字符数组名 2)
```

功能：按照 ASCII 码顺序比较两个数组中的字符串，并由函数返回值返回比较结果。

- 字符串 1=字符串 2，返回值为 0。
- 字符串 1>字符串 2，返回值为一正数。
- 字符串 1<字符串 2，返回值为一负数。

本函数也可用于比较两个字符串常量，或比较数组和字符串常量。例如：

```
strcmp(str1,str2);
```

该语句是两个数组进行比较。

```
strcmp(str1,"hello");
```

该语句是一个数组与一个字符串进行比较。

```
strcmp("hello","how");
```

该语句是两个字符串进行比较。

说明：

进行比较的时候若出现不同的字符，则以第 1 个不同的字符的比较结果作为整个比较的结果。

例 6.19　strcmp 函数应用。

```
#include<stdio.h>
#include<string.h>
main()
{
    char str1[30],str2[20];
    int i;
    printf("please input string1:\n");
    gets(str1);                                    /*获取字符串 1*/
    printf("please input string2:\n");
    gets(str2);                                    /*获取字符串 2*/
    i=strcmp(str1,str2);                           /*将两个字符串进行比较*/
```

```
    if(i>0)
        printf("str1>str2\n");
    else
        if(i<0)
            printf("str1<str2\n");
        else
            printf("str1=str2\n");
}
```

3 种情况下的程序运行结果如图 6.24 所示。

6. strlen 函数

扫一扫，看视频

测量字符串长度函数 strlen 的格式如下：

```
strlen(字符数组名)
```

功能：测量字符串的实际长度（不含字符串结束标志'\0'），函数返回值为字符串的实际长度。

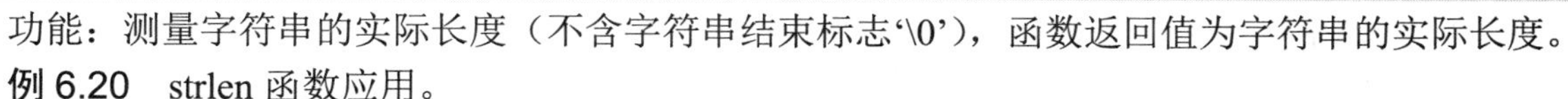

例 6.20 strlen 函数应用。

```
#include<stdio.h>
#include<string.h>
main()
{
    char str1[20],str2[20];                          /*定义两个字符型数组*/
    int len1,len2;
    printf("please input string1:\n");
    gets(str1);                                      /*输入字符串 1*/
    printf("please input string2:\n");
    gets(str2);                                      /*输入字符串 2*/
    len1=strlen(str1);                               /*获取字符串 1 的长度*/
    len2=strlen(str2);                               /*获取字符串 2 的长度*/
    printf("the length of string1 is:%d\n",len1);
    printf("the length of string2 is:%d\n",len2);
}
```

程序运行结果如图 6.25 所示。

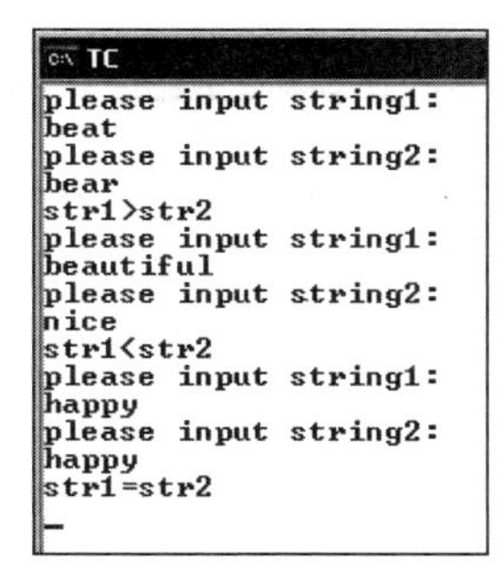

图 6.24 strcmp 函数应用

```
please input string1:
how are you?
please input string2:
21add34equal55
the length of string1 is:12
the length of string2 is:14
```

图 6.25 strlen 函数应用

7. strlwr 函数

将字符串转换成小写字母函数 strlwr 的格式如下：

```
Strlwr(字符串)
```

功能：将字符串中的大写字母变成小写字符，其他字母不变。

例 6.21　strlwr 函数应用。

```
#include<stdio.h>
#include<string.h>
main()
{
    char str[20];
    printf("please input string:\n");
    gets(str);
    strlwr(str);                                  /*调用 strlwr 函数，实现大写转小写*/
    printf("now the string is:\n");
    puts(str);                                    /*输入字符串*/
}
```

程序运行结果如图 6.26 所示。

8．strupr 函数

将字符串转换成大写字母函数 strupr 的格式如下：

```
Strupr(字符串)
```

功能：将字符串中的小写字母变成大写字符，其他字母不变。

例 6.22　strupr 函数应用。

```
#include<stdio.h>
#include<string.h>
main()
{
    char str[20];
    printf("please input string:\n");
    gets(str);                                    /*获取字符串*/
    strupr(str);                                  /*调用 strupr，实现小写字母转换为大写字母*/
    printf("now the string is:\n");
    puts(str);                                    /*输出字符串*/
}
```

程序运行结果如图 6.27 所示。

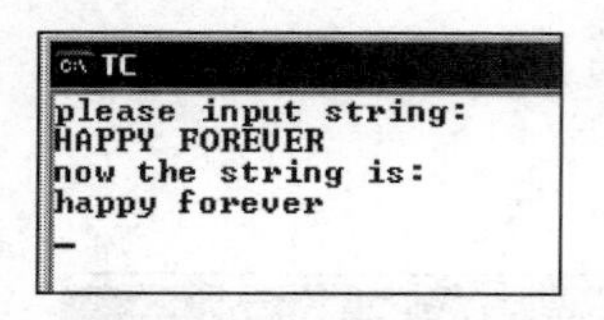

图 6.26　strlwr 函数应用

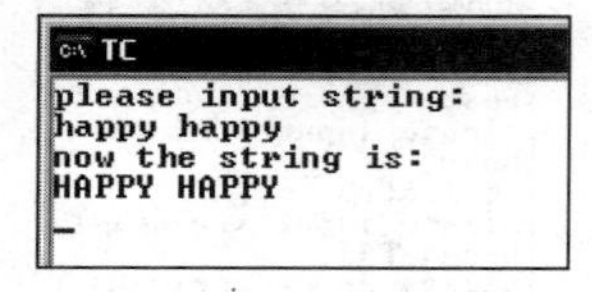

图 6.27　strupr 函数应用

6.4　多维数组

C 语言中允许出现二维以上的数组，通常称之为多维数组。多维数组的一般形式如下：

```
类型　数组名[长度 1][长度 2]……[长度 N];
```

二维以上的数组在编写程序的过程中很少使用，主要是因为这些数组要占用大量的存储空间。例如一个 9,8,8,9 的四维基本整型数组，它需要 9×8×8×9×2，即 10368 字节的存储空间。

6.5 数组应用举例

在前面学习数组的基础上，本节重点来看几个例子，这几个例子均是关于一维数组、二维数组及字符数组在程序中如何灵活应用的例子。

例 6.23 班级竞选班长，共有 3 个候选人，输入参加选举的人数及每个人选举的内容，输出 3 个候选人最终的得票数及无效选票数。

程序代码如下：

```
#include<stdio.h>
main()
{
   int i, v0 = 0, v1 = 0, v2 = 0, v3 = 0, n, a[50];
   printf("please input the number of electorate:\n");
   scanf("%d", &n);                                         /*输入参加选举的人数*/
   printf("please input 1or2or3\n");
   for (i = 0; i < n; i++)
      scanf("%d", &a[i]);                                   /*输入每个人所选的人*/
   for (i = 0; i < n; i++)
   {
      if (a[i] == 1)
         v1++;                                              /*统计 1 号候选人的票数*/
      else if (a[i] == 2)
         v2++;                                              /*统计 2 号候选人的票数*/
      else if (a[i] == 3)
         v3++;                                              /*统计 3 号候选人的票数*/
      else
         v0++;                                              /*统计无效票数*/
   }
   printf("The Result:\n");
  printf("candidate1:%d\ncandidate2:%d\ncandidate3:%d\nnonuser:%d\n", v1, v2, v3, v0);
                                                            /*将统计结果输出*/
}
```

程序运行结果如图 6.28 所示。

```
please input the number of electorate:
20
please input 1or2or3
 3 2 1 2 1 2 5 3 6 4 2 3 2 1 2 3 2 2 3 1
The Result:
candidate1:4
candidate2:8
candidate3:5
nonuser:3
```

图 6.28 计算票数

本例是一个典型的一维数组应用。这里主要说一点，就是 C 语言规定只能逐个引用数组元素而不能一次引用整个数组。在本程序中，这点体现在对数组元素进行判断时只能通过 for 语句对数组中的元素一个一个地引用。

扫一扫，看视频

例 6.24 用起泡法（或称冒泡法）对任意输入的 10 个数进行由小到大排序。

在使用起泡法对 10 个数进行由小到大排序前，先来了解下起泡法的基本思路，如图 6.29 所示。

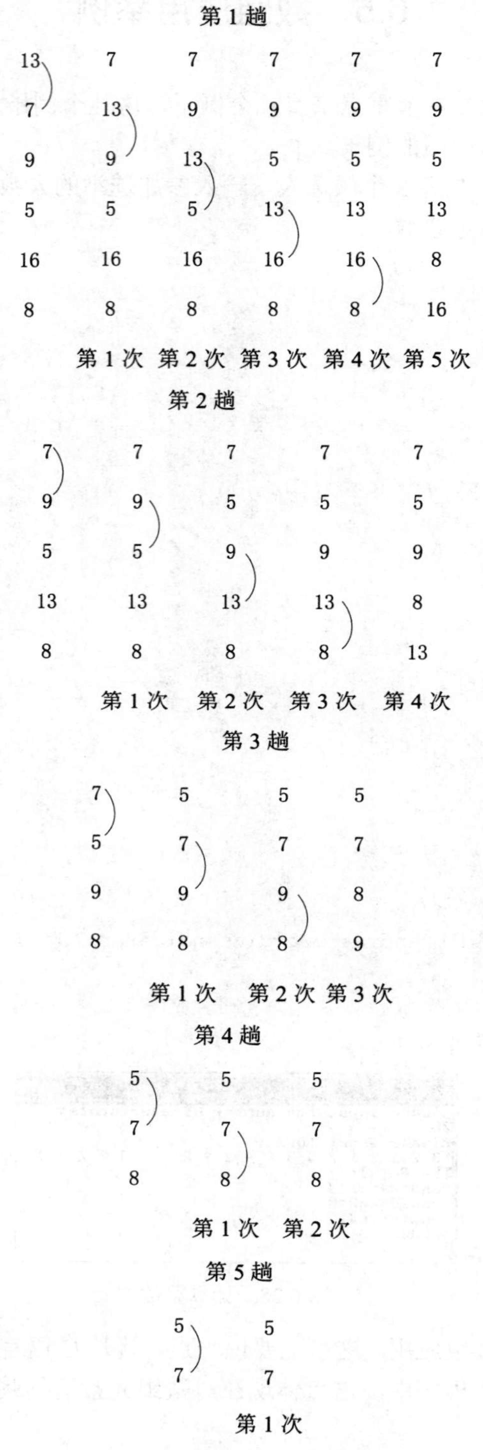

第 1 趟

13 7 7 7 7 7
7 13 9 9 9 9
9 9 13 5 5 5
5 5 5 13 13 13
16 16 16 16 16 8
8 8 8 8 8 16

第 1 次 第 2 次 第 3 次 第 4 次 第 5 次

第 2 趟

7 7 7 7 7
9 9 5 5 5
5 5 9 9 9
13 13 13 13 8
8 8 8 8 13

第 1 次 第 2 次 第 3 次 第 4 次

第 3 趟

7 5 5 5
5 7 7 7
9 9 9 8
8 8 8 9

第 1 次 第 2 次 第 3 次

第 4 趟

5 5 5
7 7 7
8 8 8

第 1 次 第 2 次

第 5 趟

5 5
7 7

第 1 次

图 6.29 起泡法的基本思路

从图 6.29 所示的过程会发现，共有 6 个数，要对这 6 个数由小到大排序，需要经过 5 趟的两两比较，第 1 趟需进行 5 次两两比较，第 2 趟需要进行 4 次两两比较，依此类推，第 5 趟只需要进行 1 次两两比较。总结起来，冒泡排序的规律如下。

如果要对 n 个数进行起泡排序，那么要进行 n-1 趟比较，在第 1 趟比较中要进行 n-1 次两两比较，在第 j 趟比较中要进行 n-j 次两两比较。从这个基本思路中会发现趟数决定了两两比较的次数，这样就很容易将两个 for 循环联系起来了。

程序代码如下：

```
#include <stdio.h>
main()
{
   int i, j, t, a[11];                           /*定义变量及数组为基本整型*/
   printf("please input 10 numbers:\n");
   for (i = 1; i < 11; i++)
      scanf("%d", &a[i]);                        /*从键盘中输入 10 个数*/
   for (i = 1; i < 10; i++)                      /*变量 i 代表比较的趟数*/
      for (j = 1; j < 11-i; j++)                 /*变量 j 代表每趟两两比较的次数*/
   if (a[j] > a[j + 1])
   {
      t = a[j];                                  /*利用中间变量实现两值互换*/
      a[j] = a[j + 1];
      a[j + 1] = t;
   }
   printf("the sorted numbers:\n");
   for (i = 1; i <= 10; i++)
      printf("%5d", a[i]);                       /*将冒泡排序后的顺序输出*/
}
```

程序运行结果如图 6.30 所示。

```
TC
please input 10 numbers:

66 32 23 45 25 5 15 69 46 37
the sorted numbers:
    5   15   23   25   32   37   45   46   66   69_
```

图 6.30　起泡排序

扫一扫，看视频

例 6.25　将一个二维数组的行和列元素互换，存到另一个二维数组中。

```
#include<stdio.h>
main()
{
  int i,j,i1,j1,a[101][101],b[101][101];        /*定义变量的数据类型和数组类型*/
  printf("please input the number of rows(<=100)\n");
  scanf("%d",&i1);                               /*输入行数*/
  printf("please input the number of columns(<=100)\n");
  scanf("%d",&j1);                               /*输入列数*/
```

```
  printf("please input the element\n");
  for(i=0;i<i1;i++)                                     /*控制行数*/
  for(j=0;j<j1;j++)                                     /*控制列数*/
  scanf("%d",&a[i][j]);                                 /*输入数组中的元素*/
  printf("array a:\n");                                 /*将输入的数据以二维数组的形式输出*/
  for(i=0;i<i1;i++)                                     /*控制输出的行数*/
  {
    for(j=0;j<j1;j++)                                   /*控制输出的列数*/
    printf("%d,",a[i][j]);                              /*输出元素*/
    printf("\n");                                       /*每输出一行元素进行换行*/
  }
  for(i=0;i<i1;i++)
    for(j=0;j<j1;j++)
    b[j][i]=a[i][j];
/*将a数组中的i行j列元素赋给b数组中的j行i列，实现行列互换*/
  printf("array b:\n");                                 /*将互换后的b数组输出*/
  for(i=0;i<j1;i++)                                     /*b数组行数最大值为a数组列数*/
  {
    for(j=0;j<i1;j++)                                   /*b数组列数最大值为a数组行数*/
    printf("%d,",b[i][j]);                              /*输出b数组元素*/
    printf("\n");                                       /*每输出一行进行换行*/
  }
}
```

程序运行结果如图6.31所示。

```
TC
please input the number of rows(<=100)
3
please input the number of columns(<=100)
4
please input the element
1 2 3 4 5 6 7 8 9 10 11 12
array a:
1,2,3,4,
5,6,7,8,
9,10,11,12,
array b:
1,5,9,
2,6,10,
3,7,11,
4,8,12,
```

图6.31　行列互换

例6.26　打印5阶幻方，即它的每一行、每一列和对角线之和均相等。

本例的关键是要找出幻方中各数的排列规律。具体规律如下：

（1）将1放在第1行中间一列；

（2）从2开始直到25各数依次按下列规则存放：每一个数存放的行比前一个数的行数减1，列数加1。

（3）如果上一个数的行数为1，则下一个数的行数为5，列数加1。

（4）当上一个数的列数为5时，下一个数的列数应为1，行数减1。

（5）如果按上面步骤确定的位置上已经有数（本题中不为0），或者上一个数是第1行第5列时，则把下一个数放在上一个数的下面。

程序代码如下：

```
#include<stdio.h>
main()
{
  int i,j,x=1,y=3,a[6][6]={0};      /*因为数组下标要用 1~5，所以数组长度是 6*/
  for(i=1;i<=25;i++)
  {
    a[x][y] =i;                      /*将 1~25 所有数存到数组相应位置*/
    if(x==1&&y==5)
    {
      x=x+1;                         /*当上一个数是第 1 行第 5 列时，下一个数放在它的下一行*/
      continue;                      /*结束本次循环*/
    }
    if(x==1)                         /*当上一个数的行数是 1 时，则下一个数的行数是 5*/
      x=5;
    else
      x--;                           /*否则行数减 1*/
    if(y==5)                         /*当上一个数的列数是 5 时，则下一个数的列数是 1*/
      y=1;
    else
      y++;                           /*否则列数加 1*/
    if(a[x][y]!=0)                   /*判断经过上面步骤确定的位置上是否有非零数*/
    {
      x=x+2;                         /*表达式为真则行数加 2、列数减 1*/
      y=y-1;
    }
  }
  for(i=1;i<=5;i++)                  /*将二维数组输出*/
  {
    for(j=1;j<=5;j++)
      printf("%4d",a[i][j]);
      printf("\n");                  /*每输出一行回车*/
  }
}
```

程序运行结果如图 6.32 所示。

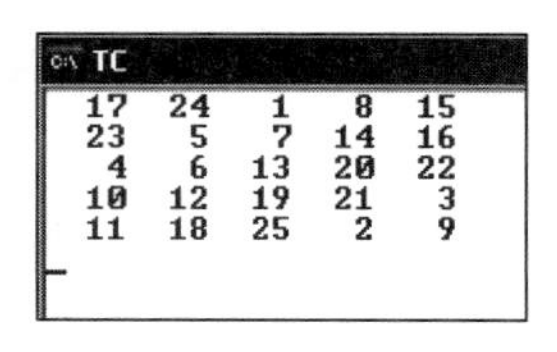

图 6.32　5 阶幻方

注意：

实例中所用数组下标为 1~5（方便读者理解），所以数组行、列的长度应为 6。

例 6.27　输入一组字符，要求分别统计出其中英文字母、数字、空格以及其他字符的个数。

程序代码如下：

```
#include<stdio.h>
main()
{
    char c;                                           /*定义 c 为字符型*/
    int letters = 0, space = 0, digit = 0, others = 0;
        /*定义 letters、space、digit、others4 个变量为基本整型*/
    printf("please input some characters\n");
    while ((c = getchar()) != '\n')
         /*当输入的不是回车时执行 while 循环体部分*/
    {
        if (c >= 'a' && c <= 'z' || c >= 'A' && c <= 'Z')
            letters++;                                /*当输入的是英文字母时变量 letters 加 1*/
        else if (c == ' ')
            space++;                                  /*当输入的是空格时变量 space 加 1*/
        else if (c >= '0' && c <= '9')
            digit++;                                  /*当输入的是数字时变量 digit 加 1*/
        else
            others++;
         /*当输入的既不是英文字母，也不是空格或数字时，变量 others 加 1*/
    }
    printf("char=%d space=%d digit=%d others=%d\n", letters, space, digit,
        others);                                      /*将最终统计结果输出*/
}
```

程序运行结果如图 6.33 所示。

例 6.28 连接两个字符串，要求不使用 strcat 函数。

本例的关键是在将后一个字符串连接到前一个字符串的时候，要先判断前一个字符串的结束标志在什么位置，只有找到了前一个字符串的结束标志才能连接后一个字符串。

程序代码如下：

```
#include<stdio.h>
main()
{
    int i=0,j=0;                                      /*定义整型变量*/
    char a[100],b[50];                                /*定义字符型数组*/
    printf("please input string1:\n");
    scanf("%s",a);                                    /*输入字符串存于数组 a 中*/
    printf("please input string2:\n");
    scanf("%s",b);                                    /*输入字符串存于数组 b 中*/
    while(a[i]!='\0')                                 /*逐个遍历数组 a 中的元素，直到遇到字符串结束
                                                        标志*/
        i++;
    while(b[j]!='\0')                                 /*逐个遍历数组 b 中的元素，直到遇到字符串结束
                                                        标志*/
        a[i++]=b[j++];
    /*将数组 b 中的元素存入数组 a 中并从数组 a 原来存放'\0'的位置开始，覆盖'\0'*/
    a[i]='\0';                                        /*在合并后的两个字符串的最后加'\0'*/
```

```
    printf("%s",a);                              /*输出合并后的字符串*/
}
```

程序运行结果如图 6.34 所示。

```
TC
please input some characters
hello world hello 51&&15
char=15 space=3 digit=4 others=2
```

图 6.33　统计个数

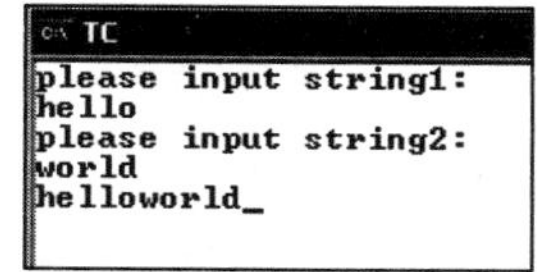

图 6.34　连接两个字符串

扫一扫，看视频

第 7 章　函　　数

在 C 语言中，函数的作用相当于其他高级语言中的子程序。编写程序时，常常将一些常用的功能模块编写成函数，供其他程序调用。函数的优点很多，一方面可以减少重复编写程序的工作量，另一方面方便阅读程序。本章将就函数的相关内容进行介绍。本章视频要点如下：

- 如何学好本章。
- 掌握函数的定义。
- 掌握函数调用和函数声明的方法。
- 掌握局部变量与全局变量的使用。
- 了解变量的作用域。
- 了解变量的存储类别。
- 了解内存函数和外部函数。
- 了解库函数。

7.1　函数概述

C 源程序是由函数组成的，一个程序往往由多个函数组成。函数是程序实现模块化编程的基本单元，一般是为了完成某一特定的功能，相当于其他语言中的子程序。一个较大程序的各项功能都是由其各个子程序共同完成的，同样可以说 C 程序的全部工作都是由各式各样的函数完成的，所以也把 C 语言称为函数式语言。由于采用了函数模块式的结构，C 语言易于实现结构化程序设计，使程序的层次结构清晰，便于程序的编写、阅读、调试。

（1）从函数定义的角度来看，在 C 语言中函数分为两种，一种是库函数，另一种是用户自定义函数。

- 库函数：由 C 系统提供，用户无须定义，在调用函数之前也不必在程序中进行类型说明，只需在程序前包含有该函数原型的头文件，即可在程序中直接调用。例如，在调用 scanf 函数和 printf 函数之前，应在程序开始部分包含 stdio.h 这个头文件。又如，调用字符串操作函数 strlen、strcmp 等时，也应在程序开始部分包含 string.h。
- 用户自定义函数：就是用户自己编写的用来实现特定功能的函数。

例 7.1　计算任意两个整数的积。

```
int mul(int x,int y)                                    /*自定义求积函数*/
{
    int z;
    z=x*y;
    return z;                                           /*将所求的积返回*/
}
main()
{
```

```
    int a,b,c;
    printf("please input a and b:\n");
    scanf("%d,%d",&a,&b);
    c=mul(a,b);                                          /*调用 mul 函数*/
    printf("the product is:%d",c);
}
```

程序运行结果如图 7.1 所示。

上述程序中的 mul 函数就是用户自定义函数，它所要实现的功能就是计算出两数相乘的结果。

（2）从函数的形式上看，函数分为有参函数和无参函数两种。

- 有参函数：在调用函数时，在主调函数和被调用函数之间有数据传递。例如，例 7.1 中的 mul 函数就是有参函数，在主调函数 main 和被调用函数 mul 之间传递的数据就是 a 和 b。
- 无参函数：同有参函数相反，即调用无参函数时，主调函数并不将数据传递给被调用函数，如例 7.2 所示。

例 7.2　输出特殊图形。

```
#include<stdio.h>
void show()
{
    printf("***\n **\n  *\n");                         /*输出*号组成的特殊图形*/
}
main()
{
    show();                                              /*调用 show 函数*/
}
```

程序运行结果如图 7.2 所示。

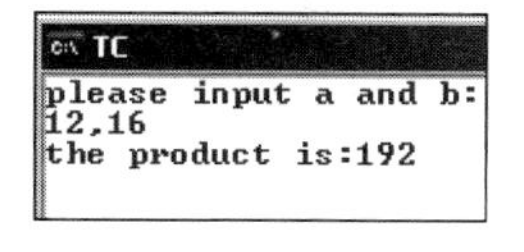

图 7.1　求积

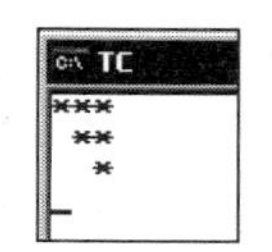

图 7.2　特殊图形输出

（3）C 语言的函数兼有其他语言中的函数和过程两种功能，从这个角度看，又可把函数分为有返回值函数和无返回值函数两种。

- 有返回值函数：被调用执行完后将向调用者返回一个执行结果，称为函数返回值。如数学函数即属于此类函数。由用户定义的这种要返回函数值的函数，必须在函数定义和函数声明中明确返回值的类型。
- 无返回值函数：用于完成某项特定的处理任务，执行完成后不向调用者返回函数值。这类函数类似于其他语言中的过程。由于函数无须返回值，用户在定义此类函数时可指定其返回为“空类型”，空类型的说明符为 void。

（4）从例 7.1 和例 7.2 中可以看到，每个程序中都有 main 函数。main 函数是系统定义的；C 程序的执行从 main 函数开始，在调用完其他函数后流程返回到 main 函数，在 main 函数中结束整个程序的运行。

（5）C 程序中所有函数都是平行的，即在定义函数时是相互独立的，在一个函数中不能嵌套定义另一个函数；函数间可以互相调用，但 main 函数是不能被调用的。

（6）C 语言提供了极为丰富的库函数，这些库函数又可从功能的角度进行如下分类。

① I/O 函数：用于完成输入/输出功能。

② 数学函数：用于数学计算。

③ 时间转换和操作函数：用于日期、时间转换操作。

④ 字符屏幕和图形功能函数：用于实现字符屏幕管理和各种图形绘制功能。

⑤ 字符串函数：用于字符串操作和处理。

⑥ 目录路径函数：用于文件目录和路径操作。

⑦ 动态地址函数：用于从自由内存区中分配所需地址空间。

⑧ 接口函数：用于与操作系统最内层连接。

⑨ 内存函数：用于内存管理、读取等操作。

⑩ 过程控制函数：用于控制程序执行、终止等。

⑪ 其他函数：这些函数不能简单地归属某一类，但这些函数都各具功能。

7.2 函数定义的一般形式

扫一扫，看视频

1. 无参函数

定义无参函数的一般形式如下：

```
类型说明符 函数名()
{
    声明部分
    语句
}
```

“类型说明符”指明了本函数的类型，函数的类型实际上是函数返回值的类型。该类型说明符与前面介绍的各种说明符相同。在很多情况下都不要求无参函数有返回值，此时函数类型说明符可以写为 void。“函数名”是由用户定义的标识符，函数名后有一个空括号，其中并无参数，但括号不可少。{}中的内容称为函数体。例如下面定义了一个无参函数 hello：

```
void hello()
{
    printf("hello mingri!");
}
```

扫一扫，看视频

2. 有参函数

定义有参函数的一般形式如下：

```
类型说明符 函数名(形式参数表列)
{
    声明部分
    语句
}
```

在“形式参数表列”中给出的参数称为形式参数，它们可以是各种类型的变量，同时要对这些变量给予类型说明，各参数之间用逗号间隔。在进行函数调用时，主调函数将赋予这些形式参数实际的值。下面定义一个有参函数实现两数相加求和，并将求出的和作为返回值返回。

```
int add(int x,int y)
{
    int sum;
    sum=x+y;
    return sum;
}
```

第 1 行说明 add 函数是一个整型函数，其返回的函数值是一个整数。形参为 x 和 y，这里也分别对 x 和 y 进行了类型说明，均为基本整型。x 和 y 的具体值是由主调函数在调用该函数时传送过来的。在{}中的函数体内，除形参外还定义了一个变量 sum，该变量仍为基本整型。add 函数体中的 return 语句是把 sum 的值作为函数的值返回给主调函数。有返回值函数中至少应有一条 return 语句。

3．空函数

定义空函数的一般形式如下：

```
类型说明符 函数名()
{}
```

空函数什么也不做，没有什么实际作用。空函数既然没有什么实际功能，那为什么要存在呢？原因是空函数所处的位置是要放一个函数的，只是这个函数现在还未编好，用这个空函数先占一个位置，以后用一个编好的函数来取代它。

7.3 返回语句

返回语句有两方面的用途，一方面它能立即从所在的函数中退出，即返回到调用它的程序中去；另一方面将函数值返回到调用的表达式中。

7.3.1 从函数返回

在编写程序的过程中，当要终止函数的执行，并返回到调用它的语句时，许多时候会靠 return 语句来实现。使用 return 语句是为了返回一个值，或者是为了简化代码，通过设置多个返回点来提高效率。例如：

```
int ss(int i)
{
    int j;
    if (i <= 1)
        return 0;                                   /*如果 i 小于 1 则返回 0*/
    if (i == 2)
        return 1;                                   /*如果 i 等于 2 则返回 1*/
    for (j = 2; j < i; j++)
    {
        if (i % j == 0)                             /*i 如果能被整除则返回 0*/
            return 0;
        else if (i != j + 1)
            continue;
        else
```

```
            return 1;
    }
}
```

通过上面的代码可以发现，一个函数中可能有几条返回语句。

扫一扫，看视频

7.3.2 返回值

除了被定义为void类型的函数外，所有函数都返回一个值。这个值由return语句明确地给出；如果没有return语句，则返回0。

在编写程序的过程中通常会遇到3种类型的函数：

第1种函数，只做单纯的计算，它们专门用于对指定的参数进行计算，并将结果返回。

第2种函数，返回操作信息，并且返回一个表明操作是否成功的简单值。

第3种函数，没有明确的返回值。

下面来看一个返回值的例子。

例 7.3 求任意两个数的平均数。

```
int ave(int a,int b)                                  /*自定义求平均值函数*/
{
    int c;
    c=(a+b)/2;
    return c;                                         /*将所求平均值返回*/
}
main()
{
    int x,y,z;
    printf("please input x,y:\n");
    scanf("%d,%d",&x,&y);                             /*输入两个整数赋给 x 和 y*/
    z=ave(x,y);                                       /*调用 ave 函数*/
    printf("%d",z);
}
```

程序运行结果如图7.3所示。

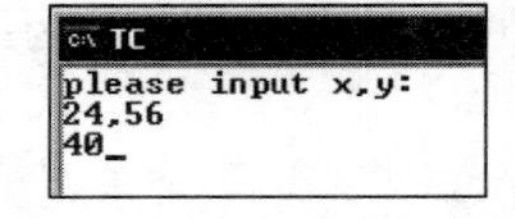

图7.3　求平均数

扫一扫，看视频

7.4 函数参数

函数的参数分为形式参数和实际参数两种。在本节中，将进一步介绍形式参数、实际参数的特点和两者间的关系，同时还将讲解如何用数组来作函数参数。

7.4.1　形式参数和实际参数

定义函数时函数名后面括号中的变量名为“形式参数”，如例 7.1 中的 x 和 y 就是形式参数。实际参数就是在主调函数中调用一个函数时，函数名后面括号中的参数，如例 7.1 中的 a 和 b 就是实际参数。

形式参数出现在函数定义中，在整个函数体内都可以使用，离开该函数则不能使用。实参出现在主调函数中，进入被调函数后，实参变量也不能使用。形参和实参的功能是进行数据传送。发生函数调用时，主调函数把实参的值传送给被调函数的形参，从而实现主调函数向被调函数的数据传送。

函数的形参和实参具有以下特点：

（1）形参变量只有在被调用时才分配内存单元，在调用结束时会释放所分配的内存单元。因此，形参只有在函数内部有效。函数调用结束返回主调函数后则不能再使用该形参变量。

（2）实参可以是常量、变量、表达式、函数等。无论实参是何种类型的量，在进行函数调用之前每个实参都必须具有确定的值，以便把这些值传递给形参（如果形参是数组名，则传递的是数组首地址而不是数组的值，这点会在后面提到）。因此，应预先用赋值、输入等方法使实参获得确定值。

（3）实参和形参的类型应相同或赋值兼容。如将例 7.1 改成如下形式：

```
int mul(int x,int y)
{
    int z;
    z=x*y;
    return z;
}
main()
{
    float a,b,c;
    printf("please input a and b:\n");
    scanf("%f,%f",&a,&b);
    c=mul(a,b);
    printf("the product is:%f",c);
}
```

当从键盘中输入“3.5,2.8”时，程序运行结果如图 7.4 所示。

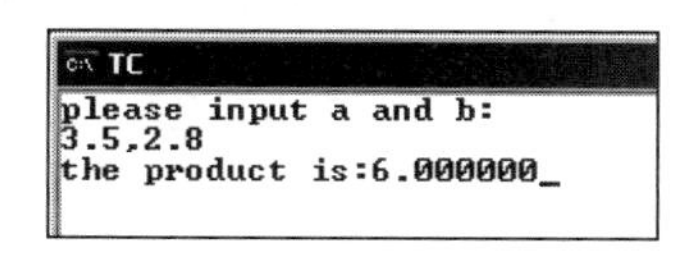

图 7.4　求积结果

通过图 7.4 会发现 3.5 与 2.8 的积是 6，显然这个结果不正确。因为形参的数据类型是基本整型，而实参的数据类型是单精度型，实参和形参的数据类型不同，所以最终结果产生了误差。

（4）C 语言规定，实参变量对形参变量的数值传递是单向传递，即只能由实参传给形参，而不能由形参再传给实参。例 7.4 可以说明这个问题。

例 7.4 计算函数值，该函数为$f(x)\begin{cases} x+10 & x>0 \\ x+20 & x<0 \\ x & x=0 \end{cases}$。

```
int f(int n)
int main()
{
    int n;
    printf("input number\n");
    scanf("%d",&n);
    f(n);                                               /*调用 f 函数*/
}
int f(int n)                                            /*自定义 f 函数来求相应的函数值*/
{
    int i;
    if(n>0)                                             /*如果 n 大于 0，则 n+10*/
        n=n+10;
    else
        if(n<0)                                         /*如果 n 小于 0，则 n+20*/
            n=n+20;
        else                                            /*如果 n 等于 0，则 n 值为 100*/
            n=100;
        printf("n=%d\n",n);                             /*输出 n 的值*/
}
```

程序运行结果如图 7.5 所示。

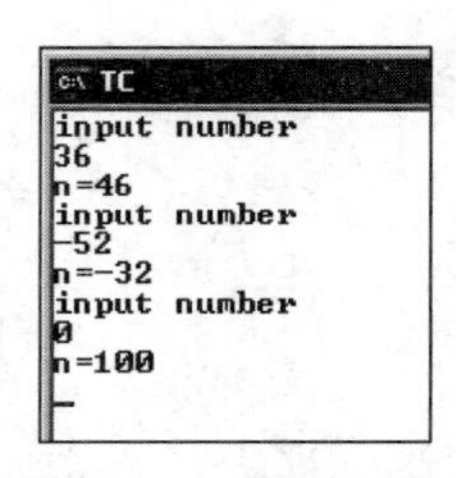

图 7.5 计算函数值

本程序中定义了一个函数 f，其功能是根据输入数的正负值不同与不同的数相加求和。在主函数中输入 n 值，并作为实参，在调用时传送给 f 函数的形参变量 n。在函数 f 中先用 printf 语句输出了一次 n 值，这个 n 值是形参最后取得的 n 值。在主函数中再用 printf 语句输出一次 n 值，这个 n 值是实参 n 的值。从运行情况看，输入 n 值为 15，即实参 n 的值为 15。把此值传给函数 f 时，形参 n 的初值也为 15。在执行函数过程中，形参 n 的值变为 25。返回主函数后，输出实参 n 的值仍为 15。可见实参的值不随形参的变化而变化。这里有一点要说明下：这里的主函数和函数 f 中用到的 n 应加以区别，这两个 n 不是同一个 n，它们各自作用的范围不同。

7.4.2 数组作函数参数

扫一扫，看视频

1. 数组名作函数参数

在编写程序的过程中可以用数组名作函数参数，这种方法实际上是通过数组的首地址传递整个数组。

通过下面的例子来看下如何用数组名来作函数的参数。

例 7.5 求学生平均身高。

```
#include<stdio.h>
float average(float array[],int n)              /*自定义求平均身高函数*/
{
  int i;
  float aver,sum=0;
  for(i=0;i<n;i++)
  sum+=array[i];                                /*用 for 语句实现 sum 累加求和*/
  aver=sum/n;                                   /*总和除以人数求出平均值*/
  return(aver);                                 /*返回平均值*/
}
main()
{
  float height[100],aver;
  int i,n;
  printf("please input the number of students:\n");
  scanf("%d",&n);                               /*输入学生数量*/
  printf("please input student's height:\n");
  for(i=0;i<n;i++)
  scanf("%f",&height[i]);                       /*逐个输入学生的身高*/
  printf("\n");
  aver=average(height,n);                       /*调用 average 函数求出平均身高*/
  printf("average height is %6.2f",aver);       /*将平均身高输出*/
}
```

程序运行结果如图 7.6 所示。

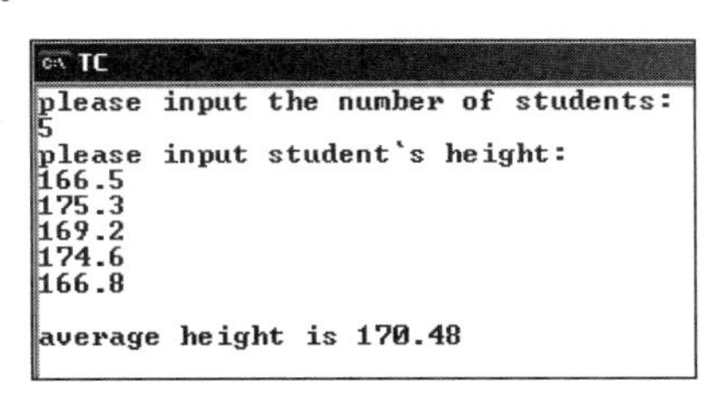

图 7.6 求平均身高

通过上面的程序，有以下几点要进行说明。

- 被调用函数中用作形式参数的数组是单精度型，主调函数中用作实际参数的数组也是单精度型，也就是说实参和形参数组类型应一致，这点和前面讲过的是一致的。
- 被调用函数中的数组 array 没有指定大小，但是“[]”不能少；因为要处理该数组中的元素，所以又另设了一个参数 n，传递需要处理的数组元素的个数。
- 数组名作函数参数时，应该在主调函数和被调用函数中分别定义数组。

前面提到过用数组名作函数参数实际上就是通过数组的首地址传递数组，这样两个数组就共占同一段内存单元，形参数组中各元素的值发生变化会使实参数组元素的值同时发生变化，如例 7.6 所示。

例 7.6 从键盘中任意输入 10 个数据，使用直接插入排序法对这组数字由小到大进行排序。

插入排序是把一个记录插入到已排序的有序序列中去，使整个序列在插入了该记录后仍然有序。插入排序中较简单的一种方法便是直接插入排序，其插入位置是通过将待插入的记录与有序区中的各记录自右向左依次比较其关键字值大小来确定的。

假设输入的一组数据为：25，12，36，45，2，9，39，22，98，37。

原始顺序：25　12　36　45　2　9　39　22　98　37。

则直接插入排序的过程如表 7.1 所示。

表 7.1　直接插入排序

趟　数	监 视 哨	排 序 结 果
1	12	（12，25，）36，45，2，9，39，22，98，37
2	36	（12，25，36，）45，2，9，39，22，98，37
3	45	（12，25，36，45，）2，9，39，22，98，37
4	2	（2，12，25，36，45，）9，39，22，98，37
5	9	（2，9，12，25，36，45，）39，22，98，37
6	39	（2，9，12，25，36，39，45，）22，98，37
7	22	（2，9，12，22，25，36，39，45，）98，37
8	98	（2，9，12，22，25，36，39，45，98，）37
9	37	（2，9，12，22，25，36，37，39，45，98）

说明：

本算法中使用了监视哨，主要是为了避免数据在后移时丢失。

```
#include <stdio.h>
void insort(int s[], int n)            /*自定义函数 isort*/
{
    int i, j;
    for (i = 2; i <= n; i++)           /*数组下标从 2 开始，0 作监视哨，1 一个数据无可比性*/
    {
        s[0] = s[i];                   /*给监视哨赋值*/
        j = i - 1;                     /*确定要进行比较的元素的最右边位置*/
        while (s[0] < s[j])
        {
            s[j + 1] = s[j];           /*数据右移*/
            j--;                       /*移向左边一个未比较的数*/
        }
        s[j + 1] = s[0];               /*在确定的位置插入 s[i]*/
    }
}
main()
{
    int a[11], i;                      /*定义数组及变量为基本整型*/
    printf("please input number:\n");
    for (i = 1; i <= 10; i++)
        scanf("%d", &a[i]);            /*接收从键盘中输入的 10 个数据到数组 a 中*/
    printf("the original order:\n");
    for (i = 1; i < 11; i++)
        printf("%5d", a[i]);           /*将未排序的数值顺序输出*/
```

```
    insort(a, 10);                              /*调用自定义函数 isort*/
    printf("\nthe sorted numbers:\n");
    for (i = 1; i < 11; i++)
        printf("%5d", a[i]);                    /*将排序后的数组输出*/
    printf("\n");
}
```

程序运行结果如图 7.7 所示。

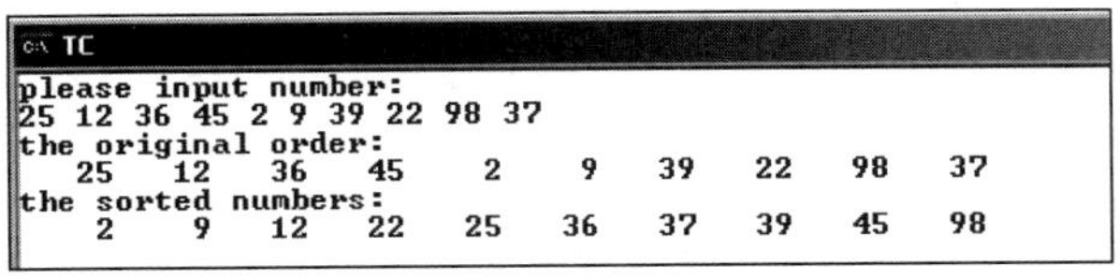

```
TC
please input number:
25 12 36 45 2 9 39 22 98 37
the original order:
   25   12   36   45    2    9   39   22   98   37
the sorted numbers:
    2    9   12   22   25   36   37   39   45   98
```

图 7.7　插入排序

2．数组元素作函数参数

数组元素只能用作函数实参，其用法与普通变量完全相同。用数组元素作实参和变量作实参一样，是单向传递的。

例 7.7　从键盘中输入 10 个数据，计算相邻两个数的和。

```
#include<stdio.h>
void add(int x,int y)                        /*自定义函数 add，计算两个数相加的结果*/
{
    int z;
    z=x+y;
    printf("%5d",z);
}
main()
{
    int a[10],i;
    printf("please input 10 numbers:\n");
    for(i=0;i<10;i++)
        scanf("%d",&a[i]);                   /*为一维数组中的元素赋初值*/
    printf("the result is:\n");
    for(i=0;i<9;i++)
    {
        if(i%3==0)
            printf("\n");
        add(a[i],a[i+1]);                    /*调用 add 函数*/
    }
}
```

程序运行结果如图 7.8 所示。

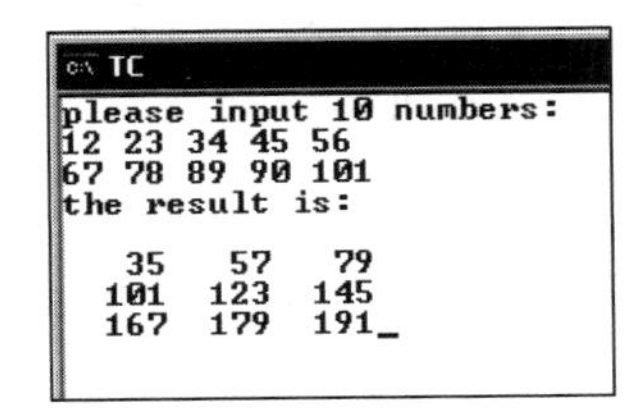

图 7.8　计算相邻两数之和

语句：

```
add(a[i],a[i+1]);
```

就实现了用数组元素做实参。

例 7.8 统计字符串中大写字母的个数。

```
int cap(char c)                          /*自定义 cap 函数，用来判断字母是不是大写字母*/
{
    if  (c>='A'&&c<='Z')
        return 1;                        /*如果是大写字母，则返回 1*/
    else
        return 0;                        /*如果不是大写字母，则返回 0*/
}
main()
{
    int i,num=0;                         /*自定义变量，并给 num 赋值为 0*/
    char str[100];                       /*自定义字符型数组*/
    printf("Input  a  string: ");
    gets(str);                           /*获取输入的字符串*/
    for(i=0;str[i]!='\0';i++)
        if (cap(str[i]))                 /*调用函数判断字母是不是大写字母*/
            num++;
        puts("the string is:");
        puts(str);                       /*输出字符串*/
        printf("num=%d\n",num);          /*输出大写字母个数*/
}
```

程序运行结果如图 7.9 所示。

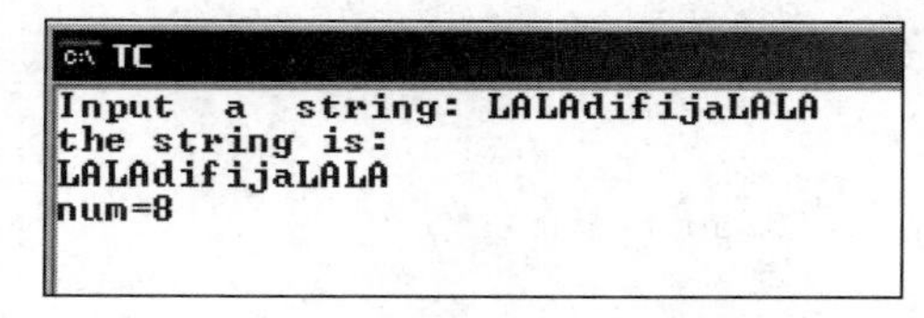

图 7.9　统计大写字母个数

说明：

用数组元素作实参时，只要数组类型和函数的形参变量的类型一致，那么作为下标变量的数组元素的类型也和函数形参变量的类型是一致的。因此，并不要求函数的形参也是下标变量。总之，数组元素的处理与普通变量的处理方式一样。用数组名作函数参数时，则要求形参和相对应的实参都必须是类型相同的数组，都必须有明确的数组说明。当形参和实参二者不一致时，即会发生错误。

7.5　函数的调用

在前面已经列举了几个在 main 函数中调用函数的例子，除此之外也可以在其他函数中调用函数，本节就来介绍如何在其他函数中调用函数。在调用函数的同时往往也需要进行函数声明，本节也将一并介绍此方面内容。

7.5.1　函数声明

在介绍函数声明之前，先来看一下如果将例 7.5 改成如下形式：

```
#include<stdio.h>
main()
{
  float height[100],aver;
  int i,n;
  printf("please input the number of students:\n");
  scanf("%d",&n);                                    /*输入学生数量*/
  printf("please input student's height:\n");
  for(i=0;i<n;i++)
  scanf("%f",&height[i]);                            /*逐个输入学生的身高*/
  printf("\n");
  aver=average(height,n);                            /*调用 average 函数求出平均身高*/
  printf("average height is %6.2f",aver);            /*将平均身高输出*/
}
float average(float array[],int n)                   /*自定义求平均身高函数*/
{
  int i;
  float aver,sum=0;
  for(i=0;i<n;i++)
  sum+=array[i];                                     /*用 for 语句实现 sum 累加求和*/
  aver=sum/n;                                        /*总和除以人数求出平均值*/
  return(aver);                                      /*返回平均值*/
}
```

则运行时会提示错误，如图 7.10 所示。

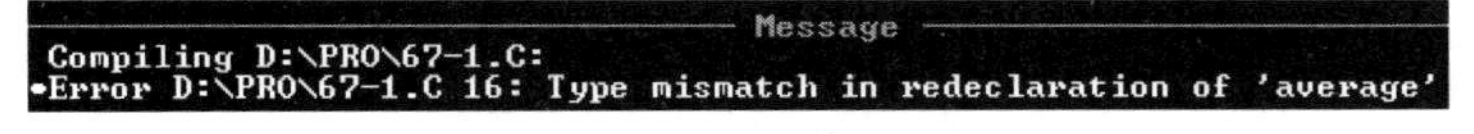

图 7.10　错误信息提示

对比例 7.5 会发现，上述程序只是将自定义的 float 函数改变了位置，例 7.5 将自定义的 float 函数放在程序开头，而上面这个程序将自定义的 float 函数放到了程序结尾部分。这时也许读者会有这样一个疑问——是不是将自定义的函数放到主函数之后就一定会产生错误呢？通过例 7.9 就会知道并不是将自定义的函数放到主函数之后就一定会产生错误。

例 7.9　输入一个字符串，要求使用函数调用的方法计算出该字符串共含有多少个字符。

```
#include<stdio.h>
main()
{
  int len;                                           /*定义 len 为基本整型变量*/
  char *str[100];                                    /*定义字符型指针数组 str*/
  printf("please input a string:\n");
  gets(str);                                         /*gets 函数将输入的字符串放入数组
                                                       str 中*/
  len=length(str);                                   /*调用 length 函数*/
  printf("the string has %d characters.",len);       /*将结果输出*/
```

```
}
int length(char *p)                             /*自定义函数 length*/
{
  int n=0;                                      /*定义变量 n 为基本整型*/
  while(*p!='\0')                               /*当指针未指到字符串结束标志时执行
                                                  循环体语句*/
  {
    n++;                                        /*长度加 1*/
    p++;                                        /*指针向后移*/
  }
  return n;                                     /*返回最终长度*/
}
```

程序运行结果如图 7.11 所示。

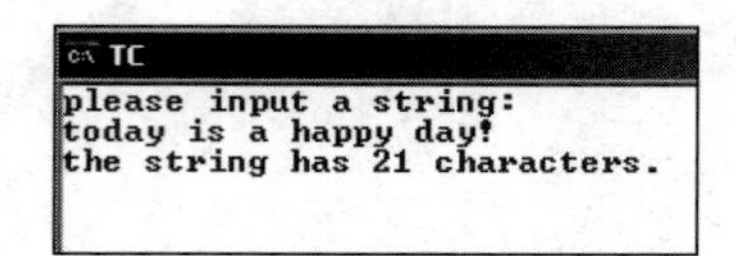

图 7.11　计算字符个数

在例 7.9 中，自定义函数 length 放在主函数的后面，程序运行正确，并没有产生错误。为什么两个程序却出现不同的结果？那么如何才能使上面那个有错的程序正确运行呢？下面再来看下例 7.10。

例 7.10　计算学生平均身高。

```
#include<stdio.h>
main()
{
  float average(float array[],int n);
  float height[100],aver;
  int i,n;
  printf("please input the number of students:\n");
  scanf("%d",&n);                                /*输入学生数量*/
  printf("please input student's height:\n");
  for(i=0;i<n;i++)
  scanf("%f",&height[i]);                        /*逐个输入学生的身高*/
  printf("\n");
  aver=average(height,n);                        /*调用 average 函数求出平均身高*/
  printf("average height is %6.2f",aver);        /*将平均身高输出*/
}
float average(float array[],int n)               /*自定义求平均身高函数*/
{
  int i;
  float aver,sum=0;
  for(i=0;i<n;i++)
  sum+=array[i];                                 /*用 for 语句实现 sum 累加求和*/
  aver=sum/n;                                    /*总和除以人数求出平均值*/
  return(aver);                                  /*返回平均值*/
}
```

看了例 7.10 后会发现，如果想让上面产生错误的那个程序运行正确，须在主函数开始部分加上这样一条语句：

```
float average(float array[],int n);
```

像上面这条就叫做函数声明语句，函数声明要求把函数的名称、函数类型、形式参数及其类型在程序开始部分加以说明。在以下几种情况下不需要进行函数声明：

- 如果函数类型为整型，则无须进行函数声明便可直接调用函数。这种情况如前面所提到的例 7.9。
- 如果被调用函数的定义出现在主调函数之前，则无须进行函数声明便可直接调用函数。这种情况如前面所提到的例 7.5。
- 如果已在所有函数定义之前，在函数的外部做了函数声明，则在各个主调函数中不必对所调用的函数再做声明，如例 7.11 所示。

例 7.11　计算两个数加、减、乘、除后的结果。

```
#include<stdio.h>
float add(float x,float y);                         /*add 函数声明*/
float sub(float x,float y);                         /*sub 函数声明*/
float mul(float x,float y);                         /*mul 函数声明*/
float div(float x,float y);                         /*div 函数声明*/
main()
{
    float x,y;
    printf("please input x and y:\n");
    scanf("%f,%f",&x,&y);
    printf("addition:%f\n",add(x,y));               /*调用 add 函数*/
    printf("subtration:%f\n",sub(x,y));             /*调用 sub 函数*/
    printf("multiplication:%f\n",mul(x,y));         /*调用 mul 函数*/
    printf("division:%f\n",div(x,y));               /*调用 div 函数*/
}
float add(float x,float y)                          /*自定义 add 函数*/
{
    float z;
    z=x+y;
    return z;
}
float sub(float x,float y)                          /*自定义 sub 函数*/
{
    float z;
    if(x>y)
        z=x-y;
    else
        z=y-x;
    return z;
}
float mul(float x,float y)                          /*自定义 mul 函数*/
{
    float z;
    z=x*y;
    return z;
}
```

```
float div(float x,float y)                          /*自定义mul函数*/
{
    float z;
    z=x/y;
    return z;
}
```

程序运行结果如图 7.12 所示。

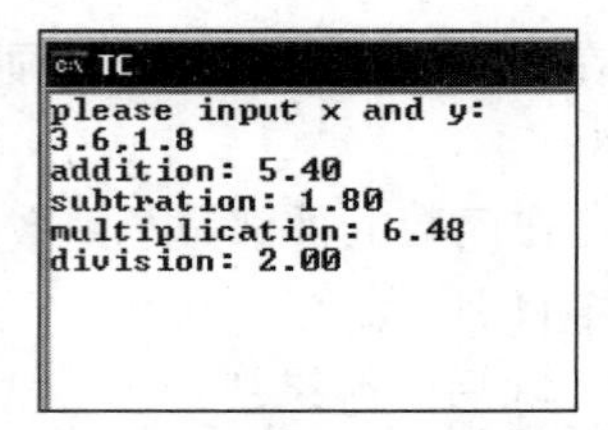

图 7.12　基本运算结果

前面讲过的都是用户自定义函数的声明，如果使用库函数，则应在文件开头用#include 命令将调用有关库函数时所需的信息包含到本文件中。例如，要使用 sin 函数，则应在程序开头写上下面这句：

```
#include<math.h>
```

7.5.2　嵌套调用

C 语言中不允许进行嵌套的函数定义，因此各函数之间是平行的，不存在上一级函数和下一级函数的问题；但是 C 语言允许在一个函数的定义中出现对另一个函数的调用，这样就出现了函数的嵌套调用，即在被调函数中又调用其他函数。这与其他语言的子程序嵌套的情形是类似的。函数嵌套调用的过程如图 7.13 所示。

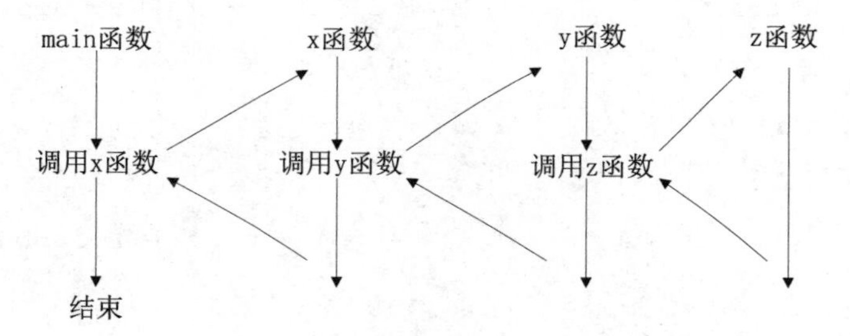

图 7.13　函数嵌套调用

例 7.12　分数相加。

```
#include<stdio.h>
int gys(int x,int y)                      /*定义求最大公约数函数*/
{
  return y?gys(y,x%y):x;                  /*递归调用 gys，利用条件语句返回最大公约数*/
}
int gbs(int x,int y)                      /*定义求最小公倍数函数*/
{
  return x/gys(x,y)*y;
}
```

```
void yuefen(int fz,int fm)                         /*定义约分函数*/
{
  int s=gys(fz,fm);
  fz/=s;
  fm/=s;
  printf("the result is %d/%d\n",fz,fm);
}
void add(int a,int b,int c,int d)                  /*定义加法函数*/
{
  int u1,u2,v,fz1,fm1;
  v=gbs(b,d);                                      /*调用函数求公倍数*/
  u1=v/b*a;
  u2=v/d*c;
  fz1=u1+u2;
  fm1=v;
  yuefen(fz1,fm1);                                 /*调用函数进行约分*/
}
main()
{
  int a,b,c,d;
  scanf("%ld,%ld,%ld,%ld",&a,&b,&c,&d);
  add(a,b,c,d);                                    /*调用加法函数*/
}
```

程序运行结果如图 7.14 所示。

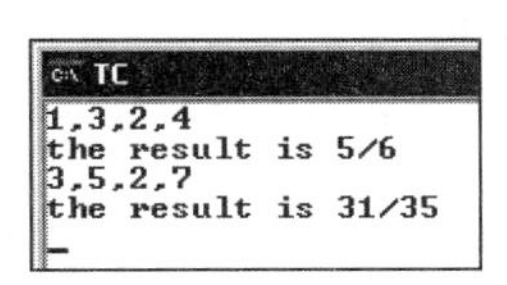

图 7.14　分数相加

以本例为基点来看下函数嵌套调用的执行过程：在执行 main 函数的过程中，当遇到调用 add 函数的操作语句时，流程转向 add 函数；在执行 add 函数时，当遇到调用 gbs 函数的操作语句时，流程转向 gbs 函数；在执行 gbs 函数时，当遇到调用 gys 函数的操作语句时，流程转向 gys 函数；当完成 gys 函数的全部操作后返回到 gbs 中，当完成 gbs 剩下的全部操作后返回到 add 中执行剩余部分，直到 add 函数结束，再返回到 main 函数。

7.5.3　递归调用

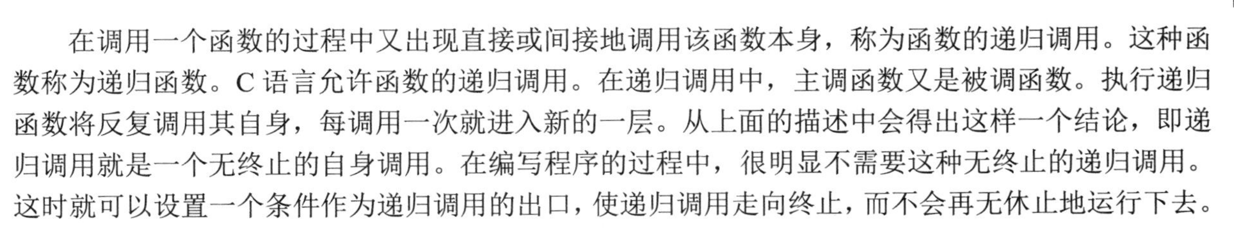

在调用一个函数的过程中又出现直接或间接地调用该函数本身，称为函数的递归调用。这种函数称为递归函数。C 语言允许函数的递归调用。在递归调用中，主调函数又是被调函数。执行递归函数将反复调用其自身，每调用一次就进入新的一层。从上面的描述中会得出这样一个结论，即递归调用就是一个无终止的自身调用。在编写程序的过程中，很明显不需要这种无终止的递归调用。这时就可以设置一个条件作为递归调用的出口，使递归调用走向终止，而不会再无休止地运行下去。例 7.13 演示了一个简单的递归调用过程。

例 7.13　有 5 个人坐在一起，问第 5 个人多少岁？他说比第 4 个人大 2 岁。问第 4 个人岁数，他说比第 3 个人大 2 岁。问第 3 个人，又说比第 2 个人大 2 岁。问第 2 个人，说比第 1 个人大两岁。最后问第 1 个人，他说是 10 岁。编程实现输入第几个人时求出其对应年龄。

```
#include<stdio.h>
int age(int n)                                           /*自定义函数 age*/
{
  int f;
  if(n==1)
  f=10;                                                  /*当 n 等于 1 时，f 等于 10*/
  else
  f=age(n-1)+2;                                          /*递归调用 age 函数*/
  return f;                                              /*将 f 值返回*/
}
main()
{
  int i,j;                                               /*定义变量 i,j 为基本整型*/
  printf("Do you want to know whose age?please input:\n");
  scanf("%d",&i);                                        /*输入 i 的值*/
  j=age(i);                                              /*调用函数 age 求年龄*/
  printf("the age is %d",j);                             /*将求出的年龄输出*/
}
```

程序运行结果如图 7.15 所示。

```
Do you want to know whose age?please input:
5
the age is 18
```

图 7.15　求年龄

递归的过程分为两个阶段：

（1）第 1 个阶段是“回推”，如图 7.16 所示。由题可知，要想求第 5 个人的年龄必须知道第 4 个人的年龄，要想知道第 4 个人的年龄必须知道第 3 个人的年龄……直到第 1 个人的年龄。这时 age(1) 的年龄已知，就不用再推。

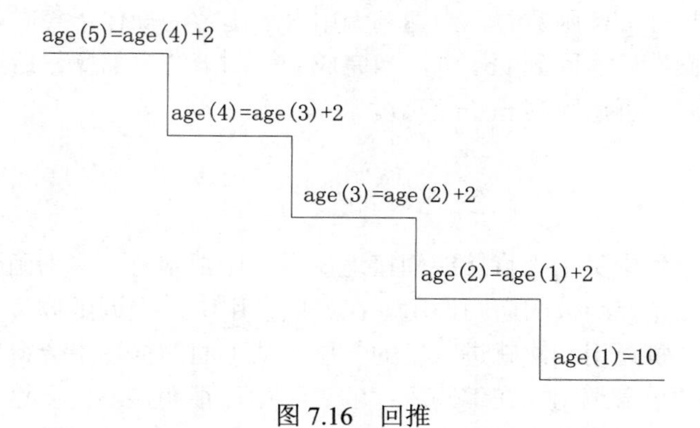

图 7.16　回推

（2）第 2 阶段是“递推”，如图 7.17 所示。从第 1 个人推出第 2 个人，再从第 2 个人推出第 3 个人的年龄……一直推到第 5 个人的年龄为止。这里要注意，必须要有一个结束递归过程的条件，本实例中就是当 n=1 时 f=10 也就是 age(1)=10，否则递归过程会无限制地进行下去。

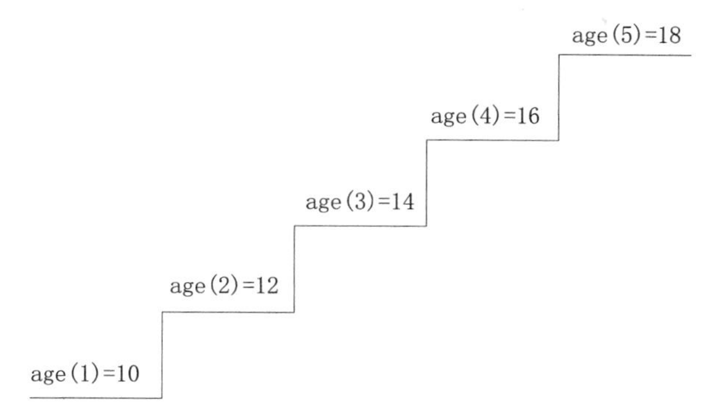

图 7.17　递推

总之，递归就是在调用一个函数的过程中又出现直接或间接地调用该函数本身。

这里的“回推”可以看成是“下楼梯”的过程，而“递推”则是“上楼梯”的过程。将这两个结合起来，就是递归。

递归的例子很多，下面再来介绍一个简单的例子，就是求一个数的阶乘。

例 7.14　从键盘中输入一个数，求该数的阶乘。

```
#include<stdio.h>
main()
{
    int n,value;
    printf("please input n:\n");
    scanf("%d",&n);
    value=factor1(n)                                    /*调用 factor1 函数*/
    printf("%d factorial is:%d",n,value);
}
int factor1(int n)                                      /*自定义 factor1 函数*/
{
    int result;
    if(n==1)
        return 1;
    result=factor1(n-1)*n;                              /*递归调用 factor1 函数*/
    return result;
}
```

程序运行结果如图 7.18 所示。

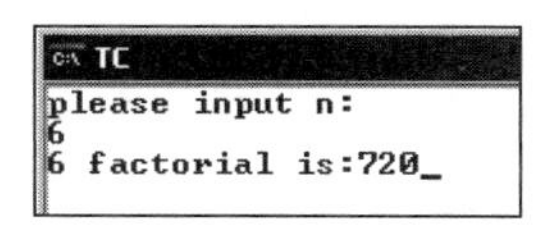

图 7.18　求阶乘

该程序的非递归写法如下：

```
#include<stdio.h>
main()
{
    int n,value;
```

```
    printf("please input n:\n");
    scanf("%d",&n);
    value=factor2(n);                                    /*调用 factor2 函数*/
    printf("%d factorial is:%d",n,value);
}
int factor2(int n)                                       /*自定义非递归函数 factor2*/
{
    int i,result;
    result=1;
    for(i=1;i<=n;i++)
        result=result*i;                                 /*实现求阶乘*/
    return result;
}
```

非递归函数 factor2 的执行比较好理解，这里用到了前面讲过的循环结构。它应用一个从 1 开始到指定数值结束的循环。在循环中，用“变化”的乘积依次去乘每个数。而 factor1 的递归执行比 factor2 略微显得复杂些。当输入的数值为 1，也就是程序中的 n 值为 1，调用 factor1 时，函数返回值为 1；除此之外的其他值调用将返回 factor(n-1)*n 这个乘积。为了求出这个表达式的值，就需要一层层向下推，调用 factor 一直到 n 等于 1，调用开始返回，这个就是前面讲过的递推即“下楼梯”的过程。

当函数调用自己时，在栈中为新的局部变量和参数分配内存，函数的代码用这些变量和参数重新运行。当每次递归调用返回时，原来的局部变量和参数就从栈中消除，从函数内此次函数调用点重新启动运行。可递归的函数被说成是对自身的“推入和拉出”。大部分递归程序没有明显地减少代码规模和节省内存空间。

说明：

函数的多次递归调用可能造成堆栈的溢出。一般情况下是不会发生堆栈溢出现象的，除非一个递归程序运行失去控制。

递归函数的主要优点是可以把算法写得比使用非递归函数时更清晰、更简洁。在没有理解递归如何使用时，往往是一见递归调用就是一头雾水，等到真正明白递归，许多问题还是喜欢用递归来实现，特别是与人工智能有关的问题，更适宜用递归方法来解决。递归的另一个优点是，递归函数不会受到怀疑，较非递归函数而言，某些人更相信也更愿意使用递归函数。

7.6 局部变量和全局变量

在 C 语言中，根据变量的作用范围，可以将变量分为局部变量和全局变量两种。两种变量的特点和使用方法存在很多差别，本节将对此进行详细讲解。

扫一扫，看视频

7.6.1 局部变量

局部变量也称为内部变量。局部变量是在函数内部定义的变量，它只在本函数范围内有效，在函数外是不能使用该变量的。例如：

```
int f1(int a)
{
    int b,c;
    …
}
int f2(int x, int y)
{
    int z;
}
main()
{
    int m,n;
}
```

上述代码中变量 a、b 和 c 的有效使用范围仅限于 f1 函数内，变量 x、y 和 z 的有效使用范围在 f2 函数内，变量 m 和 n 在主函数范围内有效。

在上述程序代码中再加入一个 f3 函数：

```
int f3(int x)
{
    int y,z,p,q;
    …
}
```

这里 f3 函数中的部分参数和 f2 函数中的部分参数相同，不过虽然它们的名称相同，却是代表不同的对象，相互之间互不干扰。

说明：

（1）形式参数也同样被看作局部变量，像前面 f1 函数中的形参 a、f2 函数中的形参 x 和 y 等都是局部变量。

（2）主函数中定义的变量也只在主函数中有效，并不因为在主函数中定义了就在整个程序中都有效。当然，在主函数中也不能使用其他函数中定义的变量。例如上述程序，在 mian 函数中不能使用 f1 函数中定义的任意变量（a、b、c）。

复合语句中也可定义变量，其作用域只在复合语句范围内，这种复合语句也可称为“分程序”或“程序块”。例如：

```
main()
{
    int i,j;                                          ┐
    …                                                 │
    {                                  ┐              │
        int k;                         │              │
        k=i*j;                         │              │
        …                              │              │
        {                              │              │
            int l;     ┐               ├K 的作用范围   ├i、j 的作用范围
            l=k+i+j;   ┘L 的作用范围    │              │
        }                              │              │
        …                              │              │
    }                                  ┘              │
    …                                                 │
}                                                     ┘
```

上面程序中定义的 k 和 l 只在它们所属的复合语句中有效，当离开它们所属的复合语句时，这些变量就无效了。

扫一扫，看视频

7.6.2 全局变量

全局变量也称为外部变量，就是在函数之外定义的变量。其有效范围（即作用范围）从定义变量的位置开始到该源文件结束。

```
int a,b;
void f1()
{
    ……
}
float x,y;
int f2()
{
    ……
}
char c1,c2;
char f3()
{
    ……
}
main()
{
    ……
}
```

c1、c2 的作用范围

x、y 的作用范围

a、b 的作用范围

a、b、x、y、c1、c2 都是全局变量，但是它们的作用范围不同，在 main、f3、f2 及 f1 函数中可以使用变量 a 和 b，在 main、f3、f2 函数中可以使用变量 x 和 y，在 main、f3 函数中可以使用变量 c1 和 c2。

例 7.15 从键盘中输入一组数据，找出这组数据中的最大数与最小数，将最大数与最小数位置互换，将互换后的这组数据再次输出。

```
#include<stdio.h>
int min=10000,max=0;
void change(int a[],int n)
{
    int i,j,k;
    for (i = 0; i < n; i++)                    /*找出数组中最小的数*/
    if (a[i] < min)
    {
        min = a[i];
        j = i;                                 /*将最小数所存储的位置赋给 j*/
    }
    for (i = 0; i < n; i++)                    /*找出这组数据中的最大数*/
    if (a[i] > max)
    {
        max = a[i];
        k = i;                                 /*将最大数的存储位置赋给 k*/
```

```
    }
    a[k] = min;                                    /*在最大数位置存放最小数*/
    a[j] = max;                                    /*在最小数位置存放最大数*/
    printf("\nthe position of min is:%3d\n", j);   /*输出原数组中最小数所在的位置*/
    printf("the position of max is:%3d\n", k);     /*输出原数组中最大数所在的位置*/
    printf("Now the array is:\n");
    for (i = 0; i < n; i++)
        printf("%5d", a[i]);
  }
main()
{
    int a[20], i, n;                               /*定义数组及变量数据类型为基本整型*/
    printf("please input the nunber of elements:\n");
    scanf("%d", &n);                               /*输入要输入的元素个数*/
    printf("please input the element:\n");
    for (i = 0; i < n; i++)                        /*输入数据*/
        scanf("%d", &a[i]);
    change(a,n);
    printf("\nmax=%5d\nmin=%5d",max,min);
}
```

程序运行结果如图 7.19 所示。

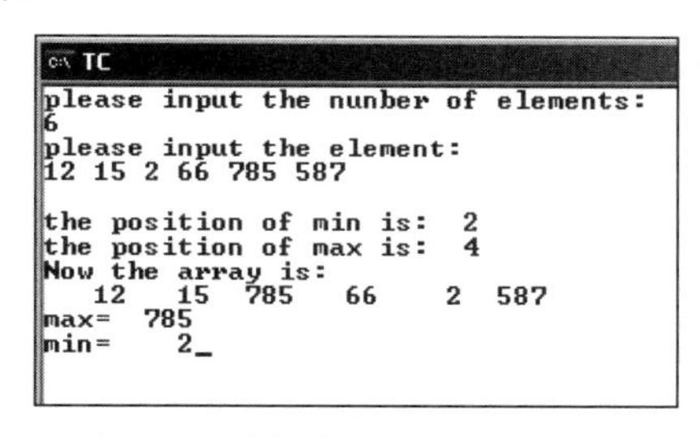

图 7.19　最大数与最小数互换位置

例 7.15 中的 max、min 是全局变量，所以在函数 change 和 main 中都可以引用，在 main 函数中调用 max 和 min 输出的结果和在 change 函数中调用 max 和 min 输出的值是一致的。此时如果要在 main 函数中输出 k 的值，则会提示如图 7.20 所示的错误。

图 7.20　提示错误

提示错误的原因是因为 k 是局部变量，其作用范围仅限于 change 函数中，所以在 main 函数中调用时会提示未定义 k 这个变量。

7.7　变量的存储类型

存储类型是变量的属性之一。C 语言中变量的存储类型有 4 种，分别是 auto 变量、static 变量、register 变量、extern 变量。下面分别介绍。

7.7.1　动态存储与静态存储

变量存在的时间称为生存期，它是因变量存储方式不同而产生的一种特性。生存期加上前面讲过的作用域，是从时间和空间这两个不同的角度来描述变量的特性，这两者既有联系又有区别。

内存中供用户使用的存储空间的情况如图 7.2 所示。

静态存储变量通常是在变量定义时就分配固定的存储单元并一直保持不变，直至整个程序结束。前面讲过的全局变量即属于此类存储方式，它们存放在图 7.21 所示的静态存储区中。动态存储变量是在程序执行过程中，使用它时才分配存储单元，使用完毕立即将该存储单元释放。例如前面讲过的函数的形式参数，在函数定义时并不给形参分配存储单元，只是在函数被调用时才予以分配，调用函数完毕立即释放，此类变量存放在图 7.21 所示的动态存储区中。从以上分析可知，静态存储变量是一直存在的，而动态存储变量则时而存在、时而消失。

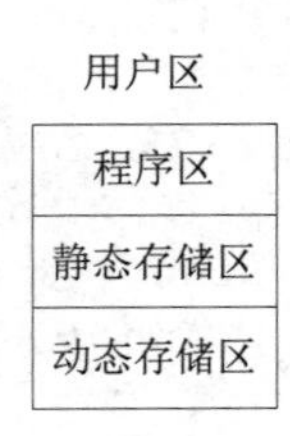

图 7.21　内存中的用户区

扫一扫，看视频

7.7.2　auto 变量

这种存储类型是 C 语言程序中使用最广泛的一种类型。C 语言规定，函数内凡未加存储类型说明的变量均视为自动变量，也就是说自动变量可省去说明符 auto。在前面各章的程序中所定义的变量凡未加存储类型说明符的都是自动变量。例如：

```
{
    int i,j,k;
    ......
}
```

等价于：

```
{
    auto int i,j,k;
    ......
}
```

自动变量具有以下特点。

（1）自动变量的作用域仅限于定义该变量的个体内。在函数中定义的自动变量，只在该函数内有效。在复合语句中定义的自动变量只在该复合语句中有效。例如：

```
int f1(int a)
{
    auto int x,y;
    ......
    {
        auto char ch;        ch 的作用范围        x、y 的作用范围
        ......
    }
    ......
}
```

（2）自动变量属于动态存储方式，只有在使用它，即定义该变量的函数被调用时才给它分配存储单元，函数调用结束后将释放存储单元。因此，函数调用结束之后，自动变量的值不能保留。同样在复合语句中定义的自动变量，在退出复合语句后也不能再使用，否则将引起错误。

例 7.16　输入两个数，如果两数均不为 0，且前一个数大于后一个数，则求两数之差，否则求两数之和。

```
#include<stdio.h>
main()
{
    auto int i,j,k;                              /*定义变量为auto型*/
    printf("please input the number:\n");
    scanf("%d,%d",&i,&j);                        /*输入两个变量，分别赋给 i 和 j*/
    if(i!=0&&j!=0)
        if(i>j)                                  /*判断 i 是否大于 j，是则相减，否则相加*/
            k=i-j;
        else
            k=i+j;
        printf("the resullt is %d\n",k);         /*输出 k 的值*/
}
```

程序运行结果如图 7.22 所示。

```
TC
please input the number:
45,36
the resullt is 9
please input the number:
26,45
the resullt is 71
```

图 7.22　求差或和

若将例 7.16 改成如下：

```
#include<stdio.h>
main()
{
    auto int i,j;
    printf("please input the number:\n");
    scanf("%d,%d",&i,&j);                       /*输入两个变量，分别赋给 i 和 j*/
    if(i!=0&&j!=0)
    {
        auto int k;                             /*定义 auto 型变量，作用范围在大括号范围内*/
        if(i>j)
            k=i-j;
        else
            k=i+j;
    }
    printf("the resullt is %d\n",k);
}
```

运行时会提示错误，如图 7.23 所示。

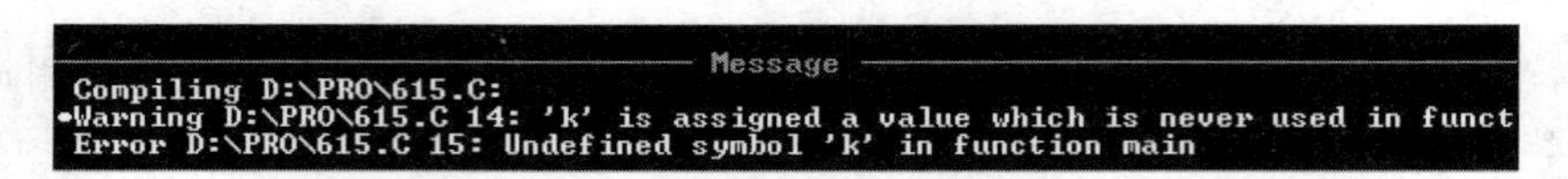
Message
Compiling D:\PRO\615.C:
•Warning D:\PRO\615.C 14: 'k' is assigned a value which is never used in funct
Error D:\PRO\615.C 15: Undefined symbol 'k' in function main

图 7.23　错误提示

之所以出现图 7.23 所示错误，是因为 k 是在复合语句内定义的自动变量，只在该复合语句内有效，而程序中调用 printf 函数来输出 k 的值在复合语句之外，超出了 k 的使用范围，所以才会产生错误。

（3）由于自动变量的作用域和生存期都局限于定义它的个体内（函数或复合语句内），因此不同的个体中允许使用同名的变量而不会混淆。即使在函数内定义的自动变量，也可与该函数内部的复合语句中定义的自动变量同名。

例 7.17　auto 变量应用。

```
#include<stdio.h>
main()
{
    auto int i,j,k;
    printf("please input the number:\n");
    scanf("%d,%d",&i,&j);                    /*输入两个变量，分别赋给 i 和 j*/
    k=i*i+j*j;
    if(i!=0&&j!=0)
    {
        auto int k;                          /*定义 auto 型变量，作用范围在大括号内*/
        if(i>j)
            k=i-j;
        else
            k=i+j;
        printf("result1 is%d\n",k);          /*输出 k 的值，有别于大括号外 k 的值*/
    }
    printf("result2 is %d\n",k);
}
```

程序运行结果如图 7.24 所示。

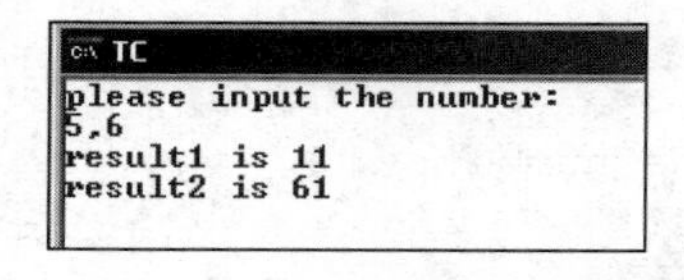

图 7.24　auto 变量应用

本程序在 main 函数中和复合语句内两次定义了变量 k 为自动变量。输出的结果 1 中的 k 是在复合语句中定义的，输出的结果 2 中的 k 是在主函数中定义的。这两个 k 虽然同名但作用范围不同，所以最终输出的结果不同。

扫一扫，看视频

7.7.3　static 变量

在编写程序的过程中，有些函数在调用结束后往往不希望其局部变量的值消失，也就是不释放该变量所占用的存储单元；同样，有时在程序设计中也希望某些外部变量只限于被本文件引用，而不能被其他文件引用。这时就需要使用关键字 static 对变量进行声明。

1．静态局部变量

在局部变量的声明前加上 static 说明符，就构成了静态局部变量。

例如：

```
static int a,b;
static float x,y;
static int a[3]={0,1,2};
```

静态局部变量属于静态存储方式，具有以下特点。

（1）静态局部变量在函数内定义，但不像自动变量那样，当调用时就存在，退出函数时就消失。静态局部变量属于静态存储类型，在静态存储区内分配存储单元，在程序整个运行期间都不释放。静态局部变量始终存在着，也就是说它的生存期为整个源程序。

（2）静态局部变量的生存期虽然为整个源程序，但是其作用域仍与自动变量相同，即只能在定义该变量的函数内使用。退出该函数后，尽管该变量还继续存在，但不能使用它。如再次调用定义它的函数时，它又可继续使用。

（3）对基本类型的静态局部变量，若在说声时未赋予初值，则系统自动赋予 0 值；而对自动变量不赋初值，其值是不定的。

下面来看一个用静态局部变量来求累加和的例子。

例 7.18　static 变量应用。

```
#include <stdio.h>
int add(int x)                                          /*自定义求和函数*/
{
   static int n = 0;                                    /*定义 static 变量*/
   n = n + x;
   return n;                                            /*将所求结果返回*/
}

main()
{
   int i, j, sum;
   printf("please input the number:\n");
   scanf("%d", &i);
   printf("the result is:\n");
   for (j = 1; j <= i; j++)
   {
      sum = add(j);                                     /*调用 add 函数*/
      printf("%d: %d\n", j, sum);                       /*输出计算结果*/
   }
}
```

程序运行结果如图 7.25 所示。

从例 7.18 可以看出静态局部变量 n 是一种生存期为整个源程序的量。每次调用函数 add 时，静态局部变量 n 都保存了前次被调用后留下的值。因此，当需要多次调用一个函数且要求在后一次调用时使用前一次调用所保留的某些变量的值时，可考虑采用静态局部变量。

如果将例 7.18 函数 add 中的 static 改成 auto，则运行结果如图 7.26 所示。

```
TC
please input the number:
6
the result is:
1: 1
2: 3
3: 6
4: 10
5: 15
6: 21
```

图 7.25　static 变量应用

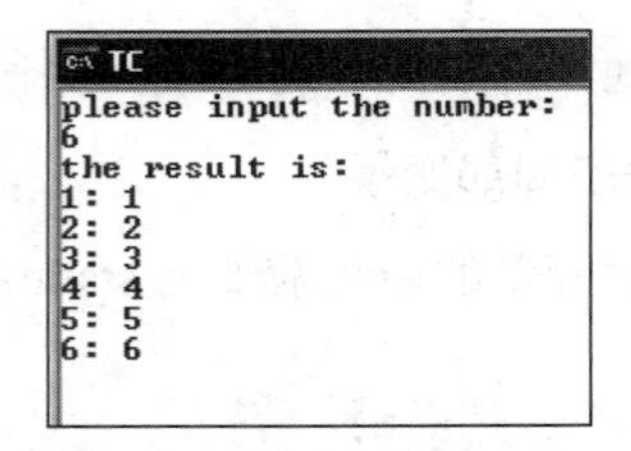

图 7.26　static 换成 auto 后的结果

从图 7.26 所示的运行结果中可以看出自动变量占用动态存储区空间而不占用静态存储区空间，每次调用后变量 n 的值都释放，每当再次调用时 n 的值都从 0 开始。

2. 静态全局变量

在全局变量的变量类型说明之前加上 static，就构成了静态的全局变量。全局变量本身就是静态存储方式，静态全局变量自然也是静态存储方式。非静态全局变量与静态全局变量在存储方式上并无不同，其区别在于作用域不同，非静态全局变量的作用域是整个源程序，当一个源程序由多个源文件组成时，非静态的全局变量在各个源文件中都是有效的。例如，在 file1.c 中定义了非静态全局变量 XX，则在其他的源文件（如 file2.c）中也可以调用。而静态全局变量则限制了其作用域，即只在定义该变量的源文件内有效，在同一源程序的其他源文件中则不能使用。例如，在 file1.c 中定义了静态全局变量 YY，则在其他的源文件（如 file2.c）中则不可以调用。

说明：

static 这个说明符在不同的地方所起的作用是不同的。把局部变量改变为静态变量后是改变了它的存储方式，即改变了它的生存期；把全局变量改变为静态变量后是改变了它的作用域，限制了它的使用范围。

扫一扫，看视频

7.7.4　register 变量

通常变量的值是存放在内存中，当对一个变量频繁读写时，需要反复访问内存储器，从而花费大量的存取时间。为了提高效率，C 语言提供了另一种变量，即寄存器变量。这种变量允许将局部变量的值存放在 CPU 的寄存器中，使用时不需要访问内存，而直接从寄存器中读写。寄存器变量的说明符是 register。

例 7.19　register 变量应用。

```
#include <stdio.h>
main()
{
   register i, s = 0;                              /*定义 register 变量*/
   for (i = 1; i <= 100; i++)
      s = s + i;
   printf("s=%d\n", s);
}
```

程序运行结果如图 7.27 所示。

图 7.27　register 变量应用

本程序循环 100 次，两个变量 i 和 s 都将随着循环被频繁地调用。为提高程序运行效率，故定义这两个变量为寄存器变量。

对寄存器变量还要说明以下几点：

- 寄存器变量属于动态存储方式，凡需要采用静态存储方式的量不能定义为寄存器变量。
- Turbo C 允许同时定义两个寄存器变量。当定义了过多的寄存器变量时也不必担心，编译程序会自动地将超过限制数目的寄存器变量当作非寄存器变量来处理。

扫一扫，看视频

7.7.5　extern 变量

由于 C 语言允许将一个较大的程序分成若干独立模块文件分别编译，如果一个源文件中的函数想引用其他源文件中的变量，就可以用 extern 来声明外部变量。这就是说，extern 变量可以扩展外部变量的作用域。

1. 在多文件的程序中声明外部变量

定义时默认 static 关键字的外部变量，即为非静态外部变量。其他源文件中的函数，引用非静态外部变量时，需要在引用函数所在的源文件中进行声明。

```
extern  数据类型  外部变量表;
```

注意：

在函数内的 extern 变量声明，表示引用本源文件中的外部变量；而函数外（通常在文件开头）的 extern 变量声明，表示引用其他文件中的外部变量。

例如，有一个源程序由源文件 file1.C 和 file2.C 组成，分别如下。

file1.C：

```
int x,y;                                          /*外部变量定义*/
char z;                                           /*外部变量定义*/
main()
{
    ......
}
```

file2.C：

```
extern int x,y;                                   /*外部变量声明*/
extern char z;                                    /*外部变量声明*/
func (int a,b)
{
    ......
}
```

在 file1.C 和 file2.C 两个文件中都要使用 x、y、z 3 个变量。在 file1.C 文件中，把 x、y、z 都定义为外部变量。在 file2.C 文件中，用 extern 把 3 个变量声明为外部变量，表示这些变量已在其他文件中定义，并保留这些变量的类型和变量名，编译系统不再为它们分配内存空间。对构造类型的外部变量，如数组等，可以在声明时进行初始化赋值；若不赋初值，则系统自动定义它们的初值为 0。

2. 在一个文件内声明外部变量

如果外部变量不在文件的开头定义，其有效的作用范围只限于此外部变量定义处，到文件结尾。此时如果想在定义该变量位置之前调用此变量，则应该在调用之前用关键字 extern 对该变量进行“外部变量声明”。

例 7.20 用 extern 声明外部变量，并将声明的外部变量值输出。

```
#include<stdio.h>
main()
{
    extern int X,Y;                          /*定义变量 X、Y 为 extern 变量*/
    printf("this is an example!\n");
    printf("the extern variable is %d,%d",X,Y);
}
int X=96,Y=88;
```

程序运行结果如图 7.28 所示。

图 7.28 extern 变量应用

7.8 内部函数和外部函数

当一个源程序由多个源文件组成时，C 语言根据函数能否被其他源文件中的函数调用，将函数分为内部函数和外部函数。

扫一扫，看视频

1. 内部函数

如果在一个源文件中定义的函数只能被本文件中的函数调用，而不能被同一源程序其他文件中的函数调用，这种函数称为内部函数。定义内部函数的一般形式如下：

```
static 类型说明符 函数名(形参表)
```

例如：

```
static int f(int a,int b);
```

内部函数也称为静态函数。但此处“静态（static）”的含义已不是指存储方式，而是指对函数的调用范围只局限于本文件。

使用内部函数的好处是：不同的人编写不同的函数时，不用担心自己定义的函数是否会与其他文件中的函数同名，因为同名也没有关系。

扫一扫，看视频

2. 外部函数

外部函数在整个源程序中都有效。其定义的一般形式如下：

```
extern 类型说明符 函数名(形参表)
```

例如：

```
extern int f(int a,int b);
```

调用外部函数时，需要对其进行声明。

```
[extern]  函数类型  函数名(参数类型表)[, 函数名 2(参数类型表 2)……];
```

如在函数定义中没有声明 extern 或 static，则隐含为 extern。在一个源文件的函数中调用其他源文件中定义的外部函数时，应用 extern 声明被调函数为外部函数。

例如：

file1.C

```
main()
{
    extern int f1(int i);                        /*外部函数说明，表示 f1 函数在其他源文件中*/
    ......
}
```

file2.C

```
......
extern int f1(int i);                            /*外部函数定义*/
{
    ......
}
```

又如：

f1.C

```
main()
{
    extern void input(…),process(…),output(…);
    input(…);
    process(…);
    output(…);
}
```

f2.C

```
......
extern void input(......)                        /*定义外部函数*/
{
    ......
}
```

f3.C

```
......
extern void process(......)                      /*定义外部函数*/
{
    ......
}
```

f4.C

```
......
extern void output(......)                       /*定义外部函数*/
{
    ......
}
```

7.9 库 函 数

每一种 C 编译系统都提供了一批库函数，不同的编译系统所提供的库函数的数目、函数名以及函数功能是不完全相同的。ANSI C 标准建议提供的标准库函数包括了目前多数 C 编译系统所提供的库函数，下面就介绍些部分常用的库函数。

7.9.1　数学函数

数学函数的返回值都是双精度型的，用到它们的程序中都包含头文件 math.h。

1．求绝对值函数

（1）abs 函数，其一般形式如下：

```
int abs(int x)
```

该函数的功能是求整数的绝对值，参数 x 是要求绝对值的整数。

例 7.21　从键盘上任意输入一个整数，在屏幕上显示出其相应的绝对值。

```
#include <stdio.h>
#include <math.h>
main()
{
   int i;                                              /*定义变量 i 为基本整型*/
   printf("please input a number:\n");                 /*双引号内普通字符原样输出并回车*/
   scanf("%d", &i);                                    /*从键盘中输入数值并赋值给 i*/
   printf("number: %d ,absolute value: %d ", i, abs(i));  /*调用 abs 函数求出绝对值*/
}
```

程序运行结果如图 7.29 所示。

```
TC
please input a number:
-125
number: -125 ,absolute value: 125
```

图 7.29　求绝对值

（2）labs 函数，其一般形式如下：

```
long labs (long x)
```

该函数的功能是求长整型数的绝对值，参数 x 是要求绝对值的长整型数。

（3）fabs 函数，其一般形式如下：

```
double fabs (double x)
```

该函数的功能是求浮点数的绝对值，参数 x 是要求绝对值的浮点型数。

2．三角函数

（1）sin 函数，其一般形式如下：

```
double sin(double x)
```

该函数的功能是返回参数 x 的正弦值，这里 x 用弧度数表示。

（2）cos 函数，其一般形式如下：

```
double cos(double x)
```

该函数的功能是返回参数 x 的余弦值，这里 x 用弧度数表示。

（3）tan 函数，其一般形式如下：

```
double tan (double x)
```

该函数的功能是返回参数 x 的正切值，这里 x 用弧度数表示。

注意：

上面 3 个函数中参数 x 的单位都是弧度。

3. 指数/对数函数

（1）exp 函数，其一般形式如下：

```
double exp(double x)
```

该函数的功能是求以自然数为底的指数 e^x 的值，返回值为幂值。

（2）log 函数，其一般形式如下：

```
double log(double x)
```

该函数的功能是求 x 的自然对数。如果参数 x 为负数，则定义域出错；如果参数 x 为 0，则出现范围错误。

（3）log10 函数，其一般形式如下：

```
double log10(double x)
```

该函数的功能是返回以 10 为底的 x 的对数。如果参数 x 为负数则定义域出错；如果参数 x 为 0，则数值的范围出错。

扫一扫，看视频

7.9.2 字符函数和字符串函数

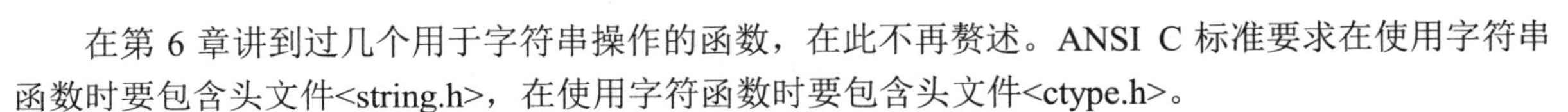

在第 6 章讲到过几个用于字符串操作的函数，在此不再赘述。ANSI C 标准要求在使用字符串函数时要包含头文件<string.h>，在使用字符函数时要包含头文件<ctype.h>。

（1）isalpha 函数，其一般形式如下：

```
int isalpha(int ch)
```

该函数的功能是检测字母，如果 ch 是字母表中的字母（大写或小写），则返回非零值；否则返回零。函数的原型在 ctype.h 中。

（2）isdigit 函数，其一般形式如下：

```
int isdigit(int ch)
```

该函数的功能是检测数字，如果 ch 是数字则函数返回非零值，否则返回零。函数的原型在 ctype.h 中。

（3）isalnum 函数，其一般形式如下：

```
int isalnum(int ch)
```

该函数的功能是检测字母或数字，如果参数是字母表中的一个字母或是一个数字，则函数返回非零值，否则返回零。

例 7.22　从键盘中任意输入一个字母、数字或其他字符，编程实现当输入字母时提示“输入的是字母”，否则提示“输入的不是字母”。

```
#include <ctype.h>
#include <stdio.h>
main()
{
    char ch, ch1;
    while (1)
    {
        printf("input the character('q' to quit):");
```

```
        ch = getchar();                                        /*从键盘中获得一个字符*/
        ch1 = getchar();                                       /*ch1 接收从键盘中输入的回车*/
        if (ch == 'q' || ch == 'Q')                            /*判断输入的字符是不是 q 或 Q*/
            break;                                             /*如果是 q 或 Q 跳出循环*/
        if (isalpha(ch))                                       /*检测输入的是否是字母*/
            printf("\n%c is a letter.\n\n", ch);
        else
            printf("\n%c is not a letter.\n\n", ch);
    }
}
```

程序运行结果如图 7.30 所示。

```
C:\ TC
input the character('q' to quit):*

* is not a letter.

input the character('q' to quit):f

f is a letter.

input the character('q' to quit):q
```

图 7.30　字母判断

（4）strchr 函数，其一般形式如下：

```
char *strchr(char *str,char ch)
```

该函数的功能是返回由 str 所指向的字符串中，首先出现 ch 的位置指针，如果未发现与 ch 匹配的字符，则返回空指针。函数的原型在头文件 string.h 中。

7.10　函数应用举例

扫一扫，看视频

例 7.23　从键盘中输入年、月、日，在屏幕中输出此日期是该年的第几天。

```
#include <stdio.h>
int leap(int a)                                   /*自定义函数 leap 用来指定年份是否为闰年*/
{
    if (a % 4 == 0 && a % 100 != 0 || a % 400 == 0)      /*闰年判定条件*/
        return 1;                                         /*是闰年返回 1*/
    else
        return 0;                                         /*不是闰年返回 0*/
}
int number(int year, int m, int d)        /*自定义函数 number 计算输入日期为该年第几天*/
{
    int sum = 0, i, j, k, a[12] =
    {
        31, 28, 31, 30, 31, 30, 31, 31, 30, 31, 30, 31
    };                                            /*数组 a 存放平年每月的天数*/
    int b[12] =
    {
        31, 29, 31, 30, 31, 30, 31, 31, 30, 31, 30, 31
    };                                            /*数组 b 存放闰年每月的天数*/
    if (leap(year) == 1)                          /*判断是否为闰年*/
```

```
        for (i = 0; i < m - 1; i++)
            sum += b[i];                    /*是闰年，累加数组 b 前 m-1 个月份天数*/
    else
        for (i = 0; i < m - 1; i++)
            sum += a[i];                    /*不是闰年，累加数组 a 前 m-1 个月份天数*/
    sum += d;                               /*将前面累加的结果加上日期，求出总天数*/
    return sum;                             /*将计算的天数返回*/
}
main()
{
    int year, month, day, n;                                  /*定义变量为基本整型*/
    printf("please input year,month,day\n");
    scanf("%d%d%d", &year, &month, &day);                     /*输入年月日*/
    n = number(year, month, day);                             /*调用函数 number*/
    printf("di %d tian\n", n);
}
```

程序运行结果如图 7.31 所示。

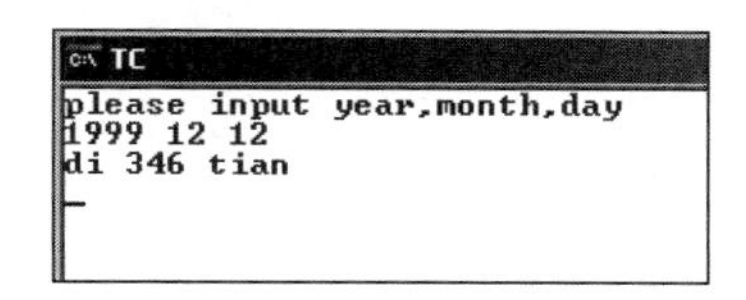

图 7.31　输出第几天

要实现本例要求的功能，主要是要实现以下两点。

- 判断输入的年份是否是闰年，这里自定义函数 leap 来进行判断。该函数的核心内容就是闰年的判断条件，即能被 4 或 400 整除但不能被 100 整除。
- 如何求此日期是该年的第几天。这里将 12 个月每月的天数存到数组中，因为闰年 2 月份的天数有别于平年，故采用两个数组 a 和 b 分别存储。当输入的年份是平年，月份为 m 时，就累加存储着平年每月天数的数组的前 m-1 个元素，将累加的结果加上输入的日期便求出了最终结果。闰年的算法类似。

例 7.24　从键盘中任意输入一个四位数，要求该四位数各个位上的数字是不全相同的。将组成该四位数的 4 个数字由大到小排列，形成由这 4 个数组成的最大四位数；再由小到大排列，形成由这 4 个数组成的最小四位数（如果数字中有 0，则得到不足 4 位的数）；求这个最大数与最小数的差。重复以上过程，最终得到的结果总是 6174。

```
#include <stdio.h>
int difference(int a[])             /*自定义 difference 函数实现求最大数与最小数的差*/
{
    int t, i, j, sum, sum1, sum2;
    for (i = 0; i < 3; i++)         /*利用选择排序法对数组 a 中的数据由大到小排序*/
        for (j = i + 1; j < 4; j++)
    if (a[i] < a[j])
    {
        t = a[i];
        a[i] = a[j];
        a[j] = t;
```

```
    }
    sum1 = a[0] *1000+a[1] *100+a[2] *10+a[3];       /*将数组中的 4 个数组成最大四位数*/
    sum2 = a[3] *1000+a[2] *100+a[1] *10+a[0];       /*将数组中的 4 个数组成最小 n 位数，
                                                       n 小于等于 4*/
    sum = sum1 - sum2;                               /*求最大数与最小数的差*/
    printf("%5d=%5d-%5d\n", sum, sum1, sum2);        /*将求得的结果按指定格式输出*/
    return sum;                                      /*将差值返回*/
}
main()
{
    int i, j, k, l, n, a[4];
    printf("please input a number:\n");
    scanf("%d", &n);                       /*从键盘中输入一个四位数*/
    while (n != 6174)
    {
        a[0] = n / 1000;                   /*分离出千位上的数*/
        a[1] = n / 100 % 10;               /*分离出百位上的数*/
        a[2] = n / 10 % 10;                /*分离出十位上的数*/
        a[3] = n % 10;                     /*分离出个位上的数*/
        n = difference(a);                 /*调用 difference 函数，将返回值赋给 n*/
    }
}
```

程序运行结果如图 7.32 所示。

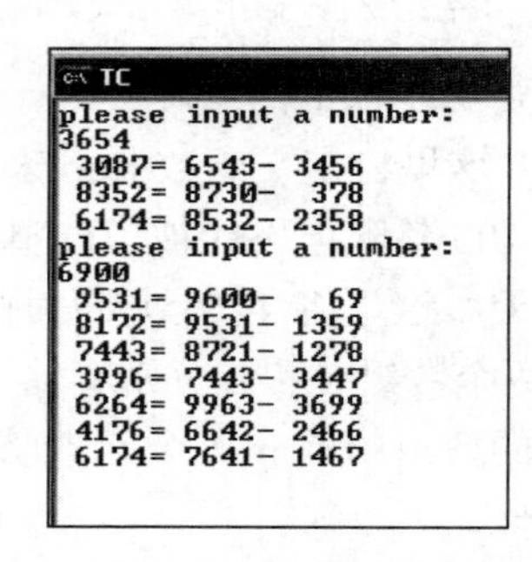

图 7.32　验证 6174

扫一扫，看视频

第8章　指　　针

指针是C语言的核心、精髓所在，掌握好了指针可以起到事半功倍的效果。指针的用法灵活，这也就决定了对指针的学习是有一定难度的，其概念抽象，学习过程中要多看多练，使用时应多注意，否则不当的操作会导致严重的程序问题。本章视频要点如下：

- 如何学好本章。
- 了解指针及地址的概念。
- 掌握指针变量的定义和使用。
- 掌握指针与数组的关系。
- 掌握指针作函数参数。
- 了解指向指针的指针。
- 了解main函数参数的相关知识。

8.1　指针相关概念

指针是C语言显著的优点之一，使用起来十分灵活，而且能提高某些程序的运行效率。不过，若指针使用不当，很容易就会造成系统错误，许多程序“挂死”的大部分原因往往都是由于错误地使用了指针。

8.1.1　地址与指针

扫一扫，看视频

什么是地址？地址就是内存区中对每个字节的编号。刚接触这个概念时会有点模糊，首先来看下图8.1。

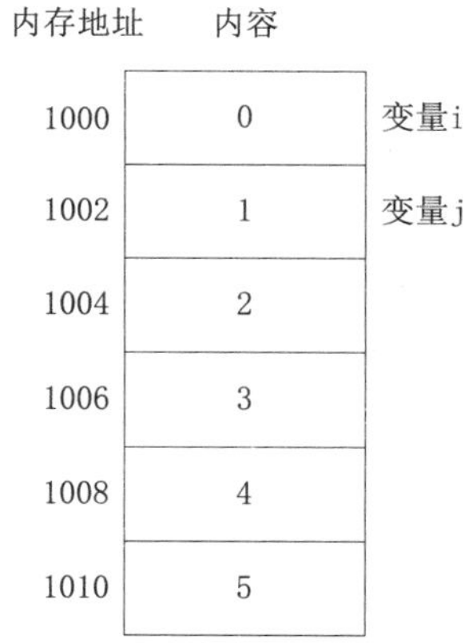

内存地址	内容	
1000	0	变量i
1002	1	变量j
1004	2	
1006	3	
1008	4	
1010	5	

图8.1　变量存放

图 8.1 中的 1000、1002 等就是内存单元的地址，而 0、1 就是内存单元的内容。换种说法，就是基本整型变量 i 在内存中的地址从 1000 开始，因为基本整型占 2 字节，所以变量 j 在内存中的起始地址从 1002 开始；变量 i 的内容是 0。

那么指针又是什么呢？这里仅将指针看作是内存中的一个地址。多数情况下，这个地址是内存中另一个变量的位置，如图 8.2 所示。

在程序中定义了一个变量，在进行编译时就会给这个变量在内存中分配一个地址，通过访问这个地址即可找到所需的变量，这个变量的地址称为该变量的“指针”。如图 8.2 所示，地址 1000 是变量 i 的指针。

如果一个变量包含了另一个变量的地址，那么第 1 个变量可以说成是指向第 2 个变量。所谓“指向”就是通过地址来体现的。因为指针变量是指向一个变量的地址，所以将一个变量的地址值赋给这个指针变量后，这个指针变量就“指向”了该变量。例如，将变量 i 的地址存放到指针变量 p 中，p 就指向 i。其关系如图 8.3 所示。

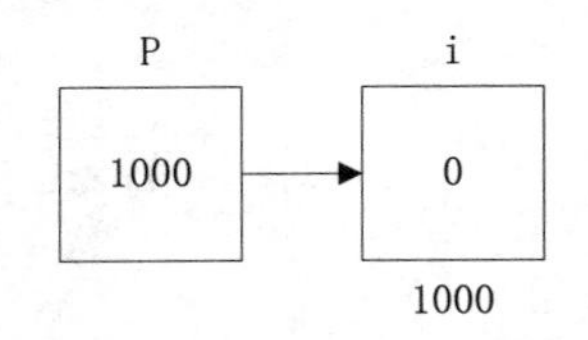

图 8.2　指针指向变量地址

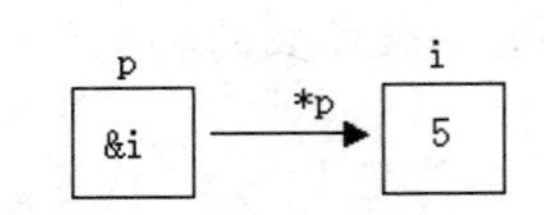

图 8.3　地址与指针

如图 8.4 所示，地址 2000 上的变量指向地址 2005 上的变量，在地址 2000 上这个变量的内容的值是 2005。同理，地址 2001 上的变量指向地址 2004 上的变量，在地址 2001 上这个变量的内容的值是 2004。

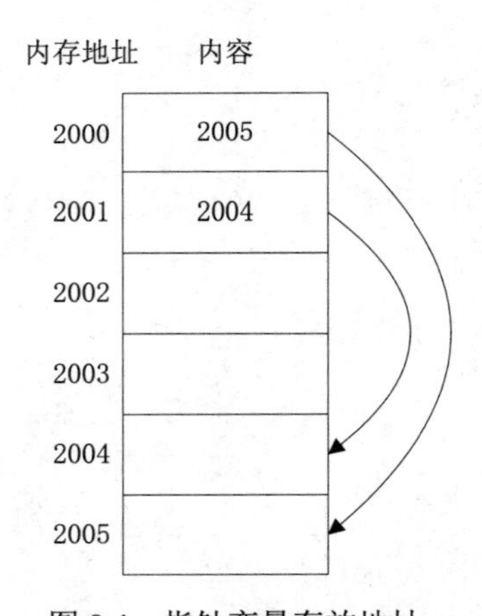

图 8.4　指针变量存放地址

8.1.2　指针变量

1. 指针变量的一般形式

如果有一个变量专门用来存放另一变量的地址，则称之为“指针变量”。图 8.2 中的 p 就是一个指针变量。如果一个变量包含有指针（指针等同于一个变量的地址），则必须对它进行说明。定义指针变量的一般形式如下：

```
类型说明 * 变量名
```

其中，“*”表示这是一个指针变量；“变量名”即为定义的指针变量名；“类型说明”表示本指针变量所指向的变量的数据类型。

2. 指针变量的赋值

指针变量同普通变量一样，使用之前不仅要定义，而且必须赋予具体的值。未经赋值的指针变量不能使用。给指针变量所赋的值与给其他变量所赋的值不同，给指针变量赋值只能赋予地址，而不能赋予任何其他数据，否则将引起错误。C 语言中提供了地址运算符“&”来表示变量的地址。其一般形式如下：

```
& 变量名;
```

如&a 表示变量 a 的地址，&b 表示变量 b 的地址。给一个指针变量赋值有两种方法：

- 定义指针变量的同时就进行赋值：

```
int a;
int *p=&a;
```

- 先定义指针变量之后再赋值：

```
int a;
int *p;
p=&a;
```

注意：

这两种赋值语句存在一定的区别。如果在定义完指针变量之后再赋值，注意不要加“*”。

例 8.1　从键盘中输入两个数，利用指针的方法将这两个数输出。

```
#include<stdio.h>
main()
{
   int a, b;
   int *pointer1,  *pointer2;                    /*声明两个指针变量*/
   scanf("%d,%d", &a, &b);                       /*输入两个数*/
   pointer1 = &a;
   pointer2 = &b;                                /*将地址赋给指针变量*/
   printf("\nThe number is:%d,%d", *pointer1, *pointer2);
}
```

程序运行结果如图 8.5 所示。

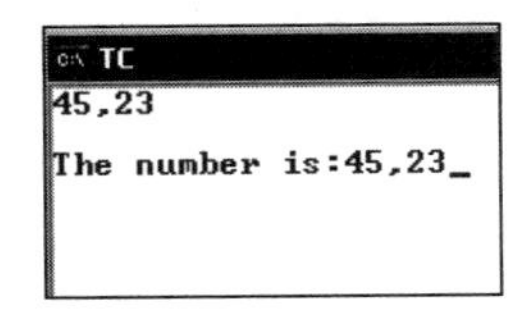

图 8.5　数据输出

从例 8.1 会发现程序中采用的赋值方法是上面讲的第 2 种方法，即先定义再赋值。

注意：

不允许把一个数赋予指针变量，即

```
int *p;
p=1002;
```

这样写是错误的。

3. 指针变量的引用

引用指针变量是对变量进行间接访问的一种形式。对指针变量的引用形式如下：

```
*指针变量
```

其含义是指针变量所指向的值。

例 8.2 利用指针变量实现数据的输入、输出。

```
#include<stdio.h>
main()
{
    int *p,q;
    printf("please input:\n");
    scanf("%d",&q);                             /*输入一个整型数据*/
    p = &q;
    printf("the number is:\n");
    printf("%d",*p);                            /*输出变量的值*/
}
```

程序运行结果如图 8.6 所示。

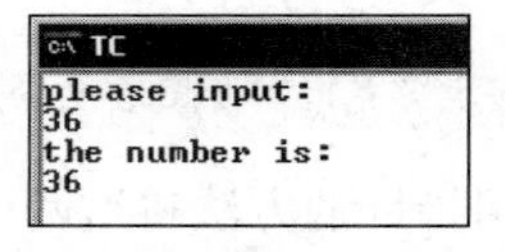

图 8.6　指针变量应用

可将上述程序修改成如下形式：

```
#include<stdio.h>
main()
{
    int *p,q;
    p=&q;
    printf("please input:\n");
    scanf("%d",p);
    printf("the number is:\n");
    printf("%d",q);                             /*输出变量的地址*/
}
```

运行结果完全相同。

扫一扫，看视频

8.1.3 “&”和“*”运算符

在前面介绍指针变量的过程中用到了两个运算符，分别是“&”和“*”。

（1）运算符“&”是一个返回操作数地址的单目运算符，叫做取地址运算符。例如：

```
p=&i;
```

就是将变量 i 的内存地址赋给 p，这个地址是该变量在计算机内部的存储位置。

（2）运算符“*”是单目运算符，叫做指针运算符，其作用是返回指定地址内的变量的值。例如，前面提到过 p 中装有变量 i 的内存地址，则

```
q=*p;
```

就是将变量 i 的值赋给 q。假如变量 i 的值是 5，则 q 的值也是 5。

注意：

乘法符号和指针运算符相同，位逻辑与符号和取地址运算符相同。这些符号虽然相同，但是优先级不同，它们之间没有任何关系。

下面通过几个例子来看下“*”和“&”的应用。

例 8.3　“&*”应用。

```
#include<stdio.h>
main()
{
    long i;
    long *p;
    printf("please input the number:\n");
    scanf("%ld",&i);
    p=&i;
    printf("the result1 is: %ld\n",&*p);                /*输出变量 i 的地址*/
    printf("the result2 is: %ld\n",&i);                 /*输出变量 i 的地址*/
}
```

程序运行结果如图 8.7 所示。

例 8.4　“*&”应用。

```
#include<stdio.h>
main()
{
    long i;
    long *p;
    printf("please input the number:\n");
    scanf("%ld",&i);
    p=&i;
    printf("the result1 is: %ld\n",*&i);                /*输出变量 i 的值*/
    printf("the result2 is: %ld\n",i);                  /*输出变量 i 的值*/
    printf("the result3 is: %ld\n",*p);                 /*使用指针形式输出 i 的值*/
}
```

程序运行结果如图 8.8 所示。

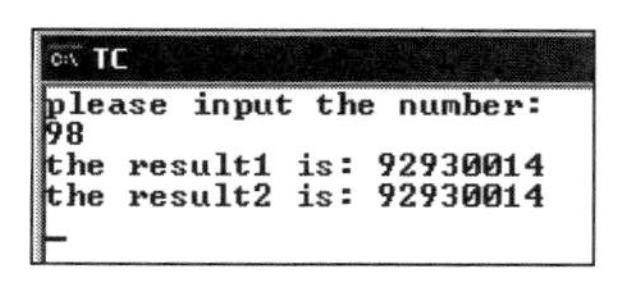

图 8.7　&*应用

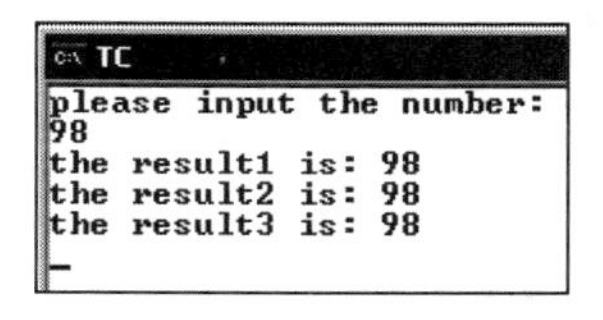

图 8.8　*&应用

通过例 8.3 会发现&*p 与&i 的作用是一样的，都是取变量 i 的地址。例 8.4 中*&i 和*p 的作用是一样的，都是取变量的值。在指针运算符和取地址运算符结合使用时，要注意它们的先后顺序不

同，所代表的含义也就有所不同。

扫一扫，看视频

8.1.4 指针的算术运算

指针有加法和减法两种算术运算。下面结合实例来说明一下指针是如何来做算术运算的。

例 8.5 整型变量地址输出。

```
#include<stdio.h>
main()
{
    int i;
    long *p;
    printf("please input the number:\n");
    scanf("%d",&i);
    p=&i;                                        /*将变量 i 的地址赋给指针变量*/
    printf("the result1 is: %ld\n",p);
    p++;                                         /*地址加 1，这里的 1 并不代表一个字节*/
    printf("the result2 is: %ld\n",p);
}
```

程序运行结果如图 8.9 所示。

若将例 8.5 中的语句

```
int i;
```

换成如下语句

```
long i;
```

则程序运行结果将如图 8.10 所示。

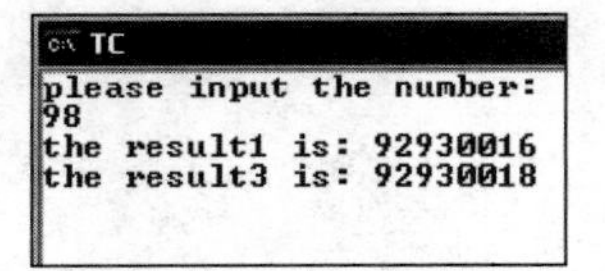

图 8.9 整型变量地址输出

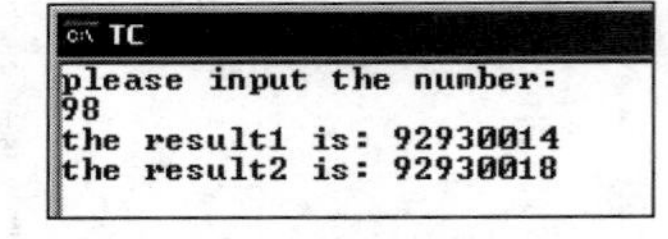

图 8.10 长整型变量地址输出

因为基本整型变量 i 在内存中占 2 字节，指针 p 是指向变量 i 的地址的，这里的 p++不是简单地在地址上加 1，而是指向下一个基本整型变量的地址。如图 8.9 所示的结果是因为变量 i 是基本整型，所以 p++后 p 的值增加 2（2 字节）；如图 8.10 所示的结果是因为 i 被定义成了长整型，所以 p++后 p 的值增加了 4（4 字节）。

指针的自加自减都按照它所指向类型的存储单元的字节长度进行增或减。

如果有如下语句：

```
int i;
int *p;
p=&i;
```

则指针指向位置如图 8.11 所示。

如果有如下语句：

```
float i;
int *p;
p=&i;
```

则指针指向位置如图 8.12 所示。

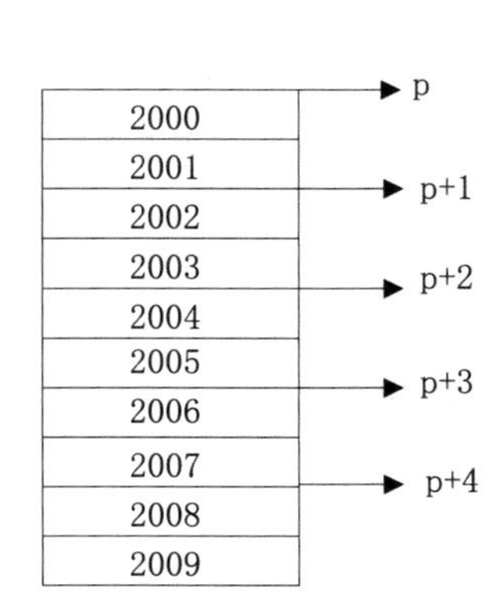

图 8.11　指向整型变量的指针

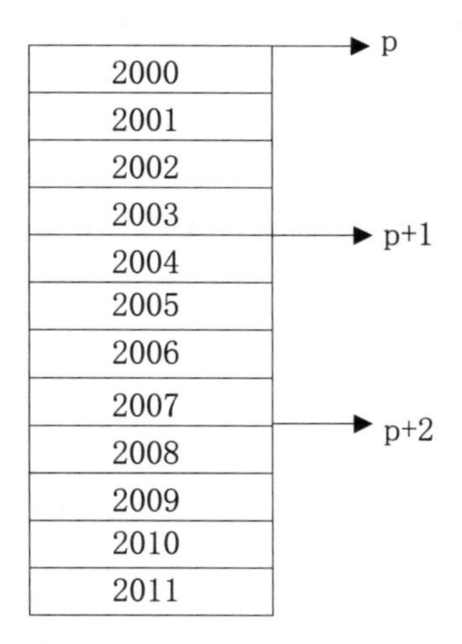

图 8.12　指向浮点型变量的指针

从图 8.11 和图 8.12 可以看出，所有指针的运算都是相对它们的基本类型进行的。除了加减运算外，指针不能进行乘法、除法等其他运算。

8.2　一维数组与指针

变量在内存中的存放是有地址的，数组在内存中的存放也同样具有地址。对数组来说，数组名就是数组在内存中存储的首地址。指针变量用于存放变量的地址，自然也可以存放数组的首地址或数组元素的地址，这样就在数组和指针之间建立了联系。

8.2.1　指向数组元素的指针

当定义一个一维数组时，系统会在内存中为该数组分配一个存储空间，数组名就是数组在内存中存储的首地址。若再定义一个指针变量，并将数组的首地址传给指针变量，则该指针就指向了这个一维数组。

例如：

```
int *p,a[10];
p=a;
```

这里 a 是数组名，也就是数组的首地址；将它赋给指针变量 p，也就是将数组 a 的首地址赋给 p。也可以写成如下形式：

```
int *p,a[10];
p=&a[0];
```

上述语句是将数组 a 中的首个元素的地址赋给指针变量 p。由于 a[0]的地址就是数组的首地址，所以两种赋值操作的效果完全相同。

注意：

在将数组名赋给指针变量时不需要写“&”，但是在将数组首地址赋给指针变量时需加上“&”。

扫一扫，看视频

8.2.2 使用指针访问数组

下面介绍如何通过指针来引用数组元素。

（1）p+n 与 a+n 表示数组元素 a[n]的地址，即&a[n]。对整个 a 数组来说，共有 10 个元素，n 的取值为 0～9，则数组元素的地址就可以表示为 p+0～p+9 或 a+0～a+9，如图 8.13 所示。

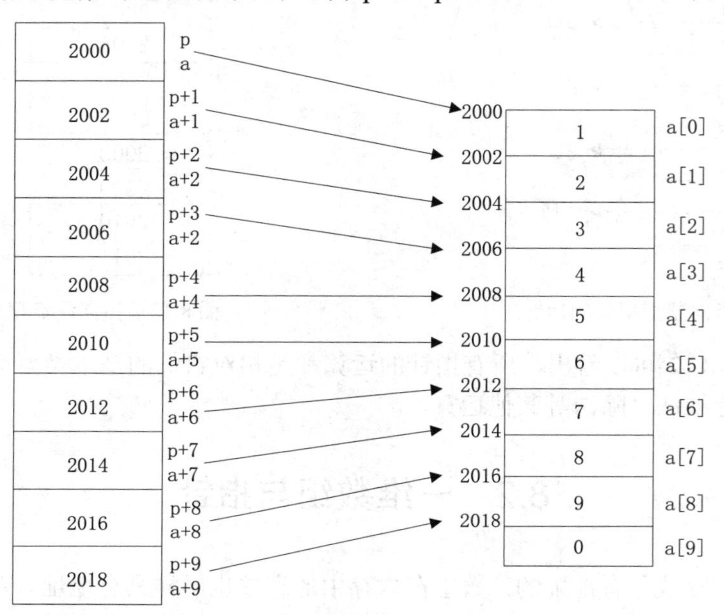

图 8.13　指针变量与数组元素的对应关系

（2）表示数组中的元素用到了前面介绍的数组元素的地址，用*(p+n)和*(a+n)来表示数组中的各元素。

例 8.6　利用指针变量输出数组元素。

```
#include<stdio.h>
main()
{
    int a[10],*p,i;
    p=a;                                    /*指针指向数组首地址*/
    printf("please input:\n");
    for(i=0;i<10;i++)
        scanf("%d",p+i);                    /*指针变化实现为数组中的元素赋值*/
    printf("the array is:");
    for(i=0;i<10;i++)
    {
        if(i%5==0)                          /*输出 5 个元素实现一次换行*/
            printf("\n");
        printf("%5d",*(p+i));
    }
}
```

程序运行结果如图 8.14 所示。

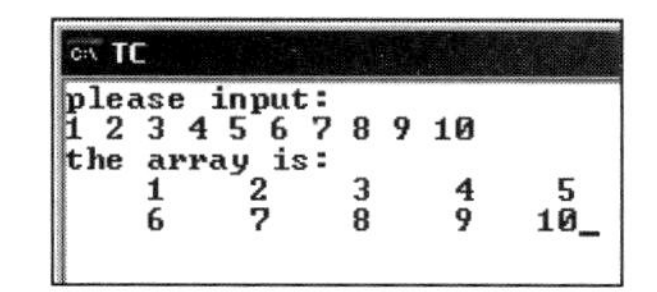

图 8.14　输出数组元素

例 8.6 中使用指针指向一维数组及通过指针引用数组元素的过程可以用图 8.15 和图 8.16 来表示。

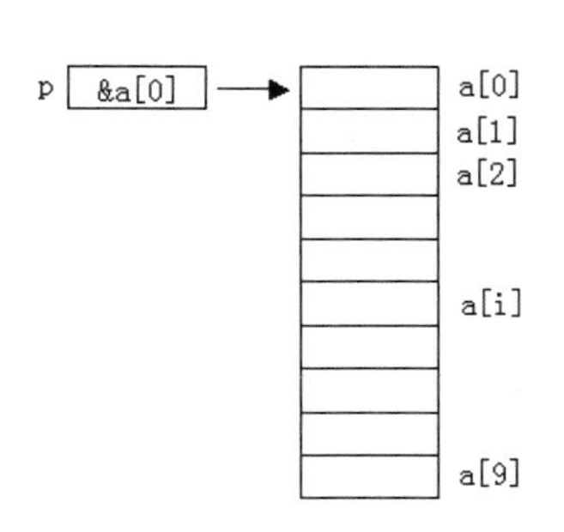

图 8.15　指针指向一维数组

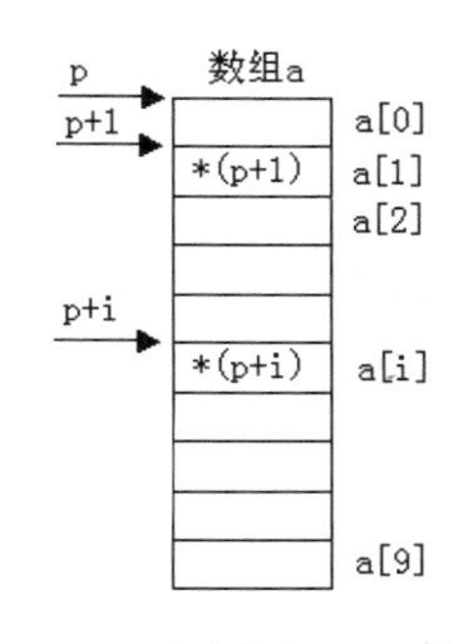

图 8.16　通过指针引用数组元素

前面提到可以用 a+n 表示数组元素的地址，*(a+n)表示数组元素，那么就可以将例 8.6 的程序代码改成如下形式：

```
#include<stdio.h>
main()
{
    int a[10],i;
    printf("please input:\n");
    for(i=0;i<10;i++)
        scanf("%d",a+i);                    /*为数组中的元素赋值*/
    printf("the array is:");
    for(i=0;i<10;i++)
    {
        if(i%5==0)                          /*输出 5 个元素实现一次换行*/
            printf("\n");
        printf("%5d",*(a+i));               /*输出数组中元素*/
    }
}
```

（3）指向数组的指针变量也可用数组的下标形式表示为 p[n]，它等价于*(p+n)。可将例 8.6 改成如下形式:

```
#include<stdio.h>
main()
{
    int a[10],*p,i;
    p=a;                                    /*指针指向数组首地址*/
    printf("please input:\n");
    for(i=0;i<10;i++)
        scanf("%d",&p[i]);                  /*给数组中元素赋初值*/
    printf("the array is:");
    for(i=0;i<10;i++)
    {
```

```
        if(i%5==0)
            printf("\n");
        printf("%5d",p[i]);                              /*输出数组中元素*/
    }
}
```

前面讲过指针的算术运算，所以也可把程序改成如下形式。

```
#include<stdio.h>
main()
{
    int a[10],*p,i;
    p=a;                                                 /*指针指向数组首地址*/
    printf("please input:\n");
    for(i=0;i<10;i++)
        scanf("%d",p++);                                 /*给数组中元素赋初值*/
    printf("the array is:");
    p=a;                                                 /*将指针重新指回数组首地址*/
    for(i=0;i<10;i++)
    {
        if(i%5==0)
            printf("\n");
        printf("%5d",*p++);                              /*输出数组中元素*/
    }
}
```

在上述程序代码中会发现在第 2 个 for 语句前面有：

```
p=a;
```

该语句的作用是将指针 p 重新指向数组 a 在内存中的起始位置，即图 8.17 所示的 A 位置。若没有该语句，则 p 指向图 8.17 所示的 B 位置，此时再用*p++的方法进行输出时将会产生错误。

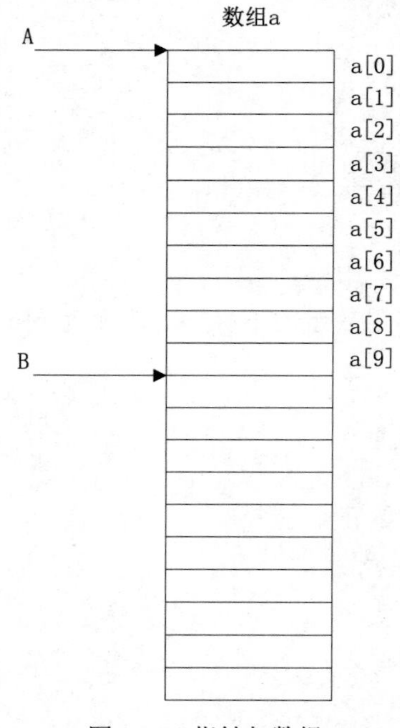

图 8.17　指针与数组

8.3　二维数组与指针

定义一个 3 行 5 列的二维数组，其在内存中的存储形式如图 8.18 所示。

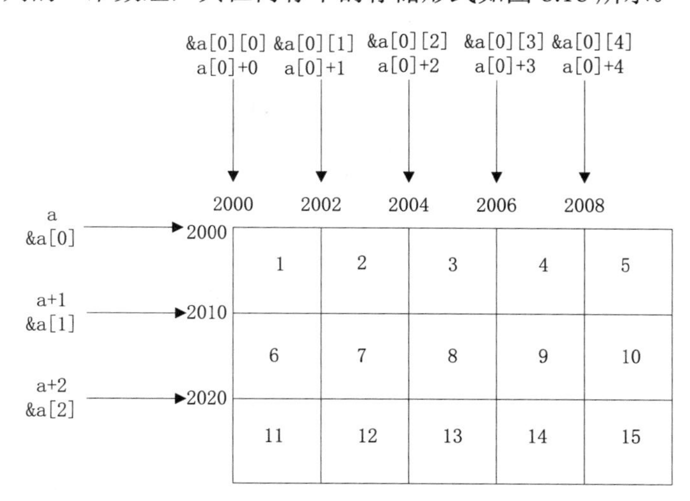

图 8.18　二维数组

从图 8.18 中可以看到几种表示二维数组中元素地址的方法，下面逐一介绍。

- a+n 表示第 n 行的首地址。
- &a[0][0]既可以看作数组第 0 行第 0 列元素的地址，也可以看作是二维数组的首地址。&a[m][n]就是第 m 行第 n 列元素的地址。
- &a[0]是第 0 行的首地址，当然&a[n]就是第 n 行的首地址。
- a[0]+n，表示第 0 行第 n 列元素地址。

前面讲过了如何利用指针来引用一维数组，这里在一维数组的基础上介绍一下如何通过指针来引用一个二维数组中的元素。

- *(*(a+n)+m)表示第 n 行第 m 列元素。
- *(a[n]+m)表示第 n 行第 m 列元素。

提示：

利用指针引用二维数组，关键要记住*（a+i）与 a[i]是等价的。

例 8.7　利用指针对二维数组进行输入/输出。

```
#include<stdio.h>
main()
{
    int a[3][5],i,j;
    printf("please input:\n");
    for(i=0;i<3;i++)                                /*控制二维数组的行数*/
        for(j=0;j<5;j++)                            /*控制二维数组的列数*/
            scanf("%d",a[i]+j);                     /*给二维数组元素赋初值*/
        printf("the array is:\n");
```

```
        for(i=0;i<3;i++)
        {
            for(j=0;j<5;j++)
                printf("%5d",*(a[i]+j));                    /*输出数组中元素*/
            printf("\n");
        }
}
```

程序运行结果如图 8.19 所示。

```
please input:
1 2 3 4 5 6 7 8
9 10 11 12 13 14 15
the array is:
    1    2    3    4    5
    6    7    8    9   10
   11   12   13   14   15
```

图 8.19　二维数组输入/输出

也可将程序写成如下形式：

```
#include<stdio.h>
main()
{
    int a[3][5],i,j;
    printf("please input:\n");
    for(i=0;i<3;i++)                                     /*控制二维数组的行数*/
        for(j=0;j<5;j++)                                 /*控制二维数组的列数*/
            scanf("%d",*(a+i)+j);                        /*为二维数组中的元素赋值*/
        printf("the array is:\n");
        for(i=0;i<3;i++)
        {
            for(j=0;j<5;j++)
                printf("%5d",*(*(a+i)+j));               /*输出二维数组中的元素*/
            printf("\n");
        }
}
```

在运行结果依然相同的前提下还可将程序改写成如下形式：

```
#include<stdio.h>
main()
{
    int a[3][5],i,j,*p;
    p=a[0];
    printf("please input:\n");
    for(i=0;i<3;i++)                                     /*控制二维数组的行数*/
        for(j=0;j<5;j++)                                 /*控制二维数组的列数*/
            scanf("%d",p++);                             /*为二维数组中的元素赋值*/
        p=a[0];                                          /*p 为第 1 个元素的地址*/
        printf("the array is:\n");
        for(i=0;i<3;i++)
        {
            for(j=0;j<5;j++)
                printf("%5d",*p++);                      /*输出二维数组中的元素*/
```

```
            printf("\n");
        }
}
```

8.4　字符与指针

字符串常量是用一对双引号括起来的若干字符序列，这个在前面提到过。我们用过了字符数组，即通过数组名来表示字符串，数组名就是数组的首地址，是字符串的起始地址。现在介绍另一种方法，就是将字符数组名赋予一个指向字符型内存空间的指针变量，让字符指针指向字符串在内存中的首地址，对字符串的表示就可以用指针来实现。

8.4.1　字符指针

扫一扫，看视频

字符指针就是指向字符型内存空间的指针变量。定义字符指针的一般形式如下：

```
char *p;
```

使用字符指针可以访问字符串。

例 8.8　字符型指针应用。

```
#include<stdio.h>
main()
{
    char *string="welcome to our school";
    printf("%s",string);                              /*输出字符串*/
}
```

程序运行结果如图 8.20 所示。

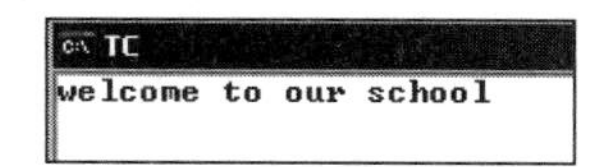

图 8.20　字符指针

例 8.8 中定义了字符型指针变量 string，用字符串常量“welcome to our school”为其赋初值。注意，这里并不是把“welcome to our school”这些字符存放到 string 中，只是把这个字符串中的第 1 个字符的地址赋给指针变量 string。语句：

```
char *string="welcome to our school";
```

等价于下面两条语句：

```
char *string;
string="welcome to our school";
```

例 8.9　输入两个字符串 a 和 b，将字符串 a 和 b 连接起来。

```
#include<stdio.h>
main()
{
    char str1[50],str2[30],*p1,*p2;
    p1=str1;
    p2=str2;
    printf("please input string1:\n");
```

```
    gets(str1);                                /*获取字符串 a*/
    printf("please input string2:\n");
    gets(str2);                                /*获取字符串 b*/
    while(*p1!='\0')
        p1++;                                  /*指针移动*/
    while(*p2!='\0')                           /*判断指针是否指向字符串 a 的末尾*/
        *p1++=*p2++;                           /*将字符串 b 中的字符逐个复制到字符串 a 中*/
    *p1='\0';                                  /*在合并后的字符串的末尾加结束符*/
    printf("the new string is:\n");
    puts(str1);                                /*输出字符串*/
}
```

程序运行结果如图 8.21 所示。

程序中定义了两个字符数组 str1 和 str2，分别将这两个字符数组的数组名（也就是字符数组在内存中存放的首地址）赋给字符指针 p1 和 p2，通过指针变量引用字符数组中的元素。首先要找到 str1 中的结束符，再从 str1 存放结束符的位置开始存放 str2 中的字符，最终在整个连接好的字符串的结尾加'\0'便可。

例 8.10 将指定的字符串 str1 复制到字符串 str2 中。

```
#include<stdio.h>
main ( )
 {
    char str1[30],str2[20],*p1,*p2;            /*定义数组及指针为字符型*/
    p1=str1;                                   /*将 str1 的地址赋给 p1*/
    p2=str2;                                   /*将 str2 的地址赋给 p2*/
    printf("input str1:");
    gets(str1);                                /*获取字符串 str1*/
    printf("input str2:");
    gets(str2);                                /*获取字符串 str2*/
    while(*p2)
    *p1++=*p2++;                               /*将字符串 str2 中的字符存到 str1 中*/
    *p1 = '\0' ;                               /*在字符串结尾加上字符串结束标志*/
    printf("now str1 is:\n");
    printf("%s\n",str1);                       /*输出字符串 str1*/
    printf("now str2 is:\n");
    printf("%s\n",str2);                       /*输出字符串 str2*/
  }
```

程序运行结果如图 8.22 所示。

```
TC
please input string1:
The enemy's plot
please input string2:
 ended in a fiasco!
the new string is:
The enemy's plot ended in a fiasco!
_
```

图 8.21　连接两个字符串

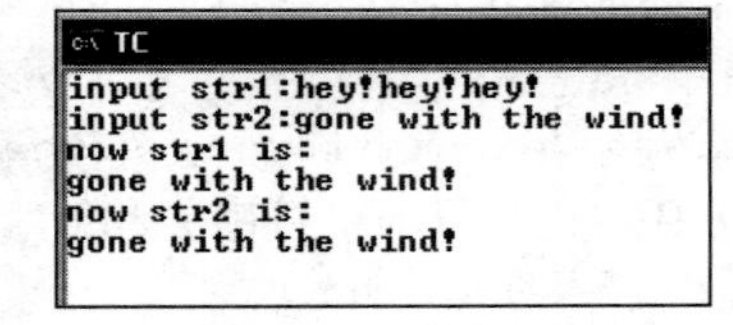

图 8.22　字符串复制

扫一扫，看视频

8.4.2 字符串数组

前面讲过了字符数组，再来看一下字符串数组。这里提到的字符串数组有别于字符数组，字符数组是一个一维数组，而字符串数组是以字符串作为数组元素的数组。可以将其看成一个二维字符数组。下面定义一个字符串数组：

```
char country[5][20]={
"China",
"Japan",
"Russia",
"Germany",
"Switzerland"
}
```

字符型数组变量 country 被定义为含有 5 个字符串的数组，每个字符串的长度要小于 20（这里要考虑字符串最后的'\0'）。

通过观察上面定义的字符串数组会发现，像"China"和"Japan"这样的字符串其长度仅为 5，加上字符串结束符也仅为 6，而内存中却要给它们分别分配一个 20 字节的空间，这样就会造成资源浪费。为了解决这个问题，可以使用指针数组，每个指针指向所需要的字符常量。这种方法虽然需要在数组中保存字符指针，同样也占用空间，但要远少于字符串数组需要的空间。

那么什么是指针数组？一个数组，其元素均为指针类型数据，则称之为指针数组。也就是说，指针数组中的每一个元素都相当于一个指针变量。一维指针数组的定义形式如下：

```
类型名 数组名[数组长度]
```

例 8.11　指针数组应用。

```
#include<stdio.h>
main()
{
    int i;
    char *country[5];
    country[0]="China";                 /*给指针数组中的第 1 个元素赋初值*/
    country[1]="Japan";                 /*给指针数组中的第 2 个元素赋初值*/
    country[2]="Russia";                /*给指针数组中的第 3 个元素赋初值*/
    country[3]="Germany";               /*给指针数组中的第 4 个元素赋初值*/
    country[4]="Switzerland";           /*给指针数组中的第 5 个元素赋初值*/
    for(i=0;i<5;i++)
        printf("%s\n",country[i]);      /*输出指针数组中的各元素*/
}
```

程序运行结果如图 8.23 所示。

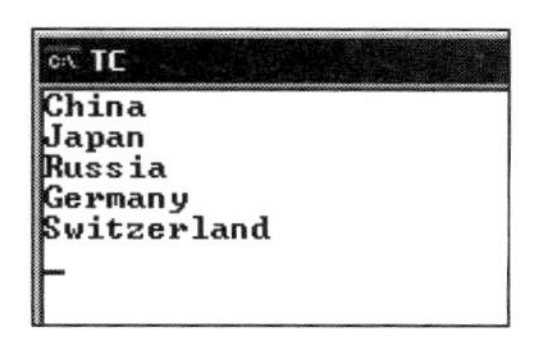

图 8.23　指针数组应用

8.5　指针作函数参数

通过第 7 章的学习，我们知道了可以使用整型变量、实型变量、字符型变量、数组名和数组元素等作为函数参数。此外，指针型变量也可以作为函数参数，本节就来介绍。

扫一扫，看视频

8.5.1 指针变量作函数参数

在了解如何用指针变量作函数参数之前，先来看一个例子。

例 8.12 指针作函数参数。

```
#include<stdio.h>
int sum(int *p1,int *p2)                          /*自定义函数 sun*/
{
    int sum;
    sum=*p1+*p2;                                  /*两数据相加求和*/
    return sum;                                   /*将所求的和返回*/
}
main()
{
    int *pointer1,*pointer2;                      /*定义两个指针变量*/
    int a,b,c;
    printf("please input a:\n");
    scanf("%d",&a);
    printf("please input b:\n");
    scanf("%d",&b);
    pointer1=&a;                                  /*将变量 a 的地址赋给 pointer1*/
    pointer2=&b;                                  /*将变量 b 的地址赋给 pointer2*/
    c=sum(pointer1,pointer2);                     /*调用函数 sum*/
    printf("the sum is:\n");
    printf("%d",c);                               /*将结果输出*/
}
```

程序运行结果如图 8.24 所示。

本程序中的自定义函数 sum，是用来求两个数之和，并将所求的和返回。在 sum 函数中，使用指针变量作为形参。运行程序时，从键盘中输入 a 和 b 的值，分别将 a 和 b 的地址赋给指针变量 pointer1 和 pointer2。调用 sum 函数，将指针变量作为实参，将实参变量的值传递给形参变量。此时 pointer1 和 p1 都指向变量 a，pointer2 和 p2 都指向变量 b。该过程如图 8.25 所示。

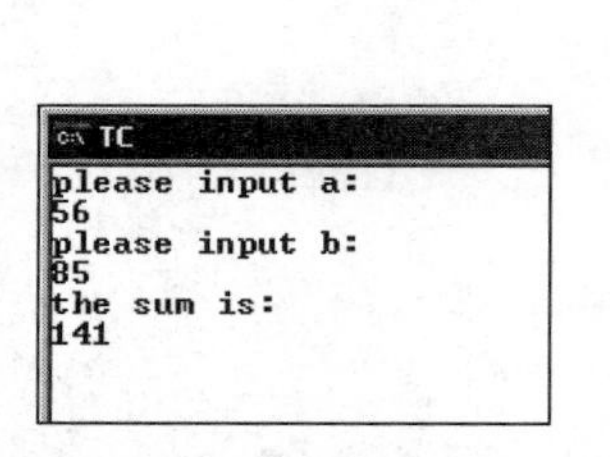

图 8.24 指针变量作函数参数

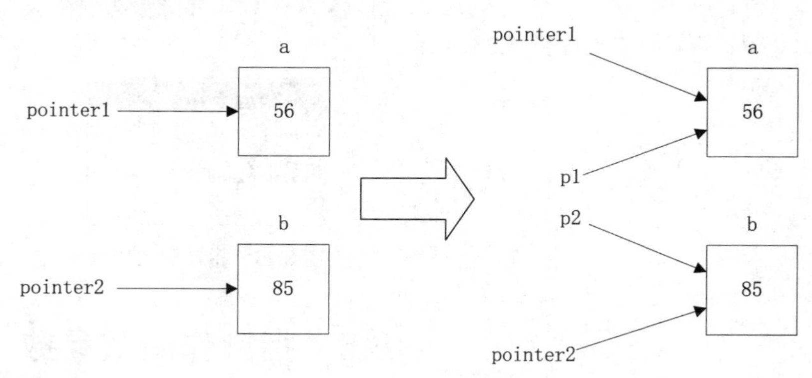

图 8.25 形参指向实参指向的变量

“值传递”后再求和，将最终求出的结果赋给变量 c。

在运行结果不变的前提下，还可将上面程序改写成如下形式。

```
#include<stdio.h>
int sum(int p1,int p2)                              /*自定义函数 sum 实现求和*/
{
    int sum;                                        /*自定义变量 sum*/
    sum=p1+p2;                                      /*返回所求的和*/
    return sum;
}
main()
{
    int *pointer1,*pointer2;                        /*定义两个基本整型指针*/
    int a,b,c;
    printf("please input a:\n");
    scanf("%d",&a);                                 /*输入一个数赋给变量 a*/
    printf("please input b:\n");
    scanf("%d",&b);                                 /*输入一个数赋给变量 b*/
    pointer1=&a;                                    /*将变量 a 的地址赋给 pointer1*/
    pointer2=&b;                                    /*将变量 b 的地址赋给 pointer2*/
    c=sum(*pointer1,*pointer2);                     /*调用函数求和*/
    printf("the sum is:\n");
    printf("%d",c);                                 /*输出所求的和*/
}
```

下面来看下嵌套的函数调用是如何使用指针变量作函数参数的，如例 8.13 所示。

例 8.13　嵌套的函数调用。

```
#include<stdio.h>
swap(int *p1, int *p2)                              /*自定义交换函数*/
{
   int temp;
   temp =  *p1;
   *p1 =  *p2;
   *p2 = temp;
}
exchange(int *pt1, int *pt2, int *pt3)              /*3 个数由大到小排序*/
{
   if (*pt1 <  *pt2)
      swap(pt1, pt2);                               /*调用 swap 函数*/
   if (*pt1 <  *pt3)
      swap(pt1, pt3);
   if (*pt2 <  *pt3)
      swap(pt2, pt3);
}
main()
{
   int a, b, c,  *q1,  *q2,  *q3;
   puts("Please input three key numbers you want to rank:");
   scanf("%d,%d,%d", &a, &b, &c);
   q1 = &a;                                         /*将变量 a 的地址赋给指针变量 q1*/
   q2 = &b;
   q3 = &c;
```

```
    exchange(q1, q2, q3);                               /*调用 exchange 函数*/
    printf("\n%d,%d,%d\n", a, b, c);
    puts("\n Press any key to quit...");
    getch();
}
```

程序运行结果如图 8.26 所示。

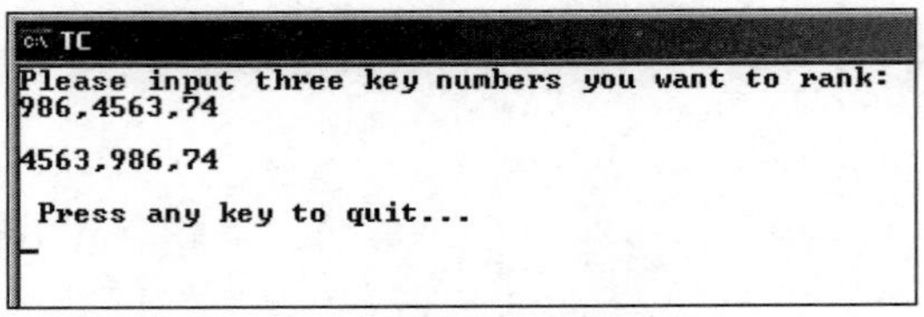

TC
Please input three key numbers you want to rank:
986,4563,74
4563,986,74
Press any key to quit...

图 8.26　嵌套的函数调用

本程序创建了一个自定义函数 swap，用于实现交换两个变量的值。本程序还创建了一个函数 exchange，其作用是将 3 个数由大到小排序。在 exchange 函数中还调用了前面自定义的 swap 函数，这里的 swap 函数和 exchange 函数都是以指针变量作为形参。程序运行时，从键盘中输入 3 个数 a、b、c，分别将 a、b、c 的地址赋给 q1、q2、q3。调用 exchange 函数，将指针变量作为实参，将实参变量的值传递给形参变量。此时 q1 和 pt1 都指向变量 a，q2 和 pt2 都指向变量 b，q3 和 pt3 都指向变量 c。在 exchange 函数中又调用了 swap 函数，当执行 swap(pt1,pt2)时，pt1 也指向了变量 a，pt2 指向了变量 b，如图 8.27 所示。

a
q1
4563
b
q2
986
q1
a
4563
pt1
pt2
b
986
q2
调用swap（pt1,pt2）
q1
a
p1
4563
pt1
pt2
b
p2
986
q2

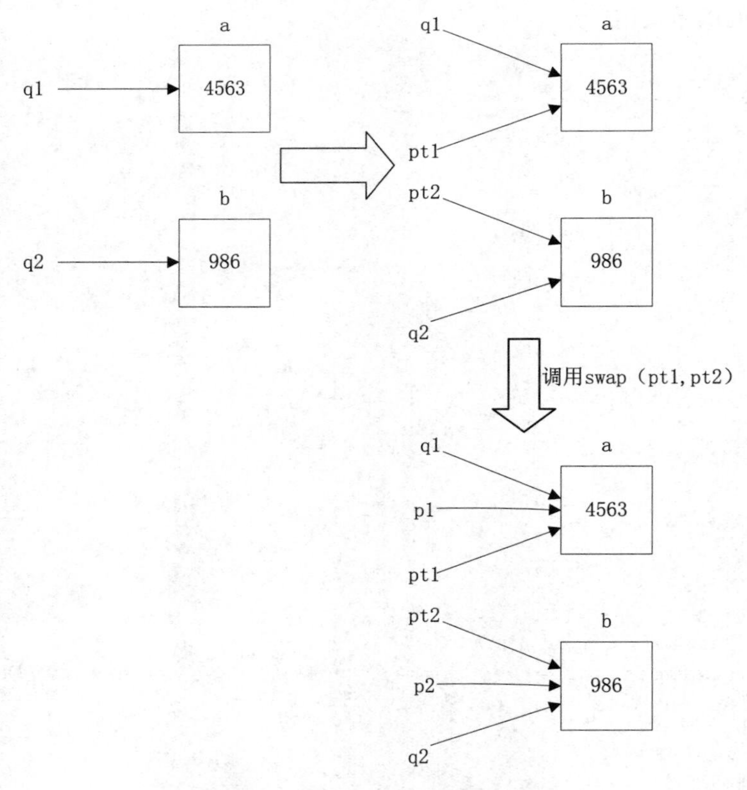

图 8.27　嵌套调用时指针指向情况

说明：

在 C 语言中，实参变量和形参变量之间的数据传递采用单向的“值传递”方式。指针变量作函数参数也是如此，调用函数不可能改变实参指针变量的值，但可以改变实参指针变量所指向变量的值。

8.5.2　数组指针作函数参数

前面学习过了指向一维/二维数组的指针变量的定义和使用，下面介绍如何用数组指针作函数参数。

扫一扫，看视频

1．一维数组指针作函数参数

（1）形参为指针变量，作为给形参传递值的实参也为指针变量。

例 8.14　将数组中奇数数据输出。

```
#include<stdio.h>
void odd(int *p,int n)                          /*自定义函数 odd 查找数组中的奇数*/
{
    int i;
    for(i=0;i<n;i++)
        if(*(p+i)%2!=0)                         /*判断数组中的元素是否为奇数*/
            printf("%5d",*(p+i));               /*将是奇数的元素输出*/
}
main()
{
    int *pointer,a[10],i;
    pointer=a;                                  /*指针指向数组首地址*/
    printf("please input:\n");
    for(i=0;i<10;i++)
        scanf("%d",&a[i]);
    printf("the odd number:\n");
    odd(pointer,10);                            /*调用 odd 函数*/
}
```

程序运行结果如图 8.28 所示。

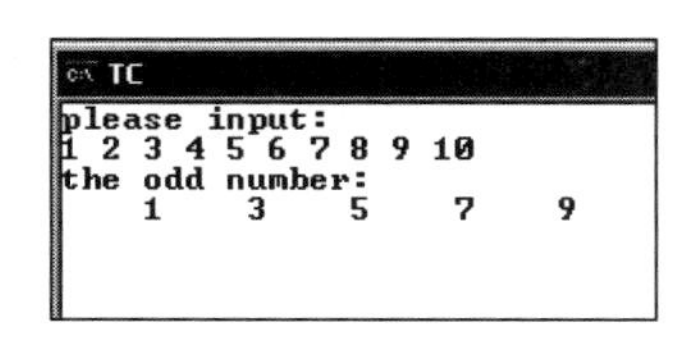

图 8.28　输出奇数

在自定义函数 odd 中使用了指针变量作形式参数，在主函数中实际参数 pointer 是一个指向一维数组 a 的指针，虚实结合，被调用函数 odd 中的形式参数 p 得到 pointer 的值，指向了内存中存放的一维数组。

（2）前面讲过，一维数组的数组名就是这个一维数组的首地址，所以也可以将数组名作为实参传递给形式参数。例 8.14 可写成如下形式:

```
#include<stdio.h>
void odd(int *p,int n)                          /*自定义 odd 函数，指针变量作参数*/
```

```
{
    int i;
    for(i=0;i<n;i++)
        if(*(p+i)%2!=0)
            printf("%5d",*(p+i));              /*输出数组中的奇数*/
}
main()
{
    int a[10],i;
    printf("please input:\n");
    for(i=0;i<10;i++)
        scanf("%d",&a[i]);                     /*给数组 a 中各元素赋值*/
    printf("the odd number:\n");
    odd(a,10);                                 /*调用函数 odd*/
}
```

上面这个程序就是用数组名作为实参进行值传递的。

（3）当形参为数组时，实参也可以为指针变量。据此可将例 8.14 改写成如下形式：

```
#include<stdio.h>
void odd(int a[],int n)                        /*自定义 odd 函数，数组作参数*/
{
    int i;
    for(i=0;i<n;i++)
        if(a[i]%2!=0)
            printf("%5d",a[i]);                /*输出数组中的棋子*/
}
main()
{
    int a[10],i,*p;                            /*定义数组及变量为基本整型*/
    p=a;
    printf("please input:\n");
    for(i=0;i<10;i++)
        scanf("%d",&a[i]);                     /*为数组 a 中各元素赋值*/
    printf("the odd number:\n");
    odd(p,10);                                 /*调用函数 odd*/
}
```

扫一扫，看视频

2. 二维数组指针作函数参数

（1）形式参数和实际参数均为指向二维数组的指针变量。

例 8.15 找出数组每行中最小的数。

```
#include<stdio.h>
#define N 4
void min(int (*a)[N],int m)                    /*自定义 min 函数，求二维数组中每行最小元素*/
{
    int value,i,j;
    for(i=0;i<m;i++)
    {
        value=*(*(a+i));                       /*将每行中的首个元素赋给 value*/
        for(j=0;j<N;j++)
```

```
            if(*(*(a+i)+j)<value)                    /*判断其他元素是否小于 value 的值*/
                value=*(*(a+i)+j);                   /*把比 value 小的数重新赋给 value*/
            printf("line %d:the min number is %d\n",i,value);
    }
}
main()
{
    int a[3][N],i,j;
    int (*p)[N];
    p=&a[0];
    printf("please input:\n");
    for(i=0;i<3;i++)
        for(j=0;j<N;j++)
            scanf("%d",&a[i][j]);                    /*给数组中的元素赋值*/
        min(p,3);                                    /*调用 min 函数，指针变量作函数参数*/
}
```

程序运行结果如图 8.29 所示。

```
please input:
12 35 26 17
23 53 62 45
95 14 12 75
line 0:the min number is 12
line 1:the min number is 23
line 2:the min number is 12
```

图 8.29　输出每行最小的数

（2）形式参数为指针变量，实际参数为二维数组名。可将例 8.15 改写成如下形式：

```
#include<stdio.h>
#define N 4
void min(int (*a)[N],int m)                          /*自定义 min 函数，指针变量作参数*/
{
    int value,i,j;
    for(i=0;i<m;i++)
    {
        value=*(*(a+i));                             /*将每行中的首个元素赋给 value*/
        for(j=0;j<N;j++)
            if(*(*(a+i)+j)<value)                    /*判断其他元素是否小于 value 的值*/
                value=*(*(a+i)+j);                   /*把比 value 小的数重新赋给 value*/
            printf("line %d:the min number is %d\n",i,value);
    }
}
main()
{
    int a[3][N],i,j;
    printf("please input:\n");
    for(i=0;i<3;i++)
        for(j=0;j<N;j++)
            scanf("%d",&a[i][j]);
        min(a,3);                                    /*调用 min 函数，数组名作函数参数*/
}
```

（3）形式参数为数组，实际参数为指针变量。可将例 8.15 改写成如下形式：

```
#include<stdio.h>
#define N 4
void min(int a[][N],int m)                          /*自定义 min 函数，二维数组作参数*/
{
    int value,i,j;
    for(i=0;i<m;i++)
    {
        value=*(*(a+i));                            /*将每行中的首个元素赋给 value*/
        for(j=0;j<N;j++)
            if(*(*(a+i)+j)<value)                   /*判断其他元素是否小于 value 的值*/
                value=*(*(a+i)+j);                  /*把比 value 小的数重新赋给 value*/
            printf("line %d:the min number is %d\n",i,value);
    }
}
main()
{
    int a[3][N],i,j;
    int (*p)[N];
    p=a;
    printf("please input:\n");
    for(i=0;i<3;i++)
        for(j=0;j<N;j++)
            scanf("%d",&a[i][j]);
        min(p,3);                                   /*调用 min 函数，指针变量作参数*/
}
```

扫一扫，看视频

3. 字符指针作函数参数

字符指针作函数参数和前面讲过的指针变量作函数参数基本相同，这里不再重复。下面看一个形式参数为指针变量的例子。

例 8.16 将两个有序字符串合并成一个有序字符串。

```
#include<stdio.h>
void tax(char *string1,char *string2)
{
    char *s,a[50];
    s=a;
    while(*string1!='\0'&&*string2!='\0')
    {
        if(*string1<*string2)                       /*判断两个字符串中对应字符的大小*/
        {
            *s=*string1;                            /将较小的字符串中的字符复制到 s 中*/
                string1++;                          /*指针后移*/
        }
        else
        {
            *s=*string2;
            string2++;
        }
        s++;                                        /*指向连接后字符串的指针后移*/
```

```
    }
    if(*string1=='\0')              /*判断字符串 1 是否复制完*/
        while(*string2!='\0')   /*如果字符串 1 复制完，可将字符串 2 中剩余部分复制到 s 中*/
            *s++=*string2++;
        else
            while(*string2!='\0')                   /*将字符串 1 中剩余部分复制到 s 中*/
                *s++=*string1++;
            *s='\0';
            printf("the new string is:\n");
            s=a;                                    /*将 s 指向数组首地址*/
            printf("%s",s);
}
main()
{
    char *str1="abgjmow";
    char *str2="chilps";
    tax(str1,str2);                                 /*调用函数 tax*/
}
```

程序运行结果如图 8.30 所示。

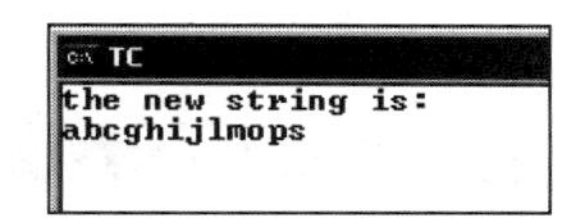

图 8.30　合并两个有序字符串

8.6　指向指针的指针

扫一扫，看视频

一个指针变量可以指向整型变量、实型变量、字符类型变量，当然也可以指向指针类型变量。当这种指针变量用于指向指针类型变量时，则称之为指向指针的指针变量。这种双重指针如图 8.31 所示。

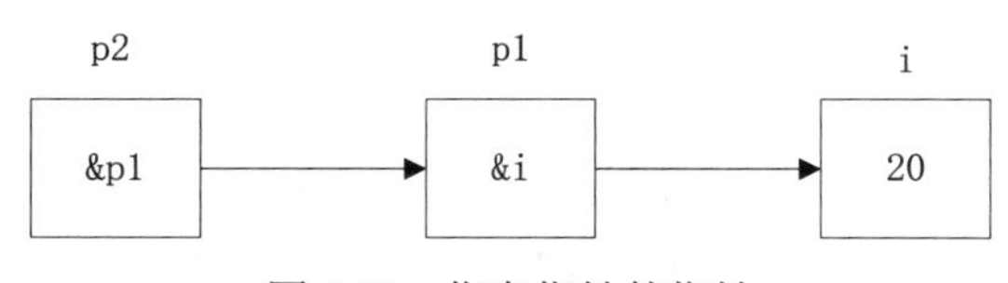

图 8.31　指向指针的指针

整型变量 i 的地址是&i，其值传递给指针变量 p1，则 p1 指向 x；同时，将 p1 的地址&p1 传递给 p2，则 p2 指向 p1。这里的 p2 就是前面讲到的指向指针变量的指针变量，即指针的指针。指向指针的指针变量定义如下：

```
类型标识符 **指针变量名;
```

例如：

```
int * *p;
```

其含义为定义一个指针变量 p，它指向另一个指针变量，该指针变量又指向一个基本整型变量。由于指针运算符“*”是自右至左结合，所以上述定义相当于：

```
int *(*p);
```

下面看一下指向指针变量的指针变量在程序中是如何应用的。

例 8.17　利用指向指针的指针输出一维数组。

```
#include<stdio.h>
main()
{
    int a[10],*p1,**p2,i;                        /*定义数组、指针、变量等为基本整型*/
    printf("please input:\n");
    for(i=0;i<10;i++)
        scanf("%d",&a[i]);                       /*给数组 a 中各元素赋值*/
    p1=a;                                        /*将数组 a 的首地址赋给 p1*/
    p2=&p1;                                      /*将指针 p1 的地址赋给 p2*/
    printf("the array is:");
    for(i=0;i<10;i++)
    {
        if(i%5==0)                               /*每输出 r 个元素进行一次换行*/
            printf("\n");
        printf("%5d",*(*p2+i));                  /*输出数组中的元素*/
    }
}
```

程序运行结果如图 8.32 所示。

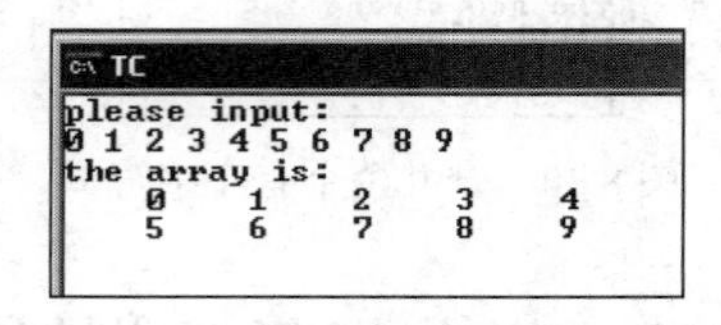

图 8.32　一维数组输出

该程序中将数组 a 的首地址赋给指针变量 p1，又将指针变量 p1 的地址赋给 p2。要通过这个双重指针变量 p2 访问数组中的元素，就要一层层地来分析。首先来看*p2 的含义，*p2 指向的是指针变量 p1 所存放的内容，即数组 a 的首地址。要想取出数组 a 中的元素，就必须在*p2 前面再加一个指针运算符“*”。上面描述的过程如图 8.33 所示。

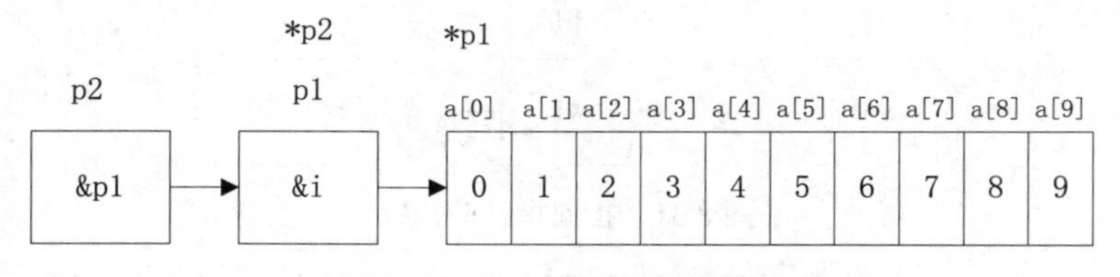

图 8.33　指向数组指针的指针

根据前面讲过的指针的用法还可将程序改写成如下形式：

```
#include<stdio.h>
main()
{
    int a[10],*p1,**p2;                          /*定义数组、指针等为基本整型*/
    printf("please input:\n");
    for(p1=a;p1-a<10;p1++)                       /*指针 p 从 a 的首地址开始变化*/
    {
```

```
        p2=&p1;                                 /*将指针 p1 的地址赋给 p2*/
        scanf("%d",*p2);                        /*通过指针变量给数组元素赋初值*/
    }
    printf("the array is:");
    for(p1=a;p1-a<10;p1++)
    {
        if((p1-a)%5==0)                         /*每输出 5 个元素实现一次换行*/
            printf("\n");
        p2=&p1;                                 /*将 p1 地址赋给 p2*/
        printf("%5d",**p2);                     /*将数组中的元素输出*/
    }
}
```

8.7　函数型指针

扫一扫，看视频

一个函数可以返回一个整型值、字符值、实型值等，同时一个函数的返回值也可以是指针型的数据，即地址。含有指针型函数值的函数声明时，一般形式如下：

```
数据类型 *函数名(形参列表)
```

例如：

```
int *max(int x,int y)
```

max 是函数名，调用它以后能得到一个指向整型数据的指针。x 和 y 是函数 max 的形式参数，这两个参数也均为基本整型。这个函数的函数名前面有一个“*”，表示此函数是指针型函数。类型说明是 int，表示返回的指针指向整型变量。

例 8.18　使用返回指针的函数查找最大值。

```
#include<stdio.h>
int *FindMax(int *p, int n)                     /*自定义函数，实现最大值的查找*/
{
    int i,*max;                                 /*定义 max 为指针变量，i 为基本整型变量*/
    max = p;
    for (i = 0; i < n; i++)
        if (*(p + i) >  *max)
            max = p + i;                        /*把最大数的地址赋给变量*/
    return max;                                 /*将 max 的值返回*/
}
main()
{
    int a[10],*max, i;
    printf("Please input ten integer:\n");
    for (i = 0; i < 10; i++)
    {
        scanf("%d", &a[i]);                             /*给数组 a 中各元素赋值*/
    }
    max = FindMax(a, 10);                               /*调用 FindMax 函数*/
    printf("The max number is: %d\n",  *max);          /*输出查找到的最大值*/
    getch();
}
```

程序运行结果如图 8.34 所示。

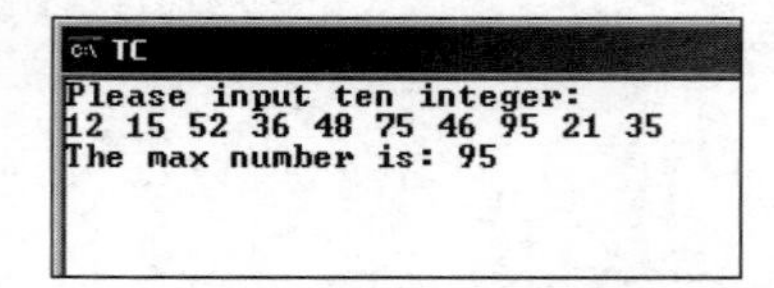

图 8.34　查找最大值

程序中自定义了一个返回指针值的函数：

```
int * fun(int x,int y)
```

该函数的作用是找到这个一维数组中最大的数。其中定义了指针变量 max，max 初值为数组的首地址。将 max 的值与数组中的每个数据进行比较，如果数组中的元素大于 max 指向的元素，则将该元素的值赋给 max，依此类推，直到整个一维数组中的元素均比较完毕，此时 max 所指向的值就是这个一维数组中最大的元素。在 main 函数中定义了一个指针变量 max，该变量的值是函数 FindMax 的返回值，即一个地址，通过访问该地址可以获得这个一维数组的最大值。

例 8.19　查找两个数组（数组中元素由小到大排放）中出现的第 1 个相同的元素，并将该元素输出。

```
#include <stdio.h>
int *find(int *p1,int *p2,int n1,int n2)       /*定义函数查找两个数组中第 1 个相同元素*/
{
    int *pt1,*pt2;                             /*定义指针变量*/
    pt1=p1;pt2=p2;
    while(pt1<p1+n1&&pt2<p2+n2)
    {
        if(*pt1<*pt2) pt1++;                   /*将元素较小的数组指针后移*/
        else if(*pt1>*pt2) pt2++;
        else return pt1;
    }
    return 0;                                  /*若无相同元素则返回 0*/
}
main()
{
    int *p, i,n;
    int a[10],b[10];
    printf("please input array a:\n");
    for(i=0;i<10;i++)
        scanf("%d",&a[i]);                     /*给数组 a 中各元素赋值*/
    printf("please input array b:\n");
    for(i=0;i<10;i++)
        scanf("%d",&b[i]);                     /*给数组 b 中各元素赋值*/
    p = find(a,b,10,10);
    if (p)
        printf("\nThe first element in both arrays is %d\n ",  *p);
                                               /*输出两数组中相同元素*/
    else
        printf("No Find!\n");                  /*若未找到输出提示*/
    getch();
}
```

程序运行结果如图 8.35 所示。

```
TC
please input array a:
12 15 16 18 25
34 38 48 49 66
please input array b:
9 24 25 26 29
38 45 59 78 82

The first element in both arrays is 25
```

图 8.35　查找第 1 个相同元素

8.8　main 函数的参数

main 函数称为主函数，是所有程序运行的入口。main 函数是由系统调用的，当处于操作命令状态下，输入 main 所在的文件名，系统就会调用 main 函数。在前面课程的学习中，对于 main 函数始终是将其作为主函数来处理，即允许 main 调用其他函数并传递参数。事实上，main 函数既可以是无参函数，也可以是有参的函数。对于有参的形式来说，就需要向其传递参数。那么，main 函数的形参的值从何处得到呢？由于其他任何函数均不能调用 main 函数，不能调用自然也就无法向 main 函数传递参数，只能由程序外传递而来。这个具体的问题怎样解决呢？下面先看一下 main 函数的带参形式。

```
main(int argc,char *argv[])
```

从函数参数的形式上看，包含一个整型和一个指针数组。当一个 C 源程序经过编译、链接后，会生成扩展名为.exe 的可执行文件，这是可以在操作系统下直接运行的文件。对于 main 函数来说，其实际参数和命令是一起给出的，也就是在一个命令行中包括命令名和需要传给 main 函数的参数。命令行的一般形式如下：

```
命令名　参数 1　参数 2...参数 n
```

命令行中的命令就是可执行文件的文件名，其后所跟参数需用空格分隔（对命令的进一步补充，也就是传递给 main 函数的参数）。那么命令行与 main 函数的参数间存在什么关系呢？

设命令行为：

```
file1 str1 str2 str3
```

其中 file1 为文件名，也就是一个由 file1.c 经编译、链接后生成的可执行文件 file1.exe；其后各跟 3 个参数。以上命令行与 main 函数中的形式参数间的关系如下：

main 函数中的参数 argc 记录了命令行中命令与参数的个数（file1、str1、str2、str3），共 4 个；指针数组的大小由参数的值决定，即 char *argv[4]，该指针数组的取值情况如图 8.36 所示。

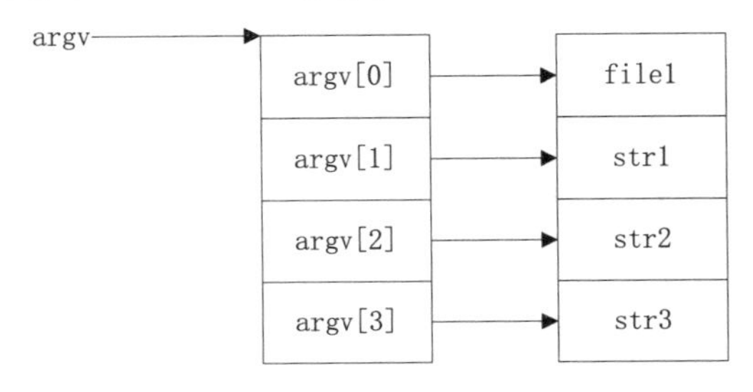

图 8.36　指针数组取值

例 8.20　输出 main 函数参数内容。

```
#include<stdio.h>
main(int argc,char *argv[])                              /*main 函数为带参函数*/
{
    printf("the list of parameter:\n");
    while(argc>1)
    {
        ++argv;
        printf("%s\n",*argv);                            /*输出参数*/
        --argc;                                          /*argc 相应减 1*/
    }
}
```

输入内容如图 8.37 所示。

```
C:\WINDOWS\system32\cmd.exe
Microsoft Windows [版本 5.2.3790]
(C) 版权所有 1985-2003 Microsoft Corp.

C:\Documents and Settings\Administrator>d:\tc\0720 hello mingri I love China
```

图 8.37　输入命令行

程序运行结果如图 8.38 所示。

```
C:\WINDOWS\system32\cmd.exe
Invalid keyboard code specified
the list of parameter:
hello
mingri
I
love
China

C:\DOCUME~1\ADMINI~1>_
```

图 8.38　将输入内容输出

8.9　指针应用举例

扫一扫，看视频

例 8.21　使用指针实现冒泡排序。

冒泡排序的基本思想：如果要对 n 个数进行冒泡排序，则要进行 n-1 趟比较，在第 1 趟比较中要进行 n-1 次两两比较，在第 j 趟比较中要进行 n-j 次两两比较。

```
#include<stdio.h>
void order(int *p,int n)
{
    int i,t,j;
    for(i=0;i<n-1;i++)
        for(j=0;j<n-1-i;j++)
            if(*(p+j)>*(p+j+1))                          /*判断相邻两个元素的大小*/
            {
                t=*(p+j);
                *(p+j)=*(p+j+1);
                *(p+j+1)=t;                              /*借助中间变量 t 进行值互换*/
            }
```

```
            printf("the array is:");
            for(i=0;i<n;i++)
            {
                if(i%5==0)                              /*以每行 5 个元素的形式输出*/
                    printf("\n");
                printf("%5d",*(p+i));                   /*输出数组中排序后的元素*/
            }
}
main()
{
    int a[20],i,n;
    printf("please input the number of elements:\n");
    scanf("%d",&n);                                     /*输入数组元素的个数*/
    printf("please input:\n");
    for(i=0;i<n;i++)
        scanf("%d",a+i);                                /*给数组元素赋初值*/
    order(a,n);                                         /*调用 order 函数*/
}
```

程序运行结果如图 8.39 所示。

```
TC
please input the number of elements:
12
please input:
23 565 12 4 35 654
744 45 35 558 454 6
the array is:
    4    6   12   23   35
   35   45  454  558  565
  654  744_
```

图 8.39　冒泡排序结果

例 8.22　将一个字符串插入到另一个字符串的指定位置，构成一个新的字符串，并将新的字符串输出。

扫一扫，看视频

```
#include<stdio.h>
#include<string.h>
void insert(char *s, char *q, int i);                  /*函数声明*/
main()
{
   char *strin,  *str;
   int i;
   str = "Happy Greeting";
   strin = " Happy";
   printf("The original string:");
   printf("\n%s\n", str);                               /*输入要插入的字符串*/
   printf("Please input the positon you want to insert:");
   scanf("%d", &i);                                     /*输入要插入的位置*/
   insert(str, strin, i);
   getch();
}
void insert(char *s, char *q, int n)                    /*自定义 insert 函数*/
{
   int i = 0;
```

```
    char *str, strcp[60];
    str = strcp;
    for (i = 0;  *s!= '\0'; i++)
    {
        if (i == n - 1)                          /*判断是否是要插入的位置*/
        {
      while(*q != '\0')
            {
         str[i] =  *q;                          /*将字符串从指定位置开始插入直到结束*/
                q++;
                i++;
            }
        }
     str[i] =*s;                                /*将原字符串复制到字符数组中*/
     s++;
    }
    str[i] = '\0';
    printf("%s",str);
}
```

程序运行结果如图 8.40 所示。

```
TC
The original string:
Happy Greeting
Please input the positon you want to insert:6
Happy Happy Greeting_
```

图 8.40　字符串插入

例 8.23　编程实现对字符串数组中的字符串进行排序，并将排序后的字符串输出。

```
#include "stdio.h"
#include "string.h"
sort(char *strings[], int n)                          /*自定义排序函数*/
{
    char *temp;
    int i, j;
    for (i = 0; i < n; i++)
    {
        for (j = i + 1; j < n; j++)
        {
            if (strcmp(strings[i], strings[j]) > 0) /*比较两个字符串的大小*/
            {
                temp = strings[i];
                strings[i] = strings[j];
                strings[j] = temp;                  /*如果前面字符串比后面的大，则互换*/
            }
        }
    }
}
main()
{
    int n = 5;
```

```
    int i;
    char **p;                                    /*定义字符型指向指针的指针*/
    char *strings[] =
    {
        "C language", "Basic", "World wide", "Hello world", "Great Wall"
    };
    p = strings;
    sort(p, n);                                  /*调用排序函数*/
    for (i = 0; i < n; i++)
        printf("%s\n", strings[i]);              /*输出排序后的字符串*/
    getch();
}
```

程序运行结果如图 8.41 所示。

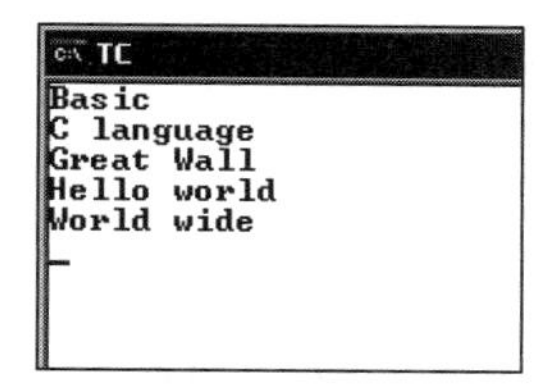

图 8.41　字符串排序

扫一扫，看视频

第 9 章　结构体和共用体

结构体、共用体及枚举类型都是高级的数据类型，在C语言中用于处理多个单一数据组成的数据集合，简化复杂数据的处理。本章视频要点如下：

- 如何学好本章。
- 掌握结构体的定义及使用。
- 熟练应用结构体数组。
- 熟练应用结构体指针。
- 掌握链表的相关操作。
- 了解共用体的概念。
- 掌握枚举类型的使用。

9.1　结　构　体

在实际问题中，往往需要用到一组具有不同的数据类型的数据。例如，在学生成绩表中：姓名应为字符型；学号可为整型或字符型，分数应为整型。既然是存放一组数据，那么首先想到的就是用数组，但这里显然不能用一个数组来存放这一组数据。因为数组中各元素的类型和长度都必须一致。为了解决这个问题，C语言允许用户自己指定这样一种数据结构，即将不同类型的数据组成一个组合项，也就是说在这个组合项中包含若干个类型不同的数据。将用户自己指定的这样一种数据结构称为结构体，它相当于其他高级语言中的记录。

扫一扫，看视频

9.1.1　结构体的概念

“结构体”是一种构造类型，它是由若干“成员”组成的。每一个成员可以是一种基本数据类型，或者又是一种构造类型。因为结构体是一种用户自定义构造成的数据类型，那么在说明和使用之前必须先定义它，也就是构造它。这就像前面讲过的函数一样，如果用户要对自定义的函数进行说明或使用，必须先定义该函数。

定义一个结构体的一般形式如下：

```
struct 结构体名
{
    成员表列
};
```

“结构体名”用作结构体类型的标志，“成员表列”由若干个成员组成，每个成员都是该结构的一个组成部分。对每个成员也必须进行类型说明，其形式如下：

```
类型说明符 成员名;
```

成员名的命名应符合标识符的书写规定。

例如：

```
struct list
{
    int num;
    char name[20];
    char sex;
    int tel[15];
    char adr[30];
};
```

在这个结构体定义中，结构体名为 list。该结构体由 5 个成员组成：第 1 个成员为 num，整型变量；第 2 个成员为 name，字符数组；第 3 个成员为 sex，字符变量；第 4 个成员为 tel，整型数组；第 5 个成员为 adr，字符数组。注意，大括号后的分号是不可少的。结构体定义之后，即可进行变量声明。

9.1.2　结构体变量的定义和引用

1．结构体变量的定义

前面指定了一个 list 结构体类型，该类型本身并无具体数据，系统也不会对其分配实际内存单元。此时的 list 结构体类型和前面讲过的 int、char 等是一样的，都是一种数据类型。如果要使用结构体类型的数据，则需要利用结构体类型来定义结构体类型的变量。定义结构体变量有以下 3 种方法：

（1）先定义结构体，再声明结构体变量。例如：

```
struct list
{
    int num;
    char name[20];
    char sex;
    int tel[15];
    char adr[30];
};
struct list info1,info2;
```

（2）在定义结构体类型的同时声明结构体变量。例如：

```
struct list
{
    int num;
    char name[20];
    char sex;
    int tel[15];
    char adr[30];
}info1,info2;
```

（3）直接声明结构体变量。例如：

```
struct
{
    int num;
    char name[20];
    char sex;
```

```
    int tel[15];
    char adr[30];
}info1,info2;
```

第 3 种方法与第 2 种方法的区别在于，第 3 种方法中省去了结构体名，而直接给出结构体变量。3 种方法中都定义了变量 info1 和 info2，在定义了变量 info1 和 info2 为 list 结构体类型后，便可向这两个变量中的各个成员赋值。

说明：

（1）类型和变量是两个截然不同的概念，可以对变量赋值、存取或运算，而不能对类型进行上述操作。
（2）结构体成员可以是普通的变量，也可以是一个结构体，也就是说结构体中可以再嵌套结构体。

扫一扫，看视频

2. 结构体变量的引用

对结构体变量进行赋值、存取或运算，实质上就是对结构体成员的操作。引用结构体变量成员的一般形式如下：

```
结构变量名.成员名
```

例如：

```
info1.num
```

如果成员本身又是一个结构体，则必须逐级找到最低级的成员才能使用。例如：

```
struct date
{
    int year;
    int month;
    int day;
};
struct list
{
    int num;
    char name[20];
    char sex;
    struct date bir;
    int tel[15];
    char adr[30];
}info1,info2;
```

上面的代码中有这样一句：

```
struct date bir;
```

bir 在作为结构体变量 info1 成员的同时，本身也是一个结构体，是 struct date 类型的。在进行结构体变量成员引用时，不能直接写成 info1.bir，而必须逐级找到最低级的成员，即 info1.bir.month。

扫一扫，看视频

9.1.3 结构体变量的初始化

实际上，结构体变量的初始化就是给各个成员变量赋初值。和其他类型变量一样，对结构体变量可以在定义时就指定其初始值，如例 9.1 所示。

例 9.1 创建一个名为 student 的结构体，其中包含了学生的基本信息。定义一个 student 类型的变量，并使用学生信息为该变量赋值。

```
#include "stdio.h"
struct student
{
                                                            /*声明结构体成员*/
    int num;
    char name[20];
    char sex;
    int age;
    float score;
};
main()
{
    struct student student1={1001,"liming",'M',20,93.5};    /*定义结构体变量并初始化*/
    printf("The information of the student is:\n");
    printf("num:%d\n",student1.num);                        /*输出学生学号*/
    printf("name:%s\n",student1.name);                      /*输出学生姓名*/
    printf("sex:%c\n",student1.sex);                        /*输出学生性别*/
    printf("age:%d\n",student1.age);                        /*输出学生年龄*/
    printf("score:%5.1f\n",student1.score);                 /*输出学生成绩*/
    getch();
}
```

程序运行结果如图 9.1 所示。

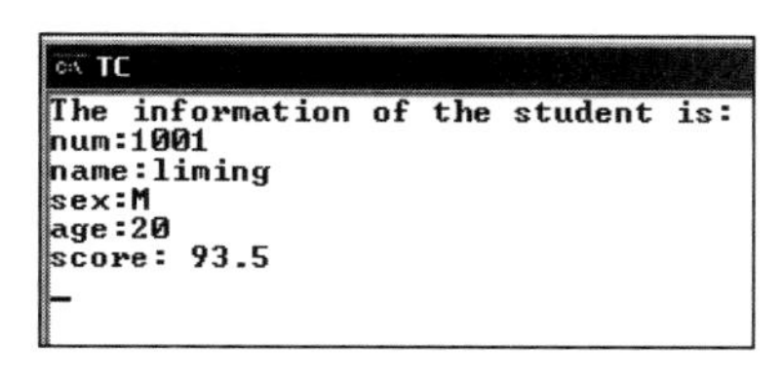

图 9.1　学生信息

同样，也可按要求输入指定内容对结构体变量成员进行初始化，如例 9.2 所示。

例 9.2　输入一个学生的期中和期末成绩，求出其平均成绩。

```
#include<stdio.h>
main()
{
   struct student_score                    /*定义结构体，用来存储期中、期末及平均成绩*/
   {
      int mid;
      int end;
      int ave;
   } score;
   printf("please input score(midterm and end of term):");
   scanf("%d,%d", &score.mid, &score.end);              /*输入期中、期末成绩*/
   score.ave = (score.mid + score.end) / 2;             /*计算出平均成绩*/
   printf("average=%d\n", score.ave);                   /*将平均成绩输出*/
}
```

程序运行结果如图 9.2 所示。

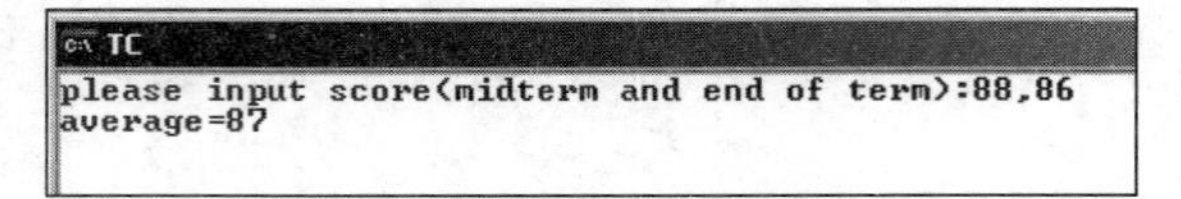

图 9.2　求平均成绩

9.2　结构体数组

数组元素的类型可以是前面讲过的整型、实型、字符型等，也可以是结构体类型。因此，可以构成结构体类型数组。结构体数组的每一个元素都具有相同的结构体类型。例如，一个有 10 个元素的结构体数组，每个数组元素都是同一结构体类型的数据，这些元素都分别有自己的成员项。

扫一扫，看视频

9.2.1　定义结构体数组

定义结构体数组的方法和定义结构体变量的方法相似，同样有 3 种方法，分别介绍如下。

（1）先定义结构体，再声明结构体数组。例如:

```
struct list
{
    int num;
    char name[20];
    char sex;
    int tel[15];
    char adr[30];
};
struct list info[10];
```

定义了一个结构体数组 info，该数组有 10 个元素，每个元素都是 struct list 结构体类型的。

（2）在定义结构体类型的同时声明结构体数组。例如:

```
struct list
{
    int num;
    char name[20];
    char sex;
    int tel[15];
    char adr[30];
}info[10];
```

（3）直接声明结构体数组。例如:

```
struct
{
    int num;
    char name[20];
    char sex;
    int tel[15];
    char adr[30];
}info[10];
```

9.2.2 初始化结构体数组

对结构体数组进行初始化的方法与对其他数组进行初始化的方法一样。例如：

```
struct student
{
    int num;
    char name[20];
    float score;
} stu[5] =
    {
        {101, "liming", 89} ,
        {102, "zhanghong", 95},
        {103, "lili", 89},
        {104, "weichen", 85},
        {105, "yangfan", 75}
    };
```

数组 stu 在内存中的存储形式如图 9.3 所示。

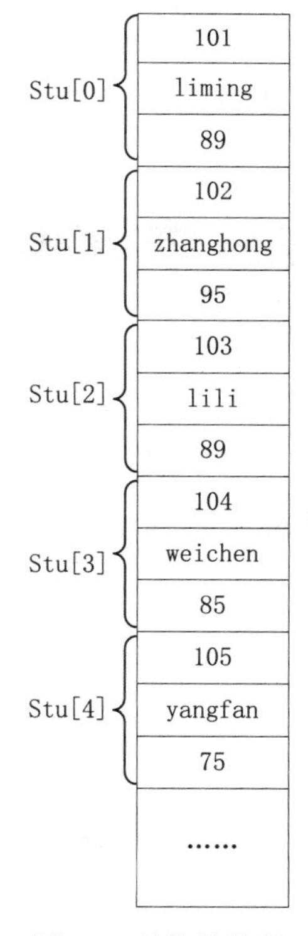

图 9.3 结构体数组

定义结构体数组时可以不指定元素的个数，系统会根据给出初值的结构体常量的个数来确定数组元素的个数。

例 9.3 用“比较计数法”对结构体数组 a 按字段 num 进行升序排列，num 的值从键盘中输入。

```
#include<stdio.h>
```

```
#define N 5
struct order                                        /*定义结构体用来存储数据及其排序*/
{
    int num;
    int con;
} a[20];                                            /*定义结构体数组 a*/
main()
{
    int i, j;
    for (i = 0; i < N; i++)
    {
        scanf("%d", &a[i].num);                     /*输入要进行排序的 5 个数字*/
        a[i].con = 0;
    }
    for (i = N - 1; i >= 1; i--)
        for (j = i - 1; j >= 0; j--)
            if (a[i].num < a[j].num)                /*对数组中的每个元素和其他元素进行比较*/
                a[j].con++;                                             /*记录排序号*/
    else
        a[i].con++;
    printf("the order is:\n")for (i = 0; i < N; i++);
        printf("%3d%3d\n", a[i].num, a[i].con);                 /*将数据及其排序输出*/
}
```

程序运行结果如图 9.4 所示。

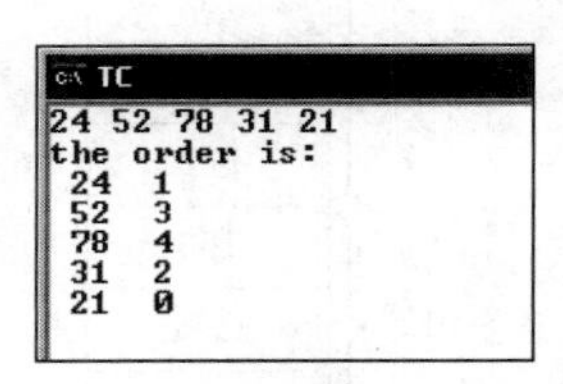

图 9.4　比较计数

例 9.4　从键盘中输入姓名和电话号码，以#结束。编程实现输入姓名，查询电话号码的功能。

```
#include <stdio.h>
#include <string.h>
#define MAX 101
struct aa                                           /*定义结构体 aa 存储姓名和电话号码*/
{
    char name[15];
    char tel[15];
};
int readin(struct aa *a)                            /*自定义函数 readin，用来存储姓名及电话号码*/
{
    int i = 0, n = 0;
    while (1)
    {
        scanf("%s", a[i].name);                     /*输入姓名*/
        if (!strcmp(a[i].name, "#"))
            break;
```

```
        scanf("%s", a[i].tel);                      /*输入电话号码*/
        i++;
        n++;                                        /*记录的条数*/
    }
return n;                                           /*返回条数*/
}
void search(struct aa *b, char *x, int n)           /*自定义函数 search，查找姓名所对应的
                                                      电话号码*/
{
    int i;
    i = 0;
    while (1)
    {
        if (!strcmp(b[i].name, x))                  /*查找与输入姓名相匹配的记录*/
        {
            printf("name:%s  tel:%s\n", b[i].name, b[i].tel);
                                                    /*输出查找到的姓名所对应的电话号码*/
            break;
        }
        else
            i++;
        n--;
        if (n == 0)
        {
            printf("No found!");                    /*若没查找到记录输出提示信息*/
            break;
        }
    }
}
main()
{
    struct aa s[MAX];                               /*定义结构体数组 s*/
    int num;
    char name[15];
    num = readin(s);                                /*调用函数 readin*/
    printf("input the name:");
    scanf("%s", name);                              /*输入要查找的姓名*/
    search(s, name, num);                           /*调用函数 search*/
}
```

程序运行结果如图 9.5 所示。

```
TC
lili
5566535
kiki
567824851
xixi
445245745
#
input the name:xixi
name:xixi  tel:445245745
_
```

图 9.5　输入姓名查询电话号码

9.3 结构体指针

C 语言中的结构体是一种构造类型说法错误，只有“结构体变量”才会包含数据，才需要内存来存储；而“结构体”是一种数据类型，是创建变量的模板，编译器不会为它分配内存空间。我们可以设置指针用来指向结构体变量或结构体中的元素。这时指针变量的值是该结构体变量在内存中的起始地址，通过结构体指针即可访问该结构体变量。这样一来，通过指针的调用也就可以对结构体变量或结构体元素进行操作。

扫一扫，看视频

9.3.1 结构体指针变量的声明

结构体指针变量声明的一般形式如下：

```
struct 结构体名 *结构体指针变量名
```

例如：

```
struct list
{
    int num;
    char name[20];
    char sex;
    int tel[15];
    char adr[30];
};
```

在上面定义了 list 这个结构体，声明指向 list 的指针变量 p 可以写为：

```
struct list *p
```

扫一扫，看视频

9.3.2 结构体指针应用

例 9.5 输出人员信息。

```
#include <stdio.h>
struct list
{
    char name[20];
    char sex;
    long int telephone;
} list1={"Xiao Ming",'M',84699911},*p;
main()
{
    p=&list1;                                          /*将结构体变量地址赋给 p*/
    printf("Name=%s\nSex=%c\ntelephone=%ld\n\n",list1.name,list1.sex,list1.
telephone);
    printf("Name=%s\nSex=%c\ntelephone=%ld\n\n",(*p).name,(*p).sex,(*p).
telephone);
    printf("Name=%s\nSex=%c\ntelephone=%ld\n\n",p->name,p->sex,p->telephone);
                                                  /*3 种不同方式输出姓名及电话*/
}
```

程序运行结果如图 9.6 所示。

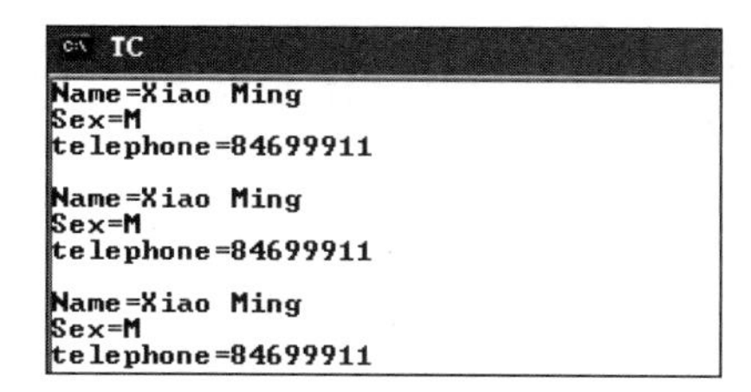

图 9.6 输出人员信息

注意：

(*p)两侧的括号不可少， 因为成员符“.”的优先级高于“*”。如去掉括号写作*p.nu，则等效于*(p.num)，这样意义就完全不对了。

在程序中为了方便、直观，可以使用指向运算符“->”。例如：

```
(*p).name
```

等价于

```
p->name
```

程序中有 3 种结构体成员的表达方式：

- 结构体变量.成员名
- (*结构体指针变量).成员名
- 结构体指针变量->成员名

从结果中可见，这 3 种表示结构体成员的方式是完全等效的。

9.3.3 结构体数组指针

结构体指针变量可以指向一个结构体数组，这时结构体指针变量的值是整个结构体数组的首地址。结构体指针变量也可指向结构体数组的一个元素，这时结构体指针变量的值是该结构体数组元素的首地址。

例 9.6 输出结构体数组中的人员信息。

```
#include <stdio.h>
struct list
{
    char name[16];
    char sex;
    long int telephone;
} list[3]={{"Xiao Ming",'M',84699911},{"Wang Li",'F',86156124},{"Zhang
Jian",'M',84830547},};
                                                        /*给结构体数组赋值*/
main()
{
    struct list *p;
    printf ("name\t\t\tsex\ttelephone\n");
    for (p=list;p<list+3;p++)
        printf ("%-16s\t%c\t%ld\n\n",p->name,p->sex,p->telephone);
                                                        /*输出结构体数组中的内容*/
}
```

程序运行结果如图 9.7 所示。

```
IC
name                         sex     telephone
Xiao Ming                    M       84699911

Wang Li                      F       86156124

Zhang Jian                   M       84830547
```

图 9.7　输出结构体数组信息

在上述程序中，设置 p 的初值为 list，即 list 的第 1 个元素的起始地址，然后循环 3 次，依次指向下面的结构体数组元素。每次输出一条记录。在使用中应注意，结构体指针变量虽然可以用来访问结构体变量或结构体数组元素的成员，但是不能使它指向一个成员。也就是说，不允许取一个成员的地址来赋予它。因此

```
p=&list[1].name
```

是错误的，而只能是

```
p=list;
```

或者是：

```
p=&list[0];
```

9.3.4　结构体变量作函数参数

结构体变量作函数参数有两种情况：一种是用结构体变量的成员作参数；另一种是用结构体变量作参数。两者采用的都是："值传递"方式。使用中应当注意实参和形参的类型需要保持一致。

例 9.7　输入天数和小时数，求一共有多少分钟。

```
#include <stdio.h>
struct time
{
    long int day;
    long int hour;
};
main()
{
    struct time minute;                          /*定义成结构体类型*/
    printf ("input day:\n");
    scanf ("%ld",&minute.day);                   /*输入天数*/
    printf ("input hour:\n");
    scanf ("%ld",&minute.hour);                  /*输入小时数*/
    print (minute);                              /*调用 print 函数*/
}
print (struct time minute)                       /*自定义函数，结构体变量作参数*/
{
    long int i;
    i=(minute.day*24+minute.hour)*60;            /*计算分钟数*/
    printf ("total minute is:%ld\n",i);          /*输出分钟数*/
}
```

程序运行结果如图 9.8 所示。

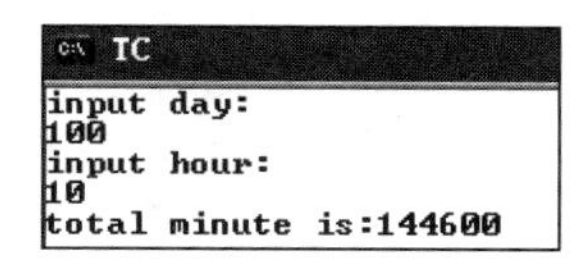
```
input day:
100
input hour:
10
total minute is:144600
```

图 9.8 求分钟数

在上述程序中，定义了一个 struct time 类型的变量 minute 并在主函数中对它赋值，然后以“值传递”的方式将值通过实参传递给形参，在 printf 函数中进行运算后输出结果。这种值传递的方式在函数调用期间会将结构体变量的内容全部逐个传递给形参，特别是成员为较大的数组时，时间和空间的开销将会很大，大大降低了程序的运行效率；而且由于程序运行时是值的传递，如果在调用函数时改变了形参的值，那么该结构体变量的值将改变，这往往会造成意想不到的错误。因此，这种方法应尽可能少地使用并且在使用时需谨慎。

9.3.5 结构体指针变量作函数参数

扫一扫，看视频

使用结构体指针变量作函数参数时传递的只是地址，减少了时间和空间上的开销，能够提高程序的运行效率。这种方式在实际应用中效果比较好。

例 9.8 将例 9.7 改为结构体指针变量作函数参数的形式。

```
#include <stdio.h>
struct time                                        /*定义结构体，该结构体有两个成员变量*/
{
    long int day;
    long int hour;
};
main()
{
    struct time minute;
    printf ("input day:\n");
    scanf ("%ld",&minute.day);                    /*输入天数*/
    printf ("input hour:\n");
    scanf ("%ld",&minute.hour);                   /*输入小时数*/
    print (&minute);                              /*调用 print 函数输出分钟*/
}

print (struct time *p)                             /*自定义函数，参数为结构体指针*/
{
    long int i;
    i=(p->day*24+p->hour)*60;                     /*计算分钟数*/
    printf ("total minute is:%ld\n",i);
}
```

程序运行结果如图 9.9 所示。

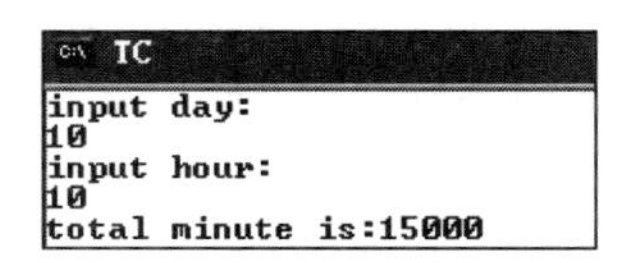
```
input day:
10
input hour:
10
total minute is:15000
```

图 9.9 结构体指针作函数参数

上述程序使用结构体指针变量作函数参数，函数的实参为 minute 的起始地址&minute。在函数调用的过程中把这个地址传递给函数作为函数的形参，这样整个函数采用指针变量进行运算和处理，提高了程序运行效率。

9.4 链　　表

链表是一种动态的数据结构，在程序中需要多次使用 malloc 和 free 函数创建这种动态数据结构。链表十分重要，在编写程序的过程中经常会用到。本节将介绍链表的基本操作。

扫一扫，看视频

9.4.1 链表概述

链表是一种动态分配存储空间的链式存储结构。它包括一个“头指针”变量，头指针中存放一个地址，该地址指向一个元素。链表中的每一个元素称为“结点”。每个结点都由两部分组成：存储数据元素的数据域和存储直接后继存储位置的指针域（指针域中存储的即是链表的下一个结点的存储位置，是一个指针）。多个结点结成一个链表。链表的结构示意图如图 9.10 所示。

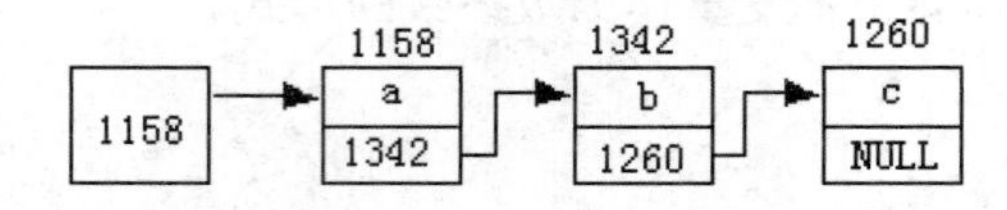

图 9.10　链表结构示意图

通过图 9.10 会发现，通常将链表画成用箭头相链接的结点的序列，结点之间的箭头表示链表中的指针。一个单链表可由头指针唯一确定。在使用链表之前，必须先定义结点的数据结构。在 C 语言中，结点数据结构的声明格式如下：

```
struct 结构名称
{
    数据类型  数据变量;
    struct 结构名称 *next;
};
typedef struct 结构名称 node;
typedef node *link;
```

例如，现在有一个学生数据，包括了学生的学号、学生姓名、总成绩，使用链表来定义此结构如下：

```
struct student_mark
{
    int number;
    char name[15];
    float mark;
};
typedef struct strudent_mark node;
typedef node *link;
```

若此时在程序中定义：

```
link p;
```

则 p 为指向单链表结点的指针。若 p 是指向单链表第 1 个结点（通常是指首结点）的指针，则 p 是单链表的头指针。若 p 为空，则所表示的线性表为空表。通常会在单链表的第 1 个结点之前附加一个结点，称之为头结点。头结点的数据域可以不存储任何信息，也可存储线性表的长度等附加信息；头结点的指针域指向第 1 个结点的指针（即首结点的存储位置），此时单链表的头指针指向头结点，如图 9.11 所示。

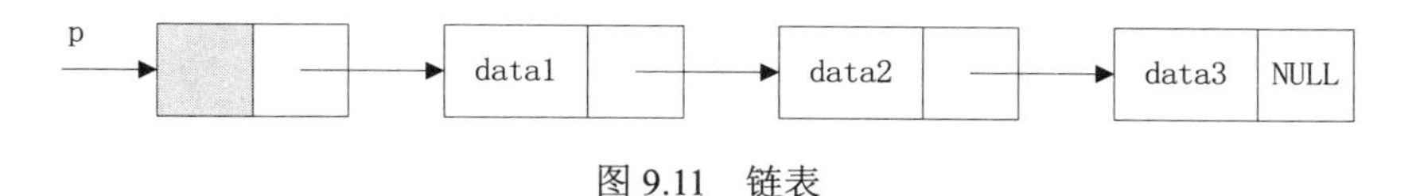

图 9.11　链表

若链表为空，则头结点的指针域为“空”，如图 9.12 所示。

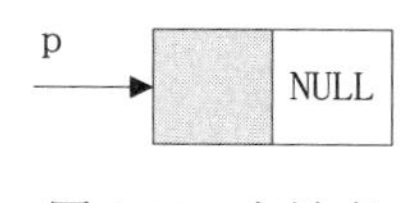

图 9.12　空链表

注意：

在编写程序的时候，要注意区别首结点和头结点。

9.4.2　单链表的建立

在程序中，声明单链表的数据结构时，需要向系统申请一定的内存空间。当系统分配了一定内存空间后，这段内存空间将会被持续占用，直到该空间被释放为止。

说明：

当分配的内存空间不再使用的时候，最好能将该内存空间释放。这样做是为了防止分配了很多内存空间而导致内存不足。

配置所需的内存空间需要用到函数 malloc，其一般形式如下：

```
void *malloc(unsigned int size)
```

其中，参数 size 表示所需的内存空间大小，单位是字节。如果分配成功，函数将返回分配的 size 大小的空间的第 1 个字节的指针。这时根据需要加上类型转换，就可以将函数返回的指针转换成符合分配的数据类型。其一般用法如下：

```
pointer=(数据类型*)malloc(sizeof(数据类型));
```

例如：

```
pointer=(float *)malloc(sizeof(float));
```

上面这条语句的含义是经过类型转换后，函数 malloc 可以返回一个浮点型内存指针，并将其赋给指针 pointer。

当使用 malloc 函数配置所需的内存空间时，如果内存空间不足，函数将会分配失败而返回一个空指针 NULL。

注意：

只有当内存分配成功，也就是说返回值为一个有效的指针值时，才能使用这块内存，否则将产生错误。

释放内存空间需要用到 free 函数，其一般形式如下：

```
void free(void *p)
```

其作用是释放 p 所指向的内存区，使这部分内存区能被其他变量使用。free 函数没有返回值。

例 9.9　输入学生的总人数及每个学生的姓名和成绩，并将输入的内容显示出来。

```
#include<stdio.h>
#include<stdlib.h>
typedef struct student
{
    char name[15];
    int mark;
    struct student *next;
}Node,*node;
main()
{
    int num,i;
    node p,p1,head;
    head=(node)malloc(sizeof(Node));                /*分配内存地址*/
    if(head==NULL)                                  /*判断地址分配是否成功*/
    {
        printf("error");
        exit(1);
    }
    else
        head->next=NULL;
    printf("please input the number of students:\n");
    scanf("%d",&num);
    printf("please input information:");
    for(i=0;i<num;i++)
    {
        p=(node)malloc(sizeof(Node));
        if(p==NULL)
        {
            printf("error");
            exit(1);
        }
        else
        {
            printf("\nname:");
            scanf("%s",p->name);                    /*输入姓名*/
            printf("mark:");                        /*输入分数*/
            scanf("%d",&p->mark);
            if(head->next==NULL)
            {
                head->next=p;                       /*头结点的 next 域指向 p*/
                p1=p;                               /*p1 指向 p*/
            }
            else
            {
                p1->next=p;                         /*将 p 链到链表中*/
```

```
                    p1=p;
                }
            }
        }
        p1->next=NULL;                                       /*将链表中最后一个结点的指针域置空*/
        p=head->next;
        printf("the list:\n");
        while(p!=NULL)
        {
            printf("name:%s",p->name);
            printf(" mark:%d\n",p->mark);
            p=p->next;
        }
}
```

程序运行结果如图 9.13 所示。

```
TC
please input the number of students:
4
please input information:
name:ns
mark:22

name:fg
mark:63

name:mimi
mark:78

name:kk
mark:98
the list:
name:ns mark:22
name:fg mark:63
name:mimi mark:78
name:kk mark:98
```

图 9.13　显示学生姓名及成绩

9.4.3　链表相关操作

链表的相关操作包括链表的查找、删除及添加等内容，下面分别介绍。

1. 链表的查找

链表的查找与数组的查找相似，它们之间最大的不同在于数组可以随机访问元素，但是链表结构必须要通过头指针找到链表的头结点（若没有头结点，就是要找到首结点），接着进行下一个结点的查找。也就是说，要查看第 n 个结点的内容，此时一定需要访问 n-1 个结点，根据这 n-1 个结点的 next 域的值才能访问第 n 个结点。

一般在应用中查找的方法有以下两种：

- 按序号查找。在单链表中，由于每个结点的存储位置都放在其前一结点的 next 域中，所以即使知道被访问结点的序号 i，也不能直接访问到该结点，只能从链表的头指针出发，逐个结点往下搜索，直到搜索到第 i 个结点为止。
- 按值查找。给定一个值，在链表中查找是否有结点值等于给定值的结点。

例 9.10　输入学生姓名，查找该学生的分数。

```
#include <stdio.h>
#include <stdlib.h>
```

```
#include <string.h>
typedef struct student
{
    char name[15];
    int mark;
    struct student *next;
} Node,  *node;
int search(char *value, node head)                    /*自定义函数进行结点的查找*/
{
    node p;
    p = head->next;
    while (p != NULL)
        if (strcmp(p->name, value) == 0)              /*判断输入内容与结点内容是否匹配*/
            return p->mark;
        else
            p = p->next;                              /*如不匹配进行下一个结点的查找*/
    return  - 1;
}

main()
{
    int num, i, j;
    char name[15];
    node p, p1, head;
    head = (node)malloc(sizeof(Node));
    if(head==NULL)
    {
        printf("error");
        exit(1);
    }
else
    head->next = NULL;
    printf("please input the number of students:\n");
    scanf("%d", &num);
    printf("please input information:");
    for (i = 0; i < num; i++)
    {
        p = (node)malloc(sizeof(Node));
        if (p == NULL)
        {
            printf("error");
            exit(1);
        }
        else
        {
            printf("\nname:");
            scanf("%s", p->name);                     /*输入姓名*/
            printf("mark:");
            scanf("%d", &p->mark);                    /*输入分数*/
            if (head->next == NULL)
```

```
            {
                head->next = p;
                p1 = p;
            }
            else
            {
                p1->next = p;
                p1 = p;
            }
        }
    }
    p1->next = NULL;
    p = head->next;
    printf("the list:\n");
    while (p != NULL)                                          /*将链表中的内容输出*/
    {
        printf("name:%s", p->name);
        printf(" mark:%d\n", p->mark);
        p = p->next;
    }
    printf("please input the name while do you want to find\n");
    scanf("%s", name);                                         /*输入要查找的姓名*/
    j = search(name, head);                                    /*调用自定义的查找函数*/
    if (j == - 1)
        printf("no find");
    else
        printf("the mark is:%d", j);
}
```

程序运行结果如图9.14所示。

```
TC
please input the number of students:
3
please input information:
name:nn
mark:95

name:kk
mark:99

name:vv
mark:89
the list:
name:nn mark:95
name:kk mark:99
name:vv mark:89
please input the name while do you want to find
kk
the mark is:99_
```

图9.14　查找学生成绩

例9.10为带头结点的单链表，头指针为head。从头指针所指向的第一个结点（首结点）开始逐个结点进行扫描，查找结点中存储的字符串是否有与输入的字符串相匹配的结点。若有，则将该结点中存储的分数返回；若将整个链表都搜索完也没有找到匹配的结点，则返回-1。

2. 单链表结点的删除

扫一扫，看视频

单链表中结点的删除分为3种情况，下面分别讨论。

- 删除链表首结点。删除的结点在链表的开头，这时需要让头结点的指针指向下一个结点，并将原来的首结点从内存中释放，如图 9.15 所示。

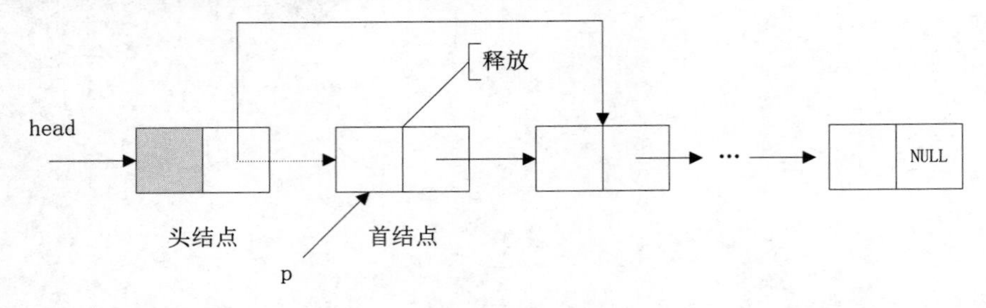

图 9.15　删除首结点

- 删除链表的中间结点。删除的结点在链表的中间，如果找到该结点，则将该结点的前一个结点的指针指向该结点的下一个结点，并将原来的结点从内存中释放，如图 9.16 所示。

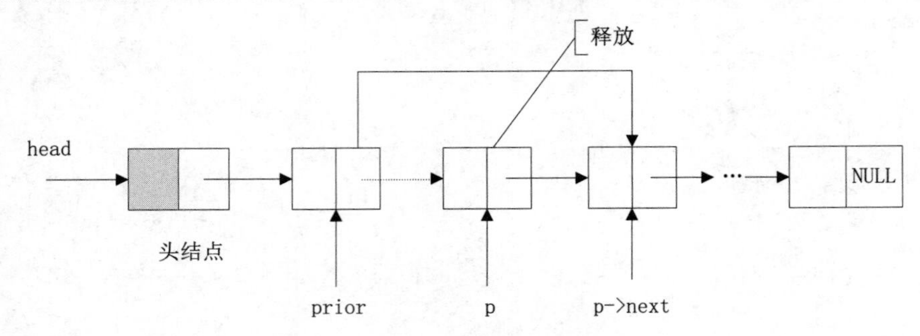

图 9.16　删除中间结点

- 删除链表尾端的结点。删除的结点在链表的尾端，则只需将该结点的前一个结点的指针置空，并将原来的结点从内存中释放，如图 9.17 和图 9.18 所示。

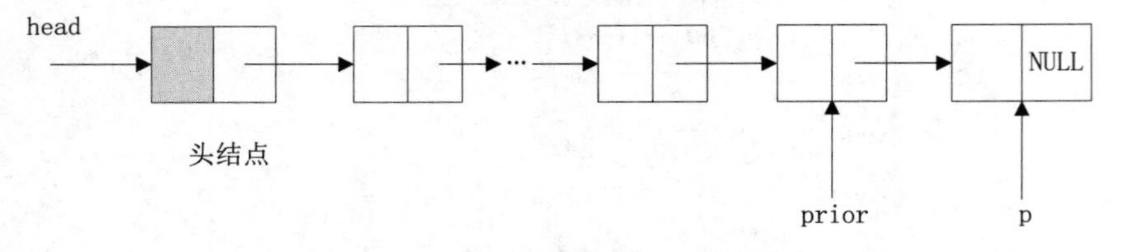

图 9.17　指针指向尾结点

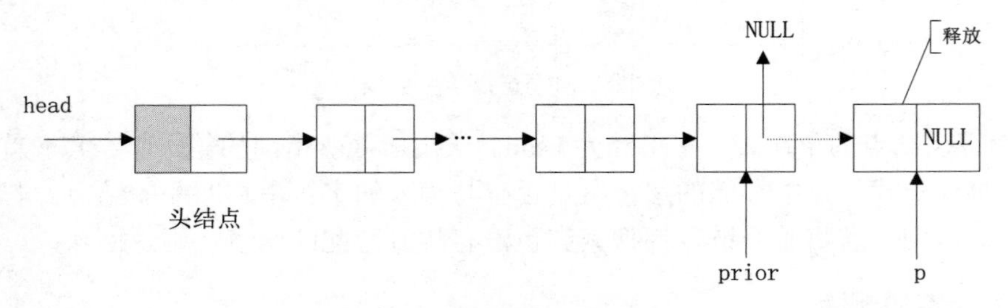

图 9.18　删除尾结点

例 9.11 从键盘中输入 5 条学生成绩记录，任意删除其中一条学生成绩记录。

```
#include <stdio.h>
#include <stdlib.h>
#include <string.h>
typedef struct student
{
    char name[15];
    int mark;
    struct student *next;
} Node,  *node;
node del(char *value, node head)          /*定义一删除结点函数*/
{
    node p, q;
    p = head;
    while (p->next != NULL)
    if (strcmp(p->next->name, value) == 0)
    {
        q = p->next;
        p->next = p->next->next;           /*将要删除的结点的前一个结点的指针域指向要删除结
                                             点的下一个结点*/
        free(q);
        return head;
    }
    else
        p = p->next;                       /*若未找到匹配内容，接着到下一个结点中查找*/
    return NULL;
}

void print(node head)
{
    node p;
    p = head->next;
    printf("the record:\n");
    while (p != NULL)
    {
        printf("name:%s", p->name);
        printf(" mark:%d\n", p->mark);
        p = p->next;
    }
}

main()
{
    int num, i, j;
    char name[15];
    node p, p1, p2, head;
    head = (node)malloc(sizeof(Node));
    head->next = NULL;
    printf("please input the number of students:\n");
    scanf("%d", &num);
```

```
    printf("please input information:");
    for (i = 0; i < num; i++)
    {
        p = (node)malloc(sizeof(Node));                    /*分配内存空间*/
        if (p == NULL)                                      /*判断是否分配成功*/
        {
            printf("error");
            exit(1);
        }
        else
        {
            printf("\nname:");
            scanf("%s", p->name);                           /*输入姓名*/
            printf("mark:");
            scanf("%d", &p->mark);                          /*输入分数*/
            if (head->next == NULL)
            {
                head->next = p;
                p1 = p;
            }
            else
            {
                p1->next = p;
                p1 = p;
            }
        }
    }
    p1->next = NULL;
    print(head);
    printf("please input the name while do you want to delete\n");
    scanf("%s", name);                                      /*输入要删除的姓名*/
    p2 = del(name, head);
    if (p2 == NULL)                                         /*判断是否找到*/
        printf("no find");
    else
        print(head);
}
```

程序运行结果如图 9.19～图 9.21 所示。

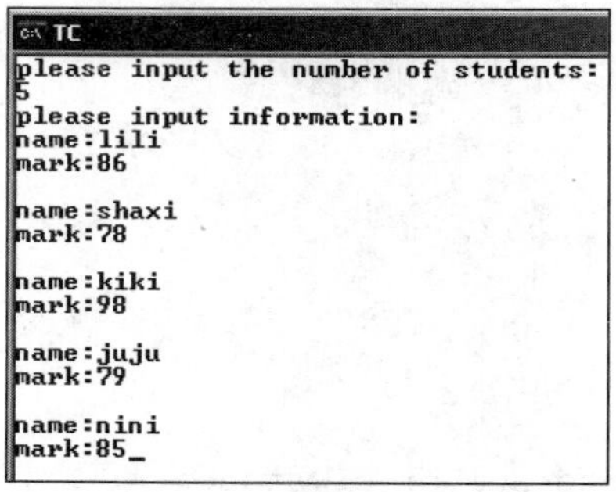

```
TC
please input the number of students:
5
please input information:
name:lili
mark:86

name:shaxi
mark:78

name:kiki
mark:98

name:juju
mark:79

name:nini
mark:85_
```

图 9.19　输入学生记录

```
the record:
name:lili mark:86
name:shaxi mark:78
name:kiki mark:98
name:juju mark:79
name:nini mark:85
```

图 9.20　输入的记录列表

```
the record:
name:lili mark:86
name:shaxi mark:78
name:kiki mark:98
name:nini mark:85
```

图 9.21　删除后的记录列表

扫一扫，看视频

3．单链表结点的插入

与删除一样，单链表结点的插入也分为 3 种情况。

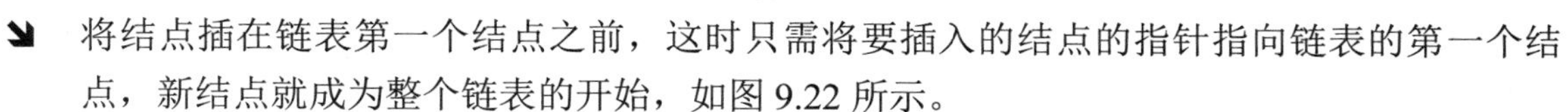

- 将结点插在链表第一个结点之前，这时只需将要插入的结点的指针指向链表的第一个结点，新结点就成为整个链表的开始，如图 9.22 所示。

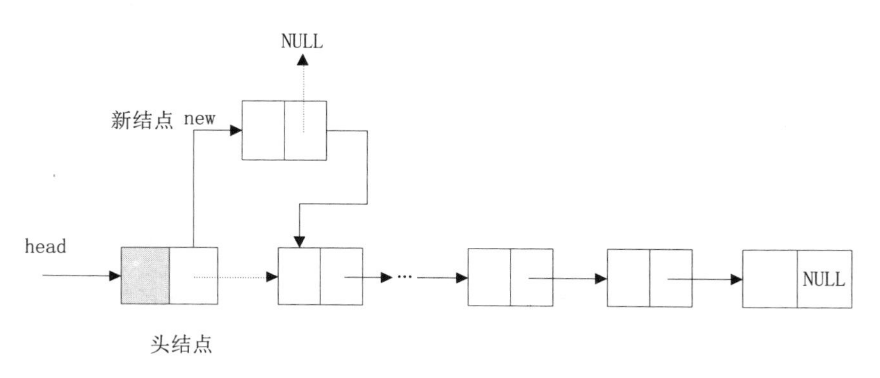

图 9.22　插在首结点之前

- 将结点插在链表的中间位置。如果要将结点插在 p1 和 p2 两个结点之间，则此时的插入操作如图 9.23 所示。

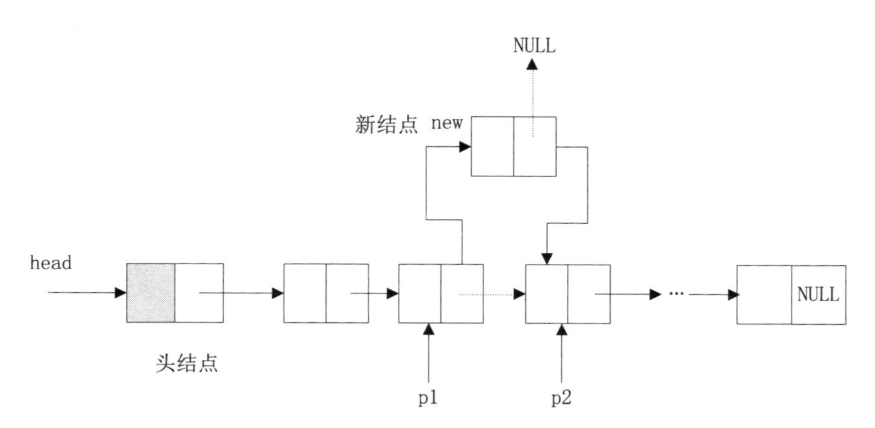

图 9.23　结点插在链表中间

- 将结点插在链表最后一个结点的后面，只需将原来链表的最后一个结点指针指向新加入的结点，再将新结点的指针指向 NULL，如图 9.24 所示。

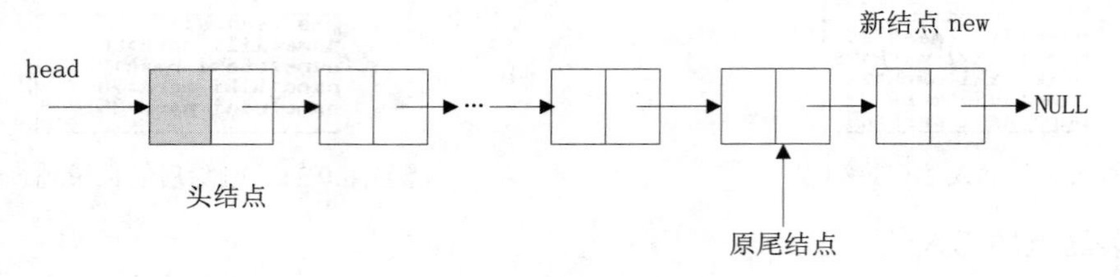

图 9.24 插在链表结尾

例 9.12 输入 4 条学生成绩记录，并将记录内容显示，要求在第 3 条和第 4 条记录中间加入 1 条新的学生记录。

```
#include<stdio.h>
#include<stdlib.h>
#include<string.h>
typedef struct student
{
    char name[15];
    int mark;
    struct student *next;
}Node,*node;
node add(char *value,node head)                          /*自定义函数 add，用于添加结点*/
{
    node p,new;
    new=(node)malloc(sizeof(Node));                      /*分配内存空间*/
    if(new==NULL)
    {
        printf("error");
        exit(1);
    }
    else
    {
        printf("please input the name:");
        scanf("%s",new->name);                           /*输入姓名*/
        printf("please input the mark:");
        scanf("%d",&new->mark);                          /*输入分数*/
    }
    p=head->next;
    while(p!=NULL)
        if(strcmp(p->name,value)==0)
        {
            new->next=p->next;
            p->next=new;
            return head;
        }
        else
            p=p->next;
        return NULL;
}
void print(node head)                                    /*自定义函数 print，输出结点*/
```

```
{
    node p;
    p=head->next;
    printf("the record:\n");
    while(p!=NULL)
    {
        printf("name:%s",p->name);
        printf(" mark:%d\n",p->mark);
        p=p->next;
    }
}
main()
{
    int num,i,j;
    char name[15];
    node p,p1,p2,head;
    head=(node)malloc(sizeof(Node));
    head->next=NULL;
    printf("please input the number of students:\n");
    scanf("%d",&num);
    printf("please input information:");
    for(i=0;i<num;i++)
    {
        p=(node)malloc(sizeof(Node));
        if(p==NULL)
        {
            printf("error");
            exit(1);
        }
        else
        {
            printf("\nname:");
            scanf("%s",p->name);
            printf("mark:");
            scanf("%d",&p->mark);
            if(head->next==NULL)
            {
                head->next=p;                          /*结点插在头结点后*/
                p1=p;                                  /*p1 指向首结点*/
            }
            else
            {
                p1->next=p;                            /*p 插入到链表中*/
                p1=p;                                  /*p1 指向新插入的结点*/
            }
        }
    }
    p1->next=NULL;
    print(head);                                       /*调用 print 函数*/
```

```
    printf("please input the position where do you want to insert\n");
    scanf("%s",name);
    p2=add(name,head);                                    /*调用 add 函数*/
    if(p2==NULL)
        printf("no find");
    else
        print(head);
}
```

程序运行结果如图 9.25～图 9.27 所示。

```
TC
please input the number of students:
4
please input information:
name:aa
mark:78

name:bb
mark:55

name:cc
mark:56

name:dd
mark:98
```

图 9.25　输入 4 条学生成绩记录

```
the record:
name:aa mark:78
name:bb mark:55
name:cc mark:56
name:dd mark:98
```

图 9.26　输入的记录列表

```
please input the position where do you want to insert
cc
please input the name:ee
please input the mark:95
the record:
name:aa mark:78
name:bb mark:55
name:cc mark:56
name:ee mark:95
name:dd mark:98
```

图 9.27　加入新记录后的记录列表

9.4.4　链表应用举例

前面讲过了链表的创建、查找、删除及添加，下面就应用这些内容编写一个小型的通讯录管理系统，该通讯录管理系统可实现信息的增加、删除、查找等功能。

扫一扫，看视频

例 9.13　简单的通讯录管理系统。

```
#include<stdio.h>
#include<stdlib.h>
#include<string.h>
typedef struct Info
{
    char name[15];                                    /*姓名*/
    char city[10];                                    /*城市*/
    char province[10];                                /*省*/
    char state[10];                                   /*国家*/
    char tel[15];                                     /*电话*/
};
typedef struct node                                   /*定义通讯录链表的结点结构*/
{
    struct Info data;
    struct node *next;
```

```
}Node,*link;

void stringinput(char *t,int lens,char *notice)
{
    char n[50];
    do{
        printf(notice);                                     /*显示提示信息*/
        scanf("%s",n);                                      /*输入字符串*/
        if(strlen(n)>lens)printf("\n exceed the required length! \n");
                                                            /*超过 lens 值重新输入*/
    }while(strlen(n)>lens);
    strcpy(t,n);                                            /*将输入的字符串复制到字符串 t 中*/
}
void enter(link l)                                          /*输入记录*/
{
    Node *p,*q;
    q=l;
    while(1)
    {
        p=(Node*)malloc(sizeof(Node));                      /*申请结点空间*/
        if(!p)                                              /*未申请成功输出提示信息*/
        {
            printf("memory malloc fail\n");
            return;
        }
        stringinput(p->data.name,15,"enter name:");     /*输入姓名*/
        if(strcmp(p->data.name,"0")==0)                 /*检测输入的姓名是否为 0*/
            break;
        stringinput(p->data.city,10,"enter city:");     /*输入城市*/
        stringinput(p->data.province,10,"enter province:");    /*输入省*/
        stringinput(p->data.state,10,"enter status:");         /*输入国家*/
        stringinput(p->data.tel,15,"enter telephone:");        /*输入电话号码*/
        p->next=NULL;
        q->next=p;
        q=p;
    }
}

void del(link l)
{
    Node *p,*q;
    char s[20];
    q=l;
    p=q->next;
    printf("enter name:");
    scanf("%s",s);                                          /*输入要删除的姓名*/
    while(p)
    {
```

```
        if(strcmp(s,p->data.name)==0)                   /*查找记录中与输入姓名匹配的记录*/
        {q->next=p->next;                               /*删除p结点*/
        free(p);                                        /*将p结点空间释放*/
        printf("delete successfully!");
        break;
        }
        else
        {
            q=p;
            p=q->next;
        }
    }
    getch();
}
void display(Node *p)
{
    printf("%15s%10s%10s%10s%15s\n\n",p->data.name,p->data.city,p->data.province,
p->data.state,p->data.tel);
}
void search(link l)
{
    char name[20];
    Node *p;
    p=l->next;
    printf("enter name to find:");
    scanf("%s",name);                                   /*输入要查找的姓名*/
    while(p)
    {if(strcmp(p->data.name,name)==0)                   /*查找与输入的姓名相匹配的记录*/
    {
        display(p);                                     /*调用函数显示信息*/
        getch();
        break;
    }
    else
        p=p->next;
    }
}
void list(link l)
{
    Node *p;
    p=l->next;
    while(p!=NULL)                                      /*从首结点一直遍历到链表最后*/
    {
        display(p);
        p=p->next;
    }
    getch();
}
```

```
menu_select()
{
    int i;
    printf("\n\n\t *********************ADDRESS LIST*********************\n");
    printf("\t*          1.input record                  *\n");
    printf("\t*          2.delete record                 *\n");
    printf("\t*          3.list record                   *\n");
    printf("\t*          4.search record                 *\n");
    printf("\t*          5.Quit                              *|\n");
    printf("\t
**************************************************************\n");
    do
    {
        printf("\n\tEnter your choice:");
        scanf("%d",&i);
    }while(i<0||i>7);
    return i;
}
main()
{
    link l;
    l=(Node*)malloc(sizeof(Node));
    if(!l)
    {
        printf("\n allocate memory failure ");            /*如没有申请到,输出提示信息*/
        exit(1) ;                                         /*返回主界面*/
    }
    l->next=NULL;
    system("cls");
    while(1)
    {
        system("cls");
        switch(menu_select())
        {
           case 1:
               enter(l);                                  /*调用 enter 函数*/
               break;
           case 2:
               del(l);                                    /*调用 del 函数*/
               break;
           case 3:
               list(l);                                   /*调用 list 函数*/
               break;
           case 4:
               search(l);                                 /*调用 search 函数*/
               break;
           case 5:
               exit(0);                                   /*退出系统*/
```

```
            }
        }
}
```

程序运行的选择菜单界面如图 9.28 所示。

```
TC
************************ADDRESS LIST************************
*                   1.input record                         *
*                   2.delete record                        *
*                   3.list record                          *
*                   4.search record                        *
*                   5.Quit                                 *
************************************************************
Enter your choice:
```

图 9.28　通讯录管理系统

9.5　共　用　体

共用体是 C 语言中的另一种高级数据结构。在编写程序过程中合理使用共用体可以节省内存空间，还可以简化多种复杂数据的处理。

扫一扫，看视频

9.5.1　共用体的概念

所谓共用体，是指将不同的数据项组织成一个整体，它们在内存中占用同一段存储单元。其定义形式如下：

```
union  共用体名
{
    成员表列
};
```

例如：

```
union employee
{
  char name[];
  int age;
  char sex;
  float laborage;
};
```

与结构体不同，共用体的所有成员共享同一块内存，而结构体的每个成员都有自己的内存空间。一个共用体类型的字节长度为占用内存空间最多的成员变量的字节长度。

例 9.14　测试两个共用体类型的长度。

```
#include<stdio.h>
union test1                                     /*定义共用体，共有 3 个成员*/
{
    int a;
    double b;
    float c;
};
union test2                                     /*定义共用体，共有两个成员*/
```

```
{
    int d;
    char e;
};
main()
{
    int r1,r2;
    r1=sizeof(union test1);                    /*输出 test1 所占字节数*/
    r2=sizeof(union test2);                    /*输出 test2 所占字节数*/
    printf("test1:%d\ntest2:%d",r1,r2);
}
```

程序运行结果如图 9.29 所示。

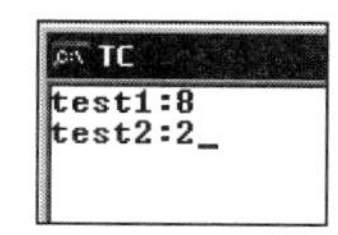

图 9.29　共用体类型长度

共同体 test1 中成员变量 b 占用内存空间最多，为 8 个字节，所以该共同体类型的字节长度为 8。共同体 test2 中成员变量 d 占用内存空间最多，为 2 个字节，所以该共同体类型的字节长度为 2。

9.5.2　共用体变量的定义和引用

扫一扫，看视频

1．共用体变量的定义

共用体变量的定义方法与结构体变量的定义方法类似，有以下几种。

（1）先声明一个共用体类型，再使用该共用体类型来定义共用体变量。

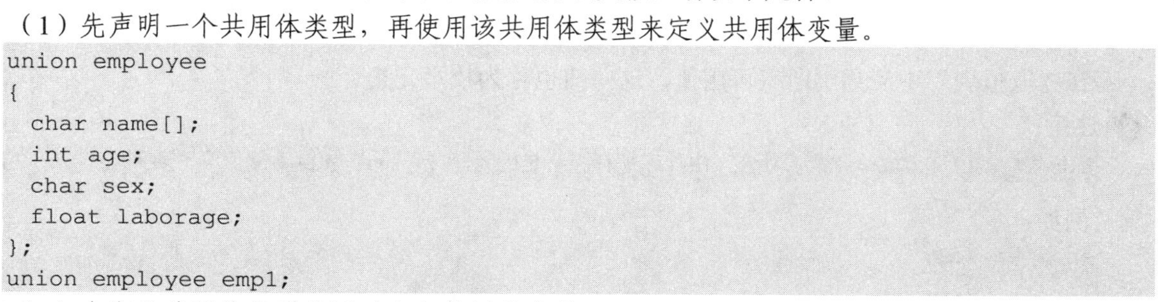

```
union employee
{
  char name[];
  int age;
  char sex;
  float laborage;
};
union employee emp1;
```

（2）在定义共用体类型的同时定义共用体变量。

```
union employee
{
  char name[];
  int age;
  char sex;
  float laborage;
}emp1;
```

（3）直接定义共用体变量。

```
union
{
  char name[];
  int age;
```

```
  char sex;
  float laborage;
}emp1;
```

扫一扫，看视频

2. 共用体变量的引用

只有先定义共用体变量，才能引用该共用体变量中的成员。例如，前面定义了共用体变量 emp1，引用该共用体变量中的成员 age，可以写成如下形式：

```
emp1.age
```

注意：

不能引用共用体变量，只能引用共用体变量中的成员。根据上面定义的共用体，如果有这样一条语句：

```
printf("%d",emp1);
```

则该语句是不合法的。

扫一扫，看视频

9.6 枚举类型

枚举类型是 C 语言中的一种高级数据类型，可以用来定义常量数值。本节就来介绍枚举类型的定义和使用。

1. 声明枚举类型

声明枚举类型的一般形式如下：

```
enum 枚举类型名
{
    取值表
};
```

在“取值表”中应列出所有可用值，这些值也称为枚举元素。

注意：

取值表中的值称为枚举元素，其含义由程序解释，不是因为写成“sun”就自动代表“星期天”。

例如：

```
enum weekday
{
    sun,mon,tue,wed,thu,fri,sat
};
```

该枚举类型名为 weekday，枚举值共有 7 个，分别是 sun、mon、tue、wed、thu、fri、sat。当一个变量被声明为 weekday 类型时，该变量的取值只能是这 7 个枚举值中的一个。

2. 定义枚举类型变量

定义枚举类型变量与定义结构体类型变量、共用体类型变量相似，同样可以分为以下 3 种。

- 在声明一个枚举类型后，可以使用此枚举类型来定义变量。如前面声明了一个枚举类型 enum weekday，可以用此类型来定义变量，如下：

```
enum weekday day;
```

day 被定义为枚举变量，其取值只能是 sun～sat 这 7 个中的一个。

➘ 可以在定义枚举类型时定义变量，如下：

```
enum weekday
{
    sun,mon,tue,wed,thu,fri,sat
}day;
```

➘ 可以直接定义枚举变量，如下：

```
enum
{
    sun,mon,tue,wed,thu,fri,sat
}day;
```

说明：

枚举类型仅适用于取值有限的数据。

对于枚举类型变量，需要强调以下几点。

（1）取值表中的值是常量，不是变量，不能在程序中用赋值语句再对它赋值。例如对 weekday 中的枚举元素再做以下赋值：

```
sun=7;
mon=1;
tue=5;
```

都是错误的。

（2）枚举元素本身由系统定义了一个表示序号的数值，从 0 开始顺序定义为 0，1，2…。如在 weekday 中，sun 值为 0，mon 值为 1……sat 值为 6。

例 9.15　枚举类型应用。

```
#include<stdio.h>
main()
{
    enum weekday
    {
        sun,mon,tue,wed,thu,fri,sat
    }a,b,c;
    a=sun;                                          /*将 sun 的值赋给 a*/
    b=tue;                                          /*将 tue 的值赋给 b*/
    c=fri;                                          /*将 fri 的值赋给 c*/
    printf("%d,%d,%d",a,b,c);                       /*输出 a、b、c 的值*/
}
```

程序运行结果如图 9.30 所示。

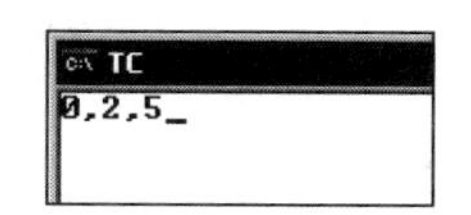

图 9.30　输出枚举元素值

（3）只能把枚举值赋予枚举变量，不能把元素的数值直接赋予枚举变量。

例如前面定义了枚举变量 day：

```
day=mon;
```

是正确的，而

```
day=1;
```

是错误的。

如一定要把数值赋予枚举变量，则必须用强制类型转换。例如：

```
day=(enum weekday)1;
```

其含义是将顺序号为 1 的枚举元素赋予枚举变量 day，相当于：

```
day=mon;
```

✍ **说明：**

枚举元素不是字符常量，也不是字符串常量，使用时不要加单、双引号。

9.7 用 typedef 定义类型

C 语言不仅提供了丰富的数据类型（如 int、char、float、double、long 等），而且允许用户自定义类型说明符，也就是说允许用户为数据类型取“别名”。类型定义符 typedef 就是用来完成此功能的。

类型说明的格式如下：

```
typedef 类型 定义名;
```

类型说明只定义了一个数据类型的新名称，而不是定义一种新的数据类型。“定义名”表示该数据类型的新名称。

例如：

```
typedef int INTEGER;
typedef char CHARACTER;
```

类型说明后，INTEGER 就成为 int 的同义词，而 CHARACTER 则是 char 的同义词。此时可以用 INTEGER 定义整型变量，用 CHARACTER 定义字符型变量。

例如：

```
INTEGER i,j;
```

该语句与下面这条语句等价：

```
int i,j;
```

✍ **说明：**

如果写成

```
long INTEGER i,j;
```

则是不合法的。

typedef 同样可用来说明结构、联合以及枚举。

说明一个结构的格式如下：

```
typedef struct
{
    数据类型 成员名;
    数据类型 成员名;
```

```
    ...
}结构名;
```

此时可直接用结构名定义结构变量了。

例如：

```
typedef struct student
{
    char name[15];
    int age;
    char addr[30];
    float score;
}STU;
STU student1;
```

则 student1 被定义为结构体变量。

说明：

一般 typedef 声明的类型名用大写字母表示，以便与系统提供的标准类型标识符相区别。

例 9.16 交换数组 a 与数组 b 中的元素。

```
#include<stdio.h>
main()
{
    typedef int ARR[10];
    ARR a,b,c;
    typedef int INTEGER;
    INTEGER i;
    printf("please input ten numbers(array a):\n");
    for(i=0;i<10;i++)
        scanf("%d",&a[i]);                  /*输入元素到数组 a 中*/
    printf("please input ten numbers(array b):\n");
    for(i=0;i<10;i++)
        scanf("%d",&b[i]);                  /*输入元素到数组 b 中*/
    for(i=0;i<10;i++)
    {
        c[i]=a[i];
        a[i]=b[i];
        b[i]=c[i];                          /*a、b 两个数组借助数组 c，实现元素互换*/
    }
    printf("exchange a,b...\n");
    printf("now array a is:\n");
    for(i=0;i<10;i++)
        printf("%5d",a[i]);                 /*将 a 数组输出*/
    printf("\nnow array b is:\n");
    for(i=0;i<10;i++)
        printf("%5d",b[i]);                 /*将 b 数组输出*/
}
```

程序运行结果如图 9.31 所示。

```
please input ten numbers(array a):
99 88 77 66 55 44 33 22 11 01
please input ten numbers(array b):
1 2 3 4 5 6 7 8 9 10
exchange a,b...
now array a is:
    1     2     3     4     5     6     7     8     9    10
now array b is:
   99    88    77    66    55    44    33    22    11     1
```

图 9.31　交换数组 a 和 b 的元素

上面程序中声明了一个数组类型 ARR，用 ARR 定义的数组 a 和 b 都分别含有 10 个元素。typedef 可以声明各种类型名，但不能用来定义变量。

扫一扫，看视频

第 10 章　位　运　算

C 语言可用来代替汇编语言完成大部分编程工作，支持汇编语言所做的大部分运算，如按位运算。本章视频要点如下：

- 如何学好本章。
- 熟练掌握 6 种位运算。
- 了解位段。
- 在程序中熟练使用位运算。

10.1　位运算操作符

C 语言既具有高级语言的特点，又具有低级语言的功能。和其他语言不同的是，C 语言完全支持按位运算，也能像汇编语言一样用来编写系统程序。前面讲过的都是以字节作为基本单位进行运算的，本节将介绍如何在位一级进行运算。按位运算也就是对字节或字中的实际位进行检测、设置或移位。在介绍之前先来看下 C 语言提供的位运算符，如表 10.1 所示。

表 10.1　位运算符

运　算　符	含　　义
|	按位或
&	按位与
～	取反
^	按位异或
<<	左移
>>	右移

10.1.1　“按位或”运算符

扫一扫，看视频

按位或运算符“|”是双目运算符，其功能是使参与运算的两数各自对应的二进制位相或。只要对应的两个二进制位有一个为 1，结果位就为 1。

例如，3|7 的算式如下。

```
        00000011    十进制数 3
  (|)   00000111    十进制数 7
  ----------------
        00000111    十进制数 7
```

又如，64|63 的算式如下。

01000000

（|）　00111111

01111111

从上面的计算过程中可以看出，要想使一个数的后 6 位全为 1，只需和 63 按位或；同理，若要使后 5 位全为 1，只需和 31 按位或即可；其他依此类推。

技巧：

如果要将某几位置 1，只需与这几位是 1 的数进行或操作即可。

例 10.1　任意输入两个数，分别赋给 a 和 b，计算 a|b 的值。

```
#include<stdio.h>
main()
{
    unsigned result;                                    /*定义无符号变量*/
    int a, b;
    printf("please input a:");
    scanf("%d",&a);
    printf("please input b:");
    scanf("%d",&b);
    printf("a=%d,b=%d", a, b);
    result = a|b;                                       /*计算或运算的结果*/
    printf("\na|b=%u\n", result);
}
```

程序运行结果如图 10.1 所示。

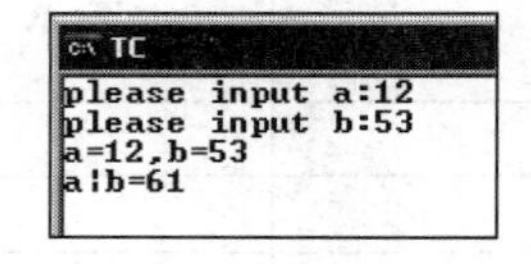

图 10.1　a|b

扫一扫，看视频

10.1.2　“按位与”运算符

按位与运算符“&”是双目运算符，其功能是使参与运算的两数各自对应的二进制位相与。只有对应的两个二进制位均为 1 时，结果位才为 1，否则为 0。

例如，13&18 的算式如下。

00001101

（&）　00010010

00000000

通过上面的运算会发现按位与的一个用途就是清零，若要原数中为 1 的位为 0，只需将与其进行与操作的数所对应的位置 0 即可。

又如，31&22 的算式如下。

$$
\begin{array}{r}
00011111 \\
(\&)\ 00010110 \\
\hline
00010110
\end{array}
$$

可以通过与的方式取一个数中的某些指定位，像上面要取 22 的后 5 位则要与后 5 位均是 1 的数按位与；同样，要取后 4 位就与后 4 位都是 1 的数按位与即可。

技巧：

如果要将某几位置 0，只需与这几位是 0 的数进行与操作即可。

例 10.2　任意输入两个数，分别赋给 a 和 b，计算 a&b 的值。

```
#include<stdio.h>
main()
{
    unsigned result;                                    /*定义无符号变量*/
    int a, b;
    printf("please input a:");
    scanf("%d",&a);
    printf("please input b:");
    scanf("%d",&b);
    printf("a=%d,b=%d", a, b);
    result = a&b;                                       /*计算与运算的结果*/
    printf("\na&b=%u\n", result);
}
```

程序运行结果如图 10.2 所示。

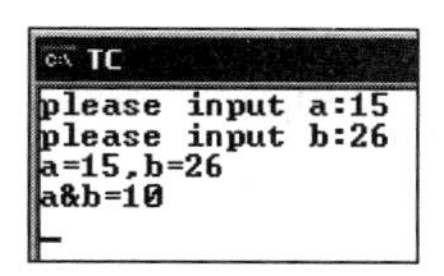

图 10.2　a&b

10.1.3　“取反”运算符

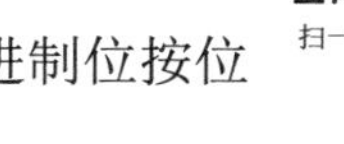

扫一扫，看视频

取反运算符“～”为单目运算符，具有右结合性。其功能是对参与运算的数的各二进制位按位求反，即将 0 变成 1，1 变成 0。

例如，～19 是对 19 进行按位求反。

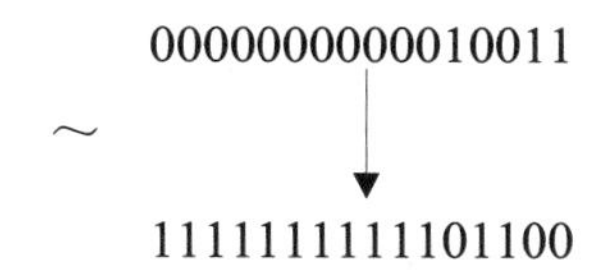

又如，～036 是对八进制数 36 按位取反。八进制数 36 的二进制数是 0000000000011110，则按位取反的过程如下。

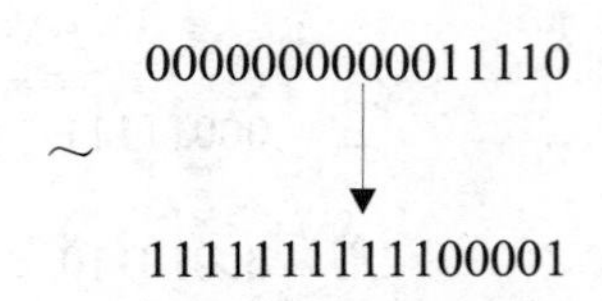

注意：

在进行取反运算的过程中，切不可简单地认为一个数取反后的结果就是该数的相反数，即～19 的值是-19，这是错误的。

例 10.3 输入一个数，赋给变量 a，计算～a 的值。

```
#include<stdio.h>
main()
{
    unsigned result;                                   /*定义无符号变量*/
    int a;
    printf("please input a:");
    scanf("%d",&a);
    printf("a=%d", a);
    result = ~a;                                       /*求 a 的反*/
    printf("\n~a=%u\n", result);
}
```

程序运行结果如图 10.3 所示。

图 10.3 ～a

10.1.4 “按位异或”运算符

按位异或运算符“^”是双目运算符，其功能是使参与运算的两数各自对应的二进制位相异或。当对应的两个二进制位相异时，结果为 1，否则为 0。

例如，44^25 的算式如下。

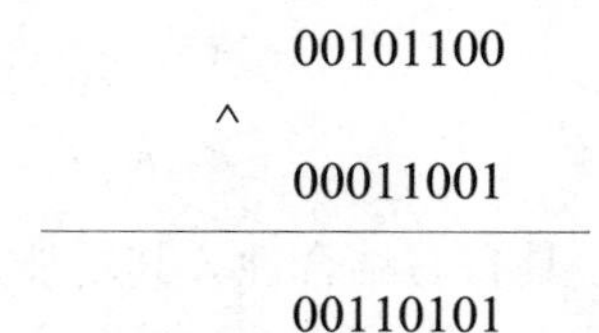

异或操作的一个主要用途就是使特定的位翻转。例如，要将 69（01000101）的后 4 位翻转，则进行异或操作的算式如下。

```
  01000101
^
  00001111
----------
  01001010
```

异或操作的另一个主要用途就是在不使用临时变量的情况下实现两个变量值的互换。

例如，x=9，y=4，将 x 和 y 的值互换，可用如下方法来实现。

```
x=x^y;
y=y^x;
x=x^y;
```

其具体运算过程如下：

```
        00001001(x)
   ^
        00000100(y)
   ----------------
        00001101(x)
   ^
        00000100(y)
   ----------------
        00001001(y)
   ^
        00001101(x)
   ----------------
        00000100(x)
```

例 10.4 输入两个数，分别赋给变量 a 和 b，计算 a^b 的值。

```
#include<stdio.h>
main()
{
    unsigned result;                                    /*定义无符号数*/
    int a, b;
    printf("please input a:");
    scanf("%d",&a);
    printf("please input b:");
    scanf("%d",&b);
    printf("a=%d,b=%d", a, b);
    result = a^b;                                       /*求 a 与 b 异或的结果*/
    printf("\na^b=%u\n", result);
}
```

程序运行结果如图 10.4 所示。

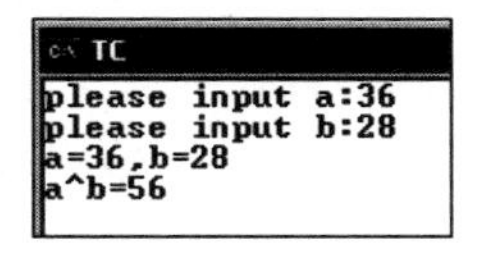

图 10.4 a^b

技巧：

异或运算经常被用到一些比较简单的加密算法中。

10.1.5 “左移”运算符

扫一扫，看视频

左移运算符“<<”是双目运算符，其功能是把“<<”左边的运算数的各二进制位全部左移若干

位，由“<<”右边的数指定移动的位数，高位丢弃，低位补 0。

例如，a<<2 即把 a 的各二进制位向左移动 2 位。假设 a=00000110，左移 2 位后为 00011000。a 由原来的 6 变成了 24。

说明：

实际上，左移 1 位相当于该数乘以 2。将 a 左移 2 位相当于 a 乘以 4，即 6 乘以 4，但这种情况只限于移出位不含 1 的情况；若是将十进制数 64 左移 2 位则移位后的结果将为 0（01000000->00000000），因为 64 在左移 2 位时将 1 移出了（注意，这里的 64 是假设以一个字节即 8 位存储的）。

例 10.5 将 26 先左移 3 位，将其左移后的结果输出；然后在这个结果的基础上再左移 2 位，并将结果输出。

```
#include<stdio.h>
main()
{
    int x=26;
    x=x<<3;                                          /*x 左移 3 位*/
    printf("the result1 is:%d\n",x);
    x=x<<2;                                          /*x 左移 2 位*/
    printf("the result2 is:%d\n",x);
}
```

程序运行结果如图 10.5 所示。

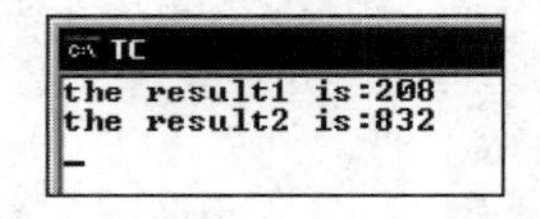

图 10.5 左移运算

x 是基本整型，故在内存中占 2 字节，即 16 位。因此，当 x 值为 26 时其二进制数为 0000000000011010，当 x 左移 3 位后变为 0000000011010000（十进制数 208），当再左移 2 位后变为 0000001101000000（十进制数 832）。

扫一扫，看视频

10.1.6 “右移”运算符

右移运算符“>>”是双目运算符，其功能是把“>>”左边的运算数的各二进制位全部右移若干位，“>>”右边的数指定移动的位数。

例如，a>>2 即把 a 的各二进制位向右移动 2 位。假设 a=00000110，右移 2 位后为 00000001。a 由原来的 6 变成了 1。

说明：

在进行右移时，对于有符号数需要注意符号位问题。当为正数时，最高位补 0；而为负数时，最高位是补 0 还是补 1 取决于编译系统的规定。移入 0 的称为“逻辑右移”，移入 1 的称为“算术右移”。

例 10.6 分别将 58 和-58 右移 3 位，将所得结果输出；然后在所得结果的基础上再分别右移 2 位，并将结果输出。

```
#include<stdio.h>
```

```
main()
{
    int x=58,y=-58;
    x=x>>3;                                          /*x 右移 3 位*/
    y=y>>3;                                          /*y 右移 3 位*/
    printf("the result1 is:%d,%d\n",x,y);
    x=x>>2;                                          /*x 右移 2 位*/
    y=y>>2;                                          /*x 右移 2 位*/
    printf("the result2 is:%d,%d\n",x,y);
}
```

程序运行结果如图 10.6 所示。

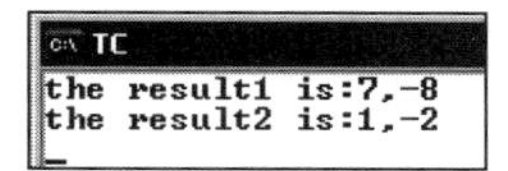

图 10.6　右移运算

10.2　位　　段

和其他语言不同，C 语言采用插入法来访问一个字节中的单个位。这种方法可用于以下 3 种情况：

- 如果存储单元被限制，可以在一个字节中存储若干布尔量。
- 某些外设接口是按一个字节的位代码传递信息的。
- 某些编译程序需要按位访问一个字节的各个位。

说明：

用字节和位运算也能实现上面提到的这些功能，但使用位段（或称）位域更有效。

1．位段的概念与定义

所谓位段类型，是一种特殊的结构类型，其所有成员均以二进制位为单位定义长度，并称成员为位段。位段定义的一般形式如下：

```
结构 结构名
{
  类型  变量名 1: 长度;
  类型  变量名 2: 长度;
  ……
  类型  变量名 n: 长度;
}
```

一个位域必须被声明为 int、unsigned 或 signed 中的一种，长度为 1 的位域被认为是 unsigned 类型。

例如，CPU 的状态寄存器，按位段类型定义如下：

```
struct status
{
   unsigned sign:1;                              /*符号标志*/
   unsigned zero:1;                              /*零标志*/
```

```
    unsigned carry:1;                              /*进位标志*/
    unsigned parity:1;                             /*奇偶/溢出标志*/
    unsigned half_carry:1;                         /*半进位标志*/
    unsigned negative:1;                           /*减标志*/
} flags;
```

显然，对 CPU 的状态寄存器而言，使用位段类型仅需 1 个字节即可。

又如：

```
struct packed_data
{
    unsigned a:2;
    unsigned b:1;
    unsigned c:1;
    unsigned d:2;
}data;
```

从上面的代码可以发现，这里 a、b、c、d 分别占 2 位、1 位、1 位、2 位，如图 10.7 所示。

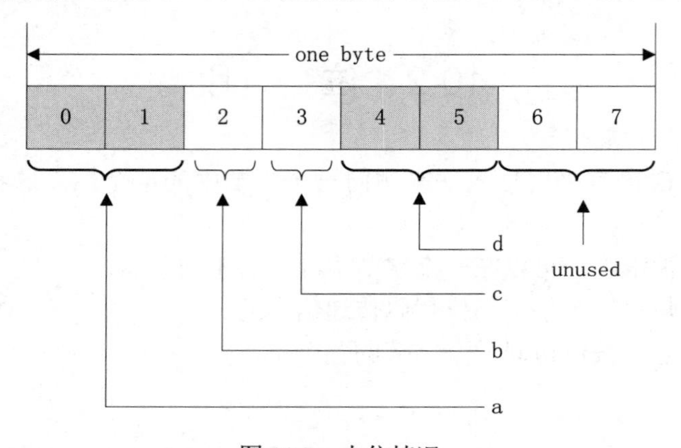

图 10.7　占位情况

2．位段相关说明

（1）因为位段类型是一种结构类型，所以位段类型和位段变量的定义，以及对位段（即位段类型中的成员）的引用，均与结构类型和结构变量一样。

（2）对位段赋值时，要注意取置范围。一般来说，长度为 n 的位段，其取值范围是 0 ~（2^n-1）。

（3）某一位段要从另一个字节开始存放，可写成如下形式：

```
struct status
{
    unsigned a:1;
    unsigned b:1;
    unsigned c:1;
    unsigned :0;
    unsigned d:1;
    unsigned e:1;
    unsigned f:1
}flags;
```

原本 a、b、c、d、e、f 是连续存储在 1 个字节中的，由于加入了 1 个长度为 0 的无名位段，所以其后的 3 个位段，从下一个字节开始存储，一共占用 2 个字节。

（4）可以使各个位段占满 1 个字节，也可以不占满 1 个字节。例如:

```
struct packed_data
{
   unsigned a:2;
   unsigned b:2;
   unsigned c:1;
   int i;
}data;
```

存储形式如图 10.8 所示。

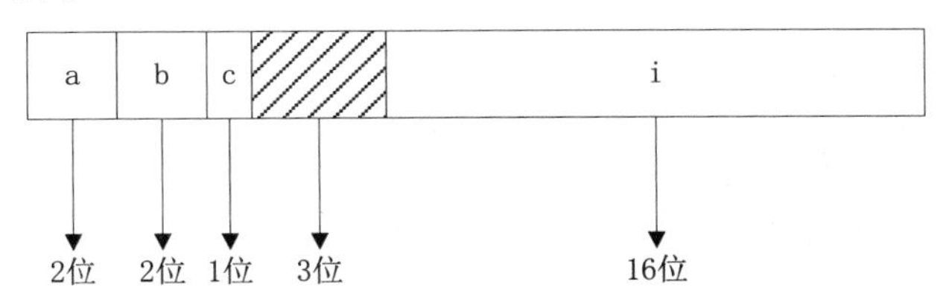

图 10.8　不占满 1 字节的情况

（5）1 个位段必须存储在 1 个存储单元（通常为 1 字节）中，不能跨 2 个。如果本单元不够容纳某位段，则从下一个单元开始存储该位段。

（6）可以用%d、%x、%u 和%o 等格式字符，以整数形式输出位段。

（7）在数值表达式中引用位段时，系统自动将位段转换为整型数。

10.3　位运算应用

例 10.7　从键盘中输入 a、b、c、d 4 个数，分别进行 a&c、b|d、a^d、~a 运算，并将最终结果显示出来。

```
#include<stdio.h>
main()
{
   unsigned result;
   int a, b, c, d;
   printf("please input a:");
   scanf("%d",&a);
   printf("please input b:");
   scanf("%d",&b);
   printf("please input c:");
   scanf("%d",&c);
   printf("please input d:");
   scanf("%d",&d);
   printf("a=%d,b=%d,c=%d,d=%d", a, b, c, d);      /*输出变量 a、b、c、d4 个数的值*/
   result = a &c;                                  /*a 与 c 的结果赋给 result*/
   printf("\na&c=%u\n", result);                   /*将结果输出*/
   result = b | d;                                 /*b|d 的结果赋给 result*/
   printf("b|d=%u\n", result);                     /*将结果输出*/
   result = a ^ d;                                 /*a^d 的结果赋给 result*/
   printf("a^d=%u\n", result);                     /*将结果输出*/
```

```
    result = ~a;                                    /*~a 的结果赋给 result*/
    printf("~a=%u\n", result);                      /*将结果输出*/
}
```

程序运行结果如图 10.9 所示。

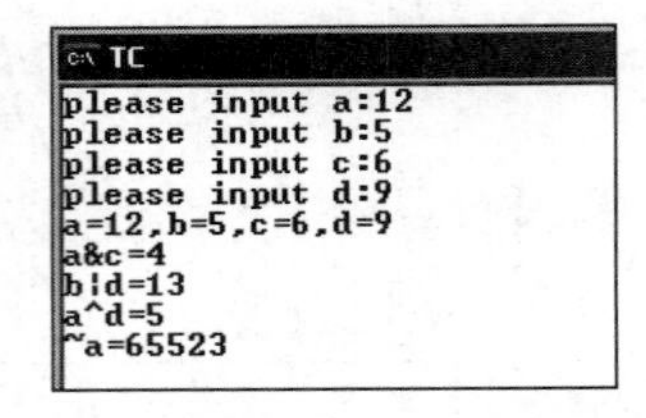

图 10.9　位运算结果

扫一扫，看视频

例 10.8　编程实现循环移位。具体要求如下：首先从键盘中输入一个八进制数，然后输入要移位的位数（当为正数时表示向右循环移位，否则表示向左循环移位），最后将移位的结果显示在屏幕上。

```
#include <stdio.h>
right(unsigned value, int n)                        /*自定义循环右移函数*/
{
    unsigned z;
    z = (value >> n) | (value << (16-n));           /*循环右移的实现过程*/
    return (z);
}
left(unsigned value, int n)                         /*自定义左移函数*/
{
    unsigned z;
    z = (value >> (16-n)) | (value << n);           /*循环左移的实现过程*/
    return z;
}
main()
{
    unsigned a;
    int n;
    printf("please input a number:\n");
    scanf("%o", &a);                                /*输入一个八进制数*/
    printf("please input the number of displacement:\n");
    scanf("%d", &n);                                /*输入要移位的位数*/
    if (n > 0)
    {
        right(a, n);                                /*调用自定义的右移函数*/
        printf("the result is:%o\n", right(a, n));  /*将右移后的结果输出*/
    }
    else
    {
        n =  - n;                                   /*将 n 转为正值*/
        left(a, n);                                 /*调用自定义的左移函数*/
        printf("the result is %o:\n", left(a, n));  /*将左移后的结果输出*/
    }
}
```

程序运行结果如图 10.10 所示。

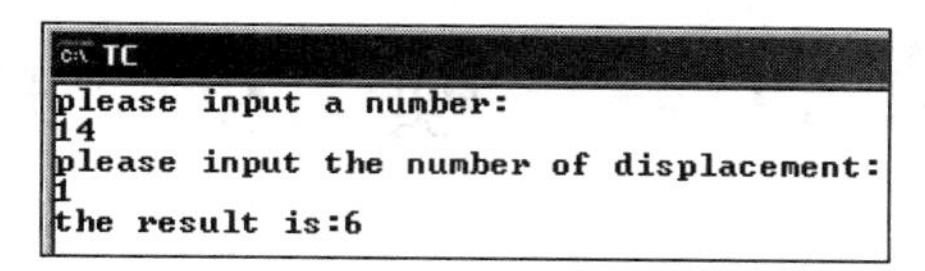

图 10.10　向右循环移 1 位

本例的重点是了解循环移位的具体过程(这里以向右循环移位为例),结合图 10.11 来具体看下。

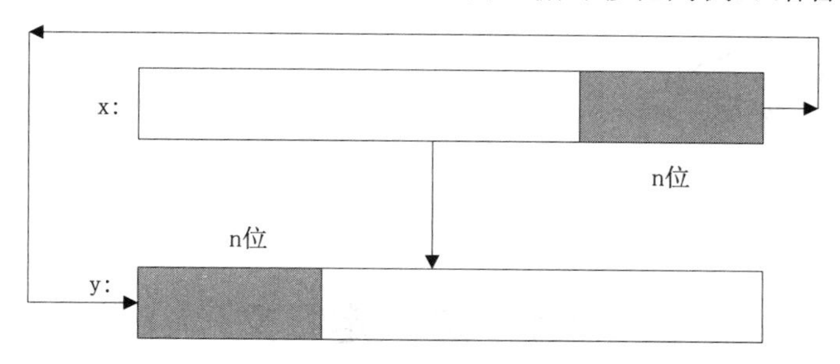

图 10.11　循环移位

- 将 x 的右端 n 位先放到 z 中的高 n 位中。由以下语句实现:

```
z=x<<(16-n);
```

- 将 x 右移 n 位，其左面高位 n 位补 0。由以下语句实现:

```
y=x>>n;
```

- 将 y 与 z 进行按位或运算。由以下语句实现:

```
y=y|z;
```

扫一扫，看视频

第 11 章　预　处　理

预处理是 C 语言和其他高级语言的区别之一。预处理程序有许多有用的功能，如宏定义、条件编译等。在程序中合理地使用预处理命令，可以使程序更简洁、更明了。本章视频要点如下：

- 如何学好本章。
- 掌握不带参数的宏定义。
- 掌握带参数的宏定义。
- 掌握“文件包含”。
- 了解条件编译。

11.1　宏　定　义

宏定义是预处理命令的一种，以#define 开头。它提供了一种可以替换源代码中字符串的机制。根据宏定义中是否有参数，可以将宏定义分为不带参数的宏定义和带参数的宏定义两种。下面分别介绍。

扫一扫，看视频

11.1.1　不带参数的宏定义

宏定义指令#define 用来定义一个标识符和一个字符串，以这个标识符来代表这个字符串，在程序中每次遇到该标识符时就用所定义的字符串替换它。其作用相当于给指定的字符串起一个别名。

不带参数的宏定义一般形式如下：

```
#define  标识符  字符串
```

例如：

```
#define PRICE 60
```

它的作用是在该程序中用标识符 PRICE 替代 60，在编译预处理时，每当在源程序中遇到 PRICE 就自动用 60 代替。

例 11.1　宏定义简单应用。

```
#include<stdio.h>
#define PRICE 60                                          /*进行宏定义*/
main()
{
    printf("the price of clothes:\n");                    /*输出字符串*/
    printf("A:%f\n",1.5*PRICE);                           /*输出 1.5*PRICE 的结果*/
    printf("B:%f\n",1.0*PRICE);                           /*输出 1.0*PRICE 的结果*/
    printf("C:%f\n",0.8*PRICE);                           /*输出 0.8*PRICE 的结果*/
}
```

程序运行结果如图 11.1 所示。

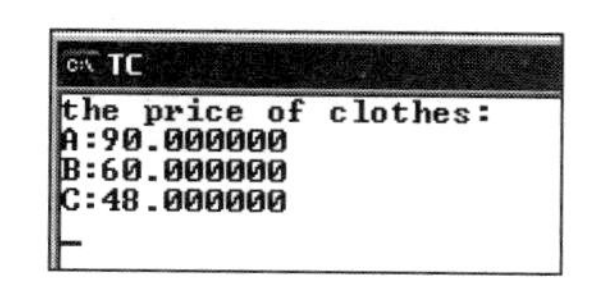

图 11.1　宏定义应用

当需要改变一个常量的时候只需改变#define 命令行，整个程序的常量都会改变，大大提高了程序的灵活性。宏名要简单且意义明确，一般习惯用大写字母表示，以便与变量名相区别。

注意：

宏定义不是 C 语句，不需要在行末加分号。

宏名定义后，即可成为其他宏名定义中的一部分。例如，下面代码定义了正方形的边长 SIDE、周长 PERIMETER 及面积 AREA 的值：

```
#define  SIDE  5
#define  PERIMETER  4*SIDE
#define  AREA  SIDE*SIDE
```

前面强调过宏替换是以字符串代替标识符，因此如果希望定义一个标准的警告信息，可编写如下代码：

```
#define  WARNING  "possible use of 'i' before definition in function main"
printf(WARNING);
```

编译程序遇到标识符 WARNING 时，就用“possible use of ‘i’ before definition in function main”替换。对于编译程序，printf 语句实际是如下形式。

```
printf("possible use of 'i' before definition in function main");
```

关于不带参数的宏定义有以下几点需要强调：

（1）如果在串中含有标识符，则不进行替换。

例如：

```
#define TEST this is an example
……
printf("TEST");
```

该段不打印" this is an example "而打印"TEST"。

（2）如果串长于一行，可以在该行末尾用一反斜杠“\”续行。

（3）#define 命令出现在程序中函数的外面，宏名的有效范围为定义命令之后到此源文件结束。

技巧：

在编写程序时，通常将所有的#define 放到文件的开始处或独立的文件中，而不是将它们分散到整个程序中。

（4）可以用#undef 命令终止宏定义的作用域。

（5）宏定义用于预处理命令，它不同于定义的变量，只做字符替换，不分配内存空间。

宏代换的最一般用途是定义一个数组长度。例如，某一程序定义了一个数组，并且有多个程序要访问这个数组。若用一个参数来说明数组的大小，那么数组的大小就固定了。这时最好就是定义一个数组的尺寸名，在定义所需数组的大小时用这个宏名替换。之后，如果要改动数组的大小，只要在程序的#define命令行稍加改动便可。

扫一扫，看视频

11.1.2 带参数的宏定义

带参数的宏定义不是简单的字符串替换，还要进行参数替换。一般形式如下：

```
#define 宏名(参数表)字符串
```

例 11.2 输入两个数，找出这两个数中较小的数。

```
#include<stdio.h>
#define MIN(a,b) (a<b)?a:b                         /*宏定义找两个数中较小数*/
main()
{
    int x,y;
    printf("please input x and y:\n");
    scanf("%d,%d",&x,&y);
    printf("the min number is:%d",MIN(x,y));      /*宏定义调用*/
}
```

程序运行结果如图 11.2 所示。

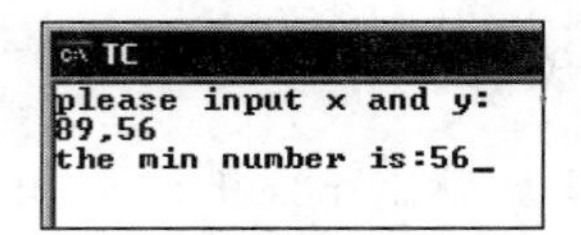

图 11.2 输出较小数

当编译该程序时，由 MIN(a,b)定义的表达式被替换，x 和 y 用作操作数，即 printf 语句被代换后取如下形式：

```
printf("the min number is: %d", (x<y)?x:y);
```

用宏替换代替实在的函数的一个好处是宏替换提高了代码的运行速度，因为不存在函数调用；但也需付出一定的代价——由于重复编码而增加了程序长度。

例 11.3 定义一个带参数的宏 swap(a,b)，以实现两个整数之间的交换，并利用它将一维数组 a 和 b 的值进行交换。

```
#include <stdio.h>
#define swap(a,b) {int c;c=a;a=b;b=c;}              /*定义一个带参数的宏 swap*/
main()
{
   int i, j, a[10], b[10];                          /*定义数组及变量为基本整型*/
   printf("please input array a:\n");
   for (i = 0; i < 10; i++)
      scanf("%d", &a[i]);                           /*输入一组数据，存到数组 a 中*/
   printf("please input array b:\n");
   for (j = 0; j < 10; j++)
      scanf("%d", &b[j]);                           /*输入一组数据，存到数组 b 中*/
   printf("the array a is:\n");
   for (i = 0; i < 10; i++)
```

```
        printf("%d,", a[i]);                                /*输出数组 a 中的内容*/
    printf("the array b is:\n");
    for (j = 0; j < 10; j++)
        printf("%d,", b[j]);                                /*输出数组 b 中的内容*/
    for (i = 0; i < 10; i++)
        swap(a[i], b[i]);                                   /*实现数组 a 与数组 b 对应值互换*/
    printf("Now the array a is:\n");
    for (i = 0; i < 10; i++)
        printf("%d,", a[i]);                                /*输出互换后数组 a 中的内容*/
    printf("Now the array b is:\n");
    for (j = 0; j < 10; j++)
        printf("%d,", b[j]);                                /*输出互换后数组 b 中的内容*/
}
```

程序运行结果如图 11.3 所示。

```
please input array a:
11 22 33 44 55 66 77 88 99 100
please input array b:
1000 999 888 777 666 555 444 333 222 111

the array a is:
   11    22    33    44    55    66    77    88    99   100
the array b is:
 1000   999   888   777   666   555   444   333   222   111
Now the array a is:
 1000   999   888   777   666   555   444   333   222   111
Now the array b is:
   11    22    33    44    55    66    77    88    99   100
```

图 11.3　两数组元素互换

对于带参数的宏定义有以下几点需要强调：

- 对带参数的宏的展开只是将语句中的宏名后面括号内的实参字符串代替#define 命令行中的形参。
- 在宏定义时，在宏名与带参数的括号之间不能加空格，否则将空格以后的字符都作为替代字符串的一部分。
- 在带参数的宏定义中，形式参数不分配内存单元，因此不进行类型定义。

扫一扫，看视频

11.2　“文件包含”处理

所谓“文件包含”处理是指一个源文件可以将另一个源文件的全部内容包含进来，也就是将另外的文件包含到本文件之中。C 语言提供了#include 命令来实现这一功能，可以使编译程序将另一源文件嵌入带有#include 的源文件，被读入的源文件必须用双引号或尖括号括起来。例如：

```
#include  "stdio.h"
#include  <stdio.h>
```

这两行代码均使用 C 编译程序读入并编译用于处理磁盘文件库的子程序。

将文件嵌入#include 命令中的文件内是可行的，如将文件 file2.c 放到#include 后，这种方式称为嵌套的嵌入文件，嵌套层次依赖于具体实现，如图 11.4 所示。

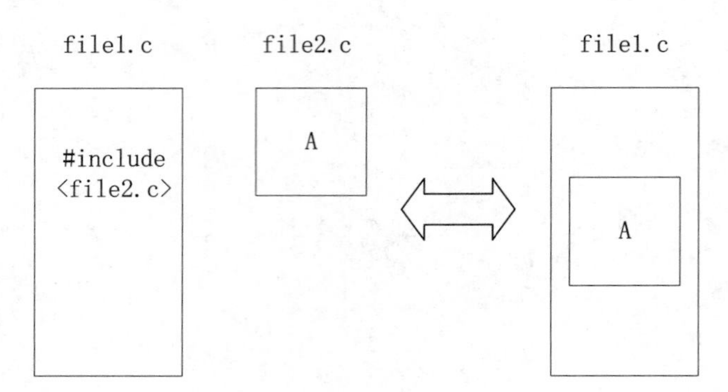

图 11.4　文件包含示意图

例 11.4　文件包含应用。

（1）文件 f1.h。

```
#define P printf
#define S scanf
#define D "%d"
#define C "%c"
#define DD &
```

（2）文件 f2.c。

```
#include<f1.h>                                    /*包含文件 f1.h*/
main()
{
    int a;
    P("please input:\n");
    S(D,DD a);                                    /*调用 f1 中的宏定义*/
    P("the number is:\n");
    P(D,a);                                       /*调用 f1 中的宏定义*/
    P("\n");
    P(C,a);
}
```

程序运行结果如图 11.5 所示。

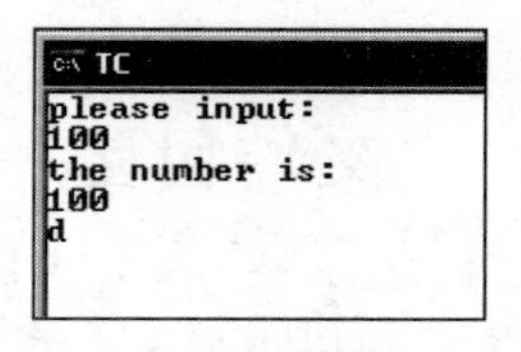

图 11.5　文件包含

常用在文件头部的被包含的文件称为“标题文件”或“头部文件”，常以“.h”为后缀名，如本例中的 f1.h。

说明：

可以不用“.h”作后缀名，而改用“.c”或者没有后缀名均可。之所以使用“.h”作后缀名，是由于更能表示此文件的性质。

文件包含为修改程序提供了方便，当需要修改一些参数时不必修改每个程序，只需修改一个文件（头部文件）即可。

关于文件包含有以下几点要注意：

- 一个#include 命令只能指定一个被包含的文件。
- 文件包含是可以嵌套的，即在一个被包含文件中还可以包含另一个被包含文件，如图 11.6 所示。

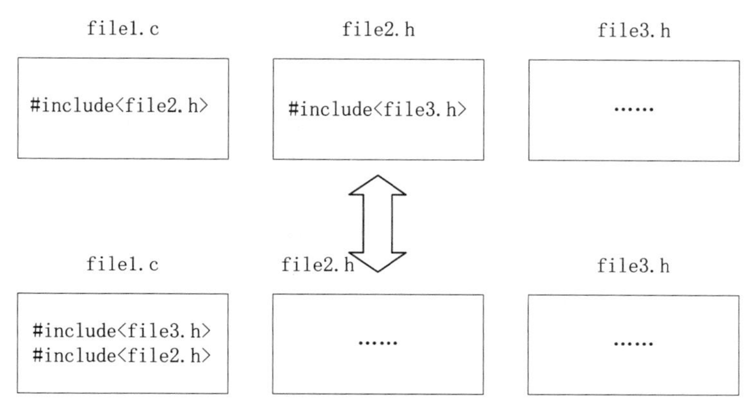

图 11.6 嵌套的文件包含

注意：

在图 11.6 中，file1.c 中包含的两个#include 是有顺序的，要将 file3.h 写在 file2.h 的前面，这样 file2.h 和 file1.c 都能调用 file3.h。

如果 file1.c 中包含文件 file2.h，那么在预编译后就成为一个文件而不是两个文件。这时如果 file2.h 中有全局静态变量，则该全局变量在 file1.c 文件中也有效，不需要再用 extern 声明。

表 11.1 给出了标准头部文件。

表 11.1 标准头部文件

头 部 文 件	用 途
alloc.h	动态地址分配函数
assert.h	定义 assert 宏
bios.h	ROM 基本输入/输出函数
conio.h	屏幕操作函数
ctype.h	字符操作函数
dir.h	目录操作函数
dos.h	DOS 接口函数
errno.h	定义出错代码
fcntl.h	定义 open 使用的常数
float.h	定义从属于环境工具的浮点值
graphics.h	图形函数
io.h	UNIX 型 I/O 函数
limits.h	定义从属于环境工具的各种限定

续表

头 部 文 件	用　途
math.h	数字库使用的各种定义
mem.h	内存操作函数
process.h	spawn 和 exec 函数
setjmp.h	非局部跳转
share.h	文件共享
signal.h	定义信号值
stdarg.h	变量长度参数表
stddef.h	定义一些常用常数
stdio.h	以流为基础的 I/O 函数
stdlib.h	其他说明
string.h	字符串函数
sys\stat.h	定义用于打开和创建文件的符号常量
sys\types.h	说明函数 ftime 和 timeb 结构
sys\time.h	定义时间的类型 time_t
time.h	系统时间函数
values.h	从属于机器的常数

11.3 条 件 编 译

一般情况下，源程序中所有的行都参与编译，但是有时希望只对其中一部分内容在满足一定条件时才进行编译，这时就需要用到一些条件编译命令。下面介绍几种常用的条件编译命令。

11.3.1 #if 等命令

扫一扫，看视频

1. #if 命令

#if 命令的基本含义是，如果#if 命令后的参数表达式为真，则编译#if 到#endif 之间的程序段，否则跳过这段程序。#endif 命令用来表示#if 段的结束。

#if 命令的一般形式如下：

```
#if 常数表达式
    语句段
#endif
```

如果常数表达式为真，则该段程序被编译，否则跳过去不编译。

例 11.5 #if 应用。

```
#define NUM 200
main()
{
```

```
    #if NUM>100                                          /*判断 NUM 是否大于 100*/
        printf("the number is larger than 100 !");       /*输出双引号中的字符串*/
    #endif
}
```

程序运行结果如图 11.7 所示。

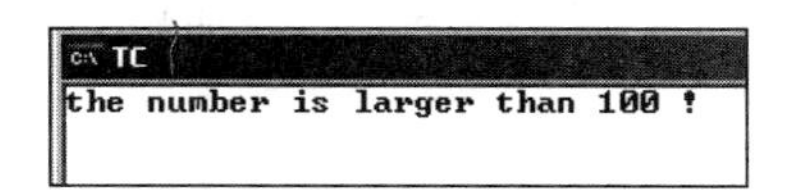

图 11.7　#if 应用

如果此时将语句

```
#define NUM 200
```

改成

```
#define NUM 50
```

则运行后屏幕中将没有任何提示。

2．#else 命令

#else 命令的作用是为#if 为假时提供另一种选择。

例 11.6　#else 应用。

```
#define NUM 50
main()
{
    #if NUM>100                                          /*判断 NUM 是否大于 100*/
        printf("the number is larger than 100 !");
    #else
    #if NUM==100                                         /*判断 NUM 是否等于 100*/
        printf("the number is equal  to 100 !");         /*输出双引号中的字符串*/
    #else
        printf("the numer is smaller than 100");         /*输出双引号中的字符串*/
    #endif
    #endif
}
```

程序运行结果如图 11.8 所示。

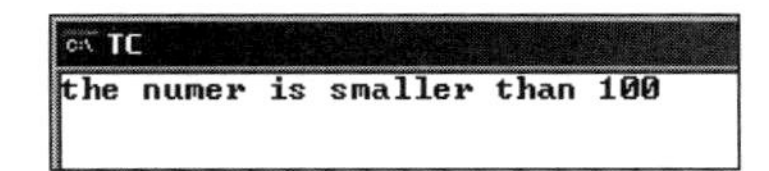

图 11.8　#else 应用

3．#elif 命令

#elif 命令用来建立一种“如果…或者如果…”这样阶梯状多重编译操作选择。

#elif 命令的一般形式如下：

```
#if 表达式
    语句段
#elif 表达式 1
    语句段
#elif 表达式 2
```

```
语句段
……
#elif 表达式n
语句段
#endif
```

通过上面的介绍会发现#elif 就相当于“else if”，所以在运行结果不发生改变的前提下可将例 11.6 改写成如例 11.7 所示形式。

例 11.7　#elif 应用。

```
#define NUM 50
main()
{
    #if NUM>100
        printf("the number is larger than 100 !");    /*输出双引号中的字符串*/
    #elif NUM==100                                  /*使用elif判断NUM是否等于100*/
        printf("the number is equal  to 100 !");      /*输出双引号中的字符串*/
    #else
        printf("the numer is smaller than 100");      /*输出双引号中的字符串*/
    #endif
}
```

扫一扫，看视频

11.3.2　#ifdef 及#ifndef 命令

条件编译的另一种方法是运用#ifdef 与#ifndef 命令，它们分别表示“如果有定义”和“如果无定义”。

1．#ifdef 命令

#ifdef 命令的一般形式如下：

```
#ifdef 宏替换名
语句段
#endif
```

如果宏名在前面#define 语句中已定义过，则编译语句段。

2．#ifndef 命令

#ifndef 命令的一般形式如下：

```
#ifndef 宏替换名
语句段
#endif
```

如果宏名在#define 语句中无定义，则编译语句段。

例 11.8　#ifdef 应用。

```
#define NUM 50
main()
{
    #ifdef NUM
        printf("hello!");                              /*输出双引号中的字符串*/
    #else
        printf("hi!");                                 /*输出双引号中的字符串*/
```

```
    #endif
    printf("\n");
    #ifdef MEM
        printf("beautiful!");                        /*输出双引号中的字符串*/
    #else
        printf("nice!");                             /*输出双引号中的字符串*/
    #endif
}
```

程序运行结果如图 11.9 所示。

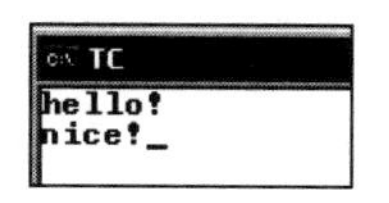

图 11.9　#ifdef 应用

11.3.3　#undef 等命令

1．#undef 命令

#undef 命令用来删除事先定义了的宏定义。

#undef 命令的一般形式如下：

```
#undef 宏替换名
```

例如：

```
#define MAX_SIZE 100
char array[MAX_SIZE];
#undef  MAX_SIZE
```

直到遇到#undef 语句之前，MAX_SIZE 是有定义的。

说明：

#undef 的主要目的是将宏名局限在仅需要它们的代码段中。

2．#line 命令

#line 命令用于改变_LINE_与_FILE_的内容，_LINE_存放当前编译行的行号，_FILE_存放当前编译的文件名。

#line 命令的一般形式如下：

```
#line 行号["文件名"]
```

其中，“行号”为任意正整数，可选的“文件名”为任意有效文件标识符。行号为源程序中当前行号，文件名为源文件的名称。命令#line 主要用于调试及其他特殊应用。

3．#pragma 命令

#pragma 命令的作用是使编译程序发生器向编译程序发出各种命令。

#pragma 命令的一般形式如下：

```
#pragma 名字
```

这里的“名字”就是调用的#pragma 的名字。

4．预定义宏名

ANSI 标准说明了 5 个预定义宏替换名，即_LINE_、_FILE_、_DATE_、_TIME_和_STDC_。

如果编译不是标准的，则可能仅支持以上宏名中的几个，或根本不支持。编译程序有时还提供其他预定义的宏名。例如，Turbo C 补充了下述宏替换名：_COECL_、_COMPACT_、_HUGE_、_LAPGE_、_MEDIUM_、_MSDOS_、_PASCAL_、_SMALL_、_TINY_和_TURBOC_等。

_LINE_及_FILE_宏命令在有关#line 的部分中已讨论，这里讨论其余的宏名。

_DATE_宏命令含有形式为月/日/年的串，表示源文件被翻译到代码时的日期。

源代码翻译到目标代码的时间作为串包含在_TIME_中。串形式为时：分：秒。

如果实现是标准的，则宏_STDC_含有十进制常量 1。如果它含有任何其他数，则实现是非标准的。

注意：

宏名的书写比较特别，书写时两边都要由下划线构成。

扫一扫，看视频

第 12 章　文　　件

在现代计算机的应用领域中，数据处理是一个重要方面。数据处理是指对各种类型的大批量的数据进行收集、存储、检索、计算、修改、输出等分析和加工处理的过程。这些操作往往是要通过文件的形式来实现的。本章就来介绍如何将数据写入文件和从文件中读出。本章视频要点如下：

- 如何学好本章。
- 掌握文件的打开和关闭。
- 熟练使用文件的各种读写方式。
- 了解错误检测。

12.1　文件概述

“文件”是指一组相关数据的有序集合。这个数据集合（简称数据集）有一个名称，叫做文件名。在前面的程序设计中，我们介绍了输入和输出，即从标准输入设备（键盘）输入，由标准输出设备（显示器或打印机）输出。不仅如此，我们也常把磁盘作为信息载体，用于保存中间结果或最终数据。在使用一些字处理工具时，会利用打开一个文件来将磁盘的信息输入到内存，通过关闭一个文件来实现将内存数据输出到磁盘。这时的输入和输出是针对文件系统，故文件系统也是输入和输出的对象。实际上在前面的各章中已经多次使用了文件，例如源程序文件、目标文件、可执行文件、头文件等。文件通常是驻留在外部介质（磁盘等）上的，在使用时才调入内存中来。

文件可以从不同的角度来分类：

- 从用户的角度（或所依附的介质）看，文件可分为普通文件和设备文件两种。
  - 普通文件是指驻留在磁盘或其他外部介质上的一个有序数据集。
  - 设备文件是指与主机相联的各种外部设备，如显示器、打印机、键盘等。在操作系统中，把外部设备也看作是一个文件来进行管理，把它们的输入、输出等同于对磁盘文件的读和写。
- 按文件内容分为源文件、目标文件、可执行文件、头文件、数据文件等。
- 按文件编码的方式分为 ASCII 文件和二进制文件。
  - ASCII 文件也称为文本文件，这种文件在磁盘中存放时每个字符对应一个字节，用于存放对应的 ASCII 码。
  - 二进制文件是按二进制的编码方式来存放文件的。

在 C 语言中，文件操作都是由库函数来完成的。本章将介绍主要的文件操作函数。

12.2　文件基本操作

进行文件操作的前提是先要将所要操作的文件打开，在对文件进行完指定操作后应将文件关闭。像这种打开和关闭文件的操作是所有文件操作中最基本的操作，本节将对这方面内容进行介绍。

扫一扫，看视频

12.2.1 文件的打开

1. 文件指针

文件指针是一个指向文件有关信息的指针，这些信息包括文件名、状态和当前位置，它们保存在一个结构体变量中。该结构体类型是由系统定义的。C 语言规定该类型为 FILE 型，其声明如下：

```
typedef struct
{
    short level;
    unsigned flags;
    char fd;
    unsigned char hold;
    short bsize;
    unsigned char *buffer;
    unsigned ar *curp;
    unsigned istemp;
    short token;
}FILE;
```

编写程序时可用上面定义的 FILE 类型来定义变量。注意，在定义变量时不用将结构体内容全部给出，只需写成如下形式：

```
FILE *fp;
```

说明 fp 是一个指向 FILE 类型的指针变量。

2. 打开文件函数 fopen

fopen 函数用来打开一个文件，其调用的一般形式如下：

```
FILE *fp;
fp=fopen(文件名,使用文件方式);
```

其中，“文件名”是将要被打开文件的文件名；“使用文件方式”是指对打开的文件是要进行读还是写。使用文件方式如表 12.1 所示。

表 12.1　使用文件方式

文件使用方式	含　义
“r”（只读）	打开一个文本文件，只允许读数据
“w”（只写）	打开或建立一个文本文件，只允许写数据
“a”（追加）	打开一个文本文件，并在文件末尾写数据
“rb”（只读）	打开一个二进制文件，只允许读数据
“wb”（只写）	打开或建立一个二进制文件，只允许写数据
“ab”（追加）	打开一个二进制文件，并在文件末尾写数据
“r+”（读写）	打开一个文本文件，允许读和写
“w+”（读写）	打开或建立一个文本文件，允许读和写
“a+”（读写）	打开一个文本文件，允许读，或在文件末尾追加数据
“rb+”（读写）	打开一个二进制文件，允许读和写
“wb+”（读写）	打开或建立一个二进制文件，允许读和写
“ab+”（读写）	打开一个二进制文件，允许读，或在文件末尾追加数据

如果要以只读方式打开文件名为happy的文本文件，应写成如下形式。

```
FILE *fp;
fp=("happy.txt","r");
```

3. 注意事项

对表12.1中给出的使用文件方式有以下几个方面强调一下：

（1）当用“r”打开一个文件时，该文件必须是已经存在的；只能读取该文件中的内容，不能向该文件中写入任何内容。

（2）当用“w”打开文件时，会向指定的文件中写入内容。若打开的文件不存在，则会新建一个文件，新建的文件以打开的文件名为文件名；若打开的文件已经存在，则会用新建的文件覆盖原有的文件，并向新文件中写入内容。

（3）若要向一个已存在的文件末尾追加新的数据，只能用“a”方式打开文件；但此时该文件必须是存在的，否则将会出错。

（4）在打开一个文件时，如果出错，fopen函数会返回出错信息。此时fopen函数将带回一个空指针值NULL。

12.2.2 关闭文件函数fclose

fclose函数用来关闭文件，其调用的一般形式如下：

```
fclose(文件指针);
```

例如：

```
fclose(fp);
```

fclose函数也返回一个值，当正常完成关闭文件操作时，fclose函数返回值为0，否则返回EOF。

说明：

在程序结束之前应关闭所有文件，以防因为关闭文件而造成数据的流失。

12.3 文件的读写

当打开一个文件之后，即可对其进行读写操作。C语言中规定了多种对文件进行读写操作的方式，本节分别介绍。

12.3.1 字符形式读写文件

扫一扫，看视频

1. fputc函数

fputc函数的一般形式如下：

```
ch=fputc(ch,fp);
```

该函数的作用是把一个字符写到磁盘文件（fp所指向的是文件）上去。其中ch是要输出的字符，它可以是一个字符常量，也可以是一个字符变量；fp是文件指针变量。当函数输出成功则返回值就是输出的字符；如果输出失败，则返回EOF。

例 12.1 编程实现将数据写入磁盘文件，即在任意路径下新建一个文本文件，向该文件中写入“happy,happy!”以‘#’结束字符串的输入。

```
#include <stdio.h>
main()
{
    FILE *fp;                                       /*定义一个指向FILE类型结构体的指针变量*/
    char ch, filename[50];                          /*定义变量及数组为字符型*/
    printf("please input filename:\n");
    scanf("%s", filename);                          /*输入文件所在路径及名称*/
    if ((fp = fopen(filename, "w")) == NULL)        /*以只写方式打开指定文件*/
    {
        printf("cannot open file\n");
        exit(0);
    }
    ch = getchar();
    ch = getchar();                                 /*fgetc 函数返回一个字符赋给 ch*/
    while (ch != '#')                               /*当输入'#'时结束循环*/
    {
        fputc(ch, fp);                              /*将读入的字符写到磁盘文件上去*/
        ch = getchar();                             /*fgetc 函数继续返回一个字符赋给 ch*/
    }
    fclose(fp);                                     /*关闭文件*/
}
```

程序运行结果如图 12.1 和图 12.2 所示。

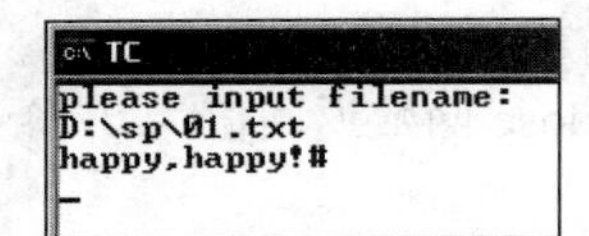

图 12.1 TC 下输入指定内容

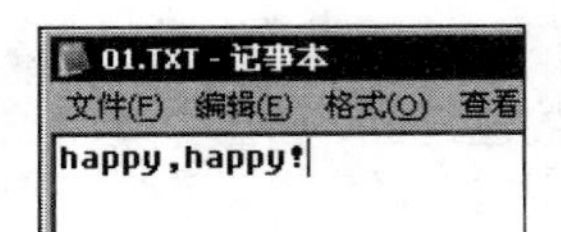

图 12.2 写入磁盘文件中的内容

扫一扫，看视频

2. fgetc 函数

fgetc 函数的一般形式如下：

```
ch=fgetc(fp);
```

该函数的作用是从指定的文件（fp 指向的文件）读入一个字符赋给 ch。注意，该文件必须是以读或读写方式打开。当函数遇到文件结束符时将返回一个文件结束标志 EOF。

例 12.2 要求在程序执行前在任意路径下新建一个文本文件，其内容为“hello world hello mingri!”编程实现从键盘中输入文件路径及名称，在屏幕中显示出该文件内容。

```
#include <stdio.h>
main()
{
    FILE *fp;                                       /*定义一个指向FILE类型结构体的指针变量*/
    char ch, filename[50];                          /*定义变量及数组为字符型*/
    printf("please input file's name;\n");
    gets(filename);                                 /*输入文件所在路径及名称*/
    fp = fopen(filename, "r");                      /*以只读方式打开指定文件*/
    ch = fgetc(fp);                                 /*fgetc 函数返回一个字符赋给 ch*/
```

```
    while (ch != EOF)                            /*当读入的字符值等于 EOF 时结束循环*/
    {
        putchar(ch);                             /*将读入的字符输出在屏幕上*/
        ch = fgetc(fp);                          /*fgetc 函数继续返回一个字符赋给 ch*/
    }
    fclose(fp);                                  /*关闭文件*/
}
```

程序运行结果如图 12.3 所示。

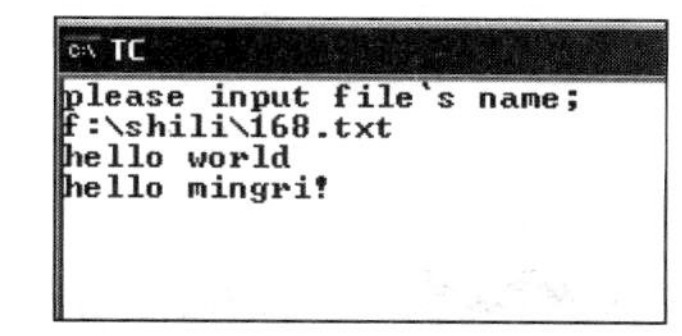

图 12.3　输出文件内容

12.3.2　字符串形式读写文件

扫一扫，看视频

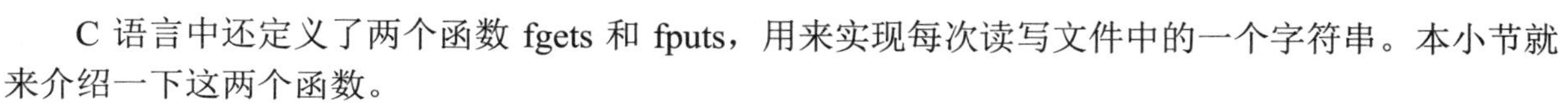

C 语言中还定义了两个函数 fgets 和 fputs，用来实现每次读写文件中的一个字符串。本小节就来介绍一下这两个函数。

fputs 函数的一般形式如下：

```
fputs(字符串,文件指针);
```

该函数的作用是向指定的文件写入一个字符串。其中“字符串”可以是字符串常量，也可以是字符数组名、指针或变量。

fgets 函数的一般形式如下：

```
fgets(字符数组名,n,文件指针);
```

该函数的作用是从指定的文件中读一个字符串到字符数组中。其中，n 表示所得到的字符串中字符的个数（包含‘\0’）。

例 12.3　从键盘中输入字符串“hello world hello mingri”，使用 fputs 函数将字符串内容输出到磁盘文件中，使用 fgets 函数从磁盘文件中读取字符串到数组 s 中，最终将其输出在屏幕上。

```
#include <stdio.h>
main()
{
    FILE *fp;                                    /*定义一个指向FILE类型结构体的指针变量*/
    char str[100], s[100], filename[50];         /*定义数组为字符型*/
    printf("please input string!\n");
    gets(str);                                   /*获得字符串*/
    printf("please input filename:\n");
    scanf("%s", filename);                       /*输入文件所在路径及名称*/
    if ((fp = fopen(filename, "wb")) != NULL)    /*以只写方式打开指定文件*/
    {
        fputs(str, fp);                          /*把字符数组str中的字符串输出到fp指向
                                                   的文件*/
        fclose(fp);
    }
    else
```

```
    {
        printf("cannot open!");
        exit(0);
    }
    if ((fp = fopen(filename, "rb")) != NULL)
    {
        while (fgets(s, sizeof(s), fp))              /*从fp所指的文件中读入字符串存入s中*/
            printf("%s", s);                         /*将字符串输出*/
        fclose(fp);                                  /*关闭文件*/
    }
}
```

程序运行结果如图 12.4 所示。

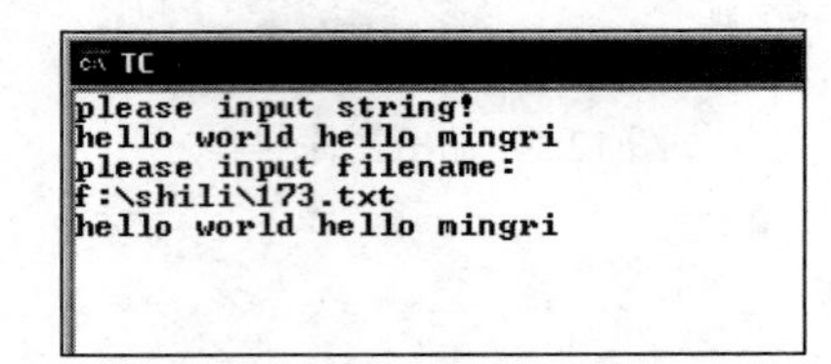

图 12.4　字符串形式读写文件

扫一扫，看视频

12.3.3　成块读写文件

fputc 和 fgetc 函数每次只能读写文件中的一个字符，但是在编写程序的过程中往往需要对整块数据进行读写，例如对一个结构体类型变量值进行读写。下面就来介绍实现整块读写功能的 fread 和 fwrite 函数。

fread 函数的一般形式如下：

```
fread(buffer,size,count,fp)
```

该函数的作用是从 fp 所指向的文件中读入 count 次，每次读 size 字节，读入的信息存在 buffer 地址中。

fwrite 函数的一般形式如下：

```
fwrite(buffer,size,count,fp);
```

该函数的作用是将 buffer 地址开始的信息，输出 count 次，每次写 size 字节到 fp 所指向的文件中。

参数说明如下。

- buffer：是一个指针。对于 fwrite 来说就是要输出数据的地址（起始地址），对 fread 来说是所要读入的数据存放的地址。
- size：要读写的字节数。
- count：要读写多少个 size 字节的数据项。
- fp：文件类型指针。

例如：

```
fread(a,2,3,fp);
```

其含义是从 fp 所指向的文件中，每次读 2 个字节送入数组 a 中，连续读 3 次。

```
fwrite(a,2,3,fp)
```

其含义是将 a 数组中的信息每次输出 2 个字节到 fp 所指向的文件中，连续输出 3 次。

例 12.4　从键盘中输入学生成绩信息，保存到指定磁盘文件中；输入完全部信息后，将磁盘文件中保存的信息输出到屏幕上。

```
#include <stdio.h>
struct student_score                              /*定义结构体存储学生成绩信息*/
{
    char name[10];
    int num;
    int China;
    int Math;
    int English;
} score[100];
void save(char *name, int n)                      /*自定义函数 save*/
{
    FILE *fp;                                     /*定义一个指向 FILE 类型结构体的指针变量*/
    int i;
    if ((fp = fopen(name, "wb")) == NULL)         /*以只写方式打开指定文件*/
    {
        printf("cannot open file\n");
        exit(0);
    }
    for (i = 0; i < n; i++)
        if (fwrite(&score[i], sizeof(struct student_score), 1, fp) != 1)
                                                  /*将一组数据输出到 fp 所指向的文件中*/
            printf("file write error\n");         /*如果写入文件不成功，则输出错误*/
    fclose(fp);                                   /*关闭文件*/
}
void show(char *name, int n)                      /*自定义函数 show*/
{
    int i;
    FILE *fp;                                     /*定义一个指向 FILE 类型结构体的指针变量*/
    if ((fp = fopen(name, "rb")) == NULL)         /*以只读方式打开指定文件*/
    {
        printf("cannot open file\n");
        exit(0);
    } for (i = 0; i < n; i++)
    {
        fread(&score[i], sizeof(struct student_score), 1, fp);
                                                  /*从 fp 所指向的文件读入数据存到数组 score 中*/
        printf("%-10s%4d%4d%4d%4d\n", score[i].name, score[i].num,
            score[i].China, score[i].Math, score[i].English);
    }
    fclose(fp);                                   /*以只写方式打开指定文件*/
}
main()
{
    int i, n;                                     /*变量类型为基本整型*/
    char filename[50];                            /*数组为字符型*/
    printf("how many students in your class?\n");
```

```
    scanf("%d", &n);                                            /*输入学生数*/
    printf("please input filename:\n");
    scanf("%s", filename);                                      /*输入文件所在路径及名称*/
    printf("please input name,number,China,math,English:\n");
    for (i = 0; i < n; i++)                                     /*输入学生成绩信息*/
    {
        printf("NO%d", i + 1);
        scanf("%s%d%d%d%d", score[i].name, &score[i].num, &score[i].China,
            &score[i].Math, &score[i].English);
        save(filename, n);                                      /*调用函数 save*/
    } show(filename, n);                                        /*调用函数 show*/
}
```

程序运行结果如图 12.5 所示。

```
TC
how many students in your class?
5
please input filename:
f:\shili\171.txt
please input name,number,China,math,English:
NO1lili 1001 89 69 86
NO2mimi 1002 66 56 98
NO3qiqi 1003 99 56 23
NO4yuyu 1004 69 88 56
NO5xixi 1005 85 65 79
lili      1001   89   69   86
mimi      1002   66   56   98
qiqi      1003   99   56   23
yuyu      1004   69   88   56
xixi      1005   85   65   79
```

图 12.5　成块读写信息

扫一扫，看视频

12.3.4　格式化读写函数

前面讲过 printf 函数和 scanf 函数，这两个都是格式化读写函数。本小节要介绍的这两个函数 fprintf 和 fscanf 函数，其作用与 printf 和 scanf 相似，但也存在一定的区别，即读写的对象不同，它们读写的对象不是终端而是磁盘文件。

fprintf 函数的一般形式如下：

```
ch=fprintf(文件类型指针,格式字符串,输出列表);
```

例如：

```
fprintf(fp,"%d",i);
```

该函数的作用是将整型变量 i 的值按%d 的格式输出到 fp 指向的文件上。

fscanf 函数的一般形式如下：

```
fscanf(文件类型指针,格式字符串,输入列表)
```

例如：

```
fscanf(fp, "%d",&i);
```

该函数的作用是读入 fp 所指向的文件上的 i 的值。

例 12.5　输入的小写字符串写入磁盘文件，再将刚写入磁盘文件的内容读出并以大写字母的形式显示在屏幕上。

```
#include <stdio.h>
main()
{
```

```
    int i, flag = 1;                                /*定义变量为基本整型*/
    char str[80], filename[50];                     /*定义数组为字符型*/
    FILE *fp;                                       /*定义一个指向FILE类型结构体的指针变量*/
    printf("please input filename:\n");
    scanf("%s", filename);                          /*输入文件所在路径及名称*/
    if ((fp = fopen(filename, "w")) == NULL)        /*以只写方式打开指定文件*/
    {
        printf("cannot open!");
        exit(0);
    }
    while (flag == 1)
    {
        printf("\nInput string:\n");
        scanf("%s", str);                           /*输入字符串*/
        fprintf(fp, "%s", str);                     /*将 str 字符串内容以%s 形式写到 fp 所指
                                                      向文件上*/
        printf("\nContinue:?");
        if ((getchar() == 'N') || (getchar() == 'n'))       /*输入'n'结束输入*/
            flag = 0;                                       /*标志位置 0*/
    }
    fclose(fp);                                             /*关闭文件*/
    fp = fopen(filename, "r");                              /*以只写读方式打开指定文件*/
    while (fscanf(fp, "%s", str) != EOF)                    /*从 fp 所指向的文件中以%s 形式
                                                              读入字符串*/
    {
        for (i = 0; str[i] != '\0'; i++)
            if ((str[i] >= 'a') && (str[i] <= 'z'))
                str[i] -= 32;                               /*将小写字母转换为大写字母*/
        printf("\n%s\n", str);                              /*输出转换后的字符串*/
    }
    fclose(fp);                                             /*关闭文件*/
}
```

程序运行结果如图 12.6 所示。

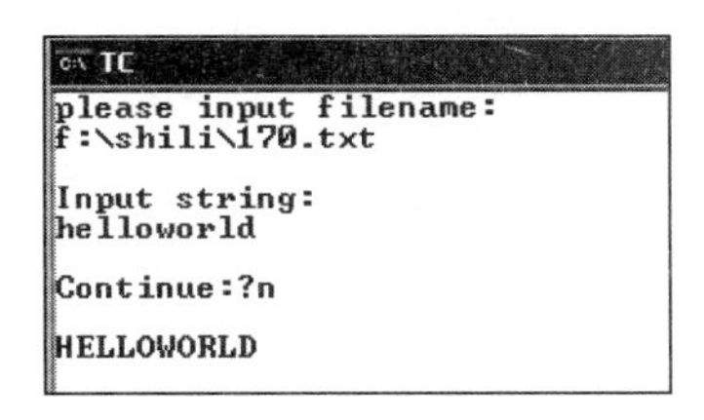

图 12.6 格式化读写磁盘文件

12.3.5 随机读写文件

对流式文件可以进行顺序读写，前面介绍的对文件的读写方式也都是顺序读写；同样也可以进行随机读写，借助于缓冲型 I/O 系统中的 fseek 函数便可以完成随机读写操作。fseek 函数的一般形式如下：

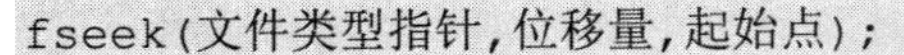

```
fseek(文件类型指针,位移量,起始点);
```

该函数的作用是移动文件内部位置指针。其中，“文件类型指针”指向被移动的文件。“位移量”表示移动的字节数，要求位移量是 long 型数据，以便在文件长度大于 64KB 时不会出错。当用常量表示位移量时，要求加后缀“L”。“起始点”表示从何处开始计算位移量。规定的起始点有 3 种：文件首、文件当前位置和文件末尾。其表示方法如表 12.2 所示。

表 12.2　起始点的表示方法

起　始　点	表 示 符 号	数 字 表 示
文件首	SEEK—SET	0
当前位置	SEEK—CUR	1
文件末尾	SEEK—END	2

例如：

```
fseek(fp,-20L,1);
```

表示将位置指针从当前位置向后退 20 个字节。

说明：

fseek 函数一般用于二进制文件。在文本文件中由于要进行转换，故往往计算的位置会出现错误。文件的随机读写在移动位置指针之后，即可用前面介绍的任一种读写函数进行读写。

例 12.6　有两个文本文件，第一个文本文件的内容是“hello computer!!”，第 2 个文本文件的内容是“This is a c program!!”。编程实现合并两文件信息，即将文档 2 的内容合并到文档 1 内容的后面。

```
#include <stdio.h>
main()
{
    char ch, filename1[50], filename2[50];  /*数组和变量的数据类型为字符型*/
    FILE *fp1,  *fp2;                       /*定义两个指向 FILE 类型结构体的指针变量*/
    printf("please input filename1:\n");
    scanf("%s", filename1);                          /*输入文件所在路径及名称*/
    if ((fp1 = fopen(filename1, "a+")) == NULL)      /*以读写方式打开指定文件*/
    {
        printf(" cannot open\n");
        exit(0);
    }
    printf("file1:\n");
    ch = fgetc(fp1);
    while (ch != EOF)
    {
        putchar(ch);                                 /*将文件 1 中的内容输出*/
        ch = fgetc(fp1);
    }
    printf("\nplease input filename2:\n");
    scanf("%s", filename2);                          /*输入文件所在路径及名称*/
    if ((fp2 = fopen(filename2, "r")) == NULL)       /*以只读方式打开指定文件*/
    {
        printf("cannot open\n");
```

```
        exit(0);
    }
    printf("file2:\n");
    ch = fgetc(fp2);
    while (ch != EOF)
    {
        putchar(ch);                        /*将文件 2 中的内容输出*/
        ch = fgetc(fp2);
    }
    fseek(fp2, 0L, 0);                      /*将文件 2 中的位置指针移到文件开始处*/
    ch = fgetc(fp2);
    while (!feof(fp2))
    {
        fputc(ch, fp1);                     /*将文件 2 中的内容输出到文件 1 中*/
        ch = fgetc(fp2);                    /*继续读取文件 2 中的内容*/
    }
    fclose(fp1);                            /*关闭文件 1*/
    fclose(fp2);                            /*关闭文件 2*/
}
```

程序运行结果如图 12.7～图 12.9 所示。

图 12.7　合并前文档中的内容

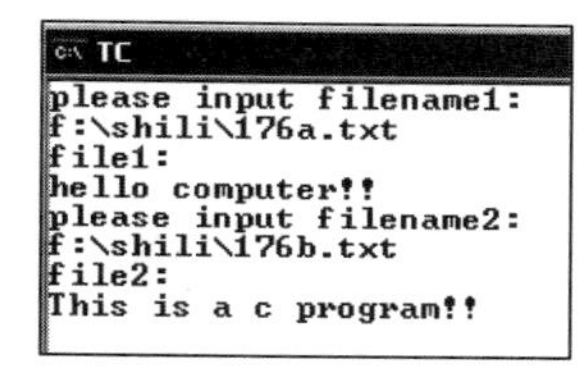

图 12.8　程序运行界面

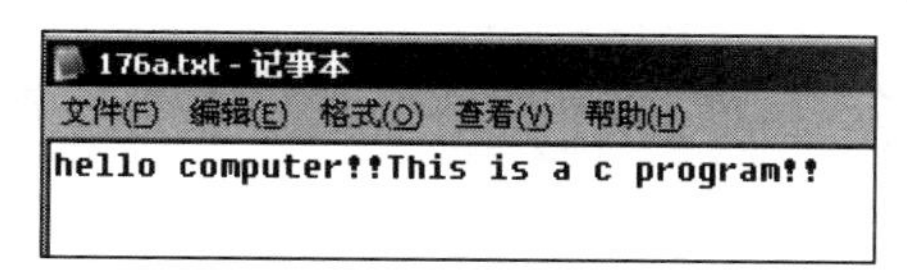

图 12.9　合并后文件中的内容

程序中有这样一句代码：

```
fseek(fp2, 0L, 0);
```

为什么要加上这句代码呢？这是因为在前面的程序中实现了将文件 2 中的内容逐个读取并显示到屏幕上，当将文件 2 中的全部内容读取后位置指针 fp2 也就指到了文件末尾处；在接下来的内容中，如要实现将文件 2 中的内容逐个合并到文件 1 中，就必须将文件 2 中的位置指针 fp2 重新移到文件开始处。

除了 fseek 函数外，还有两个函数在编写程序的过程中也会经常用到，即用来实现文件定位的 rewind 函数和 ftell 函数。

rewind 函数的一般形式如下：

```
int rewind(文件类型指针);
```

该函数的作用是使位置指针重新返回文件的开头，该函数没有返回值。

例 12.7　rewind 应用。

```
#include<stdio.h>
```

```
main()
{
    FILE *fp;
    char ch,filename[50];
    printf("please input filename:\n");
    scanf("%s",filename);                          /*输入文件名*/
    if((fp=fopen(filename,"r"))==NULL)             /*以只读方式打开该文件*/
    {
        printf("cannot open this file.\n");
        exit(1);
    }
    ch = fgetc(fp);
    while (ch != EOF)
    {
        putchar(ch);                               /*输出字符*/
        ch = fgetc(fp);                            /*获取 fp 指向文件中的字符*/
    }
    rewind(fp);                                    /*指针指向文件开头*/
    ch = fgetc(fp);
    while (ch != EOF)
    {
        putchar(ch);                               /*输出字符*/
        ch = fgetc(fp);
    }

    fclose(fp);                                    /*关闭文件*/
}
```

程序运行结果如图 12.10 所示。

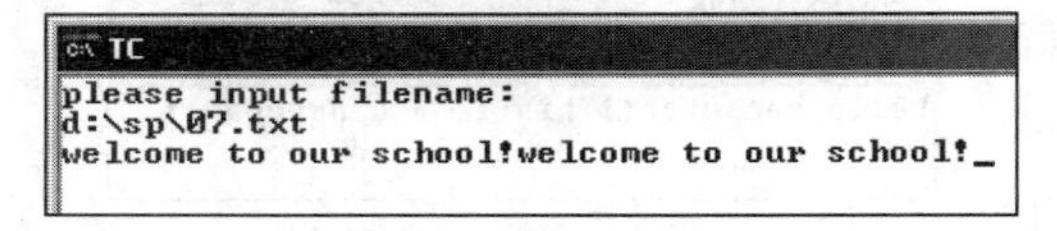

图 12.10 rewind 应用

程序中通过以下 6 行语句输出了第 1 个“welcome to our school!”。

```
ch = fgetc(fp);
   while (ch != EOF)
   {
      putchar(ch);
      ch = fgetc(fp);
   }
```

在输出第 1 个“welcome to our school!”后文件指针已经移动到了该文件的尾部，使用 rewind 函数再次将文件指针移到了文件的开始部分，所以当再次使用上面 6 行语句时就出现了第 2 个“welcome to our school!”。

ftell 函数的一般形式如下：

```
long ftell(文件类型指针)
```

该函数的作用是得到流式文件中的当前位置，用相对于文件开头的位移量来表示。当 ftell 函数返回值为-1L 时，表示出错。例如：

```
long i;
if((I=ftell(fp))==-1L)
printf("error");
```

12.4 错误检测

在对输入/输出函数进行调用时，往往会出现一些错误。针对这种情况，C 标准提供了一些函数用来检测错误。

ferror 函数的一般形式如下：

```
int ferror(文件类型指针)
```

该函数的作用是检测给定流里的文件错误。返回值为 0 时，表示没有出现错误；返回非 0 值时，表示有错。该函数的原型在 stdio.h 中。

例 12.8 将文件中的制表符换成恰当数目的空格，要求每次读写操作后都调用 ferror 函数检查错误。

```
#include <stdio.h>
#include <stdlib.h>
void error(int e)                                  /*自定义 error 函数判断出错的性质*/
{
    if(e == 0)
        printf("input error\n");
    else
        printf("output error\n");
    exit(1);                                       /* 跳出程序 */
}
main()
{
   FILE *in,  *out;                                /*第 1、2 个文件类型指针 in 和 out*/
   int tab, i;
   char ch, filename1[30], filename2[30];
   printf("please input the filename1:");
   scanf("%s", filename1);                         /*输入文件路径及名称*/
   printf("please input the filename2:");
   scanf("%s", filename2);                         /*输入文件路径及名称*/
   if ((in = fopen(filename1, "rb")) == NULL)
   {
      printf("can not open the file %s。\n", filename1);
      exit(1);
   }
   if ((out = fopen(filename2, "wb")) == NULL)
   {
      printf("can not open the file %s。\n", filename2);
      exit(1);
   }
   tab = 0;
   ch = fgetc(in);                                 /*从指定的文件中读取字符*/
```

```
    while (!feof(in))                               /*检测是否有读入错误*/
    {
        if (ferror(in))
            error(0);
        if (ch == '\t')                             /*如果发现制表符，则输出相同数目的空格符*/
        {
            for (i = tab; i < 8; i++)
            {
                putc(' ', out);
                if (ferror(out))
                    error(1);
            }
            tab = 0;
        }
        else
        {
            putc(ch, out);
            if (ferror(out))                        /*检查是否有输出错误*/
                error(1);
            tab++;
            if (tab == 8)
                tab = 0;
            if (ch == '\n' || ch == '\r')
                tab = 0;
        }
        ch = fgetc(in);
    }
    fclose(in);
    fclose(out);
}
```

程序运行结果如图 12.11～图 12.13 所示。

图 12.11　程序运行界面

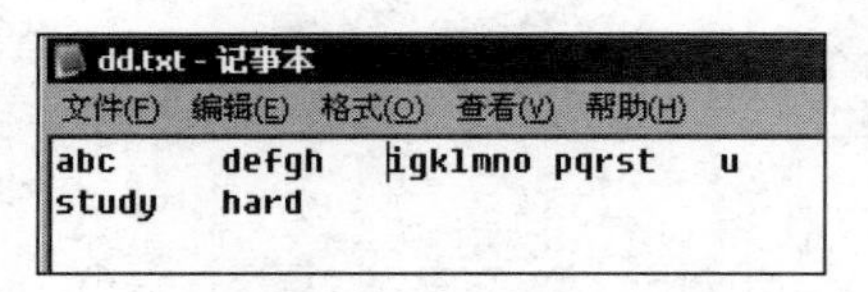

图 12.12　制表符未转换成空格前的文档内容

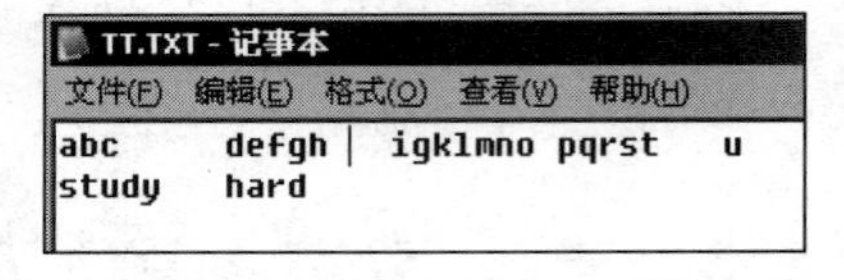

图 12.13　制表符转换成空格后的文档内容

12.5　文件操作举例

例 12.9　将一个已存在的文本文件的内容复制到新建的文本文件中。

```
#include <stdio.h>
```

```
main()
{
    FILE *in,*out;                                  /*定义两个指向 FILE 类型结构体的指针变量*/
    char ch, infile[50], outfile[50];               /*定义数组及变量为基本整型*/
    printf("Enter the infile name:\n");
    scanf("%s", infile);                            /*输入将要被复制的文件所在路径及名称*/
    printf("Enter the outfile name:\n");
    scanf("%s", outfile);                           /*输入新建的将用于复制的文件所在路径及名称*/
    if ((in = fopen(infile, "r")) == NULL)          /*以只写方式打开指定文件*/
    {
        printf("cannot open infile\n");
        exit(0);
    }
    if ((out = fopen(outfile, "w")) == NULL)
    {
        printf("cannot open outfile\n");
        exit(0);
    }
    ch = fgetc(in);
    while (ch != EOF)
    {
        fputc(ch, out);                             /*将 in 指向的文件的内容复制到 out 所指向的
                                                      文件中*/
        ch = fgetc(in);
    }
    fclose(in);
    fclose(out);
}
```

程序运行结果如图 12.14～图 12.16 所示。

图 12.14　已存在的名为 174A 的文本文件中的内容

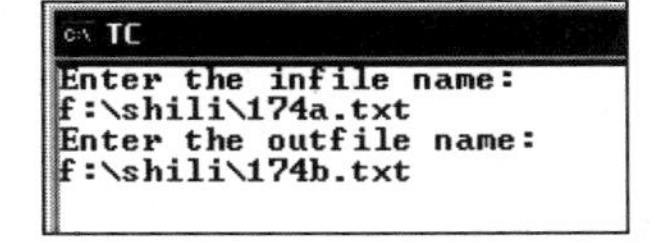

图 12.15　程序运行界面

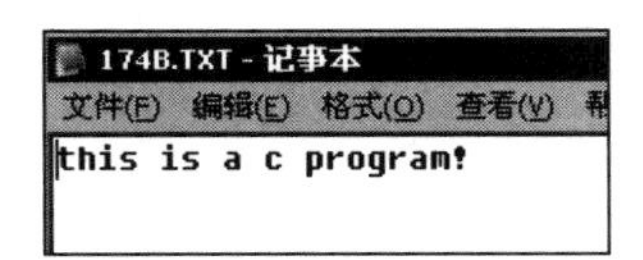

图 12.16　运行后新建的名为 174B 的文本文件中的内容

本例中实现复制的过程并不是很复杂，不过要注意，无论是复制的文件还是被复制的文件都应该是打开的状态，完成复制后再将两个文件分别关闭。

例 12.10　输入若干个学生信息，保存到指定磁盘文件中，要求将奇数条学生信息从磁盘中读入并显示在屏幕上。

扫一扫，看视频

```
#include <stdio.h>
struct student_type                                 /*定义结构体存储学生信息*/
{
```

```
    char name[10];
    int num;
    int age;
}stud[10];
void save(char *name, int n)                          /*自定义函数save*/
{
    FILE *fp;
    int i;
    if ((fp = fopen(name, "wb")) == NULL)    /*以只写方式打开指定文件*/
    {
        printf("cannot open file\n");
        exit(0);
    }
    for (i = 0; i < n; i++)
        if (fwrite(&stud[i], sizeof(struct student_type), 1, fp) != 1)
                                                      /*将一组数据输出到fp所指向的文件中*/
            printf("file write error\n");    /*如果写入文件不成功，则输出错误*/
    fclose(fp);                                       /*关闭文件*/
}
main()
{
    int i, n;                                         /*变量类型为基本整型*/
    FILE *fp;                                         /*定义一个指向FILE类型结构体的指针变量*/
    char filename[50];                                /*数组为字符型*/
    printf("please input filename:\n");
    scanf("%s", filename);                            /*输入文件所在路径及名称*/
    printf("please input the number of students:\n");
    scanf("%d", &n);                                              /*输入学生数*/
    printf("please input name,number,age:\n");
    for (i = 0; i < n; i++)                                       /*输入学生信息*/
    {
        printf("NO%d", i + 1);
        scanf("%s%d%d", stud[i].name, &stud[i].num, &stud[i].age);
        save(filename, n);                                        /*调用函数save*/
    } if ((fp = fopen(filename, "rb")) == NULL)                   /*以只读方式打开指定文件*/
    {
        printf("can not open file\n");
        exit(0);
    }
    for (i = 0; i < n; i += 2)
    {
        fseek(fp, i *sizeof(struct student_type), 0);
                                                      /*随着i的变化从文件开始处随机读文件*/
        fread(&stud[i], sizeof(struct student_type), 1, fp);
                                                      /*从fp所指向的文件读入数据存到数组stud中*/
        printf("%-10s%5d%5d\n", stud[i].name, stud[i].num, stud[i].age);
    }
    fclose(fp);                                       /*关闭文件*/
}
```

程序运行结果如图 12.17 所示。

```
please input filename:
f:\shili\172.txt
please input the number of students:
6
please input name,number,age:
NO1mingming 1001 25
NO2xiaogang 1002 30
NO3xiaoling 1003 12
NO4xiaohong 1004 24
NO5xiaoshan 1005 26
NO6jingjing 1006 25
mingming    1001    25
xiaoling    1003    12
xiaoshan    1005    26
_
```

图 12.17 显示奇数条学生信息

例 12.11 编程实现对记录中职工工资信息的删除。具体要求如下：输入路径及文件名，打开一文件；录入员工姓名及工资，录入完毕显示文件中的内容；输入要删除的员工姓名，进行删除操作；最后将删除后的内容显示在屏幕上。

```
#include <stdio.h>
#include <string.h>
struct emploee                                          /*定义结构体，存放员工工资信息*/
{
   char name[10];
   int salary;
} emp[20];
main()
{
   FILE *fp1,  *fp2;
   int i, j, n, flag, salary;
   char name[10], filename[50];                         /*定义数组为字符类型*/
   printf("please input filename:\n");
   scanf("%s", filename);                               /*输入文件所在路径及名称*/
   printf("please input the number of emploees:\n");
   scanf("%d", &n);                                     /*输入要录入的人数*/
   printf("input name and salary:\n");
   for (i = 0; i < n; i++)
   {
      printf("NO%d:\n", i + 1);
      scanf("%s%d", emp[i].name, &emp[i].salary);       /*输入员工姓名及工资*/
   }
   if ((fp1 = fopen(filename, "ab")) == NULL)           /*以追加的方式打开指定的二进制文件*/
   {
      printf("Can not open the file.");
      exit(0);
   }
   for (i = 0; i < n; i++)
      if (fwrite(&emp[i], sizeof(struct emploee), 1, fp1) != 1)
                                                        /*将输入的员工信息输出到磁盘文件上*/
         printf("error\n");
   fclose(fp1);
   if ((fp2 = fopen(filename, "rb")) == NULL)
   {
      printf("Can not open file.");
      exit(0);
   } printf("\n original data:");
```

```
    for (i = 0; fread(&emp[i], sizeof(struct emploee), 1, fp2) != 0; i++)
                                              /*读取磁盘文件上的信息到 emp 数组中*/
        printf("\n %8s%7d", emp[i].name, emp[i].salary);
    n = i;
    fclose(fp2);
    printf("\n Input name which do you want to delete:");
    scanf("%s", name);                        /*输入要删除的员工姓名*/
    for (flag = 1, i = 0; flag && i < n; i++)
    {
        if (strcmp(name, emp[i].name) == 0)   /*查找与输入姓名相匹配的位置*/
        {
            for (j = i; j < n - 1; j++)
            {
                strcpy(emp[j].name, emp[j + 1].name);
                                              /*查找到要删除信息的位置后将后面信息前移*/
                emp[j].salary = emp[j + 1].salary;
            } flag = 0;                       /*标志位置 0*/
        }
    }
    if (!flag)
        n = n - 1;                            /*记录个数减 1*/
    else
        printf("\nNot found");
    printf("\nNow,the content of file:\n");
    fp2 = fopen(filename, "wb");              /*以只写方式打开指定文件*/
    for (i = 0; i < n; i++)
        fwrite(&emp[i], sizeof(struct emploee), 1, fp2);
                                              /*将数组中的员工工资信息输出到磁盘文件上*/
    fclose(fp2);
    fp2 = fopen(filename, "rb");              /*以只读方式打开指定二进制文件*/
    for (i = 0; fread(&emp[i], sizeof(struct emploee), 1, fp2) != 0; i++)
                                              /*以只读方式打开指定二进制文件*/
        printf("\n%8s%7d", emp[i].name, emp[i].salary);      /*输出员工工资信息*/
    fclose(fp2);
}
```

程序运行结果如图 12.18 所示。

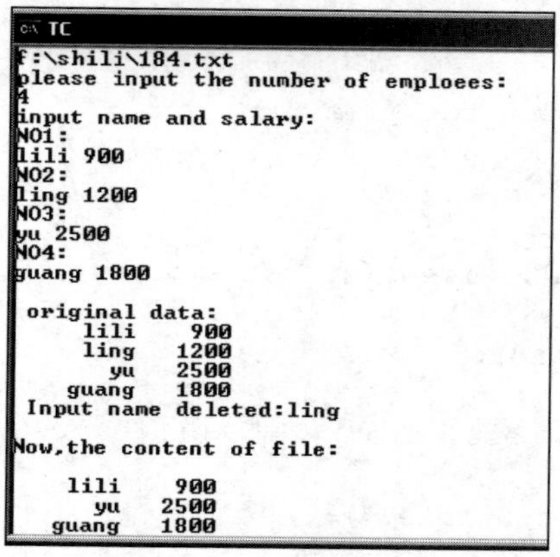

```
TC
F:\shili\184.txt
please input the number of emploees:
4
input name and salary:
NO1:
lili 900
NO2:
ling 1200
NO3:
yu 2500
NO4:
guang 1800

 original data:
     lili    900
     ling   1200
       yu   2500
    guang   1800
 Input name deleted:ling

Now,the content of file:

    lili    900
      yu   2500
   guang   1800
```

图 12.18　删除信息

做本例之前要把思路理清，思路理清了用前面讲过的函数很容易就能实现程序中要求的功能。下面就来分析下本题的思路：

首先是打开一个二进制文件，此时应以追加的方式打开，若以只写的方式打开会使文件中的原有内容丢失；向该文件中输入员工工资信息，输入完毕将文件中内容全部输出；然后输入要删除的员工的姓名，使用 strcmp 函数查找相匹配的姓名来确定要删除记录的位置，将该位置后的记录分别前移一位，也就是将要删除的记录用后面的记录覆盖了；最后将删除后剩余的记录使用 fwrite 再次输出到磁盘文件中，使用 fread 函数读取文件内容到 emp 数组中并显示在屏幕上。

扫一扫，看视频

第 13 章　图 形 图 像

在 ANSI 标准中没有定义任何字符屏幕或图形功能函数，主要是因为计算机的种类太多，其各种各样的硬件阻碍了标准化。而 Turbo C 2.0 具有相当强的图形处理能力，本章将对其提供的部分函数加以介绍。本章视频要点如下：

- 如何学好本章。
- 了解字符屏幕函数。
- 掌握如何实现图形模式初始化。
- 熟练使用基本图形函数。
- 了解图形模式下的文本输出。

13.1　字 符 屏 幕

Turbo C 2.0 的字符屏幕函数主要包括文本窗口大小的设定、窗口颜色的设置、窗口文本的清除和输入输出等函数。本节将逐一介绍。

扫一扫，看视频

13.1.1　定义文本窗口

字符屏幕的核心是窗口（Window），它是屏幕的活动部分，共有 80 列 25 行的文本单元，字符输出或显示在活动窗口中进行。默认情况下，窗口就是整个屏幕。窗口可以根据需要指定其大小。

编写绘图程序时经常要对字符屏幕进行操作。Turbo C 2.0 可以定义屏幕上的一个矩形区域作为窗口，使用 window 函数定义。窗口定义之后，用有关窗口的输入/输出函数就可以只在此窗口内进行操作而不超出窗口的边界。

window 函数的一般形式如下：

```
void window(int left, int top, int right, int bottom);
```

在该函数中，形式参数 left 和 top 是窗口左上角的坐标，right 和 bottom 是窗口的右下角坐标，其中（left,top）和（right,bottom）是相对于整个屏幕而言的。Turbo C 2.0 规定整个屏幕的左上角坐标为（1,1），右下角坐标为（80,25）。同时，规定水平方向为 X 轴，方向自左向右；沿垂直方向为 Y 轴，方向自上至下。

注意：

若 window 函数中的坐标超过了屏幕坐标的界限，则窗口的定义就失去了意义，也就是说定义将不起作用。

如要定义一个窗口左上角在屏幕（5,5）处，大小为 30 列 20 行的窗口，可写成：

```
window(5,5,35,25);
```

说明：

window 函数的原型在头文件 conio.h 中，本文中介绍的文本窗口中的所有函数原型都在头文件 conio.h 中。

扫一扫，看视频

13.1.2 颜色设置

文本窗口颜色的设置包括背景色的设置和字符颜色的设置。

（1）设置背景色

函数 textbackground 用于设置背景色，其一般形式如下：

```
void textbackground(int color);
```

参数 color 为要设置的背景的颜色。

（2）设置字符颜色

函数 textcolor 用于设置字符颜色，其一般形式如下：

```
void textcolor(int color);
```

参数 color 为要设置的字符的颜色。

（3）颜色的定义

颜色的相关属性如表 13.1 所示。

表 13.1 颜色的相关属性

符号常数	数值	含义	字符颜色或背景色
BLACK	0	黑	两者均可
BLUE	1	蓝	两者均可
GREEN	2	绿	两者均可
CYAN	3	青	两者均可
RED	4	红	两者均可
MAGENTA	5	洋红	两者均可
BROWN	6	棕	两者均可
LIGHTGRAY	7	淡灰	两者均可
DARKGRAY	8	深灰	只用于字符颜色
LIGHTBLUE	9	淡蓝	只用于字符颜色
LIGHTGREEN	10	淡绿	只用于字符颜色
LIGHTCYAN	11	淡青	只用于字符颜色
LIGHTRED	12	淡红	只用于字符颜色
LIGHTMAGENTA	13	淡洋红	只用于字符颜色
YELLOW	14	黄	只用于字符颜色
WHITE	15	白	只用于字符颜色
BLINK	128	闪烁	只用于字符颜色

注意：

背景只有 0~7 共 8 种颜色，当取大于 7 小于 15 的数，则代表的颜色与减 7 后的值对应的颜色相同。

扫一扫，看视频

13.1.3 文本的输入和输出

1. 窗口内文本输出函数

（1）格式输出函数，其一般形式如下：

```
int cprintf("格式化字符串",变量表列);
```

cprintf 函数输出一个格式化的字符串或数值到窗口中。它与 printf 函数的用法完全一样，区别在于 cprintf 函数的输出受到窗口的限制，而 printf 函数的输出为整个屏幕。

（2）字符串输出函数，其一般形式如下：

```
int cputs(char *string);
```

cputs 函数输出一个字符串到屏幕上。它与 puts 函数的用法完全一样，只是受窗口大小的限制。

（3）字符输出函数，其一般形式如下：

```
int putch(int ch);
```

putch 函数输出一个字符到窗口内。

说明：

使用以上几种函数，当输出超出窗口的右边界时会自动转到下一行的开始处继续输出。当窗口内填满内容仍没有结束输出时，窗口屏幕将会自动逐行上卷直到输出结束为止。

2. 窗口内文本输入函数

字符输入函数的一般形式如下：

```
int getche(void);
```

getche 函数的作用是从键盘上获取一个字符。

例 13.1 在指定区域内输出 hello world，要求绿底黄字。

```
#include <stdio.h>
#include <conio.h>
main()
{
    char c[]="hello world";
    textbackground(2);                          /*设置屏幕背景色*/
    window(5, 5, 35, 25);                       /*定义文本窗口*/
    textcolor(14);                              /*设置输出字符颜色*/
    cputs(c);                                   /*输出字符串*/
}
```

程序运行结果如图 13.1 所示。

图 13.1 输出文本

13.1.4　屏幕操作函数

（1）清屏函数，其一般形式如下：

```
void clrscr(void);
```

该函数的作用是清除当前窗口中的文本内容，并把光标定位在窗口的左上角(1,1)处。

（2）清除行尾字符函数，其一般形式如下：

```
void clreol(void);
```

该函数的作用是清除当前窗口中从光标位置到行尾的所有字符，光标位置不变。

（3）光标定位函数，其一般形式如下：

```
void gotoxy(x,y);
```

该函数在文本状态下经常用到，其作用是将字符屏幕上的光标移到当前窗口指定的位置上。这里 x,y 是指光标要定位处的坐标；当 x,y 超出了窗口的大小时，该函数就不起作用了。

注意：

gotoxy 函数中的参数 x 和 y 是相对于窗口来说的。

例 13.2　文本以阶梯状输出，要求绿底黄字。

```
#include <stdio.h>
#include <conio.h>
main()
{
    int i;
    char c[]="bcdefghijklmnopqrstu";
    clrscr();
    textbackground(GREEN);                    /*设置屏幕背景色 */
    window(5, 5, 35, 25);                     /*定义文本窗口 */
    textcolor(14);                            /*定义窗口背景色 */
    for(i=0;i<21;i++)
    {
        gotoxy(i,i);
        putch(c[i]);                          /*在指定位置输出字符*/
    }
}
```

程序运行结果如图 13.2 所示。

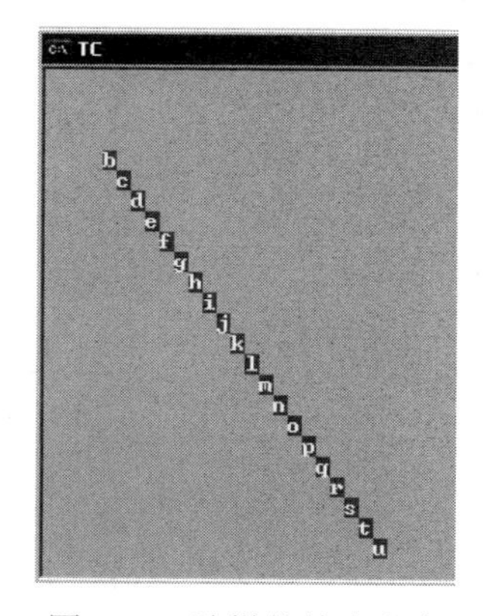

图 13.2　阶梯状输出文本

（4）插入空行函数，其一般形式如下：

```
void insline(void);
```

该函数的作用是插入一空行到当前光标所在行上，同时光标以下的所有行都向下顺移一行。

（5）删除一行函数，其一般形式如下：

```
void delline(void);
```

该函数的作用是删除当前窗口内光标所在行，同时把该行下面所有行都上移一行。

（6）拷进文字函数，其一般形式如下：

```
int gettext(int x1, int y1, int x2, int y2, void *buffer);
```

gettext 函数是将屏幕上指定的矩形区域内的文本内容存入 buffer 指针指向的一个内存空间。参数 x1 和 y1 为矩形左上角坐标，x2 和 y2 为矩形右下角坐标。内存的大小用下式计算：

所用字节大小=矩形区域的行数×矩形区域的列数×2

其中：

矩形区域行数=y2-y1+1

矩形区域列数=x2-x1+1

（7）拷出文字函数，其一般形式如下：

```
int puttext(int x1, int y1, int x2, int y2, void *buffer);
```

该函数的作用是把先前由 gettext 保存到 buffer 指向的内存中的文字拷出到屏幕上一个矩形区域中。参数 x1 和 y1 为矩形左上角坐标，x2 和 y2 为矩形右下角坐标，buffer 为指向内存中存储矩形区域的指针。

（8）移动文字函数，其一般形式如下：

```
int movetext(int x1, int x2, int y2, int x3, int y3);
```

movetext 函数将屏幕上左上角为（x1, y1）、右下角为（x2, y2）的一矩形窗口内的文本内容复制到左上角为（x3, y3）的新的位置。该函数的坐标也是相对于整个屏幕而言的。

说明：

movetext 函数是复制而不是移动窗口区域内容，当使用该函数以后，原位置窗口区域的文本内容不会消失，仍然存在。

例 13.3 movetext 函数应用。

```
#include <stdio.h>
#include <conio.h>
main()
{
    int i;
    char c[]="bcdefghijklmnopqrstu";
    clrscr();
    textbackground(GREEN);                  /*设置屏幕背景色 */
    window(5, 5, 35, 25);                   /*定义文本窗口 */
    textcolor(14);                          /*定义窗口背景色 */
    for(i=0;i<21;i++)
    {
        gotoxy(i,i);
```

```
        putch(c[i]);
    }
    movetext(5,5,10,10,30,10);                    /*将左上角为（5,5）、右下角为（10,10）的
                                                    文本在左上角为（30,10）的位置输出*/
}
```

程序运行结果如图 13.3 所示。

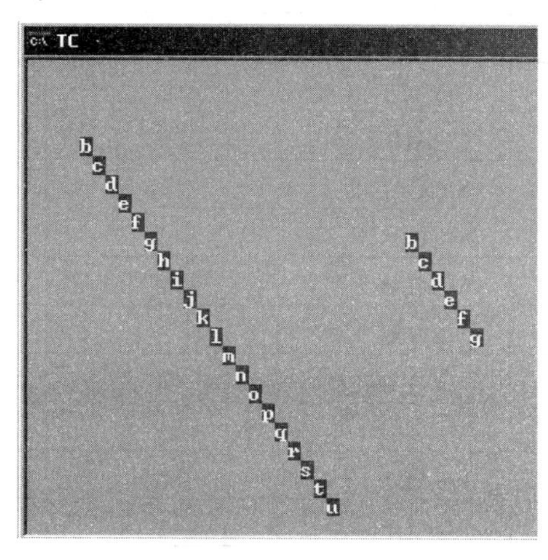

图 13.3　复制指定文本

13.2　图 形 显 示

Turbo C 2.0 具有 70 多个图形库函数，因此其图形处理功能十分强大。所有图形函数的原型均在 graphics.h 中。本节主要介绍图形模式的初始化、屏幕颜色设置、基本图形函数以及封闭图形的填充等内容。

13.2.1　图形模式初始化

扫一扫，看视频

在使用图形函数绘图之前，必须将屏幕显示适配器设置为图形模式，也就是通常所说的“图形模式初始化”；在绘图完毕，关闭图形模式后才可回到文本模式。Turbo C 2.0 支持 CGA、MCGA、EGA、VGA、IBM8514 等图形显示器。

1．图形模式的初始化

不同的显示适配器有不同的图形分辨率。即使是同一显示适配器，在不同模式下也有不同的分辨率。因此，在屏幕作图之前，必须根据显示适配器种类将显示器设置为某种图形模式。设置屏幕为图形模式，可用下列图形初始化函数来完成。

```
void initgraph(int far *gdriver, int far *gmode, char *path);
```

其中，gdriver 和 gmode 分别表示图形驱动器和模式，path 是指图形驱动程序所在的目录路径。有关图形驱动器、图形模式的符号常量及数值、色调、分辨率等相关参数如表 13.2 所示。

表 13.2　图形驱动器、图形模式的符号常量及数值、色调、分辨率

图形驱动器（gdriver）		图形模式（gmode）			
符 号 常 量	数　值	符 号 常 量	数　值	色　调	分 辨 率
CGA	1	CGAC0	0	C0	320×200
CGA	1	CGAC1	1	C1	320×200
CGA	1	CGAC2	2	C2	320×200
CGA	1	CGAC3	3	C3	320×200
CGA	1	CGAHI	4	2 色	640×200
MCGA	2	MCGAC0	0	C0	320×200
MCGA	2	MCGAC1	1	C1	320×200
MCGA	2	MCGAC2	2	C2	320×200
MCGA	2	MCGAC3	3	C3	320×200
MCGA	2	MCGAMED	4	2 色	640×200
MCGA	2	MCGAHI	5	2 色	640×480
EGA	3	EGALO	0	16 色	640×200
EGA	3	EGAHI	1	16 色	640×350
EGA64	4	EGA64LO	0	16 色	640×200
EGA64	4	EGA64HI	1	4 色	640×350
EGAMON	5	EGAMONHI	0	2 色	640×350
IBM8514	6	IBM8514LO	0	256 色	640×480
IBM8514	6	IBM8514HI	1	256 色	1024×768
VGA	9	VGALO	0	16 色	640×200
VGA	9	VGAMED	1	16 色	640×350
VGA	9	VGAHI	2	16 色	640×480

在知道所用的图形显示适配器种类时，可以直接给 gdriver 和 gmode 赋值；当不知道图形显示适配器种类时就需要一个函数来自动检测，即 detectgraph 函数。其一般形式如下：

```
void detectgraph(int *gdriver,int *gmode);
```

例 13.4　检测当前显示器，并根据检测结果进行图形初始化。

```
#include <graphics.h>
main()
{
    int gdriver, gmode;
    detectgraph(&gdriver, &gmode);                              /*检测硬件*/
    printf("the graphics driver is %d, mode is %d\n", gdriver,gmode);
                                                                /*输出检测结果*/
    getch();
    initgraph(&gdriver, &gmode, "");                            /*始化图形*/
    circle(200,200,50);                                         /*画圆*/
```

```
    closegraph();
}
```

程序运行结果如图 13.4 所示。

当按任意键后程序跳转到图形界面，输出圆形图案，如图 13.5 所示。

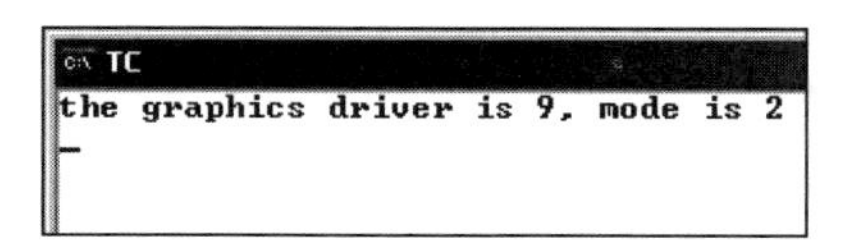

图 13.4　检测显示器

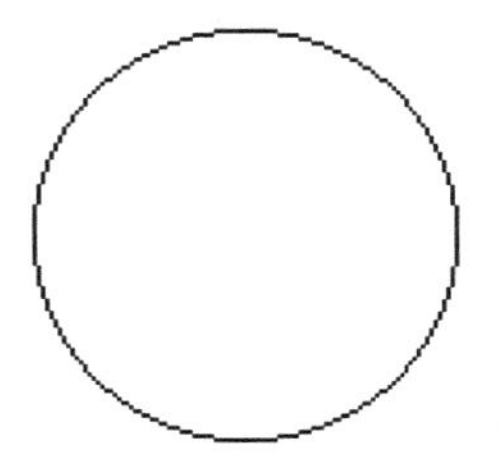

图 13.5　绘制圆形

在例 13.4 程序中，先对图形显示器自动检测，然后再用图形初始化函数 initgraph 进行初始化设置，通过上面的运行结果可以看到这种方法是可行的。相比之下，Turbo C 提供了一种更简单的方法，即用

```
gdriver= DETECT
```

语句来取代

```
detectgraph(&gdriver, &gmode);
```

也可以在定义 gdriver 时直接进行赋值。

2. 退出图形状态

从例 13.4 中会发现在程序结尾处调用了一个函数 closegraph，该函数的作用是退出图形状态。其一般形式如下：

```
void closegraph(void);
```

调用该函数后可退出图形状态，返回到调用 initgraph 函数前的状态，并释放用于保存图形驱动程序和字体的系统内存。

3. 获取当前图形驱动程序名及模式

Turbo C 中定义了 getdrivername 函数来获取图形驱动器名称。该函数的一般形式如下：

```
char *far getdrivename(void)
```

该函数的作用是返回指向当前图形驱动器名称的字符串的指针。

说明：

本函数可以用来检测显卡，但只能在 initgraph 设置图形驱动器和显示模式之后调用。

例 13.5　显示当前驱动器名称。

```
#include<graphics.h>
#include<stdio.h>
main()
{
    int graphdriver=DETECT,graphmode;
    char *str;
    initgraph(&graphdriver,&graphmode,"");          /*图形模式初始化*/
```

```
    str=getdrivername();                                   /*获取驱动器名称*/
    closegraph();                                          /*退出图形模式*/
    printf("driving is :%s",str);                          /*输出驱动器名称*/
    getch();
}
```

程序运行结果如图 13.6 所示。

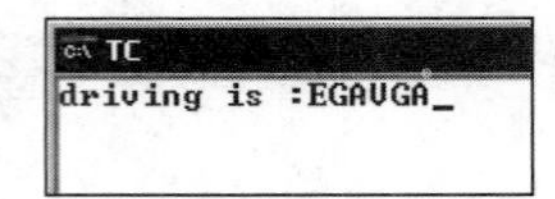

图 13.6　驱动器名称

既然能获取当前驱动器程序名称，那么也自然有函数能够获取当前的图形模式。该函数就是 getgraphmode，其一般形式如下：

```
int far getgraphmode();
```

该函数的作用是返回当前图形模式。

扫一扫，看视频

13.2.2　屏幕颜色设置

图形模式下的屏幕颜色设置，分为背景色的设置和当前绘图颜色的设置。

1．设置背景色

背景色的设置使用 setbkcolor 函数，其一般形式如下：

```
void far setbkcolor(int color);
```

其中，color 为图形模式下颜色的规定数值。有关颜色的符号常量、数值及含义如表 13.3 所示。

表 13.3　颜色的符号常量、数值及含义

符 号 常 数	数　值	含　义
BLACK	0	黑色
BLUE	1	蓝色
GREEN	2	绿色
CYAN	3	青色
RED	4	红色
MAGENTA	5	品红
BROWN	6	棕色
LIGHTGRAY	7	淡灰
DARKGRAY	8	深灰
LIGHTBLUE	9	淡蓝
LIGHTGREEN	10	淡绿
LIGHTCYAN	11	淡青
LIGHTRED	12	淡红
LIGHTMAGENTA	13	淡品红
YELLOW	14	黄色
WHITE	15	白色

例 13.6 设置屏幕背景颜色为蓝色。

```
#include<stdio.h>
#include<graphics.h>
main()
{
    int gdriver,gmode;
    gdriver=DETECT;
    initgraph(&gdriver,&gmode,"");                /*图形模式初始化*/
    setbkcolor(BLUE);                             /*设置背景颜色*/
    getch();
    closegraph();                                 /*退出图形模式*/
}
```

这里 setbkcolor 函数的参数使用的是字符常量，在编写程序时也可以直接使用每种颜色所对应的数值，这样就可以实现背景颜色的切换。

例 13.7 实现背景颜色的切换。

```
#include<stdio.h>
#include<graphics.h>
main()
{
    int gdriver,gmode,i;
    gdriver=DETECT;
    initgraph(&gdriver,&gmode,"");                /*图形模式初始化*/
    for(i=0;i<=15;i++)
    {
        setbkcolor(i);                            /*通过使用 for 语句实现背景颜色的切换*/
        getch();
    }
    closegraph();                                 /*退出图形模式*/
}
```

2. 设置当前绘图颜色

当前绘图颜色的设置使用 setcolor 函数，其一般形式如下：

```
void far setcolor(int color);
```

参数 color 为选择的当前绘图颜色。在高分辨率显示模式下，选取的 color 是实际色彩值，也可以用颜色符号名表示。该当前颜色也依赖于不同的调色板，表 13.4 给出了预先定义的调色板与色彩。

表 13.4 预先定义的调色板与色彩

调　色　板	色彩 0	色彩 1	色彩 2	色彩 3
C0	黑色	淡绿	浅红	黄色
C1	黑色	淡青	品红	白色
C2	黑色	绿色	红色	棕色
C3	黑色	青色	淡品红	淡灰色

在低分辨率显示模式（320×200）下，选取的 color 是调色板颜色号，不是实际色彩值。

例 13.8　在背景色为黄色的基础上绘制红色圆圈。

```
#include<stdio.h>
#include<graphics.h>
main()
{
    int gdriver,gmode,i;
    gdriver=DETECT;
    initgraph(&gdriver,&gmode,"");                /*图形模式初始化*/
    setbkcolor(YELLOW);                           /*背景色为黄色*/
    setcolor(RED);                                /*绘图色为红色*/
    circle(320,240,50);                           /*画圆*/
    getch();
    closegraph();                                 /*退出图形模式*/
}
```

程序运行结果如图 13.7 所示。

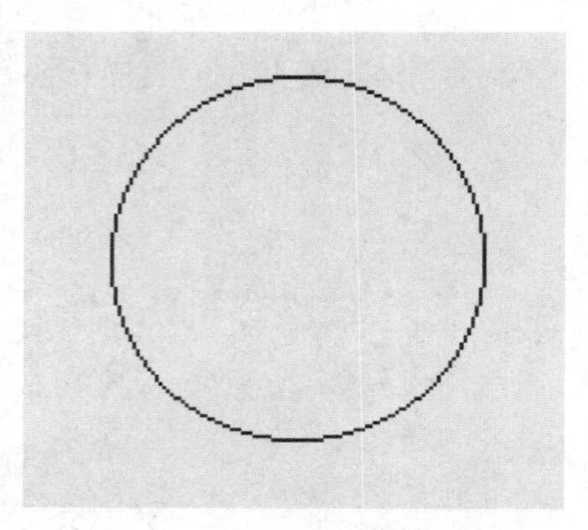

图 13.7　画圆

13.2.3　基本图形函数

扫一扫，看视频

1．清屏及设置图形窗口

在进行绘图时，一般情况下要先清除屏幕，设置图形窗口、当前绘图颜色及背景色等，然后在屏幕上某个位置开始绘图。下面就来看下清除屏幕和设置图形窗口所要用到的函数。

（1）清除图形屏幕内容使用清屏函数，其一般形式如下：

```
void far cleardevice(void);
```

例 13.9　在屏幕中先绘制一个正方形，按任意键后由圆形图案取代原来的正方形图案。

```
#include<stdio.h>
#include<graphics.h>
main()
{
    int gdriver,gmode;
    gdriver=DETECT;
    initgraph(&gdriver,&gmode,"");
    rectangle(250,250,300,300);                   /*绘制正方形*/
    getch();
    cleardevice();                                /*清屏*/
```

```
    circle(320,240,30);                     /*以（320,240）为圆心、30 为半径画圆*/
    getch();
    closegraph();                           /*退出图形模式*/
}
```

当运行程序时，屏幕中首先出现如图 13.8 所示图形。

当按任意键后，屏幕中出现如图 13.9 所示图形。

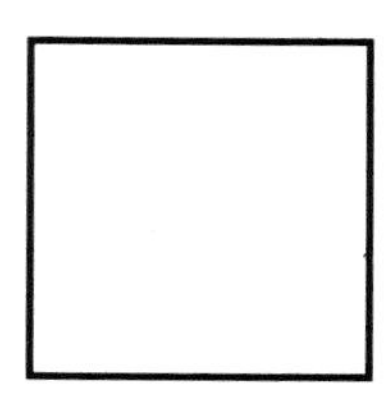

图 13.8 绘制正方形

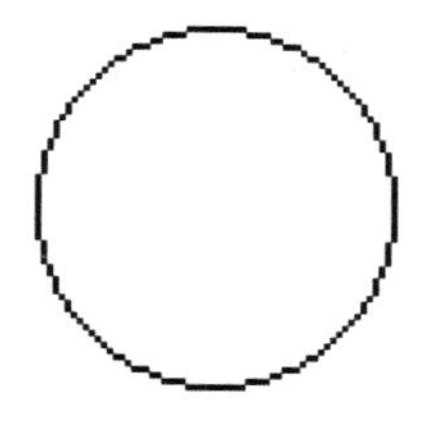

图 13.9 绘制圆形

为什么在按任意键后会出现圆形而原来的正方形会消失？仔细查看程序代码，会发现调用了 cleardevice 函数，该函数的作用是将原来绘制的正方形图案清除掉。

（2）设置图形窗口函数，其一般形式如下:

```
void setviewport(int left,int top,int right,int bottom,int clip);
```

参数 left, top 是左上角坐标，right, bottom 是右下角坐标，它们都是绝对坐标。如果参数 clip 为 1，则超出窗口的输出图形自动被裁剪掉，即所有作图限制于当前图形窗口之内；如果 clip 为 0，则超出窗口的输出图形不做裁剪，即作图将无限制地扩展于窗口边界之外，直到屏幕边界。

例 13.10 在指定的窗口内画一圆形。

```
#include <graphics.h>
main()
{
    int gdriver, gmode;
    gdriver = DETECT;
    initgraph(&gdriver, &gmode, "");        /*初始化图形界面*/
    setbkcolor(WHITE);
    setviewport(150,150,350,350,1);         /*设置窗口大小*/
    setcolor(RED);                          /*设置绘图颜色*/
    circle(80,80,60);                       /*画图*/
    getch();
    closegraph();                           /*退出图形界面*/
}
```

如将例 13.10 代码中的

```
circle(80,80,60);
```

改成

```
circle(20,20,60);
```

那么将会有部分图形绘制在指定的窗口外面，又因为 setviewport 函数的第 5 个参数是 1，所以绘制在窗口外面的图形将被剪切掉。

2. 画点

扫一扫，看视频

在图形模式下，字符屏幕坐标被像素坐标取代了，也就是说用像素来定义坐标。例如，在程序中使用VGA适配器，图形显示模式为VGAHI，即VGA高分辨率图形模式。其最高分辨率为640×480，其中640为整个屏幕从左到右所有象元的个数，480为整个屏幕从上到下所有象元的个数。屏幕的左上角坐标为（0, 0），右下角坐标为（639, 479），水平方向从左到右为x轴正向，垂直方向从上到下为y轴正向。

画点函数就是在指定的像素坐标位置画一个指定颜色的点，其一般形式如下：

```
void far putpixel(int x, int y, int color);
```

这里的x和y就是指定的像素坐标，color就是所要绘制的点的颜色。

例 13.11 使用画点函数绘制一个表格。

```
#include <graphics.h>
main()
{
   int gdriver, gmode, i, j;
   gdriver = DETECT;
   initgraph(&gdriver, &gmode, "");          /*初始化图形界面*/
   setbkcolor(YELLOW);
   for (i = 200; i <= 300; i = i + 20)      /*设置起始点120，终止点400，表格宽度40*/
   for (j = 200; j <= 300; j++)
   {
      putpixel(i, j, RED);                  /*画点*/
      putpixel(j, i, RED);
   }
   getch();
   closegraph();                            /*退出图形界面*/
}
```

程序运行结果如图13.10所示。

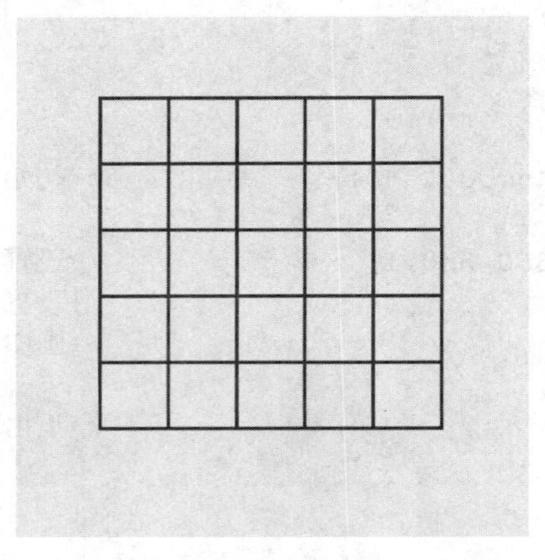

图 13.10 绘制表格

例 13.12 使用画点函数绘制一个圆形。

```
#include <graphics.h>
#include<math.h>
#define PI 3.1415926
main()
{
   int gdriver, gmode;
```

```
    float n;
    gdriver = DETECT;
    initgraph(&gdriver, &gmode, "");                    /*初始化图形界面*/
    setbkcolor(YELLOW);
    for(n=0;n<=2*PI;n+=PI/180)
   {
    putpixel(320+50*cos(n),240-50*sin(n),RED);          /*使用画点函数画圆*/
    delay(10000);
    }
    getch();
    closegraph();                                       /*退出图形界面*/
}
```

程序运行结果如图 13.11 所示。

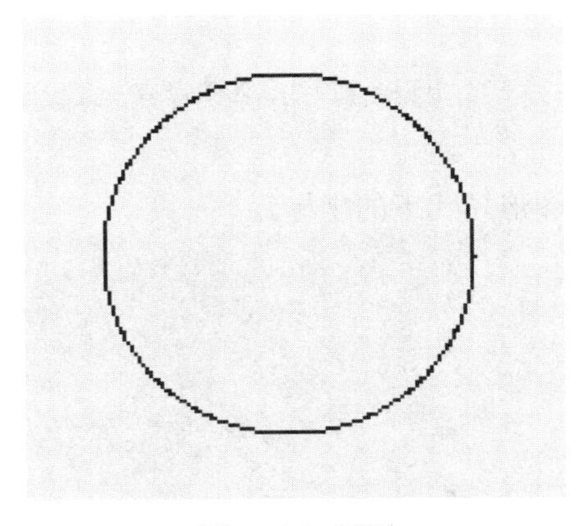

图 13.11　画圆

从前面的叙述中不难发现，在图形模式下绘图很关键的一点是要掌握像素点的一些相关属性，如该像素点在整个屏幕中的坐标、该像素点的当前颜色等。下面介绍的这几个函数便是用来获取像素点相关信息的。

（1）获得当前点（x, y）的颜色值。

```
int far getpixel(int x, int y);
```

（2）返回当前图形模式下的最大 x 坐标，即最大横向坐标。

```
int far getmaxx(void);
```

（3）返回当前图形模式下的最大 y 坐标，即最大纵向坐标。

```
int far getmaxy(void);
```

说明：

getmaxx 与 getmaxy 函数独立于用户所设置的图形窗口，仅取决于显卡的显示模式相应的分辨率。

例 13.13　输出当前图形模式下的最大横坐标及最大纵坐标。

```
#include<stdio.h>
#include<graphics.h>
main()
{
    int gdriver,gmode;
```

```
    gdriver=DETECT;
    initgraph(&gdriver,&gmode,"");                    /*图形模式初始化*/
    printf("\nthe max of x: %d\n",getmaxx());        /*输出最大横坐标*/
    printf("the max of y: %d\n",getmaxy());          /*输出最大纵坐标*/
    getch();
    closegraph();                                     /*退出图形模式*/
}
```

程序运行结果如图 13.12 所示。

（4）返回当前图形模式下当前位置的 x 坐标（水平像素坐标）。

```
int far getx(void);
```

（5）返回当前图形模式下当前位置的 y 坐标（垂直像素坐标）。

```
void far gety(void);
```

说明：

getx 与 gety 函数返回的坐标是相对于当前图形窗口的，如果没有设置图形窗口，那么默认的图形窗口将为整个屏幕。

例 13.14　获取光标在当前图形模式下的坐标。

```
#include<stdio.h>
#include<graphics.h>
main()
{
    int gdriver,gmode;
    gdriver=DETECT;
    initgraph(&gdriver,&gmode,"");                    /*图形模式初始化*/
    printf("\ncoordinate:(%d,%d)",getx(),gety());    /*获取当前坐标*/
    getch();
    closegraph();                                     /*退出图形模式*/
}
```

程序运行结果如图 13.13 所示。

```
the max of x: 639
the max of y: 479
```

图 13.12　输出最大横、纵坐标

```
coordinate:(0,0)
```

图 13.13　获取光标位置

扫一扫，看视频

3. 画线

Turbo C 中提供了多个画线函数，下面介绍几种常用的画线函数。

（1）绘制直线

绘制直线函数 line 的一般形式如下：

```
void far line(int x0, int y0, int x1, int y1);
```

画一条从点（x0, y0）到（x1, y1）的直线。

```
void far lineto(int x, int y);
```

画一条从当前坐标到点（x, y）的直线。

```
void far linerel(int dx, int dy);
```

画一条从当前坐标（x, y）到按相对增量确定的点（x+dx, y+dy）的直线。

例 13.15 在屏幕中分别绘制一条横线、一条竖线和一条斜线。

```
#include <graphics.h>
main()
{
    int gdriver = DETECT, gmode;
    initgraph(&gdriver, &gmode, "");              /*使用 initgraph 函数进行图形初始化*/
    line(100, 300, 300, 300);                     /*使用 line 函数画横线*/
    line(320, 50, 320, 300);                      /*使用 line 函数画竖线*/
    lineto(200, 200);                             /*使用 lineto 函数画斜线*/
    getch();
    closegraph();                                 /*退出图形状态*/
}
```

程序运行结果如图 13.14 所示。

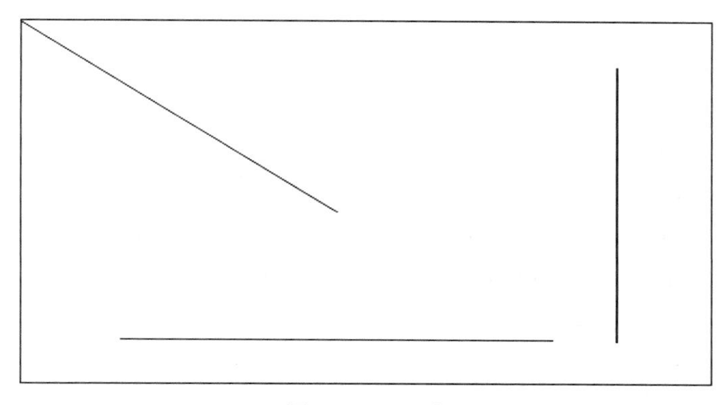

图 13.14　画线

（2）绘制圆

绘制圆函数 circle 的一般形式如下：

```
circle(int x, int y, int radius);
```

该函数的作用是以（x, y）为圆心，radius 为半径，画一个圆。

其实绘制空心圆的方法有好多，不过最常用的还是 circle。

例 13.16 在屏幕中绘制五环图案。

```
#include<stdio.h>
#include<graphics.h>
main()
{
    int gdriver,gmode;
    gdriver=DETECT;
    initgraph(&gdriver,&gmode,"");                /*图形模式初始化*/
    circle(195,250,25);                           /*画圆*/
    circle(245,250,25);
    circle(170,215,25);
    circle(220,215,25);
    circle(270,215,25);
    getch();
    closegraph();                                 /*退出图形模式*/
}
```

程序运行结果如图 13.15 所示。

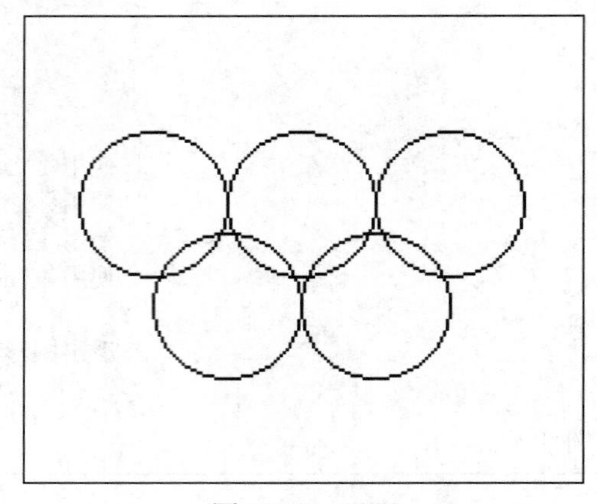

图 13.15　五环

（3）绘制椭圆

绘制椭圆函数 ellipse 的一般形式如下：

```
void ellipse(int x, int y, int stangle, int endangle, int xradius,int yradius);
```

以（x, y）为中心，xradius, yradius 为 x 轴和 y 轴半径，从角 stangle 开始到 endangle 结束，画一段椭圆线。当 stangle=0, endangle=360 时，画出一个完整的椭圆。

例 13.17　在屏幕中绘制椭圆形图案。

```
#include <graphics.h>
main()
{
    int gdriver, gmode;
    gdriver = DETECT;
    initgraph(&gdriver, &gmode, "");                    /*图形方式初始化*/
    ellipse(200, 200, 0, 360, 25, 50);                  /*以（200, 200）为中心的椭圆*/
    getch();
    closegraph();                                       /*退出图形状态*/
}
```

程序运行结果如图 13.16 所示。

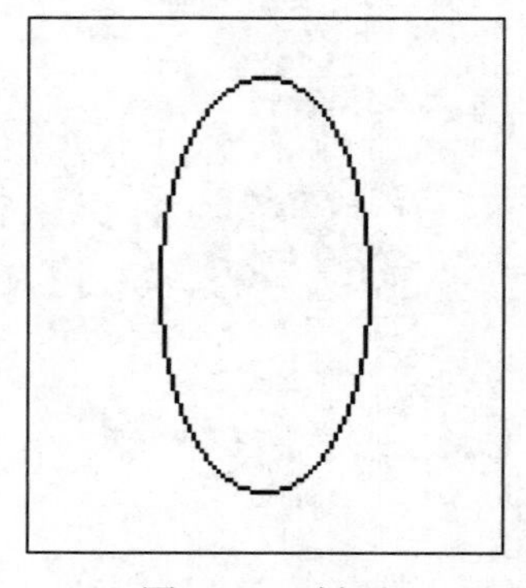

图 13.16　椭圆

（4）绘制矩形

绘制矩形函数 rectangle 的一般形式如下：

```
void far rectangle(int x1, int y1, int x2, inty2);
```

其中参数 x1, y1 为所画矩形的左上角坐标，参数 x2, y2 为所画矩形的右下角坐标。

例 13.18 在屏幕中绘制 3 个大小不同的矩形。

```
#include <graphics.h>
main()
{
   int gdriver, gmode;
   gdriver = DETECT;
   initgraph(&gdriver, &gmode, "");                    /*图形方式初始化*/
   rectangle(120,120,140,150);
   rectangle(110,110,150,160);
   rectangle(100,100,160,170);                         /*画正方形*/
   getch();
   closegraph();                                       /*退出图形状态*/
}
```

程序运行结果如图 13.17 所示。

（5）绘制多边形

绘制多边形函数 drawpoly 的一般形式如下：

```
void far drawpoly(int numpoints, int far *polypoints);
```

该函数的作用是画一个顶点数为 numpoints，各顶点坐标由 polypoints 给出的多边形。polypoints 整型数组必须至少有 2 倍顶点数个元素。每一个顶点的坐标都定义为 x, y，并且 x 在前。值得注意的是，当画一个封闭的多边形时，numpoints 的值取实际多边形的顶点数加 1，并且数组 polypoints 中第一个和最后一个点的坐标相同。

例 13.19 绘制八边形。

```
#include<graphics.h>
main()
{
   int gdriver, gmode, n;
   int points[] =
   {
      200, 200, 150, 250, 150, 300, 200, 350, 250, 350, 300, 300, 300, 250,
       250, 200,200,200
   };                                                  /*定义数组存放顶点坐标*/
   gdriver = DETECT;
   initgraph(&gdriver, &gmode, "");                    /*图形模式初始化*/
   n = sizeof(points) / (2 *sizeof(int));              /*计算顶点个数*/
   drawpoly(n, points);                                /*对多边形进行填充*/
   getch();
   closegraph();                                       /*退出图形状态*/
}
```

程序运行结果如图 13.18 所示。

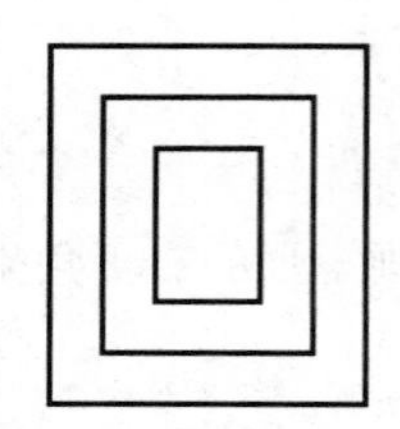

图 13.17　矩形

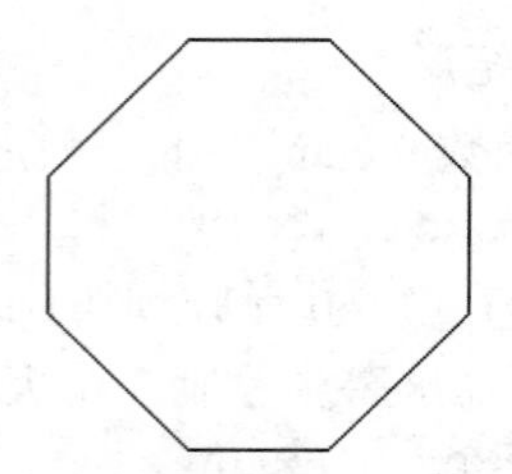

图 13.18　绘制八边形

扫一扫，看视频

4．线型设定

前面讲过的画线内容并没有对线型进行设定，而是采用 Turbo C 的默认值，即一点宽的实线。实际上 Turbo C 也提供了可以改变线型的函数，即 setlinestyle。

setlinestyle 函数用于设置线型的相关属性，其一般形式如下：

```
void far setlinestyle(int linestyle,unsigned upattern,int thickness);
```

其中的第 1 个参数 linestyle 用于指定线的形状，具体取值如表 13.5 所示。

表 13.5　线的形状

符号常数	数　值	含　义
SOLID_LINE	0	实线
DOTTED_LINE	1	点线
CENTER_LINE	2	中心线
DASHED_LINE	3	点划线
USERBIT_LINE	4	用户定义线

对于参数 upattern，只有当 linestyle 选择 USERBIT_LINE 时才有意义；当 linestyle 选择其他线型时，uppattern 取值为 0 即可。

参数 thickness 用于指定线的宽度，具体取值如表 13.6 所示。

表 13.6　线的宽度

符号常量	数　值	含　义
NORM_WIDTH	1	3 点宽
THIC_WIDTH	3	3 点宽

例 13.20　绘制一条 3 点宽的点划线，要求背景色为黄色，线条颜色为红色。

```
#include<graphics.h>
main()
{
    int gdriver,gmode;
    gdriver=DETECT;
    initgraph(&gdriver,&gmode,"");                    /*图形模式初始化*/
    setbkcolor(YELLOW);                               /*设置背景颜色为黄色*/
    setcolor(RED);                                    /*设置绘图颜色为红色*/
```

```
    setlinestyle(3,0,3);                            /*设置线型*/
    line(300,240,350,270);
    getch();
    closegraph();
}
```

程序运行结果如图 13.19 所示。

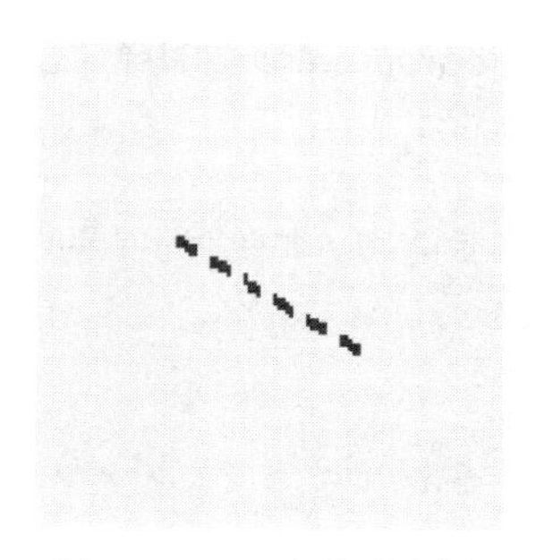

图 13.19　3 点宽点划线

13.2.4　封闭图形的填充

前面所绘的图形都是勾勒出了一个轮廓，并没有对其填充实际的颜色。Turbo C 中提供了几种与填充有关的函数，下面分别介绍。

1. setfillstyle 函数

setfillstyle 函数用来设置填充模式和颜色，其一般形式如下：

```
void far setfillstyle(int pattern, int color);
```

其中，参数 pattern 是用来设置填充样式的，具体取值如表 13.7 所示；color 是用来设置填充颜色的。

表 13.7　填充样式的符号常量、数值及含义

符 号 常 量	数　值	含　义
EMPTY_FILL	0	以背景色填充
SOLID_FILL	1	以实体填充
LINE_FILL	2	以直线填充
LTSLASH_FILL	3	以斜线填充（阴影线）
SLASH_FILL	4	以粗斜线填充（粗阴影线）
BKSLASH_FILL	5	以粗反斜杠填充（粗阴影线）
LTBKSLASH_FILL	6	以反斜杠填充（阴影线）
HATCH_FILL	7	以直方网格填充
XHATCH_FILL	8	以斜网格填充
INTTERLEAVE_FILL	9	以间隔点填充
WIDE_DOT_FILL	10	以稀疏点填充
CLOSE_DOS_FILL	11	以密集点填充
USER_FILL	12	以用户定义样式填充

2. floodfill 函数

设置了填充方式后，还需指定其填充范围，才能实现填充。

floodfill 函数用来填充闭合区域，其一般形式如下：

```
void floodfill(int x,int y,int bordercolor);
```

参数（x,y）为指定填充区域中的某点，如果点（x,y）在该填充区域之外，那么外部区域将被填充，但受图形窗口边界的限制。参数 bordercolor 为闭合区域边界颜色。

说明：

如果直线定义的区域出现间断，那么将导致泄漏。即使很小的间断，也将导致泄漏。也就是说，间断将引起区域外被填充。

例 13.21 以黄色网格填充的椭圆。

```
#include <graphics.h>
main()
{
   int gdriver, gmode;
   gdriver = DETECT;
   initgraph(&gdriver, &gmode, "");              /*图形模式初始化*/
   setcolor(RED);                                /*设置绘图颜色为红色*/
   ellipse(320, 240, 0, 360, 160, 80);           /*在屏幕中心绘制一椭圆*/
   setfillstyle(7, 14);                          /*设置填充类型及颜色*/
   floodfill(320, 240, RED);                     /*对椭圆进行填充*/
   getch();
   closegraph();                                 /*退出图形状态*/
}
```

程序运行结果如图 13.20 所示。

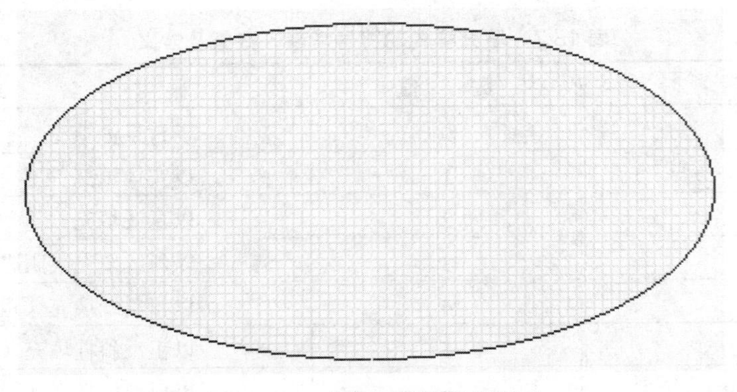

图 13.20　以黄色网格填充椭圆

例 13.21 中以（320, 240）为中心，x 和 y 坐标分别为 160 和 80，画一完整椭圆形；使用 setfillstyle 函数设置以黄色的网格填充；用 floodfill 函数填充指定的椭圆区域。注意，此时 floodfill 函数中指定的颜色应与椭圆边界颜色一致。

3. fillpoly 函数

下面再介绍一种填充函数 fillpoly。比起 floodfill 函数，该函数不依靠边界连续的轮廓来确定填充区域，因此其应用更为广泛。

fillpoly 的一般形式如下：

```
fillpoly(int pointnum,int *points);
```

该函数的作用是用当前绘图颜色、线型及线宽画出给定顶点的多边形，然后用当前填充样式和颜色填充这个多边形。参数 pointnum 为所填充多边形的顶点数，points 指向存放所有顶点坐标的整型数组。

提示：

在求顶点数时通常可用如下方法：sizeof(整型数组名)除以两倍的 sizeof(int)，最终得到的结果便是顶点的数目。

例 13.22　在屏幕中绘制一个以红色直方格来填充的八边形。

```
#include <graphics.h>
main()
{
    int gdriver, gmode, n;
    int points[] =
    {
        200, 200, 150, 250, 150, 300, 200, 350, 250, 350, 300, 300, 300, 250,
            250, 200
    };                                                      /*定义数组存放顶点坐标*/
    gdriver = DETECT;
    initgraph(&gdriver, &gmode, "");                        /*图形模式初始化*/
    setfillstyle(HATCH_FILL, RED);                          /*设置填充方式*/
    n = sizeof(points) / (2 *sizeof(int));                  /*计算顶点个数*/
    fillpoly(n, points);                                    /*对多边形进行填充*/
    getch();
    closegraph();                                           /*退出图形状态*/
}
```

程序运行结果如图 13.21 所示。

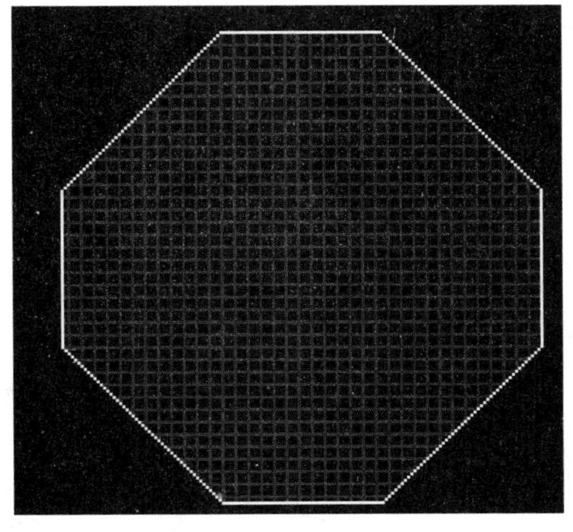

图 13.21　以红色直方格填充八边形

扫一扫，看视频

13.3 图形屏幕

对屏幕图像的操作，如图像复制、擦除等，这些对应用程序是非常有用的，对动画制作也是必不可少的。下面介绍 3 个有关屏幕操作的函数。

（1）图像存储大小函数 imagesize，其一般形式如下:

```
unsigned imagesize(int x1,int y1,int x2,int y2);
```

作用是返回存储一块屏幕图像所需的内存大小(用字节数表示)。参数 x1,y1 为图像左上角坐标，参数 x2,y2 为图像右下角坐标。

（2）保存图像函数 getimage，其一般形式如下:

```
void getimage(int x1,int y1, int x2,int y2, void *buf);
```

作用是保存左上角与右下角所定义的屏幕上的图像到指定的内存空间中。参数 x1,y1 为图像左上角坐标，参数 x2,y2 为图像右下角坐标，参数 buf 指向保存图像的内存地址。

（3）输出图像函数 putimage，其一般形式如下:

```
void putimge(int x,int,y,void *buf, int op);
```

作用是将一个以前已经保存在内存中的图像输出到屏幕指定的位置上。数 x1,y1 为将要输出的图像左上角坐标，参数 x2,y2 为将要输出的图像右下角坐标，参数 buf 指向保存图像的内存地址，参数 op 规定如何释放内存中图像，op 的常见值如表 13.8 所示。

表 13.8 释放内存图像的形式

符 号 常 数	数 值	含 义
COPY_PUT	0	复制
XOR_PUT	1	与屏幕图像做异或运算
OR_PUT	2	与屏幕图像做或运算
AND_PUT	3	与屏幕图像做与运算
NOT_PUT	4	复制反向的图形

例 13.23 在屏幕中绘制一个矩形图案并画出其对角线，要求按任意键输出一个相同图案。

```
#include <graphics.h>
#include <stdlib.h>
#include <conio.h>
main()
{
   int gdriver, gmode;
   unsigned size;
   void *buf;
   gdriver = DETECT;
   initgraph(&gdriver, &gmode, "");                  /*图形界面初始化*/
   setcolor(15);                                     /*设置绘图颜色为白色*/
   rectangle(20, 20, 200, 200);                      /*画正方形*/
   setcolor(RED);                                    /*设置绘图颜色为红色*/
```

```
    line(20, 20, 200, 200);                              /*画对角线*/
    setcolor(GREEN);                                     /*设置绘图颜色为绿色*/
    line(20, 200, 200, 20);
    outtext("press any key,you can see the same image!!");
    getch();
    size = imagesize(20, 20, 200, 200);                  /*返回这个图像存储所需字节数*/
    if (size != NULL)
    {
       buf = malloc(size);                               /*buf 指向在内存中分配的空间*/
       if (buf)
       {
          getimage(20, 20, 200, 200, buf);               /*保存图像到 buf 指向的内存空间*/
          putimage(100, 100, buf, COPY_PUT);             /*将保存的图像输出到指定位置*/
       }
    }
    getch();
    closegraph();                                        /*退出图形状态*/
}
```

程序运行结果如图 13.22 所示。

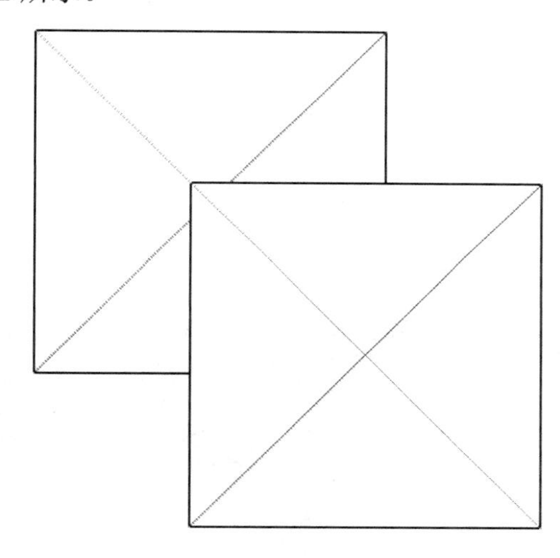

图 13.22　图案复制

例 13.24　在屏幕中绘制两个相同的小球。

```
#include <graphics.h>
#include <conio.h>
#include <dos.h>
#include <math.h>
#include <stdlib.h>
#define PI 3.1415926
char ch;
void ball()                                              /*自定义函数 ball 画小球*/
{
   int i,j;
```

```
    setcolor(RED);
    setfillstyle(1, 15);
    circle(100, 100, 50);
    floodfill(100, 100, RED);
    ellipse(100, 100, 90, 270, 20, 50);
    ellipse(100, 100, 180, 360, 50, 20);
    for (i =  - 18; i < 18; i++)
        ellipse(100, 100, 5 *i, 5 *i + 1, 20, 50);
    for (j = 0; j < 36; j++)
        ellipse(100, 100, 5 *j, 5 *j + 1, 50, 20);
}
main()
{
    int gdrive = DETECT, gmode, k, size;
    void *buf;
    initgraph(&gdrive, &gmode, "");                /*图形方式初始化*/
    setcolor(GREEN);                               /*设置背景颜色为绿色*/
    ball();                                        /*调用函数 ball*/
    size = imagesize(50, 50, 150, 150);            /*返回这个图像存储所需字节数*/
    buf = malloc(size);                            /*buf 指向在内存中分配的空间*/
    getimage(50, 50, 150, 150, buf);               /*保存图像到 buf 指向的内存空间*/
    cleardevice();
    putimage(60,60, buf, COPY_PUT);                /*在指定的位置输出先前保存的图形*/
    getch();
    putimage(180,100, buf, COPY_PUT);
    getch();
    closegraph();                                  /*退出图形模式*/
}
```

程序运行结果如图 13.23 所示。

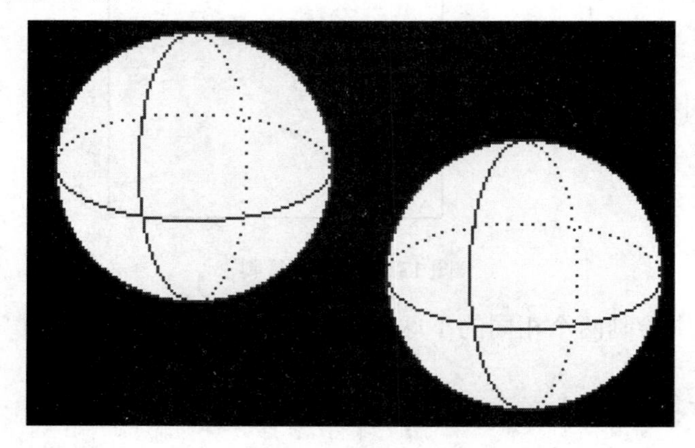

图 13.23　小球复制

13.4　图形模式下的文本输出

在图形模式下是无法进行常规文本显示的，标号和文字信息只能用图形文本显示。图形文本与常规文本不同，其显示方式复杂多变，既可以水平显示，也可以垂直显示，字母大小、颜色、字体等也可以改变。相比之下，图形文本显示较常规文本显示更为复杂些。Turbo C 提供了几个函数来实现图形模式下的文本输出，下面分别介绍。

扫一扫，看视频

13.4.1　文本输出函数

（1）当前位置显示字符串函数 outtext，其一般形式如下:

```
void outtext(char *string);
```

该函数的作用是在当前位置输出字符串指针 string 所指向的文本。

（2）在指定位置显示字符串函数 outtextxy，其一般形式如下:

```
void outtextxy(int x,int y,char *string);
```

该函数的作用是在指定的（x,y）位置输出字符串指针 string 所指向的文本。其中，参数（x,y）指定要显示字符串的屏幕位置，string 指向该字符串。

例 13.25　使用 outtext 和 outtextxy 函数输出字符串“welcome to our school”。

```
#include<graphics.h>
main()
{
    int gdriver,gmode;
    char string[50]="welcome to our school!";
    gdriver=DETECT;
    initgraph(&gdriver,&gmode,"");                    /*初始化图形模式*/
    setcolor(YELLOW);                                 /*字体颜色为黄色*/
    outtextxy(20,30,string);                          /*指定位置输出字符串*/
    moveto(40,50);                                    /*将光标移到(40,50)*/
    outtext(string);                                  /*输出字符串*/
    getch();
    closegraph();                                     /*关闭图形模式*/
}
```

程序运行结果如图 13.24 所示。

```
welcome to our school!
   welcome to our school!
```

图 13.24　文本输出

上面这两个函数都是输出字符串，但经常会遇到输出数值或其他类型的数据，这时就必须使用下面将介绍的格式输出函数。

（3）格式输出函数 sprintf，其一般形式如下:

```
int sprintf(char *str, char *format, variable-list);
```

将按格式化规定的内容写入 str 指向的字符串中，然后可用前面讲过的 outtextxy 和 outtext 函数将字符串 str 输出。该函数的返回值等于写入的字符个数。

例 13.26　按指定格式在指定位置输出字符串。

```
#include<graphics.h>
main()
```

```
{
    int gdriver,gmode,k=98;
    char string[50];
    gdriver=DETECT;
    initgraph(&gdriver,&gmode,"");                    /*初始化图形模式*/
    sprintf(string,"the number is %d",k);             /*调用 sprintf 函数*/
    outtextxy(20,30,string);                          /*在指定位置输出字符串*/
    getch();
    closegraph();                                     /*关闭图形模式*/
}
```

程序运行结果如图 13.25 所示。

```
the number is 98
```

图 13.25　格式输出

扫一扫，看视频

13.4.2　文本属性设置

在图形模式下输出文本时，不仅可以通过前面介绍的 setcolor 函数对其颜色进行更改，还可以通过下面介绍的函数改变其大小、字体、输出方向等。

（1）设置文本形式函数 settextstyle，其一般形式如下：

```
settextstyle(int font,int direction,int charsize)
```

该函数的作用是设置图形文本当前字体、文本显示方向（水平显示或垂直显示）以及字符大小。其中，参数 font 为文本字体，direction 为文本显示方向，charsize 为字符大小。

font 的取值如表 13.9 所示。

表 13.9　字体

符 号 常 数	数　值	含　义
DEFAULT_FONT	0	8×8 点阵字（默认值）
TRIPLEX_FONT	1	3 倍笔画字体
SMALL_FONT	2	小号笔画字体
SANSSERIF_FONT	3	无衬线笔画字体
GOTHIC_FONT	4	黑体笔画字

direction 的取值如表 13.10 所示。

表 13.10　输出方向

符 号 常 数	数　值	含　义
HORIZ_DIR	0	从左到右
VERT_DIR	1	从底到顶

charsize 的取值如表 13.11 所示。

表 13.11 字符大小

符号常量或数值	含 义
1	8×8 点阵
2	16×16 点阵
3	24×24 点阵
4	32×32 点阵
5	40×40 点阵
6	48×48 点阵
7	56×56 点阵
8	64×64 点阵
9	72×72 点阵
10	80×80 点阵
USER_CHAR_SIZE=0	用户定义的字符大小

例 13.27 输出当前时间，要求以不同的字体、大小、颜色及输出方向输出。

```
#include <stdio.h>
#include <graphics.h>
#include <time.h>
main()
{
    int i, gdriver, gmode;
    time_t curtime;
    char s[30];
    gdriver = DETECT;
    time(&curtime);
    initgraph(&gdriver, &gmode, "");                 /*图形模式初始化*/
    setbkcolor(BLUE);                                /*设置屏幕背景色为蓝色*/
    cleardevice();                                   /*清屏*/
    setviewport(100, 100, 580, 380, 1);              /*设置图形窗口*/
    setfillstyle(1, 2);                              /*设置填充类型及颜色*/
    setcolor(15);                                    /*设置绘图颜色为白色*/
    rectangle(0, 0, 480, 280);                       /*画矩形框*/
    floodfill(50, 50, 15);                           /*对指定区域进行填充*/
    setcolor(12);                                    /*设置绘图颜色为淡红色*/
    settextstyle(1, 0, 7);                           /*设置输出字符字形、方向及大小*/
    outtextxy(20, 20, "Local Time:");                /*在指定位置输出字符串*/
    setcolor(15);                                    /*设置绘图颜色为白色*/
    settextstyle(2, 0, 8);
    sprintf(s, "Now is %s", ctime(&curtime));        /*使用格式化输出函数*/
    outtextxy(20, 120, s);                           /*在指定位置将 s 所对应的函数输出*/
    setcolor(1);                                     /*设置颜色为蓝色*/
    settextstyle(4, 0, 3);                           /*设置输出字符字形、方向及大小*/
    outtextxy(50, 200, s);                           /*在规定位置输出字符串*/
```

```
    getch();
    exit(0);
}
```

程序运行结果如图 13.26 所示。

图 13.26　不同形式文本输出

13.5　图形应用举例

例 13.28　在屏幕上绘制旋转的五角星，并绘制其发光部分。

```
#include <graphics.h>
#include <stdlib.h>
#include <math.h>
#define PI 3.1415926
#define R1 150
void Pentacle(double m)                            /*自定义函数 Pentacle 用来画五角星*/
{
    int x1, y1, x2, y2;
    double n;
    setcolor(RED);
    for (n = m; n <= 2 *PI + m; n += 2 * PI / 5)
    {
        x1 = 320+R1 * cos(n);
        y1 = 240-R1 * sin(n);
        x2 = 320+R1 * 0.382 * cos(n + PI / 5);    /*0.382 黄金分割点*/
        y2 = 240-R1 * 0.382 * sin(n + PI / 5);
        line(x1, y1, x2, y2);                      /*将外圈确定的点与内圈确定的点相连接*/
        x1 = 320+R1 * cos(n + 2 * PI / 5);
        y1 = 240-R1 * sin(n + 2 * PI / 5);
        line(x2, y2, x1, y1);                      /*将内圈确定的点与外圈确定的点相连接*/
    }
    setfillstyle(1, RED);                          /*设置填充形式为红色填充*/
    floodfill(320, 240, RED);                      /*对五角星内部进行填充*/
}

void light()                                       /*自定义函数 light 用来画发光部分*/
{
    int i, j, x, y, r2 = 160;
    setcolor(YELLOW);
    for (i = 0; i <= 16; i++)
    {
        for (j = 0; j <= 60; j++)
```

```
        ellipse(320, 240, j *6, j *6+1, r2 + 10 * i, r2 + 5 * i);
    }
}

void Delay(int Second)                            /*自定义时间延迟函数 Delay*/
{
    long T1, T2;
    T1 = time();
    while (1)
    {
        delay(50);
        T2 = time();
        if (T2 - T1 > Second)
            break;
    }
}

main()
{
    int gdriver = DETECT, gmode;
    double m = 0.0;
    initgraph(&gdriver, &gmode, "");          /*函数图形初始化*/
    while (!kbhit())
    {
        Pentacle(m);                              /*调用函数 Pentacle*/
        light();                                  /*调用函数 light*/
        Delay(0.5);                               /*调用函数 Delay*/
        cleardevice();                            /*清屏*/
        m += PI / 6;                              /*函数参数每次增加 30°，实现五角星在不同位置重画*/
    }
    getch();
    closegraph();                                 /*退出图形状态*/
}
```

程序运行结果如图 13.27 所示。

图 13.27　旋转五角星

实现本例的关键点如下：

（1）五角星的绘制。

五角星每两个点之间的夹角是 72°，外圈上的点与它相邻内圈上的点的夹角是 36°，从圆心到外圈上点的长度乘以 0.382 正好等于从圆心到其相邻内圈上的点的长度。明白了它们之间的相互关系，我们就能求出外圈及内圈上五角星点的坐标，在坐标之间用 line 函数连线就能画出五角星。

（2）发光部分的实现。

想实现五角星发光的效果并不是很难，使用 ellipse 函数即可实现。在用 ellipse 函数实现的过程中有几点要明确，即一圈要画多少个发光点、每个发光点的大小（本程序中是 1°）、要画多少圈。明确了上述 3 点，套上相应的数值就可以画出发光的效果。

（3）五角星转动的实现。

要体现出五角星转动的感觉，就是要在每次清屏后再画五角星的时候把将要画的五角星的初始位置改变，本实例中采用的是在前一次的基础上增加 30° 的方法。这里还有一点要强调，即每次在前一次的基础上增加的度数不可以是 72°，否则就体现不出转动效果。

扫一扫，看视频

第 14 章　图书管理系统开发实例

通过前面章节的学习，应该对C语言的基本概念及相关知识点有了一定的了解。在此基础上，本章将动手开发一个图书管理系统。一方面对前面所学的知识加以巩固，另一方面锻炼、提升实战技能。

14.1　需 求 分 析

在日益激烈的市场竞争下，图书企业迫切希望采用一种新的管理方式来加快图书流通信息的反馈速度，而计算机信息技术的发展为图书管理注入了新的生机。通过对市场的调查得知，一款合格的图书管理系统必须具备以下 3 个特点。

- 能够对图书信息进行集中管理。
- 能够大大提高用户的工作效率。
- 能够对图书的部分信息进行查询。

一个图书管理系统最重要的功能是管理图书，包括图书的增加、删除、修改、查询及借还等。其中删除图书又可细分为通过书名删除还是通过书号删除。图书的查询也同样分为通过书名查询还是通过书号查询。借还功能可以分为借书和还书，借书要求只有会员才能实现，这样一来就必须再增加一个功能，即会员信息的添加。当然，无论是对图书还是对会员进行操作，都要将信息进行保存。

14.2　系 统 设 计

根据上面的需求分析，得出该图书管理系统要实现的功能如下。

- 录入图书信息。
- 实现删除功能，即输入书名或书删除相应的记录。
- 实现查找功能，即输入书名或书号查询该书相关信息。
- 实现修改功能，即输入书名或书号修改相应信息。
- 添加会员信息，只有会员才可借书。
- 实现借书功能，即输入书号及会员号进行借书。
- 实现还书功能，还书时同样需要输入书号及会员号。
- 保存添加的图书信息。
- 保存添加的会员信息。

该图书管理系统的结构设计如图 14.1 所示。

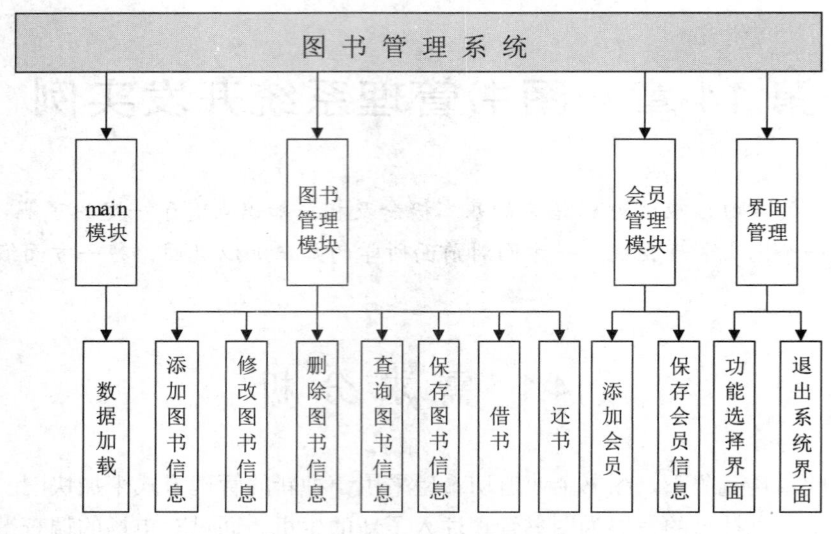

图 14.1　结构设计

14.3　各模块功能实现

从图 14.1 中可以看出该图书管理系统大体分为 4 个模块，每个模块下面又有不同的功能要实现。下面就来具体看下这些功能是如何实现的。

扫一扫，看视频

14.3.1　头文件及宏定义

本例中用到的头文件如下：

```
#include <stdio.h>                                    /*标准输入/输出函数库*/
#include <stdlib.h>                                   /*标准函数库*/
#include <string.h>                                   /*字符串函数库*/
#include <conio.h>                                    /*屏幕操作函数库*/
#include<graphics.h>
#include<dos.h>
```

这里用到了 graphics.h 这个头文件，因为程序的功能选择界面是在图形模式下实现的，所以要调用该头文件。

程序中用到的宏定义如下：

```
#define HEADER1 "
******************************BOOK*******************************************\n"
#define HEADER2 " *  number  |    name        |price|   author      | publishing
company |number*\n"
#define HEADER3 " ************************************************************\n"
#define HEADER4 " ***************Member*********************\n"
#define HEADER5 " *  number  |    name        |   telephone   *\n"
#define HEADER6 " *********************************************\n"
#define HEADER7 " *  mnumber | member name  | bnumber  |   book name   *\n"
#define HEADER8 " ********************************************************\n"
```

```
#define HEADER9 " *****************borrow book**************************\n"
#define FORMAT  " *%-10s|%-15s|%5d|%-15s|%-20s|%5d *\n"
#define FORMAT1  " *%-10s|%-15s|%-15s*\n"
#define FORMAT2  " *%-10s|%-15s|%-10s|%-15s*\n"
#define DATA p->data.num,p->data.name,p->data.price,p->data.author,p->data.pub,
p->data.number
#define END     " *******************************************************\n"
#define Key_Up  0x4800
#define Key_Enter 0x1c0d
#define Key_Down  0x5000
```

定义的 HEADER1 到 END 都是输出时要用到的基本格式，这里进行了宏定义，避免了在程序中反复书写这些字符串及多次书写中不经意间出现的错误，达到减少工作量和方便修改的目的。

14.3.2　结构体及全局变量定义

程序中定义的结构体如下：

- 结构体 book 用来存储图书信息，包括书号、书名、定价、作者、出版社及图书的数量。

```
typedef struct book
{
    char num[10];                               /*书号*/
    char name[15];                              /*书名*/
    int  price;                                 /*定价*/
    char author[15];                            /*作者*/
    char pub[20];                               /*出版社*/
    int number;                                 /*数量*/
};
```

- 结构体 Member 用来存储会员的基本信息，包括会员号、会员姓名及联系电话。

```
typedef struct Member
{
    char mnum[10];                              /*会员号*/
    char mname[15];                             /*会员姓名*/
    char tel[15];                               /*联系电话*/
};
```

- 结构体 borrow 用来存储借书信息，包括借书人的会员号、借书人姓名、借出图书的书号、借出图书的书名。

```
typedef struct borrow
{
    char mnum[10];                              /*会员号*/
    char mname[15];                             /*会员姓名*/
    char num[10];                               /*书号*/
    char name[15];                              /*书名*/
};
```

- 结构体 node 用来定义图书信息链表的结点结构。

```
typedef struct node                             /*定义图书信息链表的结点结构*/
{
    struct book data;                           /*数据域*/
    struct node *next;                          /*指针域*/
```

```
}Node,*Link;                               /*定义 node 类型的结构变量及指针变量*/
```

➘ 结构体 mnode 用来定义会员信息链表的结点结构。

```
typedef struct mnode                       /*定义会员信息链表的结点结构*/
{
    struct Member inf;
    struct mnode *next;
}Mnode,*Mlink;
```

➘ 结构体 bnode 用来定义借书信息链表的结点结构。

```
typedef struct bnode                       /*定义借书信息链表的结点结构*/
{
    struct borrow binf;
    struct bnode *next;
}Bnode,*Blink;
```

此外，程序中还定义了全局变量并对 MainMenu 函数进行声明。

```
void MainMenu();
int Ide,Key;
Link l;                                    /*定义链表*/
Mlink m;
Blink b;
```

14.3.3 功能选择界面及退出系统设计

图书管理系统的功能选择界面如图 14.2 所示。

退出系统界面如图 14.3 所示。

Book Management System

Add book
Delete book
Search book
Modify book
Add member
Borrow book
Return book
Save book
Save member
Quit system

图 14.2 功能选择界面

图 14.3 退出系统界面

扫一扫，看视频

实现上述功能选择界面及退出系统界面的代码如下：

```
void DrawMenu(int j)                       /*菜单中的选项*/
{
   int n;
   char *s[10] =
   {
      "Add book", "Delete book", "Search book", "Modify book", "Add member",
         "Borrow book", "Return book", "Save book", "Save member",
         "Quit system"
   };
```

```
    setcolor(RED);
    settextstyle(0, 0, 4);
    outtextxy(60, 50, "BOOK MANAGEMENT");
    settextstyle(0, 0, 1);
    setcolor(GREEN);
    for (n = 0; n < 10; n++)
        outtextxy(250, 110+n * 20, s[n]);
    setcolor(RED);                                  /*选中的菜单变为红色*/
    outtextxy(250, 110+j * 20, s[j]);
}

void MainMenu()                                     /*主菜单*/
{
    int gdriver, gmode;
    void JudgeIde();
    gdriver = DETECT;
    initgraph(&gdriver, &gmode, "");
    setbkcolor(WHITE);
    cleardevice();
    Ide = 0, Key = 0;
    DrawMenu(Ide);
    do
    {
        if (bioskey(1))                             /*有键按下则处理按键*/
        {
            Key = bioskey(0);
            switch (Key)
            {
                case Key_Down:                      /*向上键*/
                    {
                        Ide++;
                        Ide = Ide % 10;             /*功能选择中共有 10 个功能*/
                        DrawMenu(Ide);              /*调用 DrawMenu 函数*/
                        break;
                    }
                case Key_Up:                        /*向下键*/
                    {
                        Ide--;
                        Ide = (Ide + 10) % 10;
                        DrawMenu(Ide);
                        break;
                    }
            }
        }
    }
    while (Key != Key_Enter);                       /*判断是否是回车键*/
    JudgeIde();                                     /*调用 Judgeide*/
}

void JudgeIde()
{
```

```
switch (Ide)
{
    case 0:
        closegraph();
        Add(l);                         /*调用 Add 函数，实现图书添加*/
        break;
    case 1:
        {
            closegraph();
            Del(l);                     /*调用 Del 函数，实现图书信息删除*/
            break;
        }
    case 2:
        {
            closegraph();
            search(l);                  /*调用 search 函数，实现图书信息查找*/
            break;
        }
    case 3:
        {
            closegraph();
            Modify(l);                  /*调用 Modify 函数，实现图书信息修改*/
            break;
        }
    case 4:
        {
            closegraph();
            Addmember(m);               /*调用 Addmember 函数，实现会员信息添加*/
            break;
        }
    case 5:
        {
            closegraph();
            borrow(l, m, b);            /*调用 borrow 函数，实现借书*/
            break;
        }
    case 6:
        {
            closegraph();
            ret(l, b);                  /*调用 ret 函数，实现还书*/
            break;
        }
    case 7:
        {
            closegraph();
            Save(l);                    /*调用 Save 函数，实现信息保存*/
            break;
        }
    case 8:
        {
```

```
            closegraph();
            Savemember(m);                  /*调用 Savemember 函数，实现会员信息保存*/
            break;
          }
      case 9:
          {
            cleardevice();
            settextstyle(0, 0, 4);
            outtextxy(150, 200, "goodbye!");
            sleep(1);
            exit(0);
          }
    }
}
```

其中 MainMenu 函数用来初始化图形界面，设置背景颜色为白色；调用 DrawMenu 函数绘制出标题及菜单项，菜单处于未选中状态时为绿色，处于选中状态时为红色；获取键盘上的按键信息，当按下向下键时 ide--，当按下向上键时 ide++，当按下回车键时开始调用 JudgeIde 函数，根据前面 ide 的值，退出图形界面，进入相应的操作界面。

注意：

程序中的 JudgeIde 函数定义在 MainMenu 函数的后面，所以要在 MainMenu 函数调用 JudgeIde 函数之前对 JudgeIde 函数进行声明。

14.3.4　添加图书信息

添加图书信息界面如图 14.4 所示。

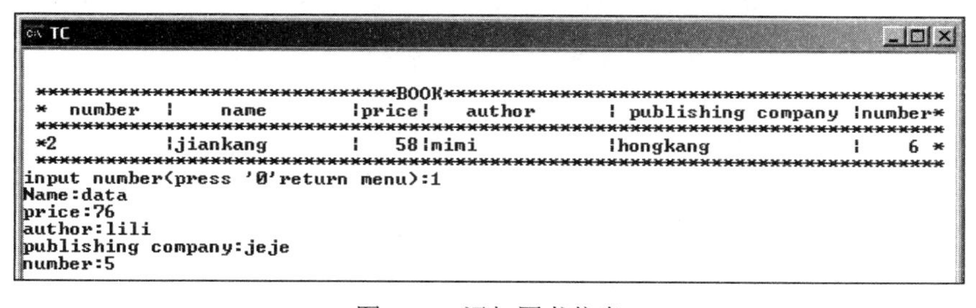

图 14.4　添加图书信息

添加完毕时按“0”键退出添加图书信息界面，重新返回到功能选择界面。此时要选择 Save book 项，保存当前添加的新记录。返回到添加图书信息界面，就会发现刚才添加的记录已经保存，如图 14.5 所示。

```
TC
**********************************BOOK**********************************************
*  number  |     name        |price|   author         | publishing company |number*
*2         |jiankang         |   58|mimi              |hongkang            |    6 *
*1         |data             |   76|lili              |jeje                |    5 *
input number(press '0'return menu):_
```

图 14.5　图书记录

扫一扫，看视频

实现添加图书信息的代码如下：

```
void Add(Link l)                                /*添加图书记录*/
{
    Node *p,  *r,  *s;
    char ch, flag = 0, num[10];
    r = l;
    s = l->next;
    system("cls");
    Disp(l);                                    /*先输出已有的图书信息*/
    while (r->next != NULL)
        r = r->next;                            /*将指针移至链表最末尾，准备添加记录*/
    while (1)                                   /*可输入多条记录，输入“0”时退出添加操作*/
    {
        while (1)
        {
            stringinput(num, 10, "input number(press '0'return menu):");  /*输入书号*/
            flag = 0;
            if (strcmp(num, "0") == 0)          /*输入“0”退出操作，返回功能选择界面*/
            {
                MainMenu();
            }
            s = l->next;
            while (s)                           /*查询输入的书号是否已经存在*/
            {
                if (strcmp(s->data.num, num) == 0)
                {
                    flag = 1;
                    break;
                }
                s = s->next;
            }
            if (flag == 1)                      /*提示用户是否重新输入*/
            {
                getchar();
                printf("=====>The number %s is  existing,try again?(y/n):", num)
                    ;
                scanf("%c", &ch);
                if (ch == 'y' || ch == 'Y')
                    continue;
                else
                    MainMenu();
            }
            else
            {
                break;
            }
        }
        p = (Node*)malloc(sizeof(Node));        /*申请内存空间*/
        if (!p)
        {
```

```
            printf("\n allocate memory failure ");      /*如没有申请到，输出提示信息*/
            MainMenu();                                 /*返回功能选择界面*/
        }
        strcpy(p->data.num, num);                   /*将字符串复制到 p->data.num 中*/
        stringinput(p->data.name, 15, "Name:");     /*输入图书名称到 p->data.name 中*/
        p->data.price = numberinput("price:");      /*输入定价到 p->data.price 中*/
        stringinput(p->data.author, 15, "author:");     /*输入作者名到
                                                          p->data.author 中*/
        stringinput(p->data.pub, 20, "publishing company:");
                                                    /*输入出版社名称到 p->data.pub 中*/
        p->data.number = numberinput("number:");    /*输入图书数量到 p->data.number 中*/
        p->next = NULL;
        r->next = p;                                /*将新结点插入链表中*/
        r = p;
    }
```

程序中先调用了 Disp 函数，用来显示原有的记录内容。Disp 函数定义如下：

```
void Disp(Link l)                               /*显示单链表 l 中存储的图书记录*/
{
   Node *p;
   p = l->next;
   if (!p)                                      /*p==NULL 则说明暂无记录*/
   {
      printf("\n=====>No  record!\n");
      getchar();
      return ;
   }
   printf("\n\n");
   printf(HEADER1);
   printf(HEADER2);
   printf(HEADER3);
   while (p)                                    /*逐条输出链表中存储的图书信息*/
   {
      printf(FORMAT, DATA);
      p = p->next;
      printf(HEADER3);
   }
}
```

当没有图书记录时输出 No record 给予提示，否则将图书信息按固定格式逐条输出。

输出完图书信息，将指针移到链表的末尾，此时准备将新接收的信息添加到链表中。输入“0”时退出添加图书信息界面。当输入的书号已经存在时也同样会给出提示信息，如图 14.6 所示。

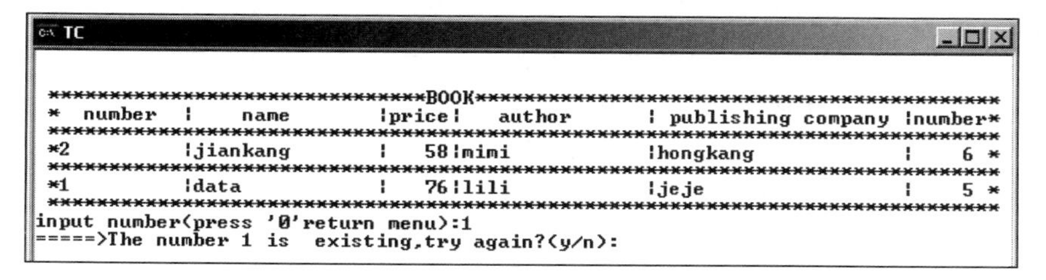

图 14.6　输入的书号已经存在

实现保存图书信息的程序代码如下：

```
void Save(Link l)                                   /*将数据存盘*/
{
    FILE *fp;
    Node *p;
    int count = 0;
    fp = fopen("f:\\book", "wb");                   /*以只写方式打开二进制文件*/
    if (fp == NULL)                                 /*打开文件失败*/
    {
        printf("\n=====>open file error!\n");
        getchar();
        MainMenu();
    }
    p = l->next;
    while (p)
    {
        if (fwrite(p, sizeof(Node), 1, fp) == 1)     /*写记录到磁盘文件中*/
        {
            p = p->next;
            count++;
        }
        else
        {
            break;
        }
    }
    if (count > 0)
    {
        getchar();
        printf("\n\n\n\tsave file complete,total saved's record number is:%d\n",
            count);
        getchar();
        MainMenu();
    }
    else
    {
        system("cls");
        printf("the current link is empty,no student record is saved!\n");
        getchar();
        MainMenu();
    }
    fclose(fp);
}
```

保存的图书信息在 f 盘的根目录下，如图 14.7 所示。

图 14.7　保存的图书信息

14.3.5 删除图书信息

删除图书信息界面如图 14.8 所示。

```
TC
*******************************BOOK******************************************
*  number  |     name        |price|   author        | publishing company |number*
*****************************************************************************
*2         |jiankang         |   58|mimi             |hongkang            |    6 *
*****************************************************************************
*1         |data             |   76|lili             |jeje                |    5 *
*****************************************************************************

        =====>1 Delete by number        =====>2 Delete by name
       please choice[1,2]:1
input the existing book number:1

=====>delete success!
```

图 14.8 删除图书信息

扫一扫，看视频

实现删除图书信息的代码如下：

```
void Del(Link l)                                    /*删除指定的图书记录*/
{
   int sel;
   Node *p, *r;
   char findmess[20];
   if (!l->next)
   {
      system("cls");
      printf("\n=====>No record!\n");
      getchar();
      MainMenu();
   }
   system("cls");
   Disp(l);                                         /*调用 Disp 函数*/
   printf("\n       =====>1 Delete by number      =====>2 Delete by name\n");
   printf("     please choice[1,2]:");
   scanf("%d", &sel);
   if (sel == 1)
   {
      stringinput(findmess, 10, "input the existing student number:");
      p = Locate(l, findmess, "num");
      if (p)
      {
         r = l;
         while (r->next != p)
            r = r->next;
         r->next = p->next;                         /*将 p 所指结点从链表中去除*/
         free(p);                                   /*释放内存空间*/
         printf("\n=====>delete success!\n");
         getchar();
         MainMenu();
      }
```

```
        else
            Nofind();                                   /*调用 Nofind 函数*/
        getchar();
        MainMenu();
    }
    else if (sel == 2)                                  /*先按书名查询*/
    {
        stringinput(findmess, 15, "input the existing book name");
        p = Locate(l, findmess, "name");                /*调用函数查找匹配记录*/
        if (p)
        {
            r = l;
            while (r->next != p)                        /*查找 r 所指向的下一个结点是否是要
                                                          删除的结点*/
                r = r->next;
            r->next = p->next;                          /*将 p 所指结点从链表中删除*/
            free(p);
            printf("\n=====>delete success!\n");
            getchar();
            MainMenu();
        }
        else
            Nofind();
        getchar();
        MainMenu();
    }
    else
        Wrong();
    getchar();
    MainMenu();
}
```

该函数功能如下：首先输入要进行删除的方式，一种是通过书号进行删除，一种是通过书名进行删除。当选择通过书号进行删除时，会提示输入图书编号。输入书号及查询该图书编号是否存在分别通过调用 stringinput 和 Locate 函数来完成。这两个函数的定义如下：

stringinput 函数：

```
void stringinput(char *t, int lens, char *notice)       /*输入字符串，并进行长度验证*/
{
    char n[50];
    do
    {
        printf(notice);                                  /*显示提示信息*/
        scanf("%s", n);                                  /*输入字符串*/
        if (strlen(n) > lens)
            printf("\n exceed the required length! \n"); /*显示长度是否超过规定值*/
    }
    while (strlen(n) > lens);
    strcpy(t, n);                                       /*将输入的字符串复制到字符串 t 中*/
```

```
}
```

Locate 函数：

```
Node *Locate(Link l, char findmess[], char nameornum[])
{
    Node *r;
    if (strcmp(nameornum, "num") == 0)                  /*按书号查询*/
    {
        r = l->next;
        while (r)
        {
            if (strcmp(r->data.num, findmess) == 0)
                return r;                               /*返回与输入内容相匹配的结点*/
            r = r->next;
        }
    }
    else if (strcmp(nameornum, "name") == 0)            /*按书名查询*/
    {
        r = l->next;
        while (r)
        {
            if (strcmp(r->data.name, findmess) == 0)
                return r;                               /*返回与输入内容相匹配的结点*/
            r = r->next;
        }
    }
    return 0;                                           /*若未找到，返回一个空指针*/
}
```

如果输入的要删除的信息不存在，则会输出提示信息，如图 14.9 所示。

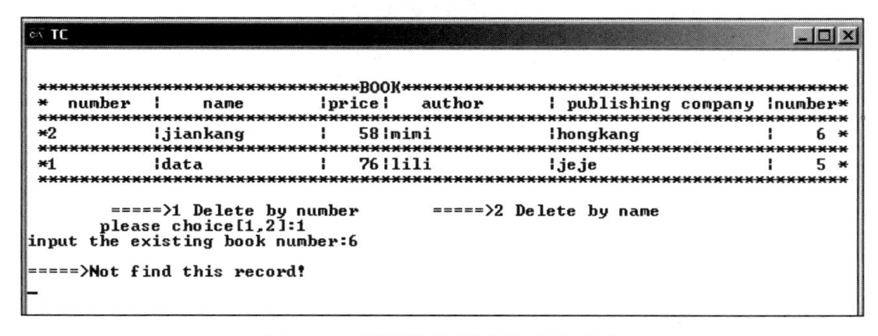

图 14.9 要删除的图书信息不存在

在输出错误信息时也同样调用了一个函数 wrong，该函数的定义如下：

```
void Wrong()                                            /*输出按键错误信息*/
{
    printf("\n\n\n\n\n***********Error:input has wrong! press any key to
    continue**********\n");
    getchar();
}
```

注意：

在删除完指定的图书信息后，务必要对现有图书信息再次进行保存，否则在下次启动该程序时，删除的内容依然存在。

14.3.6 查询图书信息

查询图书信息界面如图 14.10 和图 14.11 所示。

```
        1 Search by number
        2 Search by name
      please choice[1,2]:1
input the existing book number:2
 ******************************BOOK*******************************************
 *  number  |     name      |price|   author       | publishing company |number*
 *****************************************************************************
 *2         |jiankang       |   58|mimi            |hongkang            |    6 *
 **************************************************************************
press any key to return
```

图 14.10　通过书号进行查找

```
        1 Search by number
        2 Search by name
      please choice[1,2]:2
input the existing book name:jiankang
 ******************************BOOK*******************************************
 *  number  |     name      |price|   author       | publishing company |number*
 *****************************************************************************
 *2         |jiankang       |   58|mimi            |hongkang            |    6 *
 **************************************************************************
press any key to return
```

图 14.11　通过书名进行查找

扫一扫，看视频

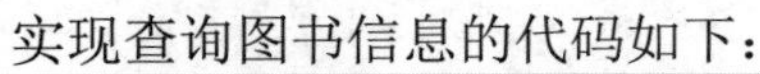

实现查询图书信息的代码如下：

```
void search(Link l)                                        /*图书查询*/
{
    int select;
    char searchinput[20];
    Node *p;
    if (!l->next)                                          /*若链表为空*/
    {
        system("cls");
        printf("\n=====>No record!\n");
        getchar();
        MainMenu();
    }
    system("cls");
    printf("\n\t1 Search by number \n\t2 Search by name\n");
    printf("      please choice[1,2]:");
    scanf("%d", &select);
    if (select == 1)                                       /*按书号查询*/
    {

        stringinput(searchinput, 10, "input the existing book number:");
        p = Locate(l, searchinput, "num");
```

```
        if (p)
         /*若 p!=NULL*/
        {
            printheader();
            printdata(p);
            printf(END);
            printf("press any key to return");
        }
        else
            Nofind();
        getchar();
    }
    else if (select == 2)                                   /*按书名查询*/
    {
        stringinput(searchinput, 15, "input the existing book name:");
        p = Locate(l, searchinput, "name");
        if (p)
        {
            printheader();
            printdata(p);
            printf(END);
            printf("press any key to return");
        }
        else
            Nofind();                                       /*调用 Nofind 函数*/
        getchar();
    }
    else
        Wrong();                                            /*调用 Wrong 函数*/
    getchar();
    MainMenu();
}
```

首先输入要进行查询的方式，一种是通过书号进行查询，另一种是通过书名进行查询。当选择通过书号进行查询时，会提示输入图书编号。输入书号及查询该图书编号是否存在分别通过调用 stringinput 和 Locate 函数来完成。当要查找的图书存在，则按指定格式输出图书信息。这里也用到了一个格式化输出表头的函数 printheader 函数和一个格式化输出表中数据的函数 printdata 函数，这两个函数的定义分别如下。

printheader 函数：

```
void printheader()                                          /*格式化输出表头*/
{
    printf(HEADER1);
    printf(HEADER2);
    printf(HEADER3);
}
```

printdata 函数：

```
void printdata(Node *pp)                                    /*格式化输出表中数据*/
```

```
{
    Node* p;
    p=pp;
    printf(FORMAT,DATA);
}
```

当未找到要查找的内容时，要输出提示信息。这时用到了 Nofind 函数，该函数的定义如下：

```
void Nofind()                                    /*输出未查找此学生的信息*/
{
    printf("\n=====>Not find this record!\n");
}
```

14.3.7 修改图书信息

修改图书信息界面如图 14.12 所示。

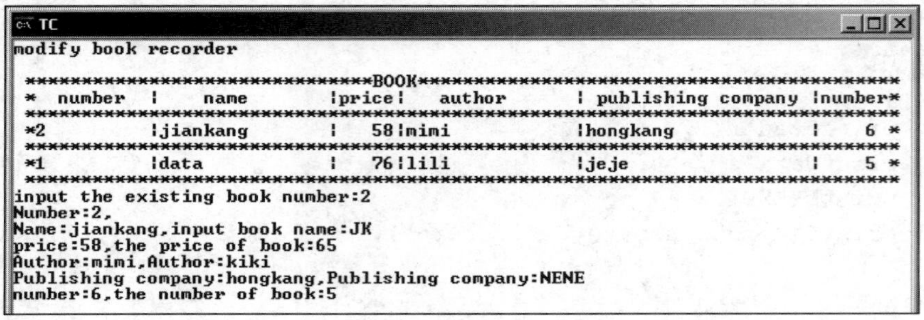

```
TC
modify book recorder

 *********************************BOOK*******************************************
 *  number  |    name       |price|   author        | publishing company |number*
 ********************************************************************************
 *2         |jiankang       |   58|mimi             |hongkang            |    6 *
 ********************************************************************************
 *1         |data           |   76|lili             |jeje                |    5 *
 ********************************************************************************
input the existing book number:2
Number:2,
Name:jiankang,input book name:JK
price:58,the price of book:65
Author:mimi,Author:kiki
Publishing company:hongkang,Publishing company:NENE
number:6,the number of book:5
```

图 14.12　修改图书信息

如果要修改的图书存在，当修改成功时会给出提示信息，并将修改后的内容及其他未修改的内容一并再次输出，如图 14.13 所示。

```
=====>modify success!

 *********************************BOOK*******************************************
 *  number  |    name       |price|   author        | publishing company |number*
 ********************************************************************************
 *2         |JK             |   65|kiki             |NENE                |    5 *
 ********************************************************************************
 *1         |data           |   76|lili             |jeje                |    5 *
 ********************************************************************************
```

图 14.13　修改后的图书信息

如果要修改的内容不存在，也会给出提示信息，如图 14.14 所示。

```
TC
modify book recorder

 *********************************BOOK*******************************************
 *  number  |    name       |price|   author        | publishing company |number*
 ********************************************************************************
 *2         |jiankang       |   58|mimi             |hongkang            |    6 *
 ********************************************************************************
 *1         |data           |   76|lili             |jeje                |    5 *
 ********************************************************************************
input the existing book number:8

=====>Not find this record!
_
```

图 14.14　要修改的图书不存在

实现修改图书信息的代码如下：

```
void Modify(Link l)                                              /*修改图书信息*/
{
    Node *p;
    char findmess[20];
    if (!l->next)
    {
        system("cls");
        printf("\n=====>No book record!\n");
        getchar();
        MainMenu();
    }
    system("cls");
    printf("modify book recorder");
    Disp(l);
    stringinput(findmess, 10, "input the existing book number:");
    p = Locate(l, findmess, "num");                              /*查询到该结点*/
    if (p)                                                       /*若p!=NULL，表明已经找
                                                                   到该结点*/
    {
        printf("Number:%s,\n", p->data.num);
        printf("Name:%s,", p->data.name);
        stringinput(p->data.name, 15, "input book name:");   /*调用函数，输入新的信息*/
        printf("price:%d,", p->data.price);
        p->data.price = numberinput("the price of book:");
        printf("Author:%s,", p->data.author);
        stringinput(p->data.author, 15, "Author:");
        printf("Publishing company:%s,", p->data.pub);
        stringinput(p->data.pub, 15, "Publishing company:");
        printf("number:%d,", p->data.number);
        p->data.number = numberinput("the number of book:");
        printf("\n=====>modify success!\n");
        Disp(l);
    }
    else
        Nofind();
    getchar();
    MainMenu();
}
```

首先输入要修改的图书的书号，如该信息存在则逐个输入新信息。

注意：

在修改完指定的图书信息后，务必要对现有图书信息再次进行保存，否则在下次启动该程序时，修改的内容将不会出现。

14.3.8　添加会员

添加会员界面如图 14.15 所示。

```
********************Member********************
*  number  |     name       |    telephone    *
**********************************************
*1         |kiki            |54826983         *
**********************************************

input the number of the member(press '0'return menu):_
```

图 14.15　添加会员

扫一扫，看视频

当进入添加会员界面时，会发现其中显示了已存在的会员信息，如图 14-16 所示。该功能的实现主要是通过调用 Mdisp 函数来完成。该函数的程序代码如下：

```
void Mdisp(Mlink m)                              /*显示单链表中存储的会员信息*/
{
    Mnode *p;
    p = m->next;
    if (!p)                                      /*若 p==NULL 证明没有会员记录*/
    {
        printf("\n=====>Not  record!\n");
        getchar();
        return ;
    }
    printf("\n\n");
    printf(HEADER4);
    printf(HEADER5);
    printf(HEADER6);
    while (p)                                    /*逐条输出链表中存储的会员信息*/
    {
        printf(FORMAT1, p->inf.mnum, p->inf.mname, p->inf.tel);
        p = p->next;
        printf(HEADER6);
    }
    getchar();
}
int numberinput(char *notice)
{
    int t = 0;
    do
    {
        printf(notice);                          /*显示提示信息*/
        scanf("%d", &t);                         /*输入图书数量*/
        if (t < 0)
            printf("\n price must >0! \n");
    }
    while (t < 0);
    return t;
}
MainMenu();
}
```

```
input the number of the member(press '0'return menu):2
Name:nini
Telephone:56895463
input the number of the member(press '0'return menu):
```

图 14.16　输入会员信息

实现添加会员的代码如下：

```
void Addmember(Mlink m)
{
    FILE *fp;
    Mnode *p,  *r,  *s,  *q;
    char ch, qu, flag = 0, num[10];
    r = m;
    s = m->next;
    system("cls");
    Mdisp(m);                                   /*将原有记录输出*/
    while (r->next != NULL)
        r = r->next;                            /*将指针移至链表最末尾，准备添加记录*/
    while (1)                                   /*可输入多条记录，输入 0 时退出添加操作*/
    {
        while (1)
        {

            stringinput(num, 10,
                "input the number of the member(press '0'return menu):");
                                                /*输入会员号*/
            flag = 0;

            if (strcmp(num, "0") == 0)          /*输入为 0，则退出添加操作，返回功能选择界面*/
            {
                MainMenu();
            }
            s = m->next;
            while (s)                           /*查询该会员号是否已经存在*/
            {
                if (strcmp(s->inf.mnum, num) == 0)
                {
                    flag = 1;
                    break;
                }
                s = s->next;
            }
            if (flag == 1)                      /*提示用户是否重新输入*/
            {
                getchar();
                printf("=====>The number %s is existing,try again?(y/n):", num);
                scanf("%c", &ch);
                if (ch == 'y' || ch == 'Y')
                    continue;
                else
```

```
                MainMenu();
            }
            else
            {
                break;
            }
        }
        p = (Mnode*)malloc(sizeof(Mnode));              /*申请内存空间*/
        if (!p)
        {
            printf("\n allocate memory failure ");
                                                         /*如没有申请到，输出提示信息*/
            MainMenu();                                  /*返回主界面*/
        }
        strcpy(p->inf.mnum, num);                        /*将会员号复制到p->data.num中*/
        stringinput(p->inf.mname, 15, "Name:");
        stringinput(p->inf.tel, 15, "Telephone:");
        p->next = NULL;
        r->next = p;                                     /*将新结点插入链表中*/
        r = p;
    }
    MainMenu();
}
```

添加会员信息和添加图书信息的基本思路是一样的，当输入“0”时退出添加界面。同样，添加完会员信息，也要对信息内容进行保存，如图 14.17 所示。

保存到磁盘文件中的会员信息如图 14.18 所示。

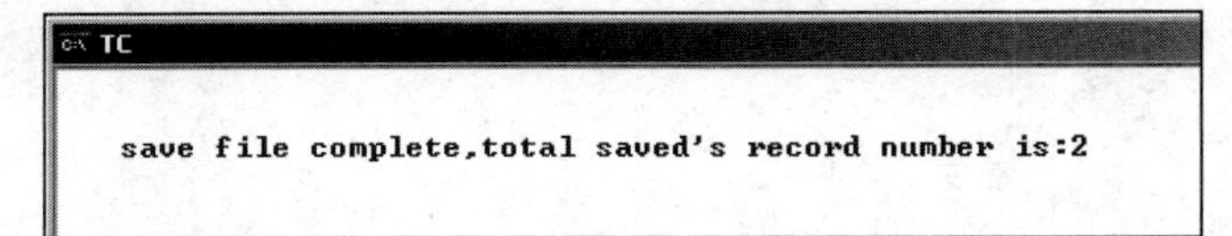

图 14.17　保存会员信息

图 14.18　保存的会员信息

实现保存会员信息的代码如下：

```
void Savemember(Mlink m)
{
    FILE *fp;
    Mnode *p;
    int count = 0;
    fp = fopen("f:\\member", "wb");                      /*以只写方式打开二进制文件*/
    if (fp == NULL)                                      /*打开文件失败*/
    {
        printf("\n=====>open file error!\n");
        getchar();
        MainMenu();
    }
    p = m->next;
    while (p)
    {
```

```
        if (fwrite(p, sizeof(Mnode), 1, fp) == 1)          /*写记录到磁盘文件中*/
        {
            p = p->next;
            count++;
        }
        else
        {
            break;
        }
    }
    if (count > 0)
    {
        getchar();
        printf("\n\n\n\tsave file complete,total saved's record number is:%d\n",
            count);
        getchar();
        MainMenu();
    }
    else
    {
        system("cls");
        getchar();
        MainMenu();
    }
    fclose(fp);
}
```

当输入的会员号已经存在，则会给出提示信息，如图 14.19 所示。

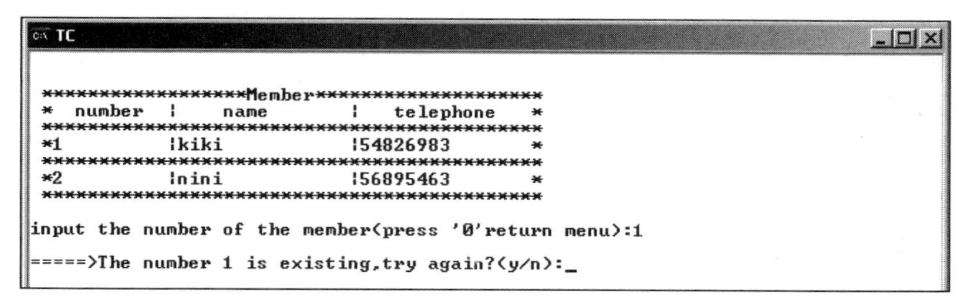

图 14.19　输入的会员信息已存在

14.3.9　借书

借书界面如图 14.20 所示。

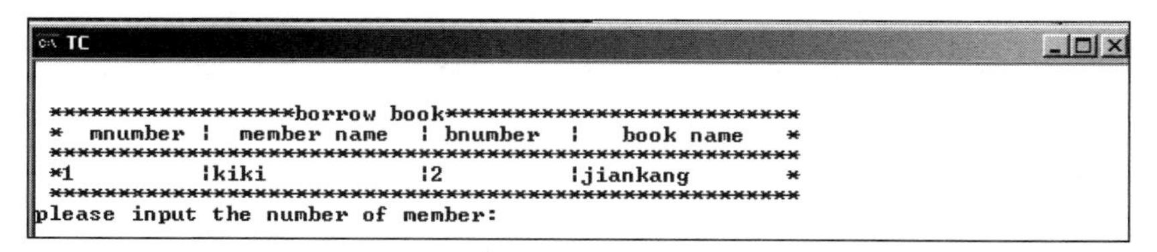

图 14.20　借书信息

进入借书界面后，会发现其中显示了当前的借书记录；然后要求输入会员号；当输入的会员正确，再输入图书号；如果该图书库存中还有，则可实现借书（此时库存中的该图书数量减 1）；当输入“0”时退出借书界面，如图 14.21 所示。

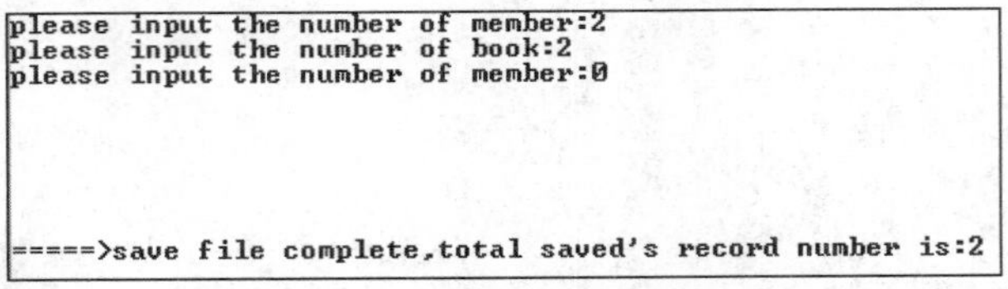

```
please input the number of member:2
please input the number of book:2
please input the number of member:0



=====>save file complete,total saved's record number is:2
```

图 14.21　保存借书信息

再次进入借书界面时，借书记录便会发生变化，如图 14.22 所示。

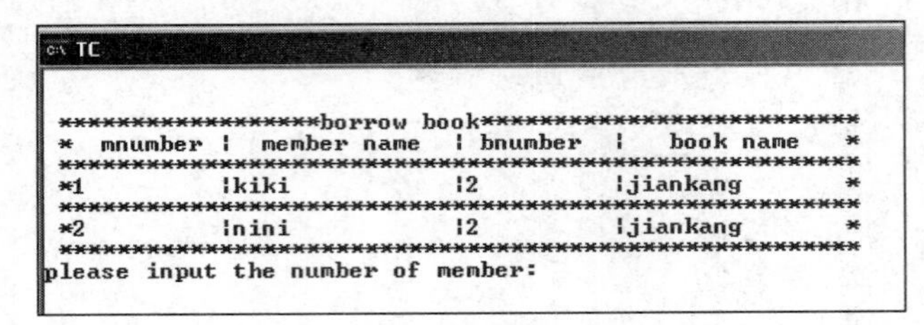

图 14.22　借书记录

扫一扫，看视频

实现借书功能的程序代码如下：

```
void borrow(Link l, Mlink m, Blink b) /*借书*/
{
   Mnode *p;
   Node *q;
   Bnode *t,  *s,  *k;
   char number[10], booknum[10];
   system("cls");
   t = b->next;
   if (!t)
   {
      printf("\n=====>Not  record!\n");
   }
   printf("\n\n");
   printf(HEADER9);
   printf(HEADER7);
   printf(HEADER8);
   while (t)
   {
      printf(FORMAT2, t->binf.mnum, t->binf.mname, t->binf.num, t->binf.name);
      t = t->next;
      printf(HEADER8);
   }
   while (1)
   {
      s = b;
      p = m->next;
```

```
q = l->next;
while (s->next != NULL)
    s = s->next;
stringinput(number, 10, "please input the number of member:");
                                                  /*输入会员号*/
if (strcmp(number, "0") == 0)
    break;
do
{
    if (strcmp(p->inf.mnum, number) == 0)         /*查看该会员号是否存在*/
        break;
    else
        p = p->next;
}
while (p != NULL);
stringinput(booknum, 10, "please input the number of book:");  /*输入书号*/
do
{
    if (strcmp(q->data.num, booknum) == 0)        /*查看书号是否存在*/
        break;
    else
        q = q->next;
}
while (q != NULL);
if (p == NULL)
{
    printf("you are not a member!");
    MainMenu();
}
else
if (q == NULL)
{
    printf("the book is not exist!");
    MainMenu();
}
else
{
    if (q->data.number != 0)
    {
        q->data.number--;
        k = (Bnode*)malloc(sizeof(Bnode));        /*申请内存空间*/
        if (!k)
        {
            printf("\n allocate memory failure "); /*如没有申请到,输出提示信息*/
            MainMenu();                            /*返回功能选择界面*/
        }
        strcpy(k->binf.num, q->data.num);
        strcpy(k->binf.name, q->data.name);
        strcpy(k->binf.mnum, p->inf.mnum);
        strcpy(k->binf.mname, p->inf.mname);
```

```
                k->next = NULL;
                s->next = k;                                    /*将新结点插入链表中*/
                s = k;
            }
            else
                printf("no book!");
        }
    }
    Saveoi(b);                                                  /*写记录到磁盘文件中*/
    getch();
    MainMenu();
}
```

借书成功后，同样要将借书信息保存到磁盘文件中，这主要是通过 Saveoi 函数实现的。该函数的定义形式如下：

```
void Saveoi(Blink b)
{
    FILE *fp;
    Bnode *p;
    int count = 0;
    fp = fopen("f:\\borrow", "wb");                             /*以只写方式打开二进制文件*/
    if (fp == NULL)                                             /*打开文件失败*/
    {
        printf("\n=====>open file error!\n");
        getchar();
        MainMenu();
    }
    p = b->next;

    while (p)
    {
        if (fwrite(p, sizeof(Bnode), 1, fp) == 1)               /*每次写一条记录或一个结点信息
                                                                  至文件*/
        {
            p = p->next;
            count++;
        }
        else
        {
            break;
        }
    }
    if (count > 0)
    {
        getchar();
        printf("\n\n\n\n\n=====>save file complete,total saved's record number
is:%d\n", count);
        getchar();
        MainMenu();
    }
```

```
    else
    {
        system("cls");
        getchar();
        MainMenu();
    }
    fclose(fp);
}
```

保存的文件如图 14.23 所示。

图 14.23　保存的借书信息

注意：

借书功能实现后依旧要对图书信息进行保存，因为借书成功后，图书信息会更新（相应的库存量会减 1）。

14.3.10　还书

还书界面如图 14.24 所示。

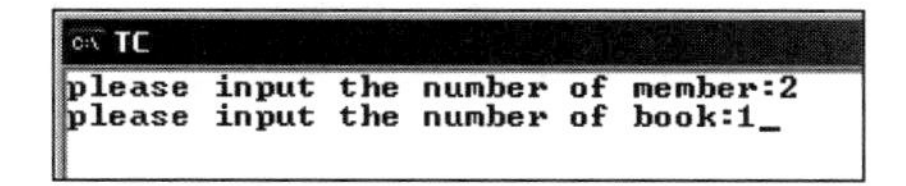

图 14.24　还书

还书成功，相应的库存图书数量会加 1。

实现还书功能的程序代码如下：

```
void ret(Link l, Blink b)                            /*还书*/
{
    Bnode *p,  *q;
    Node *t;
    char memnum[10], booknum[10];
    q = b;
    p = q->next;
    t = l->next;
    stringinput(memnum, 10, "please input the number of member:");
    if (strcmp(memnum, "0") == 0)
        MainMenu();
    stringinput(booknum, 10, "please input the number of book:");
    while (p != NULL)
    {
        if (strcmp(p->binf.num, booknum) == 0 && strcmp(p->binf.mnum, memnum)
            == 0)                                    /*如果书号与会员号都存在则可以还书*/
        {
            q->next = p->next;
            do
            {
```

```
                if (strcmp(t->data.num, booknum) == 0)
                    break;
                else
                    t = t->next;
            }
            while (t != NULL);
            t->data.number++;                           /*如果还书成功则可借的数量加 1*/
            free(p)
                ;
        }
        else
        {
            q = p;
            p = q->next;
        }
    }
    if (p == NULL)
    {
        printf("input error");
        MainMenu();
    }
    Saveoi(b);
    getch();
    MainMenu();
}
```

注意：

还书功能实现后依旧要对图书信息进行保存，因为还书成功后，图书信息会更新（相应的库存量会减 1）。

扫一扫，看视频

14.3.11 主函数

main 函数的程序代码如下：

```
main()
{
    FILE *fp;                                           /*文件指针*/
    int select;
    char ch;
    int count = 0;
    Node *p,  *r;
    Mnode *q,  *t;
    Bnode *s,  *k;
    b = (Bnode*)malloc(sizeof(Bnode));
    if (!b)
    {
        printf("\n allocate memory failure ");          /*如没有申请到，打印提示信息*/
        MainMenu();                                     /*返回功能选择界面*/
    }
    b->next = NULL;
    k = b;
```

```
fp = fopen("f:\\borrow", "ab+");
if (fp == NULL)
{
    printf("\n=====>can not open file!\n");
    exit(0);
}
while (!feof(fp))
{
    s = (Bnode*)malloc(sizeof(Bnode));
    if (!s)
    {
        printf(" memory malloc failure!\n");                /*没有申请成功*/
        exit(0);                                             /*退出*/
    }
    if (fread(s, sizeof(Bnode), 1, fp) == 1)                 /*从文件中读取借书记录*/
    {
        s->next = NULL;
        k->next = s;
        k = s;
    }
}
fclose(fp);                                                  /*关闭文件*/
m = (Mnode*)malloc(sizeof(Mnode));
if (!m)
{
    printf("\n allocate memory failure ");                  /*如没有申请到,输出提示信息*/
    MainMenu();                                              /*返回功能选择界面*/
}
m->next = NULL;
t = m;
fp = fopen("f:\\member", "ab+");
if (fp == NULL)
{
    printf("\n=====>can not open file!\n");
    exit(0);
}
while (!feof(fp))
{
    q = (Mnode*)malloc(sizeof(Mnode));
    if (!q)
    {
        printf(" memory malloc failure!\n");                /*没有申请成功*/
        exit(0);                                             /*退出*/
    }
    if (fread(q, sizeof(Mnode), 1, fp) == 1)                 /*从文件中读取会员信息记录*/
    {
        q->next = NULL;
        t->next = q;
        t = q;
    }
```

```
    }
    fclose(fp);                                                 /*关闭文件*/
    l = (Node*)malloc(sizeof(Node));
    if (!l)
    {
        printf("\n allocate memory failure ");                  /*如没有申请到，打印提示信息*/
        MainMenu();                                             /*返回功能选择界面*/
    }
    l->next = NULL;
    r = l;
    fp = fopen("f:\\book", "ab+");
    if (fp == NULL)
    {
        printf("\n=====>can not open file!\n");
        exit(0);
    }
    while (!feof(fp))
    {
        p = (Node*)malloc(sizeof(Node));
        if (!p)
        {
            printf(" memory malloc failure!\n");                 /*没有申请成功*/
            exit(0);                                            /*退出*/
        }
        if (fread(p, sizeof(Node), 1, fp) == 1)                 /*从文件中读取图书信息记录*/
        {
            p->next = NULL;
            r->next = p;
            r = p;
            count++;
        }
    }
    fclose(fp);
    printf("\n=====>open file sucess,the total records number is : %d.\n",
        count);
    MainMenu();
}
```

main 函数主要是实现链表的建立，其中包括 3 种，分别是图书信息链表、会员信息链表及借书链表。在建立链表的过程中会读取相应的磁盘文件，将对应的磁盘文件中的内容写入到链表中。最后调用 MainMenu 函数，开始对图书管理系统进行操作。

扫一扫，看视频

第 15 章　企业员工管理系统

随着信息化的不断发展，企业管理慢慢告别纸质化，走上电子化的办公之路。例如，对企业员工基本信息的管理，不再采用一个人一个档案袋的模式，而是将其纳入企业员工管理系统中。本系统实现的就是基本的员工信息管理。通过本章的学习，读者将学到如下知识点。

- 项目设计思路
- 首页设计
- 系统初始化模块设计
- 系统登录模块设计
- 员工信息添加模块设计
- 员工信息删除模块设计
- 员工信息修改模块设计
- 员工信息查询模块设计

15.1　开 发 背 景

当前，计算机被广泛应用于企事业单位的信息管理，应用基本的数据库可以开发出高效的信息管理系统。但是，应用基本数据库开发出的应用管理系统在发布的时候需要附带很大的发布包，这样不利于一些小型的企事业单位降低管理成本。虽然 C 语言不是系统设计的主要语言，但是对于小型信息管理系统的开发也是一柄利器。本系统就是应用 C 语言开发的一个企业员工管理系统。

15.2　开发环境需求

本项目的开发及运行环境要求如下：

- 操作系统：Windows 7。
- 开发工具：Dev-C++。
- 开发语言：C 语言。

15.3　系统功能设计

企业员工管理系统主要包含对企业员工的基本信息进行增、删、改、查等相关功能，帮助用户更快、更好地管理企业员工。本系统对管理者的控制更加严格，只设置一个管理账号。

企业员工管理系统功能结构图如图 15.1 所示。

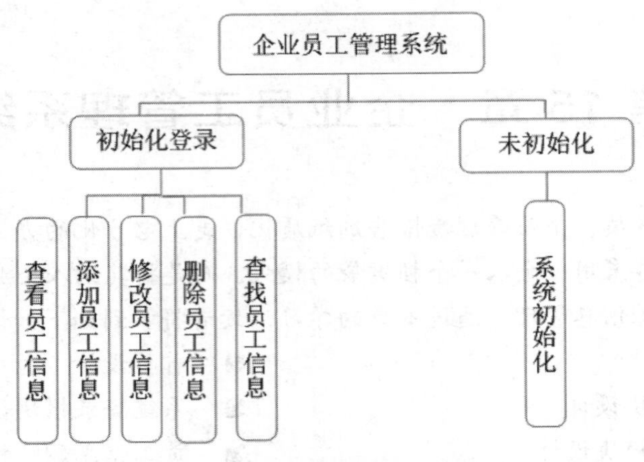

图 15.1 企业员工管理系统功能结构图

15.4 预处理模块设计

15.4.1 模块概述

本模块主要是实现企业员工管理系统的一些基本属性信息的封装和函数的声明。例如，用于存放员工基本属性信息的结构体、全局变量和函数原型声明。

15.4.2 文件引用

因为用到了比较字符串函数 strcmp，所以需要引用头文件 string.h。string.h 是 C 语言中一种常用的编译预处理指令，在使用字符数组时需要引用。在 C 语言中，关于字符数组的常用函数有 strlen、strcmp、strcpy 等。关键代码如下：

<代码 01 代码位置：资源包\Code\15\Bits\01.txt>

```
01  //头文件
02  #include <stdio.h>
03  #include <stdlib.h>
04  #include <string.h>
```

15.4.3 定义全局变量

下面列出了本程序中定义的全局变量，在定义之后一直到本源文件结束都可以使用这些全局变量。关键代码如下：

<代码 02 代码位置：资源包\Code\15\Bits\02.txt>

```
01  //定义全局变量
02  char password[9];                          //系统密码
03  EMP *emp_first,*emp_end;                   //定义指向链表的头结点和尾结点的指针
04  char gsave,gfirst;                         //判断标识
```

15.4.4 定义结构体

定义保存员工信息的结构体 struct employee，其中定义了员工编号、员工职务、员工姓名等信息。关键代码如下：

<代码 03 代码位置：资源包\Code\15\Bits\03.txt>

```
01 //存储员工信息的结构体
02 typedefstruct employee
03 {
04     intnum;                                         //员工编号
05     char duty[10];                                  //员工职务
06     char name[10];                                  //员工姓名
07     char sex[3];                                    //员工性别
08     unsignedchar age;                               //员工年龄
09     char edu[10];                                   //教育水平
10     intsalary;                                      //员工工资
11     char tel_office[13];                            //办公电话
12     char tel_home[13];                              //家庭电话
13     char mobile[13];                                //手机
14     char qq[11];                                    //QQ 号码
15     char address[31];                               //家庭住址
16     struct employee *next;
17 }EMP;
```

15.4.5 函数声明

在本程序中定义了一系列自定义函数，每个函数基本都能实现一个模块的基本功能。这些自定义函数的功能及声明代码如下：

<代码 04 代码位置：资源包\Code\15\Bits\04.txt>

```
01 //自定义函数声明
02 void addemp(void);                                  //添加员工信息的函数
03 void findemp(void);                                 //查找员工信息的函数
04 void listemp(void);                                 //显示员工信息列表的函数
05 void modifyemp(void);                               //修改员工信息的函数
06 void summaryemp(void);                              //统计员工信息的函数
07 void delemp(void);                                  //删除员工信息的函数
08 void resetpwd(void);                                //重置系统的函数
09 void readdata(void);                                //读取文件数据的函数
10 void savedata(void);                                //保存数据的函数
11 int modi_age(int s);                                //修改员工年龄的函数
12 int modi_salary(int s);                             //修改员工工资的函数
13 char*modi_field(char*field,char*s,int n);           //修改员工其他信息的函数
14 EMP *findname(char*name);                           //按员工姓名查找员工信息
15 EMP *findnum(int num);                              //按员工工号查找员工信息
16 EMP *findtelephone(char*name);                      //按员工的通讯号码查找员工信息
17 EMP *findqq(char*name);                             //按员工的 QQ 号查找员工信息
```

```
18  void displayemp(EMP *emp,char*field,char*name);     //显示员工信息
19  void checkfirst(void);                               //初始化检测
20  void bound(char ch,int n);                           //画出分界线
21  void login();                                        //登录检测
22  void menu();                                         //主菜单列表
```

15.5 主函数设计

15.5.1 功能概述

本模块是程序的入口主函数，即 main 函数。本模块中主要实现一些初始化工作以及对程序功能菜单的显示，以供用户进行选择操作。

15.5.2 实现主函数

本模块中主要实现对链表指针的初始化以及对判断标识的赋值，将它们的初始化值都设为 0，表示没有数据需要保存和系统已经初始化完成，即假设不是第 1 次使用本系统。然后再调用 checkfirst 函数进行具体的初始化检查，如果不是第 1 次登录便会进入下一步，提示输入密码，正确输入密码后会显示程序的功能菜单。主函数 main 的实现代码如下：

<代码 05　代码位置：资源包\Code\15\Bits\05.txt>

```
01  /**
02  *  主函数
03  */
04  intmain(void)
05  {
06      system("color f0\n");                            //白底黑字
07      emp_first=emp_end=NULL;
08      gsave=gfirst=0;
09
10      checkfirst();                                    //初始化检测
11      login();                                         //登录检测
12      readdata();                                      //读取文件数据的函数
13      menu();                                          //主菜单列表
14      system("PAUSE");
15      return0;
16  }
```

15.6 系统初始化

15.6.1 模块概述

本模块主要是实现对系统是否是第 1 次使用进行检测，此功能是通过函数 checkfirst 实现的。

实现系统初始化判断的效果如图 15.2 所示，系统初始化成功界面如图 15.3 所示。

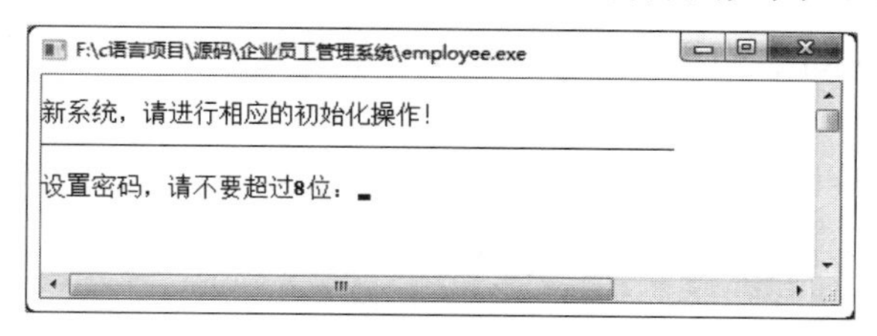

图 15.2　初始化操作界面

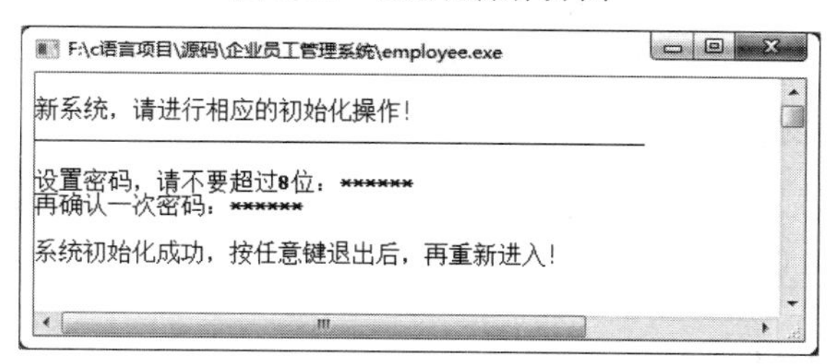

图 15.3　系统初始化成功界面

15.6.2　操作密码文件

本模块中需要对密码文件进行打开，而且在使用完文件后需要关闭文件流。这时就要用到 fopen 函数和 fclose 函数，下面分别介绍。

1．通过 fopen 函数打开文件

fopen 函数用来打开一个文件，其调用的一般形式如下：

```
FILE *fp;
fp=fopen(文件名,使用文件方式);
```

其中，“文件名”是被打开文件的文件名；“使用文件方式”是指对打开的文件要进行读操作还是写操作。使用文件方式如表 15.1 所示。

表 15.1　使用文件方式

文件使用方式	含　义
“r”（只读）	打开一个文本文件，只允许读数据
“w”（只写）	打开或建立一个文本文件，只允许写数据
“a”（追加）	打开一个文本文件，并在文件末尾写数据
“rb”（只读）	打开一个二进制文件，只允许读数据
“wb”（只写）	打开或建立一个二进制文件，只允许写数据
“ab”（追加）	打开一个二进制文件，并在文件末尾写数据
“r+”（读写）	打开一个文本文件，允许读和写
“w+”（读写）	打开或建立一个文本文件，允许读写
“a+”（读写）	打开一个文本文件，允许读，或在文件末追加数据
“rb+”（读写）	打开一个二进制文件，允许读和写
“wb+”（读写）	打开或建立一个二进制文件，允许读和写
“ab+”（读写）	打开一个二进制文件，允许读，或在文件末追加数据

2. 通过 fclose 函数关闭文件

fclose 函数用于文件的关闭。当正常完成关闭文件操作时，fclose 函数返回值为 0；否则返回 EOF。调用的一般形式如下：

```
fclose(文件指针);
```

例如：

```
fclose(fp);
```

说明：

在程序结束之前应关闭所有文件，防止因未关闭文件而造成数据流失。

3. 通过 feof 函数判断文件的结束

feof 函数用来检测当前文件流上的文件结束标志，判断是否读到了文件结尾。如果文件结束，则返回非 0 值；否则，返回 0。

15.6.3 进入企业员工管理系统

1. 第 1 次使用本系统

在本模块中，首先打开密码文件，判断是否为空；进而判断系统是否是第 1 次使用，如果是第 1 次使用，系统会提示输入初始密码，如图 15.4 所示。

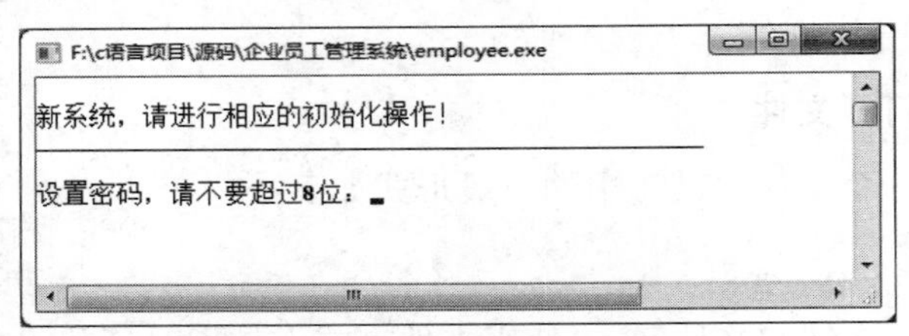

图 15.4 第 1 次使用本系统

使用 fopen 函数打开密码文件，判断文件内容是否为空，如果为空，则判定为第 1 次使用本系统，需要设置密码。密码的设置有一些要求：密码长度不长于 8 位；密码字符中不能有回车；两次密码输入需要相同。具体实现代码如下：

<代码 06 代码位置：资源包\Code\15\Bits\06.txt>

```
01  /**
02   * 首次使用，进行用户信息初始化
03   */
04  voidcheckfirst()
05  {
06      FILE *fp,*fp1;                                      //声明文件型指针
07      char pwd[9],pwd1[9],pwd2[9],pwd3[9],ch;
08      int i;
09      char strt='8';
10
11      if((fp=fopen("config.bat","rb"))==NULL)            //判断系统密码文件是否为空
12      {
```

```
13          printf("\n新系统，请进行相应的初始化操作！\n");
14          bound('_',50);
15          getch();
16
17      do{
18              printf("\n设置密码，请不要超过8位：");
19      for(i=0;i<8&&((pwd[i]=getch())!=13);i++)
20      {
21                  putch('*');
22      }
23              printf("\n再确认一次密码：");
24      for(i=0;i<8&&((pwd1[i]=getch())!=13);i++)
25      {
26                  putch('*');
27      }
28
29              pwd[i]='\0';
30              pwd1[i]='\0';
31
32      if(strcmp(pwd,pwd1)!=0)                          //判断两次新密码是否一致
33      {
34                  printf("\n两次密码输入不一致，请重新输入！\n\n");
35      }
36      elsebreak;
37
38      }while(1);
39
40      if((fp1=fopen("config.bat","wb"))==NULL)
41      {
42              printf("\n系统创建失败，请按任意键退出！");
43              getch();
44              exit(1);
45  }
46
47          i=0;
48      while(pwd[i])
49      {
50
51              pwd2[i]=(pwd[i]^ strt);
52              putw(pwd2[i],fp1);                       //将数组元素送入文件流中
53              i++;
54      }
55
56          fclose(fp1);                                 //关闭文件流
57          printf("\n\n系统初始化成功，按任意键退出后，再重新进入！\n");
58          getch();
59          exit(1);
60
61  }
```

2. 非第 1 次使用本系统

如果不是第 1 次使用系统，系统会进入登录界面，提示输入密码登录，如图 15.5 所示。

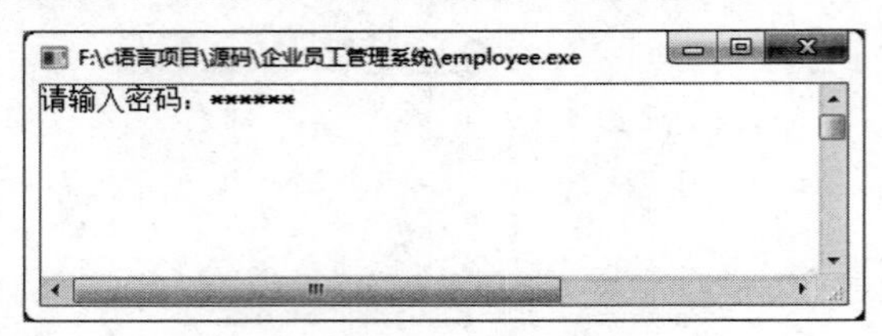

图 15.5　非第 1 次使用本系统

首先通过 feof 函数从文件中读取到完整密码，将密码保存在数组 password 中，方便和输入的密码进行对比。具体实现代码如下：

<代码 07　代码位置：资源包\Code\15\Bits\07.txt>

```
01  else{
02          i=0;
03          while(!feof(fp)&&i<8)                //判断是否读完密码文件
04          {
05              pwd[i++]=(getw(fp)^strt);        //从文件流中读出字符赋给数组
06          }
07
08          pwd[i]='\0';
09
10          if(i>=8)
11          {
12              i--;
13          }
14          while(pwd[i]!=-1&&i>=0)
15          {
16              i--;
17          }
18              pwd[i]='\0';                     //将数组最后一位设定为字符串的结束符
19              strcpy(password,pwd);            //将数组 pwd 中的数据复制到数组 password 中
20          }
21  }
```

15.7　系统登录模块设计

15.7.1　模块概述

系统登录模块是用户进入系统的大门，能够验证用户的合法性，起到保护系统、不被非法用户进入的作用。本系统的登录模块是通过从密码文件中读取数据，然后与输入的密码进行比较，来实现密码的验证。密码输入提示界面如图 15.6 所示，3 次密码输入错误强制退出提示界面如图 15.7 所示。

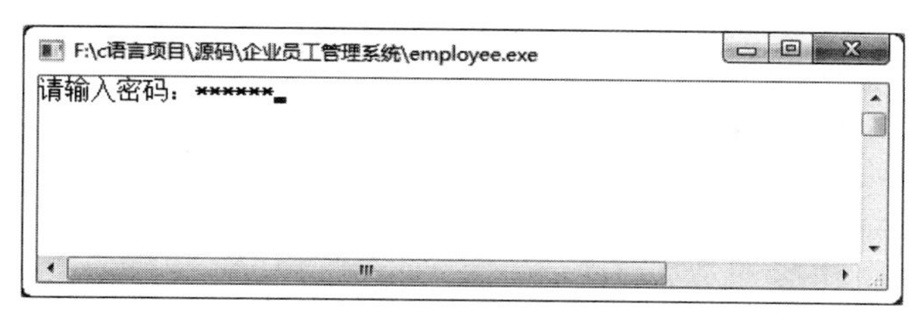

图 15.6 密码输入提示界面

图 15.7 3 次密码输入错误强制退出提示界面

15.7.2 使用字符串比较函数 strcmp

登录模块需要对密码进行比较，因此需要使用字符串比较函数 strcmp。下面详细介绍这一函数的用法。

库函数 strcmp 可对字符串进行比较。该函数原型如下：

```
int strcmp(char *str1, char *str2);
```

strcmp 函数用于对字符串 str1 和 str2 进行比较。根据两个字符串的大小不同，有 3 种不同的返回值。

- 当 str1>str2 时，返回值大于 0。
- 当 str1=str2 时，返回值等于 0。
- 当 str1<str2 时，返回值小于 0。

15.7.3 实现密码验证功能

本模块中的函数在初始化检测后调用，用于管理员的登录操作。用户根据提示输入密码后，使用 strcmp 函数对输入的密码和从密码文件中读取的数据进行比较。如果一致，则进入系统；如果不一致，则提示重新输入密码，如果连续 3 次输入的密码都错误则强制用户退出系统。具体实现代码如下：

<代码 08 代码位置：资源包\Code\15\Bits\08.txt>

```
01  /**
02   * 检测登录密码
03   */
04  voidlogin()
05  {
06      int i,n=3;
07      char pwd[9];
08      do{
09          printf("请输入密码：");
10          for(i=0;i<8&&((pwd[i]=getch())!=13);i++)
```

```
11              putch('*');
12              pwd[i]='\0';
13      if(!strcmp(pwd,password))                            //如果密码不匹配
14      {
15              printf("\n 密码错误，请重新输入！\n");
16              getch();
17              system("cls");                               //调用清屏命令
18              n--;
19      }else
20                break;
21      }while(n>0);                                         //密码输入 3 次的控制
22      if(!n)
23      {
24          printf("请退出，你已输入三次错误密码！");
25          getch();
26          exit(1);
27      }
28  }
```

15.8 主界面功能菜单设计

15.8.1 模块概述

为了提供更好的用户体验和便捷操作，功能菜单是一个不可缺少的模块。功能菜单界面如图 15.8 所示。

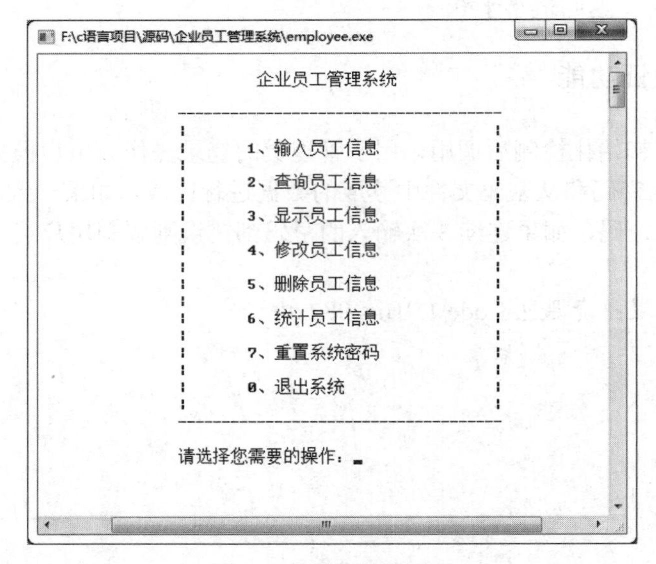

图 15.8　功能菜单界面

15.8.2　设计功能菜单界面

本模块使用 menu 函数实现功能菜单的创建，该函数是在初始化检测后调用。当管理员登录成功后，系统会显示功能菜单界面，供用户选用。具体实现代码如下：

<代码 09　代码位置：资源包\Code\15\Bits\09.txt>

```
01 /**
02 *  主菜单列表
03 */
04 voidmenu()
05 {
06     charchoice;
07     system("cls");
08     do{
09         printf("\n\t\t\t\t 企业员工管理系统\n\n");
10         printf("\t\t\t--------------------------------------\n");
11         printf("\t\t\t|\t\t\t\t    |\n");
12         printf("\t\t\t|  \t1、输入员工信息\t\t    |\n");
13         printf("\t\t\t|\t\t\t\t    |\n");
14         printf("\t\t\t|  \t2、查询员工信息\t\t    |\n");
15         printf("\t\t\t|\t\t\t\t    |\n");
16         printf("\t\t\t|  \t3、显示员工信息\t\t    |\n");
17         printf("\t\t\t|\t\t\t\t    |\n");
18         printf("\t\t\t|  \t4、修改员工信息\t\t    |\n");
19         printf("\t\t\t|\t\t\t\t    |\n");
20         printf("\t\t\t|  \t5、删除员工信息\t\t    |\n");
21         printf("\t\t\t|\t\t\t\t    |\n");
22         printf("\t\t\t|  \t6、统计员工信息\t\t    |\n");
23         printf("\t\t\t|\t\t\t\t    |\n");
24         printf("\t\t\t|  \t7、重置系统密码\t\t    |\n");
25         printf("\t\t\t|\t\t\t\t    |\n");
26         printf("\t\t\t|  \t0、退出系统\t\t    |\n");
27         printf("\t\t\t|\t\t\t\t    |\n");
28         printf("\t\t\t--------------------------------------\n");
29         printf("\n\t\t\t\t 请选择您需要的操作：");
```

15.8.3　实现功能菜单界面的分支选择

功能菜单中含有 7 个菜单项，输入数字 0～7 即可进入对应模块，通过 switch...case 可实现各功能的选择。按数字键“1”，可实现员工信息的添加。如果此系统中没有员工信息，一些对员工信息的操作将不能进行。这种情况下，系统会给出提示让用户先添加员工信息。具体实现代码如下：

<代码 10　代码位置：资源包\Code\15\Bits\10.txt>

```
01 do{
02     fflush(stdin);
03     choice=getchar();
04     system("cls");
05     switch(choice)
```

```
06  {
07          case'1':
08                          addemp();                   //调用员工信息添加函数
09          break;
10          case'2':
11          if(gfirst)
12          {
13                          printf("系统信息中无员工信息，请先添加员工信息！\n");
14                          getch();
15          break;
16          }
17                          findemp();                  //调用员工信息查找函数
18          break;
19          case'3':
20          if(gfirst)
21          {
22                          printf("系统信息中无员工信息，请先添加员工信息！\n");
23                          getch();
24          break;
25          }
26                          listemp();                  //员工列表函数
27          break;
28          case'4':
29          if(gfirst)
30          {
31                          printf("系统信息中无员工信息，请先添加员工信息！\n");
32                          getch();
33          break;
34          }
35                          modifyemp();                //员工信息修改函数
36          break;
37          case'5':
38          if(gfirst)
39          {
40                          printf("系统信息中无员工信息，请先添加员工信息！\n");
41                          getch();
42          break;
43  }
44                          delemp();                   //删除员工信息的函数
45          break;
46          case'6':
47          if(gfirst)
48          {
49                          printf("系统信息中无员工信息，请先添加员工信息！\n");
50                          getch();
51          break;
52          }
53                          summaryemp();               //统计函数
54          break;
```

```
55          case'7':
56                          resetpwd();                         //重置系统的函数
57          break;
58          case'0':
59                          savedata();                         //保存数据的函数
60                          exit(0);
61          default:
62                          printf("请输入 0~7 之间的数字");
63                          getch();
64                          menu();
65          }
66        }while(choice<'0'||choice>'7');
67          system("cls");
68      }while(1);
69  }2
```

15.9　添加员工信息

15.9.1　模块概述

员工信息添加功能是企业员工管理系统必不可少的功能之一。在功能菜单界面（或称主界面）中输入数字“1”，即可进入添加员工信息界面，如图 15.9 所示。在本模块中，可以添加新的员工信息到数据库中。

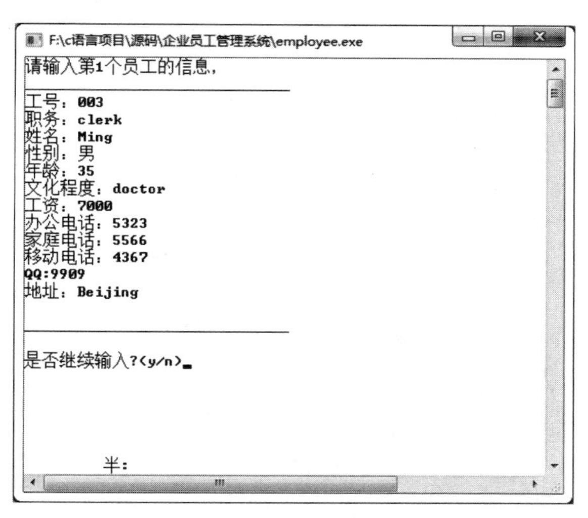

图 15.9　添加员工信息界面

15.9.2　使用 fwrite 函数

本模块中需要对输出流添加数据项，使用 fwrite 函数可实现这一功能。

fwrite 函数从指针 ptr 开始将 n 个数据项添加到给定输出流 stream，每个数据项的长度为 size 个字节。成功时返回确切的数据项数（不是字节数）；出错时返回短（short）计数值。语法格式如下：

```
size_t fwrite(const void *ptr,size_t size,size_t n,FILE *stream);
```

15.9.3 实现添加员工信息功能

在打开存储员工信息的数据文件后，系统会提示用户输入相应的员工基本信息。当用户输入完一个员工的信息后，系统会询问用户是否继续输入员工信息。具体实现代码如下：

<代码 11 代码位置：资源包\Code\15\Bits\11.txt>

```
01  /**
02  *  员工信息添加
03  */
04  voidaddemp()
05  {
06      FILE *fp;                                          //声明一个文件型指针
07      EMP *emp1;                                         //声明一个结构型指针
08      int i=0;
09      char choice='y';
10
11      if((fp=fopen("employee.dat","ab"))==NULL)          //判断信息文件中是否有信息
12      {
13          printf("打开文件 employee.dat 出错！\n");
14          getch();
15      return;
16      }
17
18      do{
19           i++;
20           emp1=(EMP *)malloc(sizeof(EMP));              //申请一段内存
21      if(emp1==NULL)                                     //判断内存是否分配成功
22      {
23              printf("内存分配失败，按任意键退出！\n");
24              getch();
25      return;
26      }
27           printf("请输入第%d 个员工的信息，\n",i);
28           bound('_',30);
29           printf("工号：");
30           scanf("%d",&emp1->num);
31
32           printf("职务：");
33           scanf("%s",&emp1->duty);
34
35           printf("姓名：");
36           scanf("%s",&emp1->name);
37
38           printf("性别：");
39           scanf("%s",&emp1->sex);
40
```

```
41          printf("年龄：");
42          scanf("%d",&emp1->age);
43
44          printf("文化程度：");
45          scanf("%s",&emp1->edu);
46
47          printf("工资：");
48          scanf("%d",&emp1->salary);
49
50          printf("办公电话：");
51          scanf("%s",&emp1->tel_office);
52
53          printf("家庭电话：");
54          scanf("%s",&emp1->tel_home);
55
56          printf("移动电话：");
57          scanf("%s",&emp1->mobile);
58
59          printf("QQ:");
60          scanf("%s",&emp1->qq);
61
62          printf("地址：");
63          scanf("%s",&emp1->address);
64
65          emp1->next=NULL;
66      if(emp_first==NULL)                                   //判断链表头指针是否为空
67  {
68              emp_first=emp1;
69              emp_end=emp1;
70      }else{
71              emp_end->next=emp1;
72              emp_end=emp1;
73      }
74
75          fwrite(emp_end,sizeof(EMP),1,fp);                 //对数据流添加数据项
76
77          gfirst=0;
78          printf("\n");
79          bound('_',30);
80          printf("\n是否继续输入?(y/n)");
81          fflush(stdin);                                    //清除缓冲区
82          choice=getch();
83
84      if(toupper(choice)!='Y')                              //把小写字母转换成大写字母
85      {
86              fclose(fp);                                   //关闭文件流
87              printf("\n输入完毕，按任意键返回\n");
88              getch();
```

```
89      return;
90      }
91      system("cls");
92      }while(1);
93  }
```

15.10 删除员工信息

15.10.1 模块概述

在员工离职等情况下，需要对员工的信息进行删除，因此在本系统中提供对员工信息的删除功能是很有必要的。删除查询条件界面如图 15.10 所示。输入要删除的员工姓名后，显示该员工的个人信息，并需要用户确认是否删除该员工。删除员工信息界面如图 15.11 所示。

图 15.10　删除查询条件界面

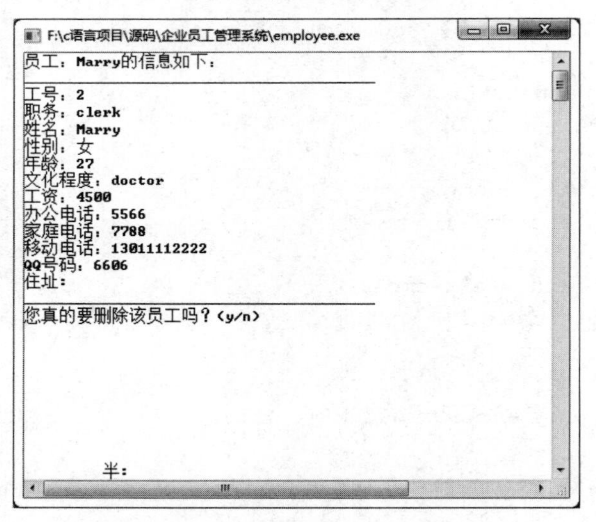

图 15.11　删除员工信息界面

15.10.2 实现删除员工信息功能

在功能菜单界面中选择“5. 删除员工信息”选项后，系统会提示输入要删除的员工姓名。输入要删除的员工姓名后，系统从信息链表中找到相关信息并将其显示出来，同时要求用户确认是否要删除，以防误操作，提高了信息的安全性。如果信息链表中不存在输入的员工姓名，则给出提示。具体实现代码如下：

<代码 12 代码位置：资源包\Code\15\Bits\12.txt>

```
01 /**
02  * 删除员工信息
03  */
04 voiddelemp()
05 {
06     int findok=0;
07     EMP *emp1,*emp2;
08     char name[10],choice;
09     system("cls");                                          //对屏幕清屏
10     printf("\n 输入要删除的员工姓名: ");
11     scanf("%s",name);
12
13     emp1=emp_first;
14     emp2=emp1;
15     while(emp1)
16     {
17     if(strcmp(emp1->name,name)==0)
18     {
19             findok=1;
20             system("cls");
21             printf("员工: %s 的信息如下: ",emp1->name);        //显示要删除的员工信息
22             bound('_',40);
23             printf("工号: %d\n",emp1->num);
24             printf("职务: %s\n",emp1->duty);
25             printf("姓名: %s\n",emp1->name);
26             printf("性别: %s\n",emp1->sex);
27             printf("年龄: %d\n",emp1->age);
28             printf("文化程度: %s\n",emp1->edu);
29             printf("工资: %d\n",emp1->salary);
30             printf("办公电话: %s\n",emp1->tel_office);
31             printf("家庭电话: %s\n",emp1->tel_home);
32             printf("移动电话: %s\n",emp1->mobile);
33             printf("QQ 号码: %s\n",emp1->qq);
34             printf("住址:%\ns",emp1->address);
35             bound('_',40);
36             printf("您真的要删除该员工吗? (y/n)");
37
38             fflush(stdin);                                  //清除缓冲区
39             choice=getchar();
40
41             if(choice!='y'&& choice!='Y')                   //确定删除
42             {
43                 return;
44                     }
45             if(emp1==emp_first)
46                     {
```

```
47                     emp_first=emp1->next;
48                 }
49         else
50                 {
51                     emp2->next=emp1->next;
52         }
53         printf("员工%s 已被删除",emp1->name);
54         getch();
55                 free(emp1);
56                 gsave=1;
57                 savedata();                                    //保存数据
58                 return;
59                 }else{
60                 emp2=emp1;
61                 emp1=emp1->next;
62                 }
63         }
64         if(!findok)
65         {
66             bound('_',40);
67             printf("\n 没有找到姓名是：%s 的信息！\n",name);      //没找到信息后的提示
68             getch();
69         }
70         return;
71     }
```

15.11　查询员工信息

15.11.1　模块概述

查找员工信息是很常用的基本操作，因此本系统中对它的实现做了多种方式的处理，提供不同的查询条件供用户选用。查询员工信息界面如图 15.12 所示；在其中选择“按姓名查询”后，弹出输入要查询的员工姓名界面，如图 15.13 所示；输入要查询的姓名后，显示查询到的员工信息，如图 15.14 所示。

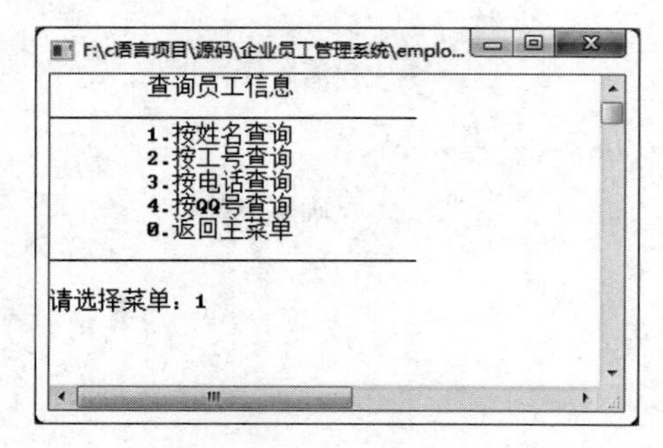

图 15.12　查询员工信息界面

图 15.13　输入要查询的员工姓名界面

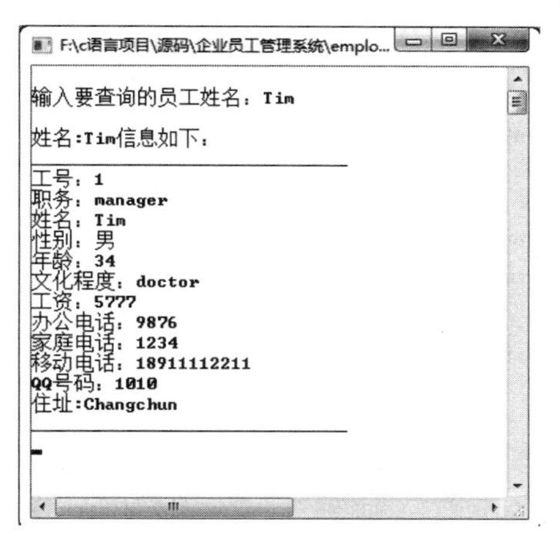

图 15.14　查询到的员工信息

15.11.2　查询员工信息的界面设计

在功能菜单界面中选择“2. 查询员工信息”选项后，将进入查询员工信息界面。用户可以根据自己的需要，从中选择要使用的查询条件。根据用户输入的条件，系统会调用不同的查询函数。如果系统从信息链表中找到相关信息，则将信息显示出来。具体实现代码如下：

<代码 13　代码位置：资源包\Code\15\Bits\13.txt>

```
01 /**
02 * 查询员工信息
03 */
04 voidfindemp()
05 {
06     int choice,ret=0,num;
07     char str[13];
08     EMP *emp1;
09
10     system("cls");
11
12     do{
13         printf("\t 查询员工信息\n");
14         bound('_',30);//绘制分界线
15         printf("\t1.按姓名查询\n");
16         printf("\t2.按工号查询\n");
17         printf("\t3.按电话查询\n");
18         printf("\t4.按 QQ 号查询\n");
19         printf("\t0.返回主菜单\n");
20         bound('_',30);
21         printf("\n 请选择菜单：");
22
23       do{
24           fflush(stdin);                                    //清除缓冲区
25           choice=getchar();
```

```
26              system("cls");
27              switch(choice)
28              {
29              case'1':
30                      printf("\n 输入要查询的员工姓名：");
31                      scanf("%s",str);
32                      emp1=findname(str);
33                      displayemp(emp1,"姓名",str);          //显示员工信息
34                      getch();
35              break;
36
37              case'2':
38                      printf("\n 请输入要查询的员工的工号");
39                      scanf("%d",&num);
40                      emp1=findnum(num);
41                      itoa(num,str,10);
42                      displayemp(emp1,"工号",str);
43                      getch();
44              break;
45
46              case'3':
47                       printf("\n 输入要查询员工的电话:");
48                       scanf("%s",str);
49                       emp1=findtelephone(str);
50                       displayemp(emp1,"电话",str);
51                       getch();
52              break;
53
54              case'4':
55                       printf("\n 输入要查询的员工的 QQ 号：");
56                       scanf("%s",str);
57                           emp1=findqq(str);
58                       displayemp(emp1,"QQ 号码",str);
59                       getch();
60              break;
61
62              case'0':
63                        ret=1;
64              break;
65              }
66          }while(choice<'0'||choice>'4');
67
68          system("cls");
69     if(ret)break;
70     }while(1);
71  }
```

15.11.3　根据姓名查询员工信息

在查询员工信息界面中输入数字“1”，在弹出的输入要查询的员工姓名界面中输入员工姓名，即可显示查询到的员工信息，如图 15.15 所示。

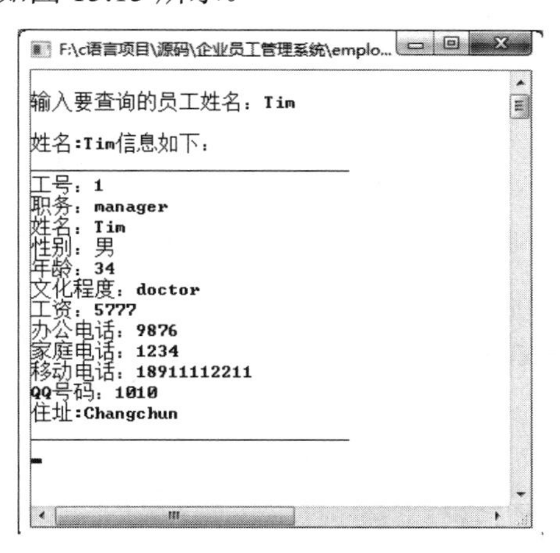

图 15.15　根据姓名查询员工信息界面

实现根据姓名查询员工信息的代码如下：

<代码 14　代码位置：资源包\Code\15\Bits\14.txt>

```
01  /**
02  * 按照姓名查询员工信息
03  */
04  EMP *findname(char*name)
05  {
06      EMP *emp1;
07      emp1=emp_first;
08
09      while(emp1)
10      {
11          if(strcmp(name,emp1->name)==0)    //比较输入的姓名和链表中的记载姓名是否相同
12      {
13                return emp1;
14           }
15          emp1=emp1->next;
16      }
17      return NULL;
18  }
```

15.11.4　根据工号查询员工信息

在查询员工信息界面中输入数字“2”，可以输入工号来查找员工的信息。根据工号查询员工信息界面如图 15.16 所示。

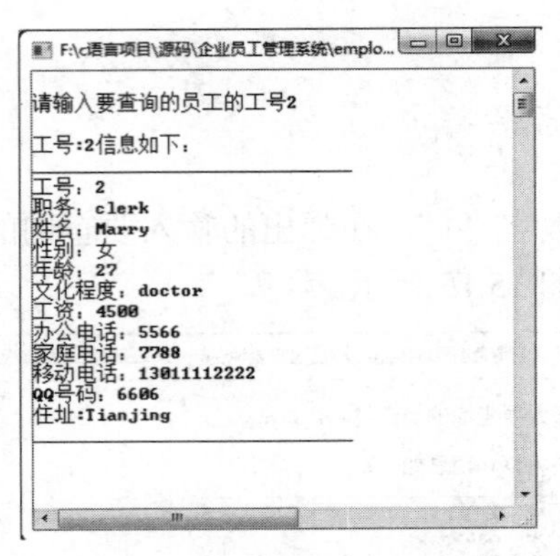

图 15.16　根据工号查询员工信息界面

实现根据工号查询员工信息的代码如下：

<代码 15　代码位置：资源包\Code\15\Bits\15.txt>

```
01  /**
02  * 按照工号查询
03  */
04  EMP *findnum(int num)                                    //声明一个结构体指针
05  {
06     EMP *emp1;
07     emp1=emp_first;
08     while(emp1)
09      {
10      if(num==emp1->num)return emp1;                       //链表中是否有此员工工号
11        emp1=emp1->next;
12      }
13      return NULL;
14  }
```

15.11.5　根据电话号码查询员工信息

在查询员工信息界面中输入数字“3”，可以输入电话号码来查找员工的信息。无论输入的是办公电话号码、家庭电话号码还是手机号，都可以查找到这个号码所属的员工。根据电话号码查询员工信息界面如图 15.17 所示。

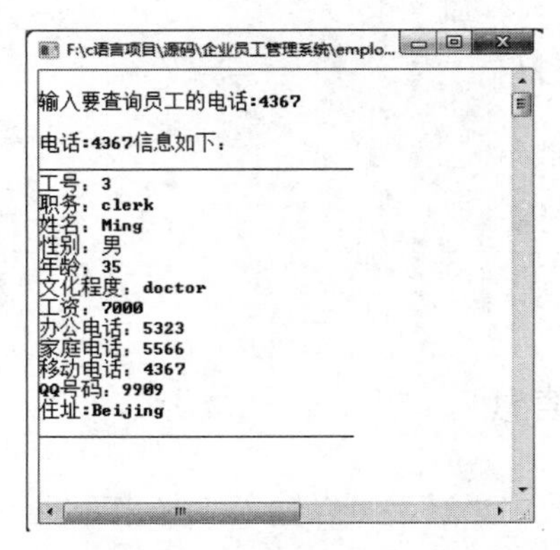

图 15.17　根据电话号码查询员工信息界面

实现根据电话号码查询员工信息的代码如下：

<代码 16 代码位置：资源包\Code\15\Bits\16.txt>

```
01  /**
02  * 按照电话号码查询员工信息
03  */
04  EMP *findtelephone(char*name)
05  {
06       EMP *emp1;
07       emp1=emp_first;
08      while(emp1)
09      {
10          if((strcmp(name,emp1->tel_office)==0)||
11          (strcmp(name,emp1->tel_home)==0)||
12          (strcmp(name,emp1->mobile)==0))                //使用逻辑或判断通讯号码
13          return emp1;
14          emp1=emp1->next;
15
16      }
17      return NULL;
18  }
```

15.11.6 根据 QQ 号查询员工信息

在查询员工信息界面中输入数字“4”，可以输入 QQ 号来查找员工的信息。根据 QQ 号查询员工信息界面如图 15.18 所示。

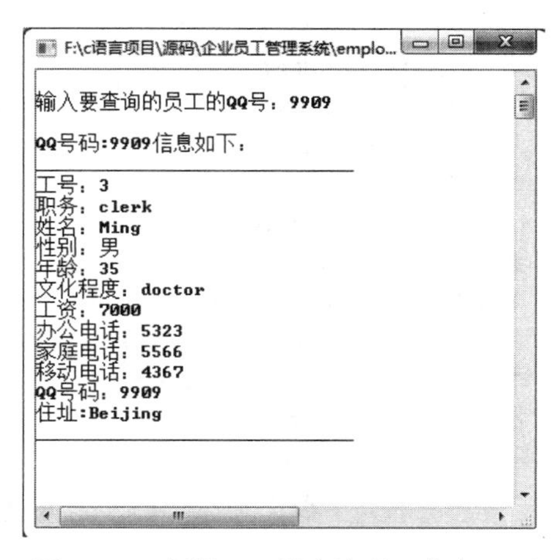

图 15.18 根据 QQ 号查询员工信息界面

实现根据 QQ 号查询员工信息的代码如下：

<代码 17 代码位置：资源包\Code\15\Bits\17.txt>

```
01  /**
02  * 按照 QQ 号查询员工信息
03  */
04  EMP *findqq(char*name)
```

```
05  {
06      EMP *emp1;
07
08      emp1=emp_first;
09      while(emp1)
10      {
11          if(strcmp(name,emp1->qq)==0)return emp1;
12          emp1=emp1->next;
13      }
14      return NULL;
15  }
```

15.11.7 显示查询结果

在查找函数查找到员工的信息后，需要进行显示。显示查询结果函数 displayemp 的具体代码如下：

<代码 18 代码位置：资源包\Code\15\Bits\18.txt>

```
01  /**
02   * 显示员工信息
03   */
04  voiddisplayemp(EMP *emp,char*field,char*name)
05  {
06      if(emp)
07      {
08          printf("\n%s:%s 信息如下：\n",field,name);
09          bound('_',30);                                     //绘制分界线
10          printf("工号：%d\n",emp->num);
11          printf("职务：%s\n",emp->duty);
12          printf("姓名：%s\n",emp->name);
13          printf("性别：%s\n",emp->sex);
14          printf("年龄：%d\n",emp->age);
15          printf("文化程度：%s\n",emp->edu);
16          printf("工资：%d\n",emp->salary);
17          printf("办公电话：%s\n",emp->tel_office);
18          printf("家庭电话：%s\n",emp->tel_home);
19          printf("移动电话：%s\n",emp->mobile);
20          printf("QQ 号码：%s\n",emp->qq);
21          printf("住址:%s\n",emp->address);
22          bound('_',30);
23      }else{
24          bound('_',40);
25          printf("资料库中没有%s 为：%s 的员工！请重新确认！",field,name);
26      }
27      return;
28  }
```

15.12　修改员工信息

15.12.1　模块概述

随着员工在职时间的逐渐增多，员工的一些基本信息也会随之变化。此时就需要对企业员工管理系统中的信息进行修改，例如员工的年龄、工资等。修改员工信息界面如图 15.19 所示；如果要修改的内容为工资数，输入数字“4”后显示当前员工的工资数，并要求输入新的工资数，如图 15.20 所示；工资修改后的员工信息界面如图 15.21 所示。

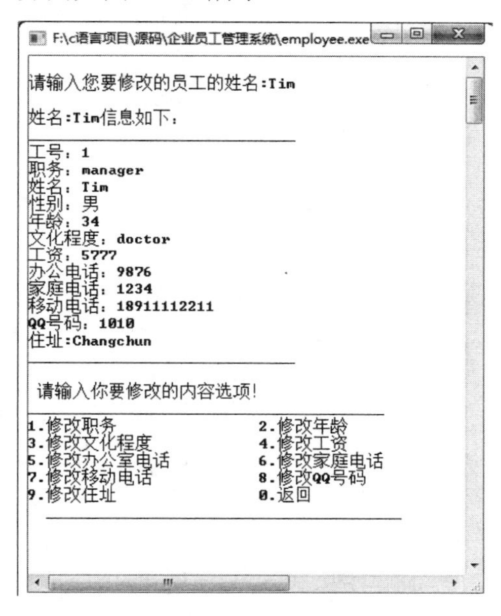

图 15.19　修改员工信息界面

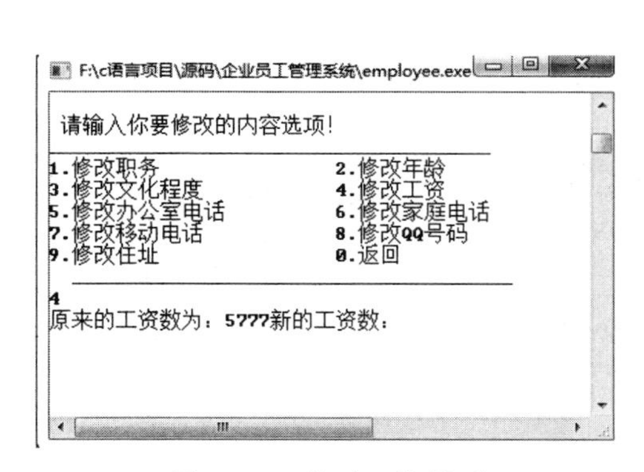

图 15.20　修改工资界面

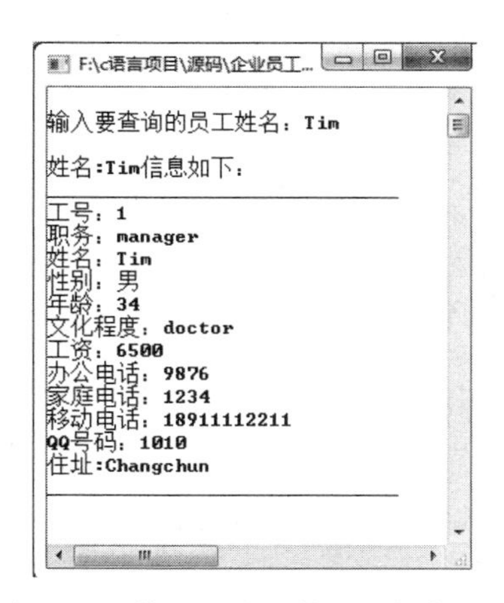

图 15.21　修改工资后的员工信息界面

15.12.2 实现修改员工信息的界面设计

在功能菜单界面中选择“4. 修改员工信息”选项后，系统会提示输入要修改的员工姓名。输入要修改的员工姓名后，系统会显示该员工的基本信息，以及修改菜单，用户可根据自己的需要选择相应的操作。具体实现代码如下：

<代码 19 代码位置：资源包\Code\15\Bits\19.txt>

```
01  /**
02   * 修改员工信息
03   */
04  voidmodifyemp()
05  {
06       EMP *emp1;
07       char name[10],*newcontent;
08       int choice;
09
10       printf("\n 请输入您要修改的员工的姓名:");
11       scanf("%s",&name);
12
13       emp1=findname(name);
14       displayemp(emp1,"姓名",name);
15
16       if(emp1)
17       {
18           printf("\n 请输入你要修改的内容选项! \n");
19           bound('_',40);
20           printf("1.修改职务                  2.修改年龄\n");
21           printf("3.修改文化程度              4.修改工资\n");
22           printf("5.修改办公室电话            6.修改家庭电话\n");
23           printf("7.修改移动电话              8.修改 QQ 号码 \n");
24           printf("9.修改住址                  0.返回\n  ");
25           bound('_',40);
26
27         do{
28             fflush(stdin);                                    //清除缓冲区
29             choice=getchar();
30         switch(choice)                                        //操作选择函数
31         {
32         case'1':
33                       newcontent=modi_field("职务",emp1->duty,10);
                                                                  //调用修改函数修改基本信息
34         if(newcontent!=NULL)
35         {
36                           strcpy(emp1->duty,newcontent);
37                           free(newcontent);
38         }
```

```
39 break;
40 case'2':
41                      emp1->age=modi_age(emp1->age);             //修改员工年龄
42 break;
43 case'3':
44                      newcontent=modi_field("文化程度",emp1->edu,10);
                                                                    //修改文化程度
45 if(newcontent!=NULL)
46 {
47                          strcpy(emp1->edu,newcontent);          //获取新信息内容
48                          free(newcontent);
49 }
50 break;
51 case'4':
52                      emp1->salary=modi_salary(emp1->salary);    //修改工资
53 break;
54 case'5':
55                      newcontent=modi_field("办公室电话",emp1->tel_office,13);
56 if(newcontent!=NULL)
57 {
58                          strcpy(emp1->tel_office,newcontent);
59                          free(newcontent);
60 }
61 break;
62 case'6':
63                      newcontent=modi_field("家庭电话",emp1->tel_home,13);
                                                                    //修改家庭电话
64 if(newcontent!=NULL)
65 {
66                          strcpy(emp1->tel_home,newcontent);
67                          free(newcontent);
68 }
69 break;
70 case'7':
71                      newcontent=modi_field("移动电话",emp1->mobile,12);
                                                                    //修改移动电话
72 if(newcontent!=NULL)
73 {
74                          strcpy(emp1->mobile,newcontent);
75                          free(newcontent);
76 }
77 break;
78 case'8':
79                      newcontent=modi_field("QQ 号码",emp1->qq,10);//修改 QQ 号码
80 if(newcontent==NULL)
81 {
82                          strcpy(emp1->qq,newcontent);
```

```
83                          free(newcontent);
84   }
85   break;
86   case'9':
87                     newcontent=modi_field("住址",emp1->address,30);  //修改住址
88   if(newcontent!=NULL)
89   {
90                          strcpy(emp1->address,newcontent);
91                          free(newcontent);                    //释放内存空间
92   }
93   break;
94   case'0':
95   return;
96   }
97   }while(choice<'0'|| choice>'9');
98
99            gsave=1;
100           savedata();                                          //保存修改的数据信息
101           printf("\n 修改完毕，按任意键退出！ \n");
102           getch();
103  }
104  return;
105  }
```

15.12.3 修改员工工资

在修改员工信息界面中输入数字“4”，会显示此员工原来的工资数；用户输入新的工资数，即可修改员工工资，如图 15.22 所示。

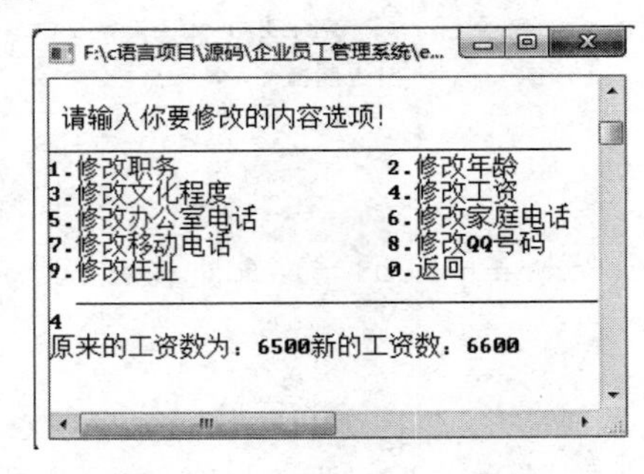

图 15.22　修改员工工资

在此需定义整型变量 newsalary，作为新的工资数；输入新的工资数之后，modi_salary 返回 newsalary。实现修改员工工资的代码如下：

<代码 20　代码位置：资源包\Code\15\Bits\20.txt>

```
01  /**
02   * 修改工资的函数
03   */
```

```
04  intmodi_salary(int salary)
05  {
06      int newsalary;
07      printf("原来的工资数为：%d",salary);
08      printf("新的工资数：");
09      scanf("%d",&newsalary);
10      return(newsalary);
11  }
```

15.12.4　修改员工年龄

在修改员工信息界面中输入数字“2”，即可修改员工年龄，如图 15.23 所示。

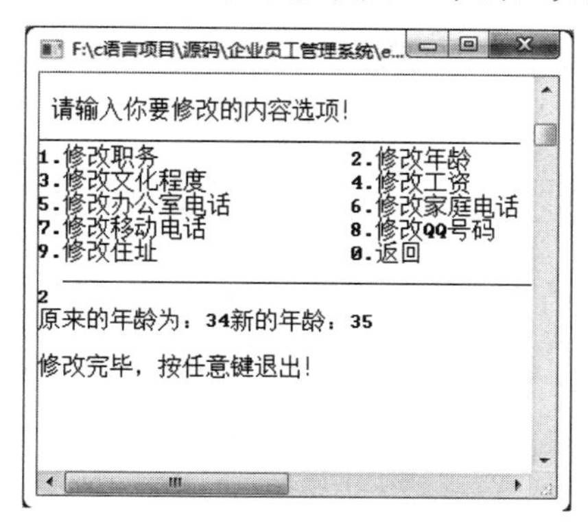

图 15.23　修改年龄界面

修改员工年龄的代码和修改员工工资的代码类似，实现修改员工年龄的代码如下：

<代码 21　代码位置：资源包\Code\15\Bits\21.txt>

```
01  /**
02   * 修改年龄的函数
03   */
04  intmodi_age(int age)
05  {
06      int newage;
07      printf("原来的年龄为：%d",age);
08      printf("新的年龄：");
09      scanf("%d",&newage);
10      return(newage);
11  }
```

15.12.5　修改非数值型信息

除了员工的年龄和工资以外，其他的员工信息都是非数值型的信息，如果要修改需要使用 modi_field 方法。修改非数值型信息的界面如图 15.24 所示。

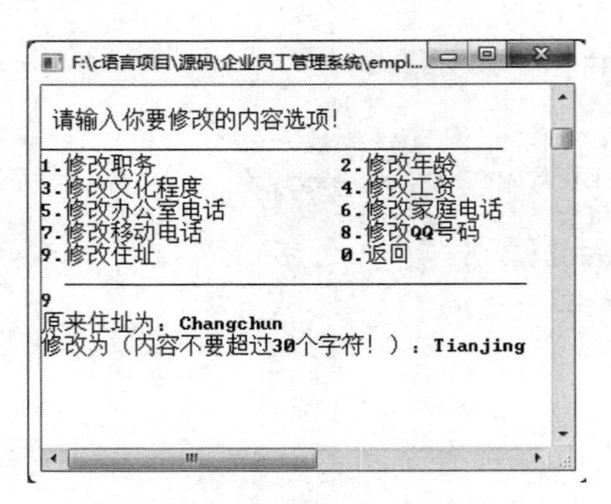

图 15.24　修改非数值型信息界面

实现修改员工非数值型信息的代码如下：

<代码 22　代码位置：资源包\Code\15\Bits\22.txt>

```
01  /**
02   * 修改非数值型信息的函数
03   */
04  char*modi_field(char*field,char*content,int len)
05  {
06      char*str;
07          str=malloc(sizeof(char)*len);
08      if(str==NULL)
09      {
10           printf("内存分配失败，按任意键退出！");
11           getch();
12      return NULL;
13      }
14        printf("原来%s 为：%s\n",field,content);
15        printf("修改为（内容不要超过%d 个字符！）：",len);
16        scanf("%s",str);
17        return str;
18  }
```

15.13　统计员工信息

15.13.1　模块概述

本模块主要是实现对员工基本信息的统计，例如员工数量、员工工资总数、不同性别员工的数量等。员工信息统计界面如图 15.25 所示。

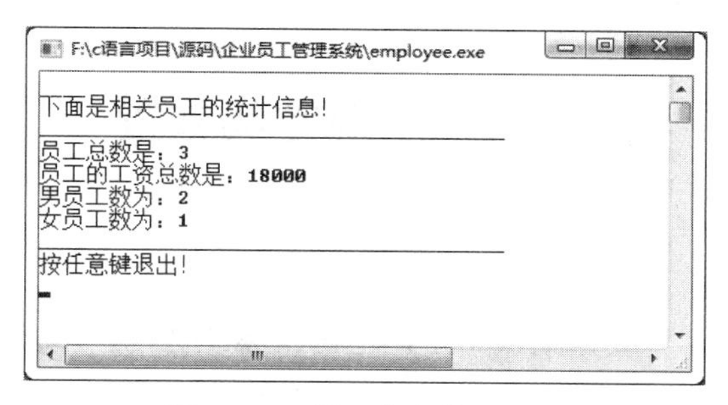

图 15.25　员工信息统计界面

15.13.2　实现统计员工信息

在功能菜单界面中选择“6. 统计员工信息”选项后，系统会显示对员工信息的统计结果。具体实现代码如下：

<代码 23　代码位置：资源包\Code\15\Bits\23.txt>

```
01  /**
02   * 统计学生信息
03   */
04  voidsummaryemp()
05  {
06      EMP *emp1;
07      int sum=0,num=0,man=0,woman=0;
08      emp1=emp_first;
09      while(emp1)
10      {
11          num++;
12          sum+=emp1->salary;                                //累计工资数
13          char strw[2];
14          strncpy(strw,emp1->sex,2);
15          if((strcmp(strw,"ma")==0)||(strcmp(emp1->sex,"男")==0)) man++;
16          else woman++;
17          emp1=emp1->next;
18      }
19  
20      printf("\n 下面是相关员工的统计信息! \n");
21      bound('_',40);
22      printf("员工总数是: %d\n",num);
23      printf("员工的工资总数是: %d\n",sum);
24      printf("男员工数为: %d\n",man);
25      printf("女员工数为: %d\n",woman);
26      bound('_',40);
27      printf("按任意键退出! \n");
28      getch();
29      return;
30  }
```

15.14 系统密码重置

15.14.1 模块概述

为了提高系统的安全性，需要定期或不定期地修改系统密码。本模块就是用来对系统的密码进行重置。修改密码界面如图 15.26 所示。

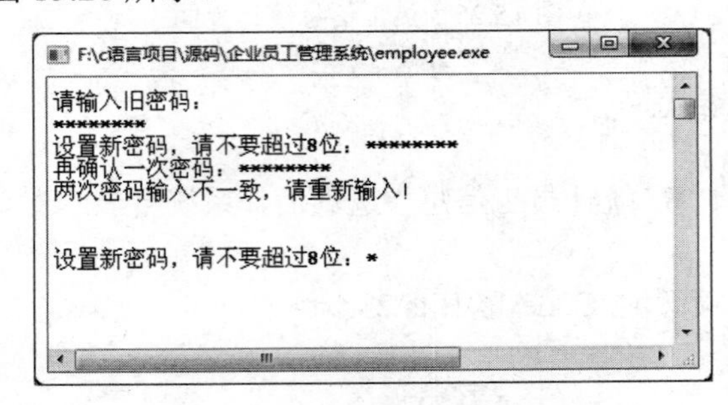

图 15.26 修改密码界面

15.14.2 实现系统密码重置

在功能菜单界面中选择“7. 重置密码”选项后，系统会提示输入旧密码；正确输入旧密码后，根据提示输入新密码，即可实现密码的修改。具体实现代码如下：

<代码 24 代码位置：资源包\Code\15\Bits\24.txt>

```
01  /**
02   * 重置系统密码
03   */
04  voidresetpwd()
05  {
06      char pwd[9],pwd1[9],ch;
07      int i;
08      FILE *fp1;
09      system("cls");
10      printf("\n 请输入旧密码：\n");
11      for(i=0;i<8&&((pwd[i]=getch())!=13);i++)
12      {
13        putch('*');
14      }
15      pwd[i]='\0';
16      if(strcmp(password,pwd)!=0)
17      {
18        printf("\n 密码错误，请按任意键退出！\n");          //比较旧密码，判断用户权限
19        getch();
20      return;
21      }
22      do{
```

```
23      printf("\n 设置新密码，请不要超过 8 位：");
24      for(i=0;i<8&&((pwd[i]=getch())!=13);i++)
25      {
26              putch('*');
27      }
28          printf("\n 再确认一次密码：");
29      for(i=0;i<8&&((pwd1[i]=getch())!=13);i++)
30      {
31              putch('*');                                   //屏幕中输出提示字符
32      }
33          pwd[i]='\0';
34          pwd1[i]='\0';
35
36      if(strcmp(pwd,pwd1)!=0)
37      {
38              printf("\n 两次密码输入不一致，请重新输入！ \n\n");
39      }
40      else
41      {
42      break;
43      }
44
45      }while(1);
46
47      if((fp1=fopen("config.bat","wb"))==NULL)              //打开密码文件
48      {
49          printf("\n 系统创建失败，请按任意键退出！ ");
50          getch();
51          exit(1);
52      }
53
54      i=0;
55      while(pwd[i])
56      {
57          putw(pwd[i],fp1);
58          i++;
59      }
60
61      fclose(fp1);                                          //关闭文件流
62      printf("\n 密码修改成功，按任意键退出！ \n");
63      getch();
64      return;
65  }
```

15.15 本章总结

本系统只是实现了企业员工管理系统的一些基本功能，真正的员工信息管理系统在功能和开发

难度上比这个要复杂得多。本系统只是为读者提供一种开发的基本思路，以及基本的开发流程，希望读者在此基础上有更多自己的思维和创新开发技巧。

下面通过一个思维导图对本章所讲模块及主要知识点进行总结，如图 15.27 所示。

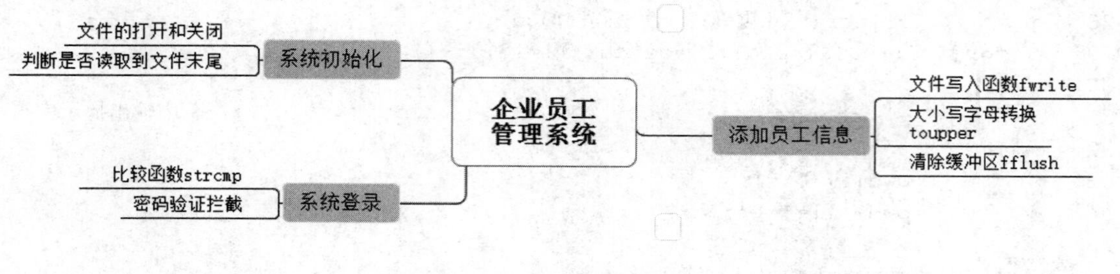

图 15.27　本章总结

第16章　网络通信聊天程序（Visual C++ 6.0 实现）

网络已经遍及了生活的每一个角落，存在于生活中的每一天，这说明网络越来越重要，而学习编写网络应用程序也是学习编程中的一部分。网络通信是网络应用程序的一部分，Windows 系统提供了 Socket 接口来实现网络应用程序的开发，本章就是使用 Socket 接口来实现一个网络通信软件。

通过本章的学习，读者能够学到以下内容：

- TCP/IP 协议
- 使用 Socket 建立连接
- 消息的发送和接收
- 如何将聊天记录保存为文件
- 网络消息的中转方式
- 多线程的使用

16.1　网络通信系统概述

16.1.1　开发背景

随着使用网络的人群日益增加，选择网络进行通信的人也与日剧增，使用网络通信不但可以节省开支，而且可以进行复杂的通信。网络通信系统是一个在公司内部使用的通信软件。公司内部员工都使用这套系统进行通信，不但解决了内部员工通信的需求，也防止员工和公司外的人进行通信耽误工作时间。

16.1.2　需求分析

扫一扫，看视频

网络通信系统针对不同的用户群体有不同的需求：如果对通信时的质量有要求的话就使用面向连接的方式，如果想消息发送得很快的话就使用面向无连接的方式。网络通信系统对通信的质量有要求，所以使用面向连接的方式，整个网络通信系统还有以下几方面要求。

- 功能完善，能够进行扩展。
- 能够进行点对点连接，也可以通过服务器进行消息的中转。
- 系统的每个单元相互独立。
- 能够进行多种方式的连接。
- 应保证发送消息的实时性和准确性。
- 能够保存聊天记录。
- 系统应简单实用，操作简便。

➘ 设计周到，增加程序的实用性。

16.1.3 功能结构图

网络通信系统一共由 4 个模块组成，分别是点对点客户端、点对点服务端、服务器中转服务端、服务器中转客户端。这 4 个模块是成对使用的，也就是说点对点客户端和点对点服务端一起使用。服务器中转服务端和服务器中转客户端模块一起使用。结构如图 16.1 所示。

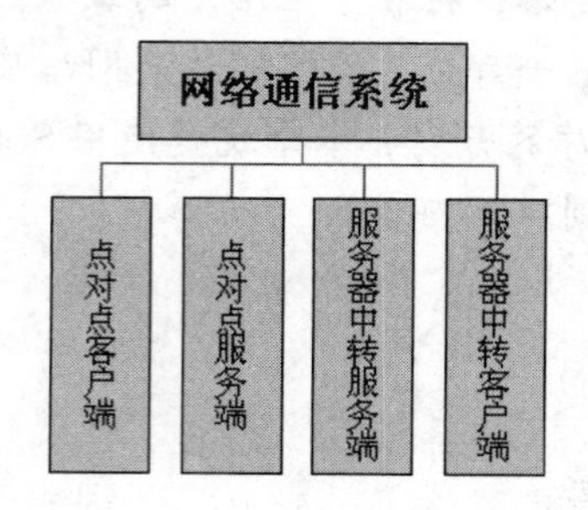

图 16.1 功能结构图

其中点对点的工作方式，如图 16.2 所示。点对点仅限于两台计算机之间进行通信，一台作为服务器，一台作为客户端，两者不能建立与其他计算机的通信。

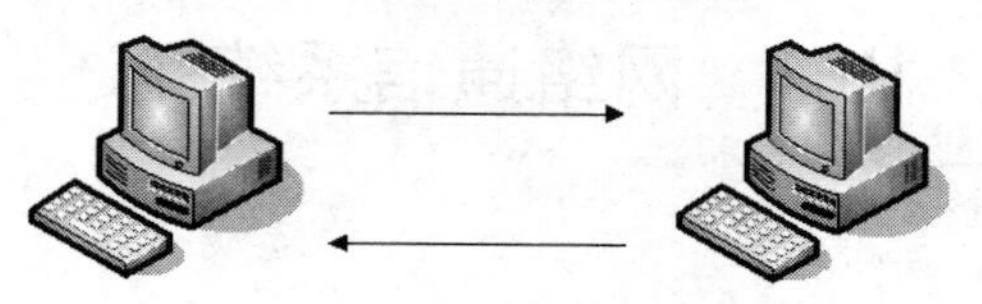

图 16.2 点对点方式

服务器中转的工作方式，如图 16.3 所示。该工作方式就是每台计算机所发送的消息，首先都发送到服务器上，然后服务器将消息中转到目标计算机上。

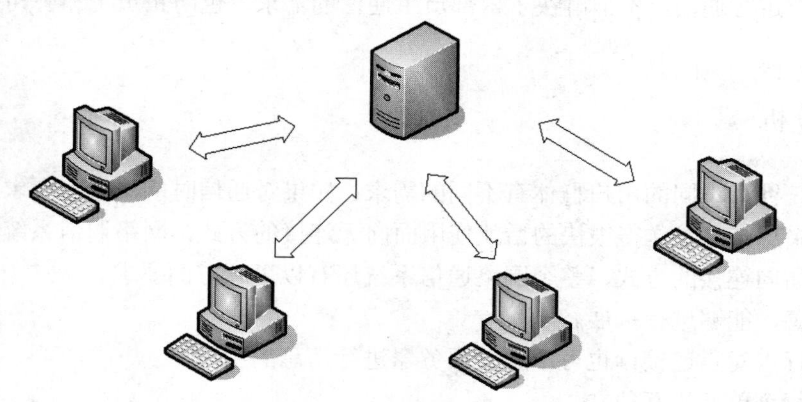

图 16.3 服务器中转方式

16.1.4 系统预览

为了使读者更清晰地了解本系统结构，下面给出本系统主要界面预览图。

程序主界面包含了 4 个功能选项，通过选择不同的选项执行不同的功能，如图 16.4 所示。

设置当前机器为点对点服务端时的程序界面如图 16.5 所示。

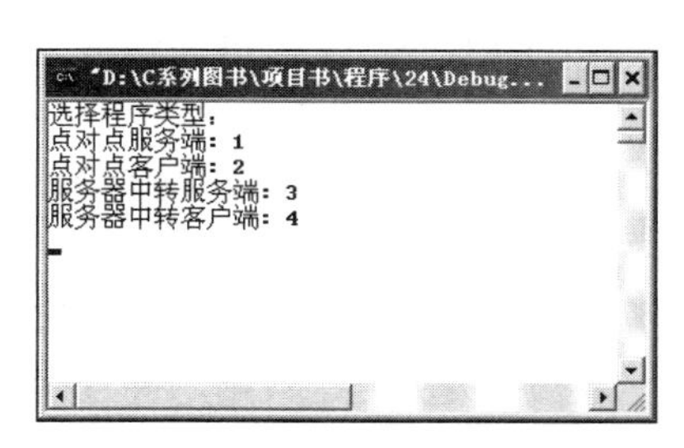

图 16.4　主程序

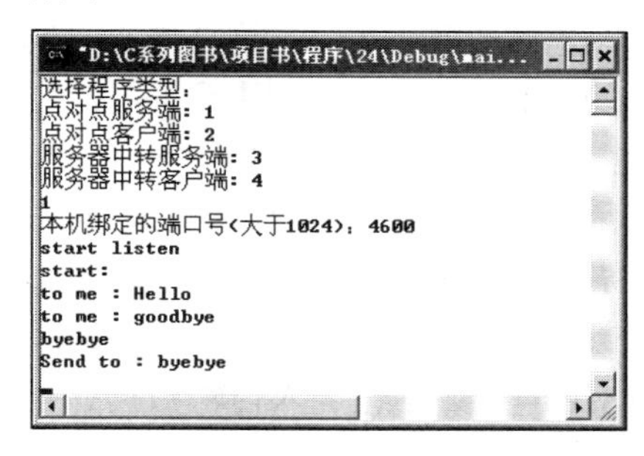

图 16.5　点对点服务端

设置当前机器为点对点客户端时的程序界面如图 16.6 所示。

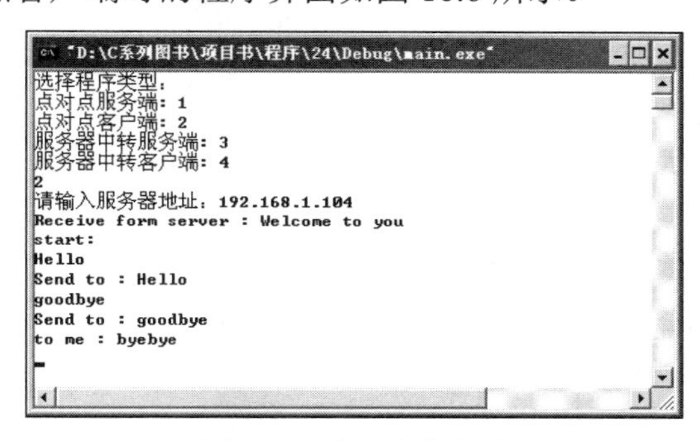

图 16.6　点对点客户端

启动服务器中转服务端的界面效果如图 16.7 所示。

在主界面输入 4 可进入服务器中转客户端，与已处于监听状态的服务器中转服务端相连接，如图 16.8 所示。

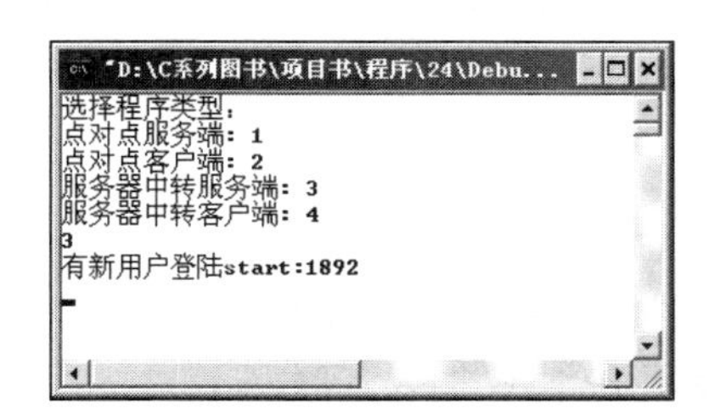

图 16.7　服务端建立与第一个客户端的连接

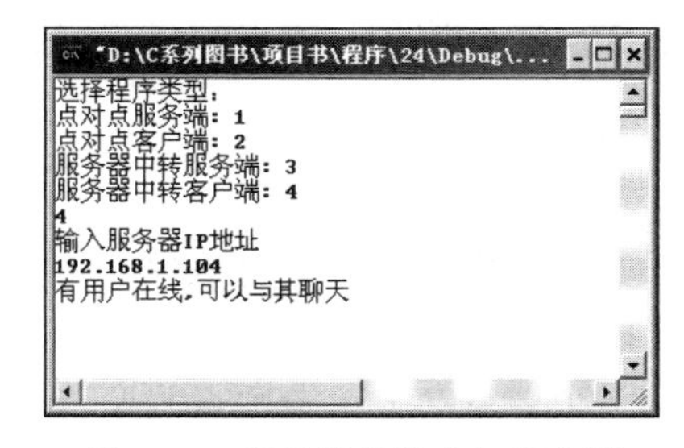

图 16.8　启动服务器中转客户端

16.2　技术攻关

16.2.1　TCP/IP 协议

TCP/IP（Transmission Control Protocol/Internet Protocol，传输控制协议/网际协议）协议是互联

网上最流行的协议，但它并不完全符合OSI的7层参考模型。传统的开放式系统互连参考模型，是一种通信协议的7层抽象的参考模型，其中每一层执行某一特定任务。该模型的目的是使各种硬件在相同的层次上相互通信。这7层是：物理层、数据链路层、网路层、传输层、话路层、表示层和应用层。而TCP/IP协议采用了4层的层级结构，每一层都呼叫它的下一层所提供的网络来完成自己的需求。这4层分别介绍如下。

应用层：应用程序间沟通的层，如简单电子邮件传输（SMTP）、文件传输协议（FTP）、网络远程访问协议（Telnet）等。

传输层：提供了结点间的数据传送服务，如传输控制协议（TCP）、用户数据报协议（UDP）等，TCP和UDP给数据包加入传输数据并把它传输到下一层中，这一层负责传送数据，并且确定数据已被送达并接收。

网络层：负责提供基本的数据封包传送功能，让每一块数据包都能够到达目的主机（但不检查是否被正确接收），如网际协议（IP）。

链路层：对实际的网络媒体的管理，定义如何使用实际网络（如Ethernet、Serial Line等）来传送数据。

TCP/IP协议的层次结构如图16.9所示。

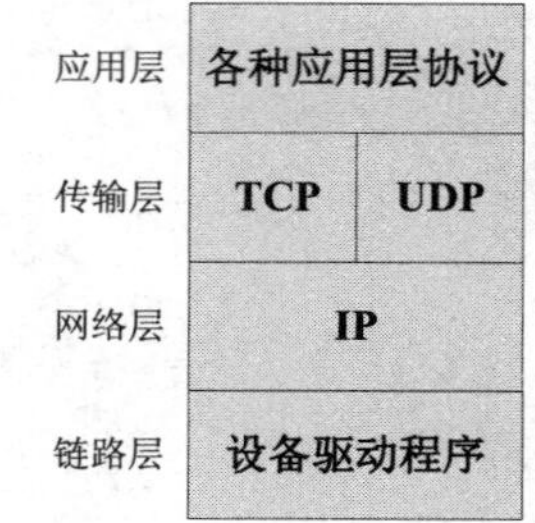

图16.9　TCP/IP层次结构

协议最底层是链路层，主要指具体发送的二进制数据，该层运行的软件是设备驱动程序，链路层上面是网络层，网络层主要是传输IP包，有IP包就可以知道目标机器，就可以为发送更高层次的数据进行准备。网络层上面是传输层，传输层有两种类型的数据包，一种是UDP，另一种是TCP，两者的作用和格式都不同，TCP是一种稳定的传输方式，它实现将每个数据包都准确地传输到目标地址，TCP经过了三次握手协议才最终确定数据的发送完成，所以TCP也是比较耗时的。UDP相对TCP来讲传输更快，但不是稳定的传输方式，因为UDP不对发送的数据进行确认。屏幕监控专家系统将主要使用UDP来进行传输。传输层上是应用层，在该层就是对开发人员自己的数据进行封包，也就是说前3层都是由操作系统负责，但开发人员也可以对前3层进行控制，如果将套接字的格式设置为原始（RAW），就可以对UDP包进行控制。

16.2.2　IP地址

IP被称为网际协议，是互联网上使用的一个关键的底层协议。这是一个共同遵守的通信协议，它提供了能适应各种各样网络硬件的灵活性，对底层网络硬件几乎没有任何要求，任何一个网络只要可以从一个地点向另一个地点传送二进制数据，就可以使用IP协议加入互联网了。

IP地址由IP协议规定的32位二进制数表示，最新的IPv6协议将IP地址升为128位，这使得IP地址更加广泛，能够很好地解决目前IP地址紧缺的情况，但是IPv6协议距离实际应用还有一段距离，目前，多数操作系统和应用软件都是以32位的IP地址为基准。

32位的IP地址主要分为两部分——前缀和后缀。前缀表示计算机所属的物理网络，后缀确定该网络上的唯一一台计算机。在互联网上，每一个物理网络都有一个唯一的网络号，根据网络号的不同，可以将IP地址分为5类，即A类、B类、C类、D类和E类。其中，A类、B类和C类属于基本类，D类用于多播发送，E类属于保留。表16.1描述了各类IP地址的范围。

表 16.1　各类 IP 地址的范围

类　型	范　围
A 类	0.0.0.0～127.255.255.255
B 类	128.0.0.0～191.255.255.255
C 类	192.0.0.0～223.255.255.255
D 类	218.0.0.0～239.255.255.255
E 类	240.0.0.0～247.255.255.255

在上述 IP 地址中，有几个 IP 地址是特殊的，有其单独的用途。

➘ 网络地址

在 IP 地址中主机地址为 0 的表示网络地址，如 128.111.0.0。

➘ 广播地址

在网络号后所有位全是 1 的 IP 地址，表示广播地址。

➘ 回送地址

127.0.0.1 表示回送地址，用于测试。

16.2.3　数据包格式

TCP/IP 协议的每层都会发送不同的数据报，常用的数据有 IP 数据报、TCP 数据包和 UDP 数据包。

1．IP 数据报

IP 数据报是在 IP 协议间发送的，主要在以太网与网际协议模块之间传输，提供无链接数据报传输。IP 协议不保证数据报的发送，但最大限度地发送数据。IP 协议结构定义如下：

```
typedef struct HeadIP {
      unsigned char  headerlen:4;           //首部长度，占 4 位
      unsigned char  version:4;             //版本，占 4 位
      unsigned char  servertype;            //服务类型，占 8 位，即 1 个字节
      unsigned short totallen;              //总长度，占 16 位
      unsigned short id;                    //与 idoff 构成标识，共占 16 位，前 3 位是
                                              标识，后 13 位是片偏移
      unsigned short idoff;
      unsigned char  ttl;                   //生存时间，占 8 位
      unsigned char  proto;                 //协议，占 8 位
      unsigned short checksum;              //首部检验和，占 16 位
      unsigned int   sourceIP;              //源 IP 地址，占 32 位
      unsigned int   destIP;                //目的 IP 地址，占 32 位
}HEADIP;
```

IP 数据报的最大长度是 65535 字节，这是由 IP 首部 16 位总长度字段所限制的。

2．TCP 数据包

TCP（传输控制协议）是一种提供可靠数据传输的通信协议，它在网际协议模块和 TCP 模块之间传输，TCP 数据包分 TCP 包头和数据两部分。TCP 包头包含了源端口、目的端口、序列号、确

认序列号、头部长度、码元比特、窗口、校验和、紧急指针、可选项、填充位和数据区，在发送数据时，应用层的数据传输到传输层，加上 TCP 的 TCP 包头，数据就构成了报文。报文是网际层 IP 的数据，如果再加上 IP 首部，就构成了 IP 数据报。TCP 包头结构定义如下：

```
typedef struct HeadTCP {
        WORD   SourcePort;                //16 位源端口号
        WORD   DePort;                    //16 位目的端口
        DWORD  SequenceNo;                //32 位序号
        DWORD  ConfirmNo;                 //32 位确认序号
        BYTE   HeadLen;                   //首部长度，占 4 位，保留 6 位，6 位标识，共 16 位
        BYTE   Flag;
        WORD   WndSize;                   //16 位窗口大小
        WORD   CheckSum;                  //16 位校验和
        WORD   UrgPtr;                    //16 位紧急指针
} HEADTCP;
```

TCP 提供了一个完全可靠的、面向连接的、全双工的（包含两个独立且方向相反的连接）流传输服务，允许两个应用程序建立一个连接，并在全双工方向上发送数据，然后终止连接，每一个 TCP 连接可靠的建立并完善地终止，在终止发生前，所有数据都会被可靠地传送。

TCP 比较有名的概念就是三次握手，所谓三次握手指通信双方彼此交换三次信息。三次握手时在存在数据报丢失、重复和延迟的情况下，确保通信双方信息交换确定性的充分必要条件。

3．UDP 数据包

UDP（用户数包报协议）是一个面向无连接的协议，采用该协议，两个应用程序不需要先建立连接，它为应用程序提供一次性的数据传输服务。UDP 协议工作在网际协议模块与 UDP 模块之间，不提供差错恢复，不能提供数据重传，所以使用 UDP 协议的应用程序都比较复杂，如 DNS（域名解析服务）应用程序。UDP 包头结构定义如下：

```
typedef struct HeadUDP {
        WORD SourcePort;                  //16 位源端口号
        WORD DePort;                      //16 位目的端口
        WORD Len;                         //16 为 UDP 长度
        WORD ChkSum;                      //16 位 UDP 校验和
} HEADUDP;
```

UDP 数据包分为伪首部和首部两个部分，伪首部包含原 IP 地址、目标 IP 地址、协议字、UDP 长度、源端口、目的端口、报文长度、校验和、数据区。伪首部是为了计算和检验而设置的。伪首部包含 IP 首部一些字段，其目的是让 UDP 两次检查数据是否正确到达目的地，使用 UDP 协议时，协议字为 17，报文长度是包括头部和数据区的总长度，最小 8 个字节。校验和是以 16 位为单位，各位求补（首位为符号位）将和相加，然后再求补。现在的大部分系统都默认提供了可读写大于 8192 字节的 UDP 数据报（使用这个默认值是因为 8192 是 NFS 读写用户数据数的默认值）。因为 UDP 协议是无差错控制的，所以发送过程与 IP 协议类似，就是 IP 分组，然后用 ARP 协议来解析物理地址，然后发送。

扫一扫，看视频

16.2.4 建立连接

建立连接主要指通过面向连接方式建立可靠的连接。面向连接主要指通信双方，在通信前有建

立连接的过程，发送完消息后，直到接收到确认消息后整个发送过程才完成。建立连接的步骤如下。

（1）创建套接字 Socket。

（2）将创建的套接字绑定 bind 到本地的地址和端口上。

（3）服务端设置套接字的状态为监听状态 listen，准备接受客户端的连接请求。

（4）服务端接受请求 accpet，同时返回得到一个用于连接的新套接字。

（5）使用这个新套接字进行通信（通信函数使用 send/recv）。

（6）释放套接字资源 closesocket。

整个过程分为客户端和服务端，如图 16.10 所示，左边是服务端的连接过程，右边是客户端连接过程。

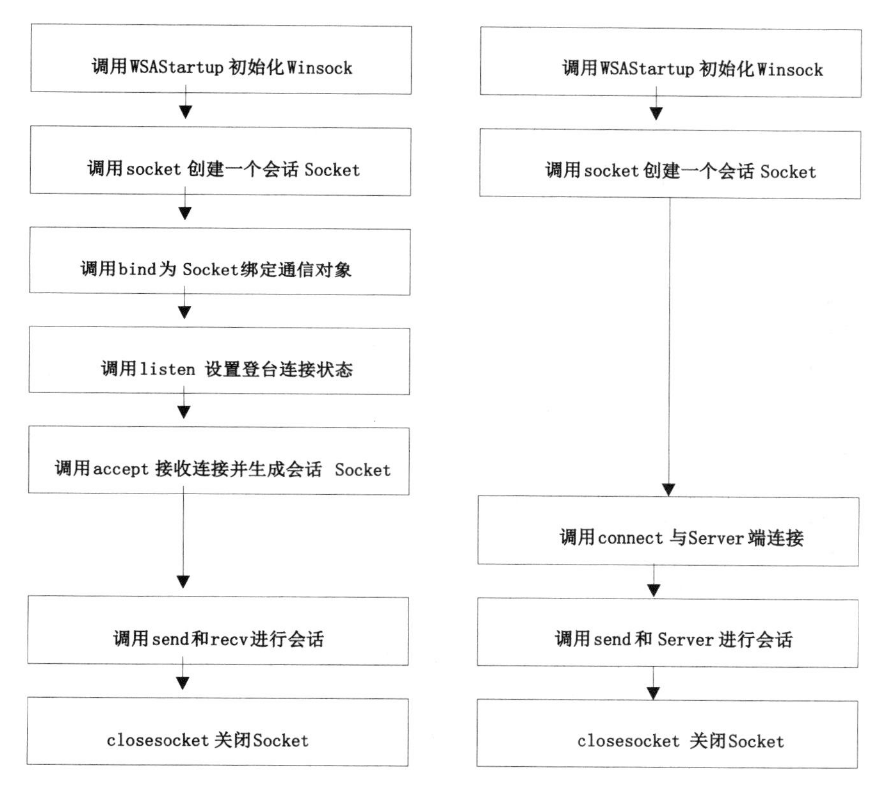

图 16.10　面向连接

网络通信系统就是采用的面向连接方式创建的连接。

16.2.5　套接字库函数

建立网络通信一定会用到套接字（Socket）库函数，Windows 系统开发网络连接程序就要用到 WinSock。以下是 WinSock 的常用的一些函数。

1. WSAStartup 函数

该函数用于初始化 Ws2_32.dll 动态链接库。在使用套接字函数之前，一定要初始化 Ws2_32.dll 动态链接库。函数原型如下：

```
int WSAStartup ( WORD wVersionRequested,LPWSADATA lpWSAData );
```

wVersionRequested：表示调用者使用的 Windows Socket 的版本，高字节记录修订版本，低字节记录主版本。例如，如果 Windows Socket 的版本为 2.1，则高字节记录 1，低字节记录 2。

lpWSAData：是一个 WSAData 结构指针，该结构详细记录了 Windows 套接字的相关信息，其定义如下：

```
typedef struct WSAData {
      WORD          wVersion;
      WORD          wHighVersion;
      char          szDescription[WSADESCRIPTION_LEN+1];
      char          szSystemStatus[WSASYS_STATUS_LEN+1];
      unsigned short  iMaxSockets;
      unsigned short  iMaxUdpDg;
      char FAR *     lpVendorInfo;
} WSADATA, FAR * LPWSADATA;
```

- wVersion：表示调用者使用的 WS2_32.DLL 动态库的版本号。
- wHighVersion：表示 WS2_32.DLL 支持的最高版本，通常与 wVersion 相同。
- szDescription：表示套接字的描述信息，通常没有实际意义。
- szSystemStatus：表示系统的配置或状态信息，通常没有实际意义。
- iMaxSockets：表示最多可以打开多少个套接字。在套接字版本 2 或以后的版本中，该成员将被忽略。
- iMaxUdpDg：表示数据报的最大长度。在套接字版本 2 或以后的版本中，该成员将被忽略。
- lpVendorInfo：表示套接子的厂商信息。在套接字版本 2 或以后的版本中，该成员将被忽略。

2．socket 函数

该函数用于创建一个套接字。函数原型如下：

```
SOCKET socket ( int af,int type, int protocol );
```

af：表示一个地址家族，通常为 AF_INET。

type：表示套接字类型，如果为 SOCK_STREAM，表示创建面向连接的流式套接字，为 SOCK_DGRAM，表示创建面向无连接的数据报套接字，为 SOCK_RAW，表示创建原始套节字。对于这些值，用户可以在 Winsock2.h 头文件中找到。

protocol：表示套接口所用的协议，如果用户不指定，可以设置为 0。

返回值：函数返回值是创建的套接字句柄。

3．bind 函数

该函数用于将套接字绑定到指定的端口和地址上。函数原型如下：

```
int bind (SOCKET s,const struct sockaddr FAR*  name,int namelen );
```

s：表示套接字标识。

name：是一个 sockaddr 结构指针，该结构中包含了要结合的地址和端口号。

namelen：确定 name 缓冲区的长度。

返回值：如果函数执行成功，返回值为 0，否则为 SOCKET_ERROR。

4．listen 函数

该函数用于将套接字设置为监听模式。对于流式套接字，必须处于监听模式才能够接收客户端套接字的连接。函数原型如下：

```
int listen ( SOCKET s, int backlog);
```

s：表示套接字标识。

backlog：表示等待连接的最大队列长度。例如，如果 backlog 被设置为 2，此时有 3 个客户端同时发出连接请求，那么前 2 个客户端连接会放置在等待队列中，第 3 个客户端会得到错误信息。

5．accpet 函数

该函数用于接受客户端的连接。在流式套接字中，只有在套接字处于监听状态，才能接受客户端的连接。函数原型如下：

```
SOCKET accept ( SOCKET s, struct sockaddr FAR* addr, int FAR* addrlen );
```

s：是一个套接字，它应处于监听状态。

addr：是一个 sockaddr_in 结构指针，包含一组客户端的端口号、IP 地址等信息。

addrlen：用于接收参数 addr 的长度。

返回值：一个新的套接字，它对应于已经接受的客户端连接，对于该客户端的所有后续操作，都应使用这个新的套接字。

6．closesocket 函数

该函数用于关闭套接字。函数原型如下：

```
int closesocket (SOCKET s);
```

s：标识一个套接字。如果参数 s 设置有 SO_DONTLINGER 选项，则调用该函数后会立即返回，但此时如果有数据尚未传送完毕，会继续传递数据，然后才关闭套接字。

7．connect 函数

该函数用于发送一个连接请求。函数原型如下：

```
int connect (SOCKET s,const struct sockaddr FAR*  name,int namelen );
```

s：表示一个套接字。

name：表示套接字 s 想要连接的主机地址和端口号。

namelen：是 name 缓冲区的长度。

返回值：如果函数执行成功，返回值为 0，否则为 SOCKET_ERROR。用户可以通过 WSAGETLASTERROR 得到其错误描述。

8．htons 函数

该函数将一个 16 位的无符号短整型数据由主机排列方式转换为网络排列方式。函数原型如下：

```
u_short htons (u_short hostshort );
```

hostshort：是一个主机排列方式的无符号短整型数据。

返回值：函数返回值是 16 位的网络排列方式数据。

9．htonl 函数

该函数将一个无符号长整型数据由主机排列方式转换为网络排列方式。函数原型如下：

```
u_long htonl ( u_long hostlong);
```

hostlong：表示一个主机排列方式的无符号长整型数据。

返回值：32 位的网络排列方式数据。

10．inet_addr 函数

该函数将一个由字符串表示的地址转换为32位的无符号长整型数据。函数原型如下：

```
unsigned long inet_addr (const char FAR * cp);
```

cp：表示一个IP地址的字符串。

返回值：32位无符号长整数。

11．recv 函数

该函数用于从面向连接的套接字中接收数据。函数原型如下：

```
int recv (SOCKET s,char FAR* buf,int len,int flags);
```

recv 函数的参数如表16.2所示。

表16.2　recv 函数参数

参　数	描　述
s	表示一个套接字
buf	表示接受数据的缓冲区
len	表示buf的长度
flags	表示函数的调用方式。如果为MSG_PEEK，表示查看传来的数据，在序列前端的数据会被复制一份到返回缓冲区中，但是这个数据不会从序列中移走；如果为MSG_OOB，表示用来处理Out-Of-Band数据，也就是外带数据

12．send 函数

该函数用于在面向连接方式的套接字间发送数据。函数原型如下：

```
int send (SOCKET s,const char FAR * buf, int len,int flags);
```

send 函数的参数如表16.3所示。

表16.3　send 函数参数

参　数	描　述
s	表示一个套接字
buf	表示存放要发送数据的缓冲区
len	表示缓冲区长度
flags	表示函数的调用方式

13．WSACleanup 函数

该函数用于释放为Ws2_32.dll动态链接库初始化时分配的资源。函数原型如下：

```
int  WSACleanup (void);
```

WSACleanup 函数和 WSAStartup 函数是成对出现的。

以上并不是所有的WinSock函数，在WinSock中还有可以进行异步通信的函数，还有套接字选择函数，这些都是套接字的高级应用。本章程序是在Windows系统的控制台中运行的，所以只是应用了WinSock的基础函数，套接字有阻塞函数和非阻塞函数，这些函数的执行情况受系统的约束，要改变这些函数的执行情况，需要使用系统底层函数，这些系统函数在不同操作系统下是不同的，为了程序的移植性，一般在程序中会针对不同的系统写不同的实现函数，本章程序使用的是

Windows 系统的默认设置，也就是说没有进行修改。

16.3 网络通信系统主程序

网络通信系统主程序主要负责主程序的循环，在主程序中通过用户的选择来决定执行哪个模块。主程序运行如图 16.11 所示。

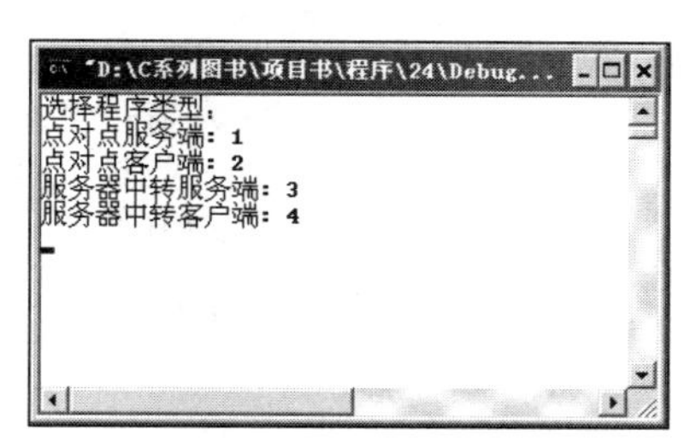

图 16.11 主程序

网络通信系统中主要用到的函数如表 16.4 所示。

表 16.4 系统自定义函数列表

函　数	描　述
CreateServer	创建点对点的服务端
threadpro	点对点方式中用来接收消息的线程，服务端和客户端使用相同的线程
CheckIP	对输入的 IP 进行合法性检查
CreateClient	创建点对点客户端
ExitSystem	退出点对点通信
CreateTranServer	创建服务器中转方式的服务端
threadTranServer	服务端用来接收消息的线程
NotyifyProc	通知有新用户上线的线程，将消息发送给所有在线用户
CreateTranClient	创建服务器中转的客户端
threadTranClient	服务器中转的客户端用来接收消息的线程
ExitTranSystem	退出服务器中转的客户端

系统添加网络连接的头文件引用及一些消息类型的宏定义。

```
#include <stdio.h>
#include <winsock2.h>
#pragma comment (lib,"ws2_32.lib")
//客户端发送给服务端的消息类型
#define CLIENTSEND_EXIT 1
#define CLIENTSEND_TRAN 2
#define CLIENTSEND_LIST 3
//服务端发送给客户端的消息类型
#define SERVERSEND_SELFID 1
```

```
#define SERVERSEND_NEWUSR 2
#define SERVERSEND_SHOWMSG 3
#define SERVERSEND_ONLINE 4
//定义记录聊天记录的文件指针
FILE *ioutfileServer;
FILE *ioutfileClient;
//服务端接收消息的结构体，客户端使用这个结构发送数据
struct CReceivePackage
{
    int iType;                          //存放消息类型
    int iToID;                          //存放目标用户 ID
    int iFromID;                        //存放原用户 ID
    char cBuffer[1024];                 //存放消息内容
};
//服务端发送消息的结构体，服务端使用这个结构发送数据
struct CSendPackage
{
    int iType;                          //消息类型
    int iCurConn;                       //当前在线用户数量
    char cBuffer[1024];                 //存放消息内容
};
//服务端存储在线用户信息的结构体
struct CUserSocketInfo
{
    int ID;                             //用户的 ID
    char cDstIP[64];                    //用户的 IP 地址，扩展使用
    int iPort;                          //用户应用程序端口扩展使用
    SOCKET sUserSocket;                 //网络句柄
};
//客户端存储在线用户列表的结构体
struct CUser
{
    int ID;                             //用户的 ID
    char cDstIP[64];                    //用户的 IP 地址扩展时使用
};
struct CUser usr[20];                   //客户端存储用户信息的对象
int bSend=0;                            //是否可以发送消息
int iMyself;                            //自己的 id
int iNew=0;                             //在线用户数
struct CUserSocketInfo usrinfo[20];     //服务端存储用户信息的对象
```

main 函数是网络通信系统的主函数。在主函数中调用 WSAStartup 函数来初始化网络接口。然后使用 fopen 函数打开记录了解记录的文件。

```
int main(void)
{
    int iSel=0;
    WSADATA wsd;
    WSAStartup(MAKEWORD(2,2),&wsd);
    do
    {
```

```
        printf("选择程序类型：\n");
        printf("点对点服务端：1\n");
        printf("点对点客户端：2\n");
        printf("服务器中转服务端：3\n");
        printf("服务器中转客户端：4\n");
        scanf("%d",&iSel);
    }while(iSel<0 || iSel >4);
    switch(iSel)
    {
    case 1:
        CreateServer();
        break;
    case 2:
        CreateClient();
        break;
    case 3:
        CreateTranServer();
        break;
    case 4:
        CreateTranClient();
        break;
    }
    printf("退出系统\n");

    return 0;
}
```

☞多学两招：

#pragma commen 宏可以添加一些编译时的属性，例如语句#pragma comment (lib,"ws2_32.lib")是告知编译器在连接编译后的文件时，可以连接 ws2_32.lib 这个文件。该语句所实现的功能也可以通过在开发环境中设置。如图 16.12 所示，在 Visual C++中，通过 Project/Settings 菜单打开 Project Settings 对话框，选择 Link 选项卡，在 Object/library modules 中添加 ws2_32.lib。

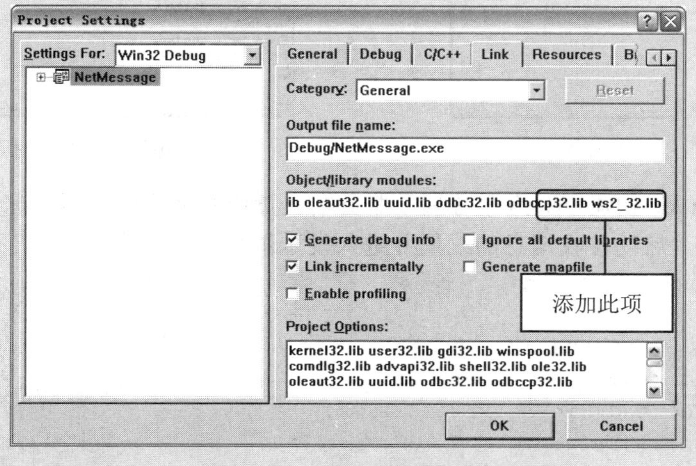

图 16.12　连接对象设置

16.4　点对点通信

点对点通信包括了点对点通信客户端和点对点通信服务端。如图 16.13 所示，选择 1 创建点对点服务端，选择 2 创建点对点客户端。

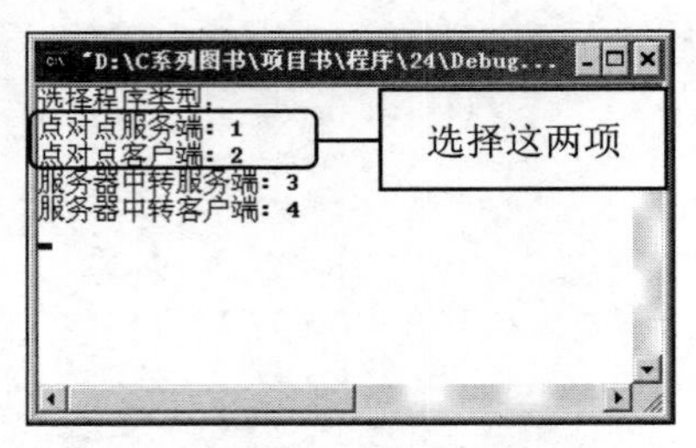

图 16.13　运行情况

点对点通信方式的启动步骤如下。

（1）启动系统，根据提示菜单选择 1，就可以创建点对点服务端，服务端需要用户输入一个端口号，该端口号应该是 4600（客户端连接服务器使用的端口），输入后服务启动并处于监听状态，输出字符 start listen。

（2）再次启动系统，根据提示菜单选择 2，创建点对点客户端，客户端需要用户输入一个服务器的 IP 地址，正确建立连接后，客户端和服务端会分别显示 start 字符。

（3）使用两个程序，相互发送消息。服务端如图 16.14 所示，客户端如图 16.15 所示。

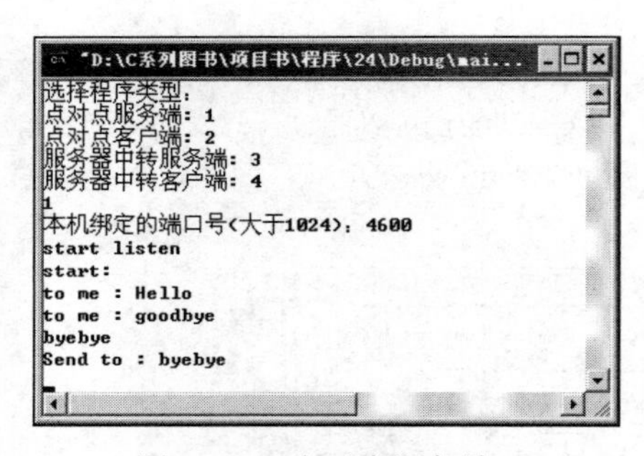

图 16.14　点对点服务端

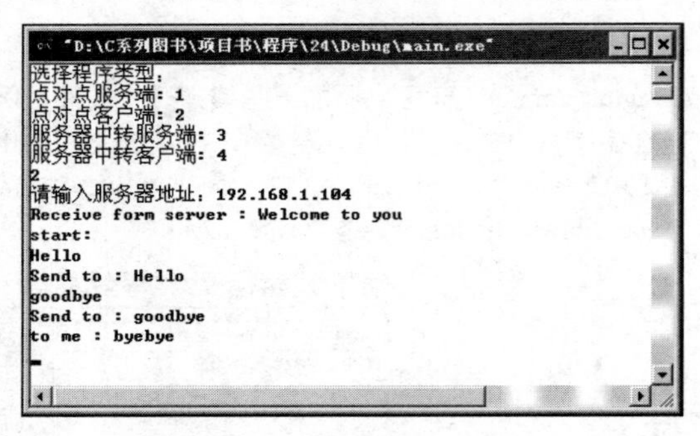

图 16.15　点对点客户端

函数 CreateServer 创建点对点服务端，服务端负责监听客户端发送过来的连接请求，当有客户端发送连接过来后，启动接收消息的线程并进入发送消息的循环中。

```
void CreateServer()
{
    SOCKET m_SockServer;
    struct sockaddr_in serveraddr;                          //本地地址信息
    struct sockaddr_in serveraddrfrom;                      //连接的地址信息
    int iPort=4600;                                         //设定为固定端口
    int iBindResult=-1;                                     //绑定结果
    int iWhileCount=200;
```

```
    struct hostent* localHost;
    char* localIP;
    SOCKET m_Server;
    char cWelcomBuffer[]="Welcome to you\0";
    int len=sizeof(struct sockaddr);
    int iWhileListenCount=10;
    DWORD nThreadId = 0;
    int ires;                                                   //发送的返回值
    char cSendBuffer[1024];                                     //发送消息缓存
    char cShowBuffer[1024];                                     //接收消息缓存
    ioutfileServer= fopen("MessageServer.txt","a");             //打开记录消息的文件
    m_SockServer = socket ( AF_INET,SOCK_STREAM,  0);
    printf("本机绑定的端口号(大于 1024): ");
    scanf("%d",&iPort);
    localHost = gethostbyname("");
    localIP = inet_ntoa (*(struct in_addr *)*localHost->h_addr_list);
    //设置网络地址信息
    serveraddr.sin_family = AF_INET;
    serveraddr.sin_port = htons(iPort);                             //端口
    serveraddr.sin_addr.S_un.S_addr = inet_addr(localIP);           //地址
    //绑定地址信息
    iBindResult=bind(m_SockServer,(struct sockaddr*)&serveraddr,sizeof(struct
sockaddr));
    //如果端口不能被绑定，重新设置端口
    while(iBindResult!=0 && iWhileCount > 0)
    {
        printf("绑定失败，重新输入：");
        scanf("%d",iPort);
        //设置网络地址信息
        serveraddr.sin_family = AF_INET;
        serveraddr.sin_port = htons(iPort);                         //端口
        serveraddr.sin_addr.S_un.S_addr = inet_addr(localIP);  //IP
        //绑定地址信息
        iBindResult = bind(m_SockServer,(struct sockaddr*)&serveraddr,
sizeof(struct sockaddr));
        iWhileCount--;
        if(iWhileCount<=0)
        {
            printf("端口绑定失败,重新运行程序\n");
            exit(0);
        }
    }
    while(iWhileListenCount>0)
    {
        printf("start listen\n");
        listen(m_SockServer,0);                              //返回值判断单个监听是否超时
        m_Server=accept(m_SockServer,(struct sockaddr*)&serveraddrfrom,&len);
            if(m_Server!=INVALID_SOCKET)
```

```
            {
                //有连接成功，发送欢迎信息
                send(m_Server,cWelcomBuffer,sizeof(cWelcomBuffer),0);
                //启动接收消息的线程
                CreateThread(NULL,0,threadproServer,
                (LPVOID)m_Server,0,&nThreadId );
                break;
            }
        printf(".");
        iWhileListenCount--;
        if(iWhileListenCount<=0)
        {
            printf("\n建立连接失败\n");
            exit(0);
        }
    }
    while(1)
    {
        memset(cSendBuffer,0,1024);
        scanf("%s",cSendBuffer);                          //输入消息
        if(strlen(cSendBuffer)>0)                         //输入消息不能为空
        {
            ires = send(m_Server,cSendBuffer,strlen(cSendBuffer),0);   //发送消息
            if(ires<0)
            {
                printf("发送失败");
            }
            else
            {
                sprintf(cShowBuffer,"Send to : %s\n",cSendBuffer);
                printf("%s",cShowBuffer);
                fwrite(cShowBuffer ,sizeof(char),strlen(cShowBuffer)
                ,ioutfileServer);                         //将消息写入日志
            }
            if(strcmp("exit",cSendBuffer)==0)
            {
                ExitSystem();
            }
        }
    }
}
```

函数 threadproClient 是客户端接收消息的线程。

```
DWORD WINAPI threadproClient(LPVOID pParam)
{
    SOCKET hsock=(SOCKET)pParam;
    char cRecvBuffer[1024];
    char cShowBuffer[1024];
```

```
    int num=0;
    if(hsock!=INVALID_SOCKET)
        printf("start:\n");
    while(1)
    {
        num = recv(hsock,cRecvBuffer,1024,0);
        if(num >= 0)
        {
            cRecvBuffer[num]='\0';
            sprintf(cShowBuffer,"to me : %s\n",cRecvBuffer);
            printf("%s",cShowBuffer);
            fwrite(cShowBuffer ,sizeof(char),strlen(cShowBuffer),ioutfileClient);
            fflush(ioutfileClient);
            if(strcmp("exit",cRecvBuffer)==0)
            {
                ExitSystem();
            }
        }
    }
    return 0;
}
```

发送的消息和接收的消息都会记录在文件中形成聊天记录，聊天记录如图 16.16 所示。

图 16.16　聊天记录

函数 threadproServer 服务端接收消息的线程。

```
DWORD WINAPI threadproServer(LPVOID pParam)
{
    SOCKET hsock=(SOCKET)pParam;
    char cRecvBuffer[1024];
    char cShowBuffer[1024];
    int num=0;
    if(hsock!=INVALID_SOCKET)
        printf("start:\n");
    while(1)
    {
        num = recv(hsock,cRecvBuffer,1024,0);       //接收消息
        if(num >= 0)
        {
            cRecvBuffer[num]='\0';
            sprintf(cShowBuffer,"to me : %s\n",cRecvBuffer);
            printf("%s",cShowBuffer);
            //记录消息
            fwrite(cShowBuffer ,sizeof(char),strlen(cShowBuffer),ioutfileServer);
```

```
            fflush(ioutfileServer);
            if(strcmp("exit",cRecvBuffer)==0)
            {
                ExitSystem();
            }
        }
    }
    return 0;
}
```

函数 CheckIP 完成 IP 地址合法性的检查。

```
int CheckIP(char *cIP)
{
    char IPAddress[128];                                    //IP 地址字符串
    char IPNumber[4];                                       //IP 地址中每组的数值
    int iSubIP=0;                                           //IP 地址中 4 段之一
    int iDot=0;                                             //IP 地址中'.'的个数
    int iResult=0;
    int iIPResult=1;
    int i;                                                  //循环控制变量
    memset(IPNumber,0,4);
    strncpy(IPAddress,cIP,128);
    for(i=0;i<128;i++)
    {
        if(IPAddress[i]=='.')
        {
            iDot++;
            iSubIP=0;
            if(atoi(IPNumber)>255)
                iIPResult = 0;
            memset(IPNumber,0,4);
        }
        else
        {
            IPNumber[iSubIP++]=IPAddress[i];
        }
        if(iDot==3 && iIPResult!=0)
            iResult= 1;
    }
    return iResult;
}
```

函数 CreateClient 负责创建点对点的客户端模块，客户端需要用户数据服务端的 IP 地址，与服务端建立连接后，建立接收消息的线程，同时启动发送消息的循环。

```
void CreateClient()
{
    SOCKET m_SockClient;
    struct sockaddr_in clientaddr;
    char cServerIP[128];
```

```
    int iWhileIP=10;                                    //循环次数
    int iCnnRes;                                        //连接结果
    DWORD nThreadId = 0;                                //线程 ID 值
    char cSendBuffer[1024];                             //发送缓存
    char cShowBuffer[1024];                             //显示缓存
    char cRecvBuffer[1024];                             //接收缓存
    int num;                                            //接收的字符个数
    int ires;                                           //发送消息的结果
    int iIPRes;                                         //检测 IP 是否正确
    m_SockClient = socket ( AF_INET,SOCK_STREAM, 0 );
    printf("请输入服务器地址：");
    scanf("%s",cServerIP);
    //IP 地址判断
    if(strlen(cServerIP)==0)
        strcpy(cServerIP,"127.0.0.1");                  //没有输入地址，使用回环地址
    else
    {
        iIPRes=CheckIP(cServerIP);
        while(!iIPRes && iWhileIP>0)
        {
            printf("请重新输入服务器地址：\n");
            scanf("%s",cServerIP);                              //重新输入 IP 地址
            iIPRes=CheckIP(cServerIP);                          //检测 IP 的合法性
            iWhileIP--;
            if(iWhileIP<=0)
            {
                printf("输入次数过多\n");
                exit(0);
            }
        }
    }
    ioutfileClient= fopen("MessageServerClient.txt","a");  //打开记录消息的文件
    clientaddr.sin_family = AF_INET;
    //客户端向服务端请求的端口好，应该和服务端绑定的一致
    clientaddr.sin_port = htons(4600);
    clientaddr.sin_addr.S_un.S_addr = inet_addr(cServerIP);
    iCnnRes = connect(m_SockClient,(struct sockaddr*)&clientaddr,sizeof(struct
sockaddr));
    if(iCnnRes==0)                                              //连接成功
    {
        num = recv(m_SockClient,cRecvBuffer,1024,0);            //接收消息
        if( num > 0 )
        {
            printf("Receive form server : %s\n",cRecvBuffer);
            //启动接收消息的线程
            CreateThread(NULL,0,threadproClient,(LPVOID)m_SockClient,0,
&nThreadId );
        }
        while(1)
        {
```

```
            memset(cSendBuffer,0,1024);
            scanf("%s",cSendBuffer);
            if(strlen(cSendBuffer)>0)
            {
                ires=send(m_SockClient,cSendBuffer,strlen(cSendBuffer),0);
                if(ires<0)
                {
                    printf("发送失败\n");
                }
                else
                {
                    sprintf(cShowBuffer,"Send to : %s\n",cSendBuffer);
                                                            //整理要显示的字符串
                    printf("%s",cShowBuffer);
                    fwrite(cShowBuffer ,sizeof(char),strlen(cShowBuffer),
ioutfileClient);                                            //记录发送消息
                    fflush(ioutfileClient);
                }
                if(strcmp("exit",cSendBuffer)==0)
                {
                    ExitSystem();
                }
            }
        }
    }//iCnnRes
    else
    {
        printf("连接不正确\n");
    }
}
```

函数 ExitSystem 是点对点方式的退出实现。

```
void ExitSystem()
{
    if(ioutfileServer!=NULL)
        fclose(ioutfileServer);
    if(ioutfileClient!=NULL)
        fclose(ioutfileClient);
    WSACleanup();
    exit(0);
}
```

16.5 服务器中转通信

服务器中转通信包括服务器中转服务端和服务器中转客户端。如图 16.17 所示，选择 3 创建服务端；选择 4 创建客户端。

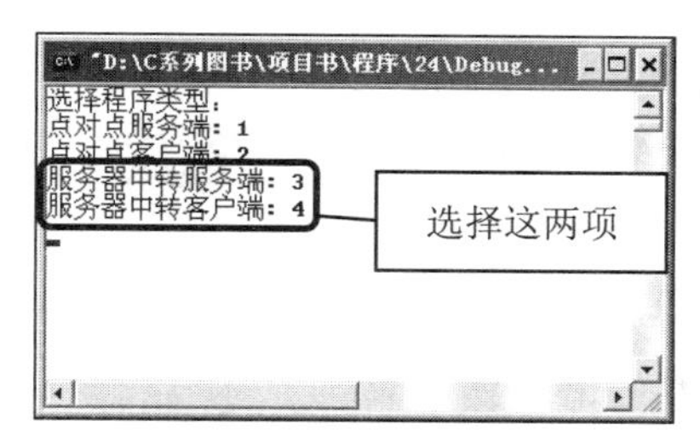

图 16.17　程序主界面

创建服务器中转通信的步骤如下。

（1）启动系统，根据提示菜单选择 3，中转通信的服务端开始处于监听状态，如图 16.18 所示。

（2）启动系统，根据提示菜单选择 4，中转通信的客户端启动，此时作为第一个登录的客户端，没有可以聊天的用户，如图 16.19 所示。

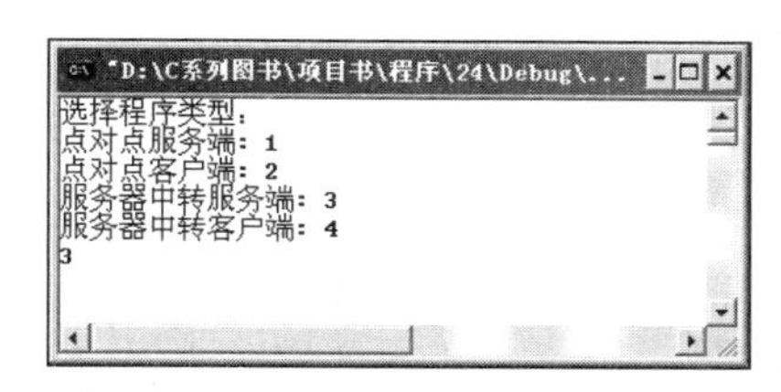

图 16.18　服务器处于监听状态

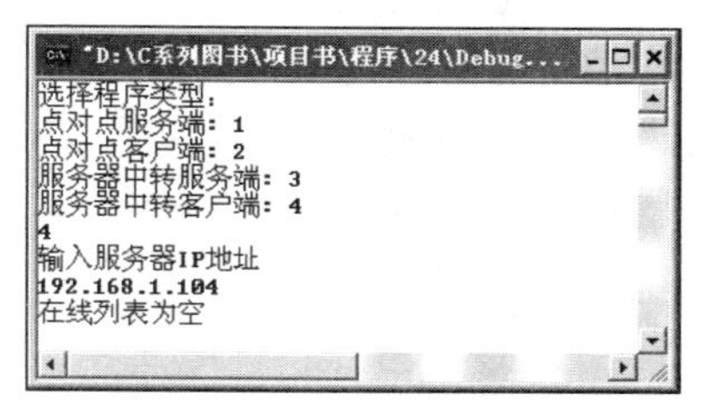

图 16.19　启动第一个客户端

此时服务端显示接收到客户端的连接，如图 16.20 所示。

（3）启动系统，根据提示菜单选择 4，中转通信的另一个客户端启动，此时可以和第一个登录的客户端进行通信，如图 16.21 所示。

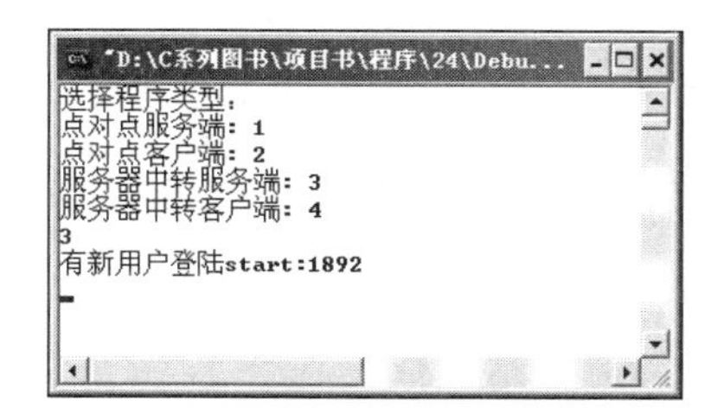

图 16.20　服务端建立与第一个客户端的连接

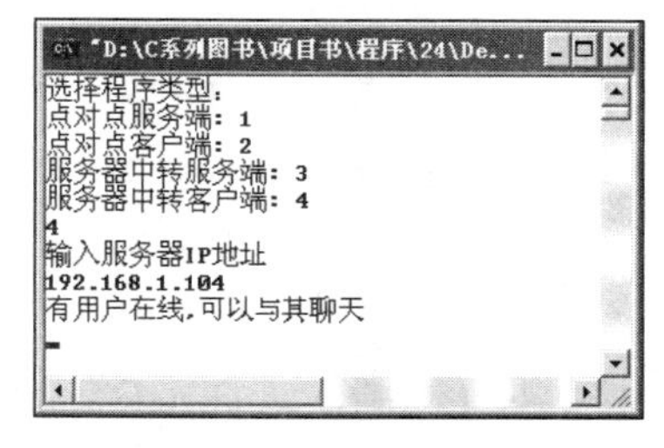

图 16.21　启动第二个客户端

第一个客户端会接收到服务端发送过来的通知信息，如图 16.22 所示。

此时服务端显示接收到客户端的连接，如图 16.23 所示。

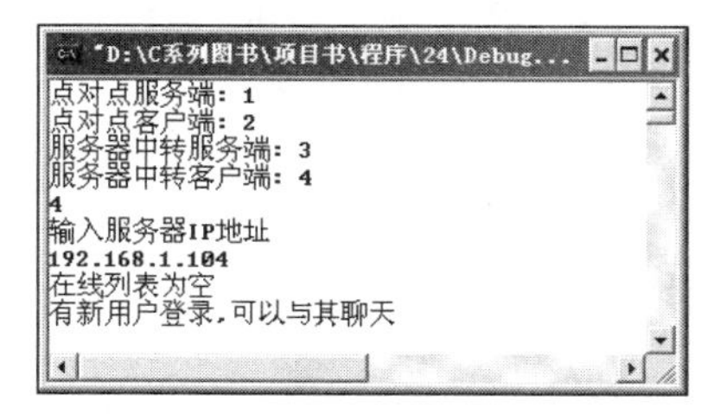

图 16.22　第一个客户端接收信息

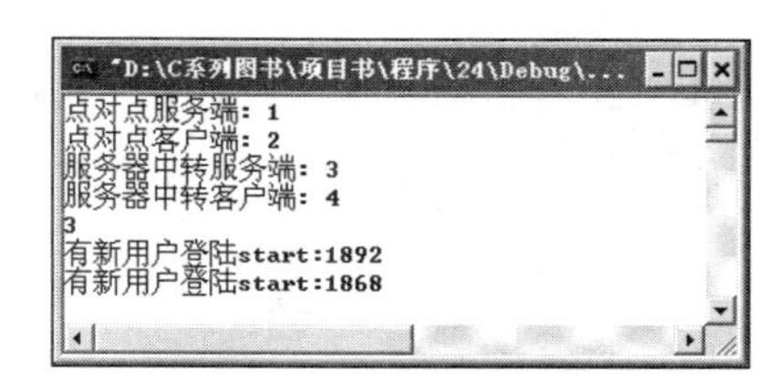

图 16.23　服务端情况

（4）两个登录的客户端此时可以进行通信，如图 16.24 所示。

第二个客户端向第一个客户端发送消息，如图 16.25 所示，第一个客户端向第二个客户端回送消息。

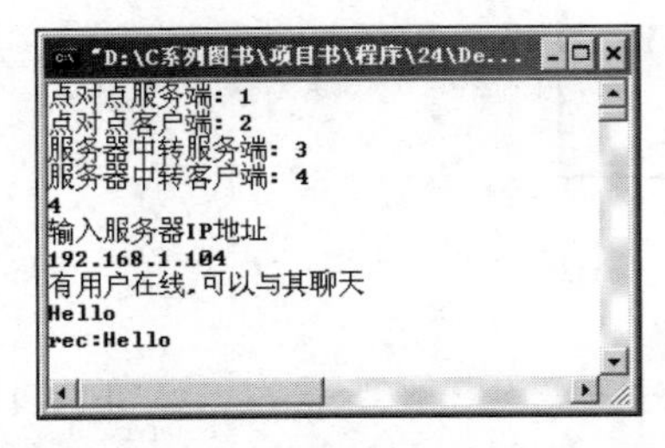

图 16.24　第一个客户端发送和接收消息

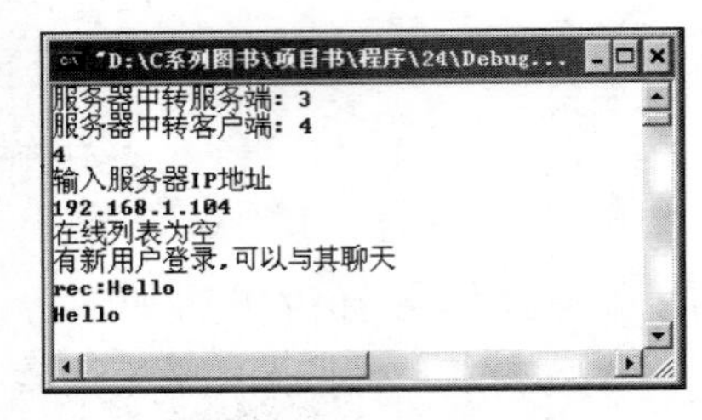

图 16.25　第二个客户端接收和发送消息

函数 CreateTranServer 用来创建中转服务端，中转服务器主要负责监听客户端发送过来的请求，只要客户端发送请求过来，就将套接字句柄保存起来，然后每增加一个客户端就向前面登录过的客户端发送消息，通知有新用户登录。

```
void CreateTranServer()
{
    SOCKET m_SockServer;                                    //开始监听的 SOCKET 句柄
    struct sockaddr_in serveraddr;                          //用于绑定的地址信息
    struct sockaddr_in serveraddrfrom;                      //接收到的连接的地址信息
    int iRes;                                               //获取绑定的结果
    SOCKET m_Server;                                        //已建立连接的 SOCKET 句柄
    struct hostent* localHost;                              //主机环境指针
    char* localIP;                                          //本地 IP 地址
    struct CSendPackage sp;                                 //发送包
    int iMaxConnect=20;                                     //允许的最大连接个数
    int iConnect=0;                                         //建立连接的个数
    DWORD nThreadId = 0;                                    //获取线程的 ID 值
    char cWarnBuffer[]="It is voer Max connect\0";          //警告字符串
    int len=sizeof(struct sockaddr);
    int id;                                                 //新分配的客户 ID
    localHost = gethostbyname("");
    localIP = inet_ntoa (*(struct in_addr *)*localHost->h_addr_list);
                                                            //获取本地 IP
    serveraddr.sin_family = AF_INET;
    serveraddr.sin_port = htons(4600);                      //设置绑定的端口号
    serveraddr.sin_addr.S_un.S_addr = inet_addr(localIP);   //设置本地 IP
    //创建套接字
    m_SockServer = socket ( AF_INET,SOCK_STREAM,  0);
    if(m_SockServer == INVALID_SOCKET)
    {
        printf("建立套接字失败\n");
        exit(0);
    }
    //绑定本地 IP 地址
```

```
    iRes=bind(m_SockServer,(struct sockaddr*)&serveraddr,sizeof(struct
sockaddr));
    if(iRes < 0)
    {
        printf("建立套接字失败\n");
        exit(0);
    }
    //程序主循环
    while(1)
    {
        listen(m_SockServer,0);                                   //开始监听
        m_Server=accept(m_SockServer,(struct sockaddr*)&serveraddrfrom,&len);
                                                                  //接收连接
        if(m_Server!=INVALID_SOCKET)
        {
            printf("有新用户登录");                                //对方已登录
            if(iConnect < iMaxConnect)
            {
                //启动接收消息线程
                CreateThread(NULL,0,threadTranServer,(LPVOID)m_Server,0,
&nThreadId );
                //构建连接用户的信息
                usrinfo[iConnect].ID=iConnect+1;          //存放用户 ID
                usrinfo[iConnect].sUserSocket=m_Server;
                usrinfo[iConnect].iPort=0;                //存放端口，扩展用
                //构建发包信息
                sp.iType=SERVERSEND_SELFID;               //获取的 ID 值，返回信息
                sp.iCurConn=iConnect;                     //在线个数
                id=iConnect+1;
                sprintf(sp.cBuffer,"%d\0",id);
                send(m_Server,(char*)&sp,sizeof(sp),0);   //发送客户端的 ID 值
                //通知各个客户端
                if(iConnect>0)
                    CreateThread(NULL,0,NotyifyProc,(LPVOID)&id,0,&nThreadId );
                iConnect++;
            }
            else
                send(m_Server,cWarnBuffer,sizeof(cWarnBuffer),0);
                                                          //已超出最大连接数
        }
    }
    WSACleanup();
}
```

函数 threadTranServer 是负责中转的服务器用来中转消息和发送在线用户列表的线程。

```
DWORD WINAPI threadTranServer(LPVOID pParam)
{
    SOCKET hsock=(SOCKET)pParam;                          //获取 SOCKET 句柄
```

```
    SOCKET sTmp;                                    //临时存放用户的 SOCKET 句柄
    char cRecvBuffer[1024];                         //接收消息的缓存
    int num=0;                                      //发送的字符串
    int m,j;                                        //循环控制变量
    //char cTmp[2];                                 //临时存放用户 ID
    int ires;
    struct CSendPackage sp;                         //发包
    struct CReceivePackage *p;
    if(hsock!=INVALID_SOCKET)
        printf("start:%d\n",hsock);
    while(1)
    {
        num=recv(hsock,cRecvBuffer,1024,0);         //接收发送过来的信息
        if(num>=0)
        {
            p = (struct CReceivePackage*)cRecvBuffer;
            switch(p->iType)
            {
            case CLIENTSEND_TRAN:                   //对消息进行中转
                for(m=0;m<2;m++)
                {
                    if(usrinfo[m].ID==p->iToID)
                    {
                        //组包
                        sTmp=usrinfo[m].sUserSocket;
                        memset(&sp,0,sizeof(sp));
                        sp.iType=SERVERSEND_SHOWMSG;
                        strcpy(sp.cBuffer,p->cBuffer);
                        ires = send(sTmp,(char*)&sp,sizeof(sp),0);     //发送内容
                        if(ires<0)
                            printf("发送失败\n");
                    }
                }
                break;
            case CLIENTSEND_LIST:                   //发送在线用户
                memset(&sp,0,sizeof(sp));
                for(j=0;j<2;j++)
                {
                    if(usrinfo[j].ID!=p->iFromID && usrinfo[j].ID!=0)
                    {
                        sp.cBuffer[j]=usrinfo[j].ID;
                        printf("%d\n",sp.cBuffer[j]);
                    }
                }
                sp.iType=SERVERSEND_ONLINE;
                send(hsock,(char*)&sp,sizeof(sp),0);
                break;
```

```
            case CLIENTSEND_EXIT:
                printf("退出系统\n");
                return 0;                               //结束线程
                break;
            }
        }
    }
    return 0;
}
```

函数 NotyifyProc 是服务器通知所有客户端有新用户登录的线程。

```
DWORD WINAPI NotyifyProc(LPVOID pParam)
{
    struct CSendPackage sp;                         //发送包
    SOCKET sTemp;                                   //连接用户的 SOCKET 句柄
    int *p;                                         //接收主线程发送过来的 ID 值
    int j;                                          //循环控制变量
    p=(int*)pParam;                                 //新用户 ID

    for(j=0;j<2;j++)                                //去除新登录的，已经连接的
    {
        if(usrinfo[j].ID !=  (*p))
        {
            sTemp=usrinfo[j].sUserSocket;
            sp.iType=SERVERSEND_NEWUSR;                     //新上线通知
            sprintf(sp.cBuffer,"%d\n",(*p));
            send(sTemp,(char*)&sp,sizeof(sp),0);            //发送新用户上线通知
        }
    }
    return 0;
}
```

创建服务器中转客户端，客户端负责向服务器发送连接请求。连接成功后启动接收消息的线程，并启动发送消息的循环。

```
void CreateTranClient()
{
    SOCKET m_SockClient;                                    //建立连接的 SOCKET
    struct sockaddr_in clientaddr;                          //目标的地址信息
    int iRes;                                               //函数执行情况
    char cSendBuffer[1024];                                 //发送消息的缓存
    DWORD nThreadId = 0;                                    //保存线程的 ID 值
    struct CReceivePackage sp;                              //发包结构
    char IPBuffer[128];
    printf("输入服务器 IP 地址\n");
    scanf("%s",IPBuffer);
    clientaddr.sin_family = AF_INET;
    clientaddr.sin_port = htons(4600);                      //连接的端口号
    clientaddr.sin_addr.S_un.S_addr = inet_addr(IPBuffer);
    m_SockClient = socket ( AF_INET,SOCK_STREAM, 0 );       //创建 socket
```

```
    //建立与服务端的连接
    iRes = connect(m_SockClient,(struct sockaddr*)&clientaddr,sizeof(struct
sockaddr));
    if(iRes < 0)
    {
        printf("连接错误\n");
        exit(0);
    }
    //启动接收消息的线程
    CreateThread(NULL,0,threadTranClient,(LPVOID)m_SockClient,0,&nThreadId );
    while(1)                                                //接收到自己 ID
    {
        memset(cSendBuffer,0,1024);
        scanf("%s",cSendBuffer);                            //输入发送内容
        if(bSend)
        {
            if(sizeof(cSendBuffer)>0)
            {
                memset(&sp,0,sizeof(sp));
                strcpy(sp.cBuffer,cSendBuffer);
                sp.iToID=usr[0].ID;                         //聊天对象是固定的
                sp.iFromID=iMyself;                         //自己
                sp.iType=CLIENTSEND_TRAN;
                send(m_SockClient,(char*)&sp,sizeof(sp),0); //发送消息
            }
            if(strcmp("exit",cSendBuffer)==0)
            {
                memset(&sp,0,sizeof(sp));
                strcpy(sp.cBuffer,"退出");                   //设置发送消息的文本内容
                sp.iFromID=iMyself;
                sp.iType=CLIENTSEND_EXIT;                   //退出
                send(m_SockClient,(char*)&sp,sizeof(sp),0); //发送消息
                ExitTranSystem();
            }
        }
        else
            printf("没有接收对象,发送失败\n");
    Sleep(10);
    }
}
```

函数 threadTranClient 是线程的实现，在函数内实现网络消息的接收。然后根据接收的内容的类型进行处理，如果是自己登录成功，获取到 ID 后向服务端发送获取在线用户请求；如果是其他客户端发送给自己的消息，直接显示出来；如果是服务端发送过来的用户列表，根据列表内容决定聊天用户。

```
DWORD WINAPI threadTranClient(LPVOID pParam)
{
    SOCKET hsock=(SOCKET)pParam;
    int i;                                                  //循环控制变量
```

```
    char cRecvBuffer[2048];                         //接收消息的缓存
    int num;                                        //接收消息的字符数
    //char cTmp[2];                                 //临时存放在线用户 ID
    struct CReceivePackage sp;                      //服务端的接收包是客户端的发送包
    struct CSendPackage *p;                         //服务端的发送包是客户端的接收包
    int iTemp;                                      //临时存放接收到的 ID 值
    while(1)
    {
        num = recv(hsock,cRecvBuffer,2048,0);       //接收消息
        if(num>=0)
        {
            p = (struct CSendPackage*)cRecvBuffer;
            if(p->iType==SERVERSEND_SELFID)
            {
                iMyself=atoi(p->cBuffer);
                sp.iType=CLIENTSEND_LIST;           //请求在线人员列表
                send(hsock,(char*)&sp,sizeof(sp),0);
            }
            if(p->iType==SERVERSEND_NEWUSR)         //登录用户 ID
            {
                iTemp = atoi(p->cBuffer);
                usr[iNew++].ID=iTemp;               //iNew 表示有多少个新用户登录
                printf("有新用户登录,可以与其聊天\n");
                bSend=1;                            //可以发送消息聊天
            }
            if(p->iType==SERVERSEND_SHOWMSG)        //显示接受的消息
            {
                printf("rec:%s\n",p->cBuffer);
            }
            if(p->iType==SERVERSEND_ONLINE)         //获取在线列表
            {
                for(i=0;i<2;i++)
                    {
                        if(p->cBuffer[i]!=iMyself && p->cBuffer[i]!=0)
                        {
                            usr[iNew++].ID=p->cBuffer[i];
                            printf("有用户在线,可以与其聊天\n");
                            bSend=1;                //可以发送消息聊天
                        }
                    }
                    if(!bSend)
                        printf("在线列表为空\n");
            }
        }
    }
   return 0;
}
```

函数 ExitTranSystem 是服务器中转模块退出系统的实现，服务器中转模块退出系统与点对点模块有所不同，点对点模块需要关闭文件，而服务器中转模块不需要。

```
void ExitTranSystem()
{
    WSACleanup();
    exit(0);
}
```

16.6 程序调试与错误处理

1. 创建文件出错

有两种库函数可以使用，一种是系统库函数，另一种是标准 C 库函数。不同的操作系统库函数会有所不同，但基本方法都是一样的。但在使用 Windows 系统库函数并在 Windows 2003 系统中创建文件时，会出现一个不可写入的情况，例如:

```
#include "fcntl.h"
#include <stdio.h>
int main(void)
{
    char buffer[128];
    int ifile;
    ifile=_open("message.txt",_O_APPEND|_O_CREAT|_O_BINARY|_O_RDWR);
    strcpy(buffer,"mingrisoft\0");
    _write(ifile,buffer,strlen(buffer));
    _commit(ifile);
    _close(ifile);
    ifile=_open("message.txt",_O_APPEND|_O_CREAT|_O_BINARY|_O_RDWR);
    strcpy(buffer,"www.mingribook.com\0");
    _write(ifile,buffer,strlen(buffer));
    _commit(ifile);
    _close(ifile);
    return 0;
}
```

程序应该向文件写入 mingrisoft 和 www.mingribook.com 两个字符串，但结果只写入了一个。主要原因是在第一次调用_open 创建文件时，创建了只读文件，再次打开时，就无法写入了。只读属性如图 16.26 所示。

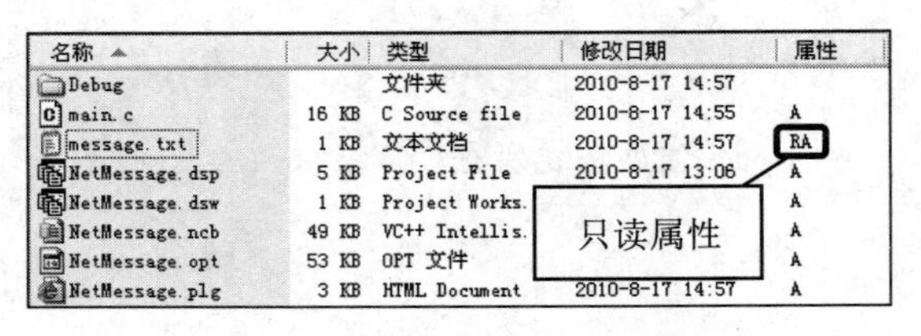

图 16.26　文件的只读属性

解决方法是使用标准 C 库函数代替，标准 C 库函数和系统库函数有着一对一关系。对应关系如表 16.5 所示。

表 16.5　两种库函数的对应关系

标　准　库	调　试　库
_open	fopen
_write	fwrite
_read	fread
_commit	fflush
_close	fclose

2. 对齐方式不一致

Visual C 中可以设置结构体成员的对齐方式，通过 Project/Settings 菜单可以打开 Project Settings 对话框。如图 16.27 所示选择 C/C++选项卡，在 Category 中选择 Code Generation，然后在 Struct member alignment 中设置对齐的字节数。

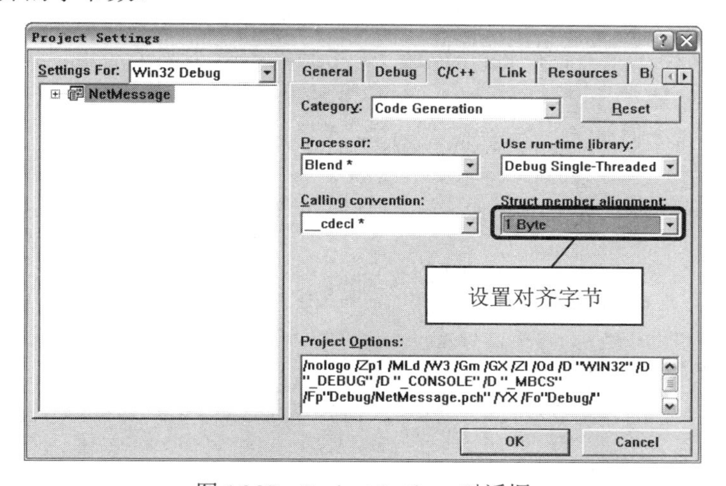

图 16.27　Project Settings 对话框

系统中定义了服务端用来接收数据，客户端用来发送数据的结构体 CReceivePackage。

```
struct CReceivePackage
{
    int iType;
    int iToID;
    int iFromID;
    char cBuffer[1024];
};
```

这个结构体无论是 8Bytes 的对齐方式还是 1Byte 的对齐方式，其结构体的大小都为 1036（使用 sizeof 运算符获得），如果将结构体中添加一个 short 成员，例如：

```
struct CReceivePackage
{
    int iType;
    int iToID;
    int iFromID;
```

```
    short i;
    char cBuffer[1024];
};
```

如果是 8Bytes 的对齐方式，结构体的大小是 1040，如果对齐方式为 1Byte，则结构体大小为 1038，这是因为 short 占用的空间不足 8 个字节，使用 8Bytes 对齐的话，需要多出一定的空间。

如果服务端将对齐方式设置为 8Bytes，而客户端将对齐方式设置为 1Byte，那么客户端接收的数据就会出错，无法正确获取结构体成员数据。

16.7 开发总结

网络通信可以使用面向连接方式建立连接，也可以使用非面向连接方式建立连接。本章网络通信系统使用面向连接方式建立连接，也就是说使用 TCP 建立连接，而没有使用 UDP 建立连接。使用面向连接方式建立连接的好处是通信稳定，不会丢失数据包，但由于 TCP 有三次握手，所以面向连接方式比较耗时，同样对服务器的性能也是一个考验。本章实例仍然可以使用 UDP 来进行通信。使用 UDP 建立连接的步骤如下。

（1）在服务端绑定本机端口，主要代码如下:

```
WSADATA data;
WSAStartup(2,&data);
//获取本机 IP
hostent* phost = gethostbyname("");
char* localIP = inet_ntoa (*(struct in_addr *)*phost->h_addr_list);
sockaddr_in addr;
addr.sin_family = AF_INET;
addr.sin_addr.S_un.S_addr  = inet_addr(localIP);
addr.sin_port  = htons(5001);
//创建套接字
m_Socket = socket(AF_INET,SOCK_DGRAM,0);
if (m_Socket == INVALID_SOCKET)
{
    MessageBox("套接字创建失败!");
}
//绑定套接字
if (bind(m_Socket,(sockaddr*)&addr,sizeof(addr))==SOCKET_ERROR)
{
    MessageBox("套接字绑定失败!");
}
```

（2）直接使用 sendto 发送数据，发送的过程中需要指定客户端的 IP 地址和端口。主要代码如下:

```
CString sIP;
char *pSendBuf;
pSendBuf = new char[1024];
sIP="192.168.1.104";
m_Addr.sin_family = AF_INET;
```

```
m_Addr.sin_port   = htons(5002);
m_Addr.sin_addr.S_un.S_addr = inet_addr(sIP);
sendto(m_Socket,(char*)pSendBuf,PICPACKSIZE,0,(sockaddr*)&m_Addr,sizeof(m_Addr));
```

（3）在客户端仍然需要绑定 IP 地址及端口，可以绑定本机的 IP 地址。主要代码如下:

```
WSADATA data;
WSAStartup(2,&data);
struct ip_mreq ipmr;
//获取本机 IP
hostent* phost = gethostbyname("");
char* localIP =inet_ntoa (*(struct in_addr *)*phost->h_addr_list);
sockaddr_in addr;
addr.sin_family = AF_INET;
addr.sin_addr.S_un.S_addr  =  inet_addr(localIP);
addr.sin_port  = htons(5002);
//创建套接字
m_Socket = socket(AF_INET,SOCK_DGRAM,0);
if (m_Socket == INVALID_SOCKET)
{
    MessageBox("套接字创建失败!");
}
//绑定套接字
if (bind(m_Socket,(sockaddr*)&addr,sizeof(addr))==SOCKET_ERROR)
{
    MessageBox("套接字绑定失败!");
}
```

（4）直接使用 recvfrom 接收数据，主要代码如下:

```
BYTE *buffer= new BYTE[MAX_BUFF];
int factsize =sizeof(sockaddr);
int ret =
recvfrom(m_Socket,(char*)buffer,MAX_BUFF,0,(sockaddr*)&m_Addr,&factsize);
if(ret==-1)
{
    MessageBox("接收错误");
    return;
}
```

本章程序只是把点对点连接方式中的聊天记录写入文件，而且是写入了固定的文件，应该对程序进行升级，将聊天时的时间也写入到文件中，这样可以更全面地了解聊天过程。获取时间的方法有很多，可以使用系统的 API 函数 GetSystemTime，也可以使用 localtime 函数，但这个函数都和系统有关，在不同的操作系统中被支持的情况不一样。下面是使用 localtime 函数获取时间的代码。

```
#include <time.h>
char szBuffer[1204];
time_t tCurrentTime;
tCurrentTime = time ( ( time_t* ) NULL );                    //获取时间
//定义时间格式，显示分钟和秒
strftime ( szBuffer, sizeof ( szBuffer ), "%M_%S", localtime ( &tCurrentTime ) );
_write(ifile,szBuffer,10);                                   //将时间写入到文件
```

本章程序在进行服务器中转方式通信时，采用的是由服务器按连接顺序分配ID，而且只能够分配两个ID，这个值在程序中是固定的，读者可以自己对程序进行扩展，例如，在程序中加入用户的验证过程，就像QQ一样，登录的账号是使用其他程序生成的，服务器可以对账号信息进行核查，可以加入同一账号重复登录的检测，还可以进行消息的群发等。

总之，本章程序是进行两种通信方式框架的搭建，还有许多细节需要添加，只要掌握TCP和UDP的原理，什么样的功能都可以实现，根据需求可以开发出最适合自己单位情况的通信软件。

第 17 章　火车订票系统

火车订票系统是针对用户预订火车票需要的一系列操作而开发的信息化系统，该系统主要满足了用户对火车票信息的查询和订购，同时可以对火车车次信息和订票信息进行保存。

通过本章的学习，读者能够学到以下内容：

- 如何实现菜单的选择功能
- 如何将新输入的信息加到存放着火车票信息的链表中
- 如何输出满足条件的信息
- 如何进行火车票的检索
- 如何将信息保存到指定的磁盘文件

17.1　开 发 背 景

随着科技的飞速发展，信息化的时代逐渐显现，快节奏、高质量的生活已成为人们生活的主题。虽然铁路客运行业也已进入了信息化，但是免不了人们还要在窗口外排长长的队伍等候买票，因此火车订票系统应运而生，该系统为用户实现了火车车次信息的查询、显示功能，还可以保存用户订票信息，方便用户预订车票。

17.2　需 求 分 析

扫一扫，看视频

具体任务就是制作一个火车订票系统。在正常情况下人们为了不影响出行，会提前去售票处买票，要询问到目的地的车都有哪些、时间是几点、票价是多少、是否还有票等信息，由于买票的人会很多所以可能不会问得太详细，这样的流程繁琐且容易出错。而应用火车订票系统则省去了这些麻烦，可以快速详细地告诉用户想要了解的信息。

火车订票系统围绕用户预定火车票的一系列流程为主线，将对火车车次详细信息进行显示保存，同时提供火车的剩余票数，以供用户查询，决定是否预订，当预订成功后，提供保存用户的订票信息。详细周到的操作流程满足用户的需求，也提高了铁路工作人员的效率。

17.3　系 统 设 计

17.3.1　系统目标

根据需求分析的描述，现制定系统目标如下。

- 详细录入火车车次信息及可供订票数。
- 可输入车次或要达到的城市以便进行查询。

- 输入要到达的城市显示车次信息，选择是否订票。
- 对录入的火车车次信息可以修改。
- 提供火车车票信息显示。
- 对火车车票信息及订票人的信息进行保存。

17.3.2 系统功能结构

火车订票系统主要由录入火车票信息、查询火车票信息、订票、修改火车信息、显示火车信息以及保存订票信息和火车信息到指定的磁盘文件等6个模块组成。火车订票系统的主要功能结构如图17.1所示。

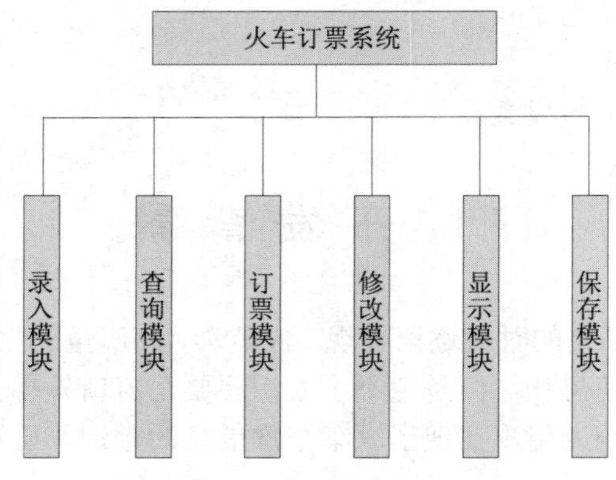

图17.1 火车订票系统功能结构

17.4 预处理模块设计

17.4.1 模块概述

火车订票系统为了提高程序的可读性，在预处理模块中做了充足的准备工作。在该模块中宏定义了频繁用到的输入输出语句中的字符串，也使用自定义结构体类型封装了火车订票过程中存在的不同类型的零散数据。预处理模块使整个程序的结构简洁清晰更容易理解。

17.4.2 模块实现

预处理模块的实现包含两个重要部分，实现过程分别如下。

（1）火车订票系统在显示火车票信息、查询火车票信息和订票等模块中频繁用到输出表头和输出表中数据的语句，因此在预处理中对输出信息作了宏定义，方便程序员编写程序，不用每次都输入过长的相同信息，也减少了出错的几率。相关代码如下：

```
#define HEADER1 " -----------------------BOOK TICKET----------------------------\n"
#define HEADER2 " |  number  |start city|reach
city|takeofftime|receivetime|price|ticketnumber|\n"
#define HEADER3 " |--------|--------|--------|--------|--------|----|--------|\n"
```

```
#define FORMAT  " |%-10s|%-10s|%-10s|%-10s |%-10s |%5d|  %5d     |\n"
#define DATA p->data.num,p->data.startcity,p->data.reachcity,
p->data.takeofftime,
p->data.receivetime,p->data.price,p->data.ticketnum
```

（2）在火车订票系统中有很多不同类型的数据信息，例如火车票的信息有火车的车次、火车的始发站、火车的票价、火车的时间等，而且订票信息还要存储订票人员的信息，如订票人的姓名、身份证号、性别等。这么多不同数据类型的信息如果在程序中逐个定义，会降低程序的可读性，扰乱编程人员的思维。因此，C 语言提供了自定义结构体解决这类问题。火车订票系统中结构体类型的自定义相关代码如下：

```
/*定义存储火车信息的结构体*/
struct train
{
    char num[10];                               /*列车号*/
    char startcity[10];                         /*出发城市*/
    char reachcity[10];                         /*目的城市*/
    char takeofftime[10];                       /*发车时间*/
    char receivetime[10];                       /*到达时间*/
    int  price;                                 /*票价*/
    int  ticketnum ;                            /*票数*/
};
/*订票人的信息*/
struct man
{
    char num[10];                               /*ID*/
    char name[10];                              /*姓名*/
    int  bookNum ;                              /*订的票数*/
};
/*定义火车信息链表的结点结构*/
typedef struct node
{
    struct train data ;                         /*声明 train 结构体类型的变量 data*/
    struct node * next ;
}Node,*Link ;
/*定义订票人链表的结点结构*/
typedef struct Man
{
    struct man data ;
    struct Man *next ;
}book,*bookLink ;
```

在以上代码中定义了 4 个结构体类型，并且又应用 typedef 声明了新的类型名 Node 为 node 结构体类型和 Link 为 node 指针类型。同样也声明了 book 为 Man 结构类型和 bookLink 为 Man 结构体的指针类型。

说明：

预处理模块中的文件包含部分在此不做介绍，详细代码请参照下载的资源包中的相关文件。

17.5 主函数设计

17.5.1 主函数概述

在C程序中执行从main函数开始，调用其他函数后流程返回到main函数，在main函数中结束整个程序的编写，main函数是系统定义的。在火车订票系统的main函数中调用menu函数实现了菜单选择功能的显示。运行效果如图17.2所示。

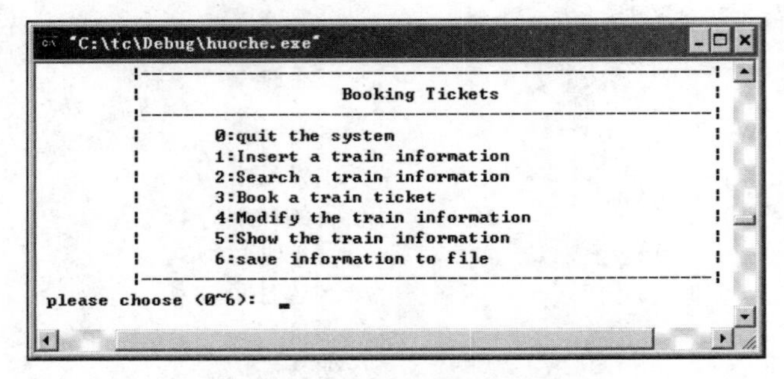

图17.2 功能选择菜单

main函数同时完成了选择菜单的选择功能，即输入菜单中的提示数字，完成相应的功能。

17.5.2 技术分析

在火车订票系统的main函数中设计比较简单，没有应用复杂的技术，但是在main函数中打开文件是为了将火车票信息和订票人信息保存到该文件中，因此需要首先判断文件中是否有内容。在该系统中应用了如下代码解决此问题。

```
fp1=fopen("f:\\train.txt","rb+");                    /*打开存储车票信息的文件*/
   if((fp1==NULL))                                   /*文件未成功打开*/
   {
      printf("can't open the file!");
      return 0 ;
   }
   while(!feof(fp1))                                 /*测试文件流是否到结尾*/
   {
      p=(Node*)malloc(sizeof(Node));                 /*为p动态开辟内存*/
      if(fread(p,sizeof(Node),1,fp1)==1)             /*从指定磁盘文件读取记录*/
      {
         p->next=NULL ;
         r->next=p ;                                 /*构造链表*/
         r=p ;

      }
   }
   fclose(fp1);                                      /*关闭文件*/
```

```
fp2=fopen("f:\\man.txt","rb+");
if((fp2==NULL))
{
    printf("can't open the file!");
    return 0 ;
}

while(!feof(fp2))
{
    t=(book*)malloc(sizeof(book));
    if(fread(t,sizeof(book),1,fp2)==1)
    {
        t->next=NULL ;
        h->next=t ;
        h=t ;

    }
}
fclose(fp2);
```

这里应用 fopen 函数以读写的方式打开一个二进制文件，如若能够成功打开文件，则测试文件流是否在结尾，即文件中是否有数据。当文件中没有任何数据则关闭文件；若文件中有数据，执行循环体中的语句，构造链表，读取该磁盘文件中的数据。上述代码中，打开并测试了两个文件，一个是保存火车票信息的 train.txt 文件，另一个是保存订票人信息的 man.txt 文件。

17.5.3　主函数实现

火车订票系统在 main 函数中主要实现了显示选择菜单的功能和完成对选择菜单的功能的调用。实现过程如下。

1. 显示选择菜单

火车订票系统的程序运行起来，首先进入到选择菜单，在这里列出了程序中的所有功能，用户可以根据需要输入想要执行的功能编号，在提示下完成操作，实现订票。在 menu 显示功能选择菜单的函数中主要使用了 puts 函数在控制台输出文字或特殊字符。当输入相应的编号时，程序会根据该编号调用相应的功能函数，具体的选择菜单列表如表 17.1 所示。

表 17.1　菜单中的数字所表示的功能

编　号	功　能
0	退出系统
1	添加火车票信息
2	查询火车票信息
3	订票模块
4	修改火车票信息
5	显示火车票信息
6	保存火车票信息和订票信息到磁盘文件

函数 menu 的实现代码如下：

```
void menu()
{
    puts("\n\n");
    puts("\t\t|------------------------------------------------|"); /*输出到终端*/
    puts("\t\t|              Booking Tickets                   |");
    puts("\t\t|------------------------------------------------|");
    puts("\t\t|      0:quit the system                         |");
    puts("\t\t|      1:Insert a train information              |");
    puts("\t\t|      2:Search a train information              |");
    puts("\t\t|      3:Book a train ticket                     |");
    puts("\t\t|      4:Modify the train information            |");
    puts("\t\t|      5:Show the train information              |");
    puts("\t\t|      6:save information to file                |");
    puts("\t\t|------------------------------------------------|");
}
```

2．调用功能函数

火车订票系统的 main 函数主要应用 switch 多分支选择结构来实现对菜单中的功能进行调用，根据输入 switch 括弧内的 sel 值不同选择相应的 case 语句来执行。实现代码如下：

```
switch(sel)                                         /*根据输入的 sel 值不同选择相应操作*/
{
    case 1 :
    Traininfo(l);break ;                            /*添加火车信息*/
    case 2 :
    searchtrain(l);break ;                          /*查询火车信息*/
    case 3 :
    Bookticket(l,k);break ;                         /*订票*/
    case 4 :
    Modify(l);break ;                               /*修改信息*/
    case 5:
    showtrain(l);break;                             /*显示火车信息*/
    case 6 :
    SaveTrainInfo(l);SaveBookInfo(k);break;         /*保存信息*/
    case 0:
    return 0;
}
```

17.6　添加模块设计

17.6.1　模块概述

输入火车票信息模块用于对火车车次、始发站、终点站、始发时间、到站时间、票价以及所剩票数等信息的录入并保存。运行效果如图 17.3 所示。

```
 please choose (0~6):  1
input the number of the train(0-return)1340
he city where the train will start:changchun
he city where the train will reach:dalian
he time which the train take off:2:09
he time which the train receive:19:56
he price of ticket:90
he number of booked tickets:703
input the number of the train(0-return)0

press any key to continue.......
```

图 17.3　输入效果图

17.6.2　技术分析

添加火车票信息模块中为了避免添加的车次重复，在该系统中采用比较函数判断车次是否已经存在，若不存在，则将插入的信息根据提示输入，插入到链表中。由于火车的车次并不像学生的学号似的有先后顺序，故不需要顺序插入。

strcmp 比较函数的作用是比较字符串 1 和字符串 2，即对两个字符串自左至右逐个字符相比，按照 ASCII 码值大小比较，直到出现相同的字符或遇到‘\0’为止。

该系统中应用如下代码解决比较问题。

```
/*判断是否已经存在*/
while(s)
{
    if(strcmp(s->data.num,num)==0)                    /*比较字符串*/
    {
        printf("the train '%s'is existing!\n",num);
        return ;
    }
    s = s->next ;                                      /*指针后移*/
}
```

如若插入的 s 所指向的车次与已存在的车次 num 进行比较等于 0，则会弹出提示字符串，该车次已存在；否则 s 后移一位。

注意：

在查询模块、订票模块、修改模块均使用了 strcmp 比较函数来对输入的信息进行检索匹配，在以下模块中不再做介绍。

17.6.3　功能实现

在火车订票系统中添加一个火车票信息，首先根据提示输入车次，并对车次进行判断是否存在，当不存在的时候才继续输入火车票的其他信息，将信息插入到链表结点中，并给全局变量 saveflag 赋值为 1，在返回到 main 函数时对全局变量判断并提示出是否保存已改变的火车票信息。实现代码如下：

```
void Traininfo(Link linkhead)
{
    struct node *p,*r,*s ;
    char num[10];
```

```
    r = linkhead ;
    s = linkhead->next ;
    while(r->next!=NULL)
    r=r->next ;
    while(1)                                                /*进入死循环*/
    {
        printf("please input the number of the train(0-return)");
        scanf("%s",num);
        if(strcmp(num,"0")==0)                              /*比较字符*/
          break ;
        /*判断是否已经存在*/
        while(s)
        {
            if(strcmp(s->data.num,num)==0)
            {
                printf("the train '%s'is existing!\n",num);
                return ;
            }
            s = s->next ;
        }
        p = (struct node*)malloc(sizeof(struct node));
        strcpy(p->data.num,num);                            /*复制车号*/
      printf("Input the city where the train will start:");
        scanf("%s",p->data.startcity);                      /*输入出发城市*/
        printf("Input the city where the train will reach:");
        scanf("%s",p->data.reachcity);                      /*输入到站城市*/
        printf("Input the time which the train take off:");
     scanf("%s",p->data.takeofftime);                       /*输入出发时间*/
        printf("Input the time which the train receive:");
     scanf("%s",&p->data.receivetime);                      /*输入到站时间*/
        printf("Input the price of ticket:");
        scanf("%d",&p->data.price);                         /*输入火车票价*/
        printf("Input the number of booked tickets:");
     scanf("%d",&p->data.ticketnum);                        /*输入预定票数*/
        p->next=NULL ;
        r->next=p ;                                         /*插入到链表中*/
        r=p ;
       saveflag = 1 ;                                       /*保存标志*/
    }
}
```

扫一扫，看视频

17.7 查询模块设计

17.7.1 模块概述

查询模块主要用于根据输入的火车车次或者城市来进行查询，了解火车票的信息。该模块中提供了两种查询方式：1 是根据火车车次查询；2 是根据城市查询。

选择 1，根据车次查询的效果如图 17.4 所示。

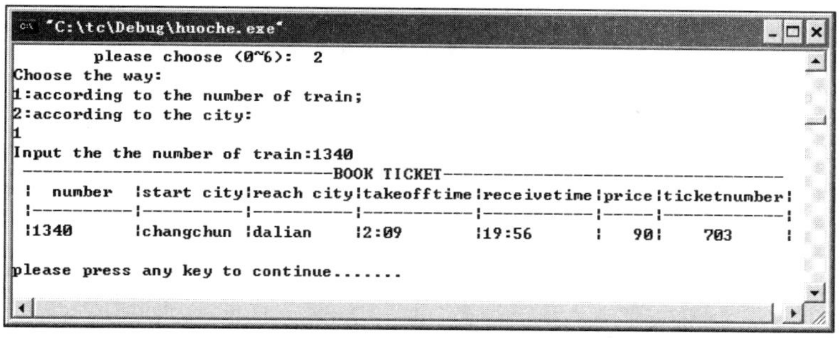

```
"C:\tc\Debug\huoche.exe"
        please choose (0~6):  2
Choose the way:
1:according to the number of train;
2:according to the city:
1
Input the the number of train:1340
 ------------------------------BOOK TICKET-----------------------------------
 |  number   |start city|reach city|takeofftime|receivetime|price|ticketnumber|
 |----------|----------|----------|-----------|-----------|-----|------------|
 |1340      |changchun |dalian    |2:09       |19:56      |  90|    703     |

please press any key to continue.......
```

图 17.4　车次查询效果图

选择 2，根据城市查询的运行效果如图 17.5 所示。

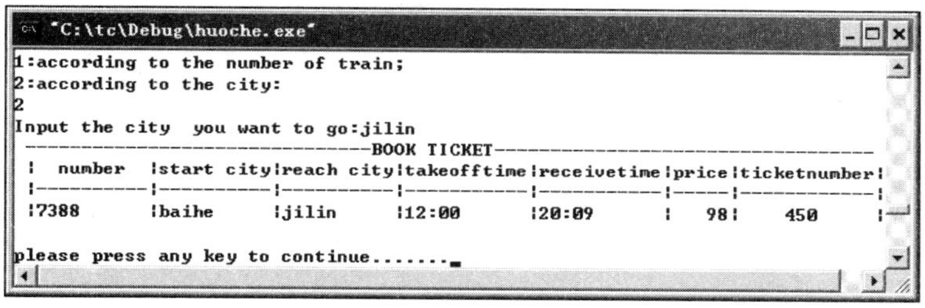

```
"C:\tc\Debug\huoche.exe"
1:according to the number of train;
2:according to the city:
2
Input the city  you want to go:jilin
 ------------------------------BOOK TICKET-----------------------------------
 |  number   |start city|reach city|takeofftime|receivetime|price|ticketnumber|
 |----------|----------|----------|-----------|-----------|-----|------------|
 |7388      |baihe     |jilin     |12:00      |20:09      |  98|    450     |

please press any key to continue.......
```

图 17.5　城市查询效果图

17.7.2　功能实现

在查询火车票信息的模块中主要根据输入的车次或者城市来进行检索，顺序查找是否存在所输入的信息，如若存在该信息，则以简洁的表格形式输出满足条件的火车票信息。实现代码如下：

```
void searchtrain(Link l)

{
    Node *s[10],*r;
    int sel,k,i=0 ;
    char str1[5],str2[10];
    if(!l->next)
    {
        printf("There is not any record !");
        return ;
    }
    printf("Choose the way:\n1:according to the number of train;\n2:according to the
city:\n");
    scanf("%d",&sel);                                    /*输入选择的序号*/
    if(sel==1)                                           /*若输入的序号等于 1，则根据车次查询*/
    {
        printf("Input the the number of train:");
```

```
    scanf("%s",str1);                              /*输入火车车次*/
    r=l->next;
  while(r!=NULL)                                   /*遍历指针 r，若为空则跳出循环*/
    if(strcmp(r->data.num,str1)==0)                /*检索是否有与输入的车号相匹配的*/
    {
       s[i]=r;
       i++;
       break;
    }
    else
       r=r->next;                                  /*没有查找到火车车次则指针 r 后移一位*/
 }
 else if(sel==2)                                   /*选择 2 则根据城市查询*/
 {
    printf("Input the city  you want to go:");
    scanf("%s",str2);                              /*输入查询的城市*/
    r=l->next;
    while(r!=NULL)                                 /*遍历指针 r*/
    if(strcmp(r->data.reachcity,str2)==0)          /*检索是否有与输入的城市相匹配的火车*/
    {
       s[i]=r;
       i++;                                        /*检索到有匹配的火车票信息，就执行 i++*/
       r=r->next;
    }
    else
       r=r->next;
 }
  if(i==0)
     printf("can not find!");
  else
  {
     printheader();                                /*输出表头*/
     for(k=0;k<i;k++)
     printdata(s[k]);                              /*输出火车信息*/
  }
}
```

扫一扫，看视频

17.8 订票模块设计

17.8.1 模块概述

订票模块用于根据用户输入的城市进行查询，在屏幕上显示满足条件的火车票，从中选择自己想要预定的车票，并根据提示输入个人信息。订票模块效果如图 17.6 所示。

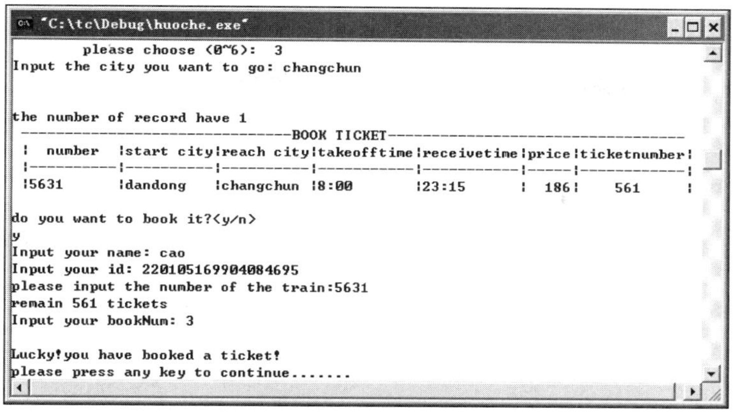

```
"C:\tc\Debug\huoche.exe"
        please choose (0~6):  3
Input the city you want to go: changchun


the number of record have 1
-------------------------------BOOK TICKET--------------------------------
 |  number   |start city|reach city|takeofftime|receivetime|price|ticketnumber|
 |----------|----------|----------|-----------|-----------|-----|------------|
 |5631      |dandong   |changchun |8:00       |23:15      |  186|     561    |

do you want to book it?<y/n>
y
Input your name: cao
Input your id: 220105169904084695
please input the number of the train:5631
remain 561 tickets
Input your bookNum: 3

Lucky!you have booked a ticket!
please press any key to continue.......
```

图 17.6　订票效果图

17.8.2　技术分析

在订票模块中没有应用比较复杂的技术，但是在该模块中当订票成功后需要对票数进行计算，因此在该模块中需要对 train 结构体类型中的 ticketnum 成员进行引用。可以用如下代码实现：

```
r[t]->data.ticketnum=r[t]->data.ticketnum-dnum;
```

在模块中定义一个 Node 类型的数组指针*r[10]，指向其成员 data，而成员 data 为 train 结构体类型的变量，因此需要引用成员的成员。

17.8.3　功能实现

当在功能选择菜单输入 3 时，进入到订票模块。在订票模块中输入要到达的城市，系统会从记录中比较查找到满足条件的火车票信息，输出到屏幕上，判断是否订票，如若订票则会提示输入个人信息。并在订票成功后将可供预定的火车票数相应减少。实现代码如下：

```
void Bookticket(Link l,bookLink k)
{
   Node *r[10],*p ;
   char ch[2],tnum[10],str[10],str1[10],str2[10];
   book *q,*h ;
   int i=0,t=0,flag=0,dnum;
   q=k ;
   while(q->next!=NULL)
   q=q->next ;
   printf("Input the city you want to go: ");
   scanf("%s",&str);                                   /*输入要到达的城市*/
   p=l->next ;                                         /*p 指向传入的参数指针 l 的下一位*/
   while(p!=NULL)                                      /*遍历指针 p*/
   {
      if(strcmp(p->data.reachcity,str)==0)             /*比较输入的城市与录入的火车终点站
                                                         是否匹配*/
      {
         r[i]=p ;                                      /*将满足条件的记录存到数组 r 中*/
```

```
            i++;
        }
        p=p->next ;
    }
    printf("\n\nthe number of record have %d\n",i);
      printheader();                                    /*输出表头*/
    for(t=0;t<i;t++)
        printdata(r[t]);                                /*循环输出数组中的火车信息*/
    if(i==0)
    printf("\nSorry!Can't find the train for you!\n");
    else
    {
        printf("\ndo you want to book it?<y/n>\n");
        scanf("%s",ch);
        if(strcmp(ch,"Y")==0||strcmp(ch,"y")==0) /*判断是否订票*/
        {
          h=(book*)malloc(sizeof(book));
            printf("Input your name: ");
            scanf("%s",&str1);                          /*输入订票人的名字信息*/
            strcpy(h->data.name,str1);                  /*与存储的信息进行比较，看是否有重复的*/
            printf("Input your id: ");
            scanf("%s",&str2);                          /*输入身份证号*/
            strcpy(h->data.num,str2);                   /*与存储信息进行比较*/
         printf("please input the number of the train:");
         scanf("%s",tnum);                              /*输入要预订的车次*/
         for(t=0;t<i;t++)
         if(strcmp(r[t]->data.num,tnum)==0)             /*比较车次，看是否存在该车次*/
         {
            if(r[t]->data.ticketnum<1)                  /*判断剩余的供订票的票数是否为0*/
            {
                printf("sorry,no ticket!");
                sleep(2);
                return;
            }
           printf("remain %d tickets\n",r[t]->data.ticketnum);
               flag=1;
            break;
         }
         if(flag==0)
         {
             printf("input error");
             sleep(2);
                   return;
         }
         printf("Input your bookNum: ");
            scanf("%d",&dnum);                          /*输入要预订的票数*/
            r[t]->data.ticketnum=r[t]->data.ticketnum-dnum;
                                                        /*订票成功则可供订的票数相应减少*/
         h->data.bookNum=dnum ;                         /*将订票数赋给订票人信息中*/
```

```
        h->next=NULL ;
      q->next=h ;
      q=h ;
        printf("\nLucky!you have booked a ticket!");
        getch();
        saveflag=1 ;
      }
   }
}
```

17.9 修改模块设计

17.9.1 模块概述

修改火车票信息模块用于对添加过的火车车票的火车车次、始发站、票价等信息进行修改。修改火车车票信息效果如图 17.7 所示。

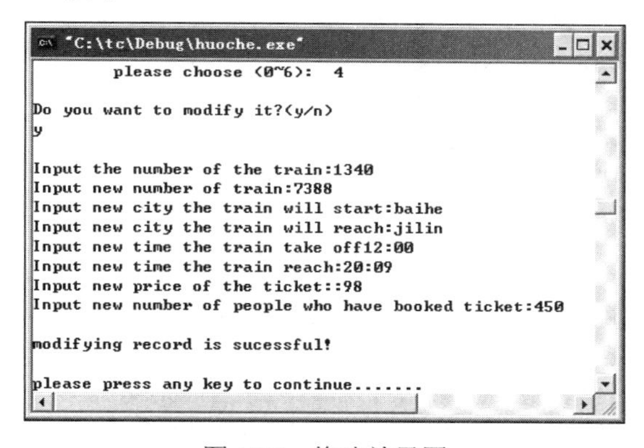

图 17.7 修改效果图

17.9.2 功能实现

修改火车票信息模块中应用了比较函数 strcmp 对输入的车次与存在的车次进行匹配，若查找到相同的车次，则根据提示依次对火车车票信息进行修改，并对全局变量 saveflag 赋值为 1，即在返回主函数时判断是否对修改的信息进行保存。修改模块的实现代码如下：

```
void Modify(Link l)
{
   Node *p ;
   char tnum[10],ch ;
   p=l->next;
   if(!p)
   {
      printf("\nthere isn't record for you to modify!\n");
      return ;
   }
```

```
    else
    {
        printf("\nDo you want to modify it?(y/n)\n");
        getchar();
        scanf("%c",&ch);                              /*输入是否想要修改的字符*/
        if(ch=='y'||ch=='Y')                          /*判断字符*/
          {
             printf("\nInput the number of the train:");
             scanf("%s",tnum);                        /*输入需要修改的车次*/
             while(p!=NULL)
             if(strcmp(p->data.num,tnum)==0)          /*查找与输入的车号相匹配的记录*/
                break;
             else
             p=p->next;
             if(p)                                    /*遍历p，如果p不指向空则执行if语句*/
             {
                printf("Input new number of train:");
                scanf("%s",&p->data.num);                    /*输入新车次*/
                printf("Input new city the train will start:");
                scanf("%s",&p->data.startcity);              /*输入新始发站*/
                printf("Input new city the train will reach:");
                scanf("%s",&p->data.reachcity);              /*输入新终点站*/
                printf("Input new time the train take off");
                scanf("%s",&p->data.takeofftime);            /*输入新出发时间*/
                printf("Input new time the train reach:");
                scanf("%s",&p->data.receivetime);            /*输入新到站时间*/
                printf("Input new price of the ticket::");
                scanf("%d",&p->data.price);                  /*输入新票价*/
                printf("Input new number of people who have booked ticket:");
                scanf("%d",&p->data.ticketnum);              /*输入新票数*/
                printf("\nmodifying record is sucessful!\n");
                saveflag=1 ;                                 /*保存标志*/
             }
             else
             printf("\tcan't find the record!");
          }
    }
}
```

扫一扫，看视频

17.10　显示模块设计

17.10.1　模块概述

显示火车信息模块主要用于对录入的火车信息和经过修改添加的火车信息进行整理输出，帮助用户查看。显示模块的运行效果如图 17.8 所示。

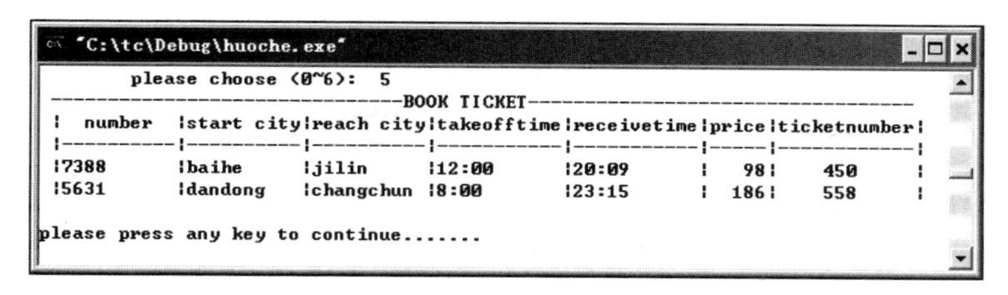

图 17.8　显示效果图

17.10.2　功能实现

显示火车车票信息模块的实现过程。

（1）调用 printheader 函数实现在屏幕上输出表头格式。

（2）对链表结点进行判断，若链表结点指向空，则说明没有火车信息记录；否则遍历 p 指针，调用 printdata 函数，输出显示表中火车的数据，如火车车次、始发站、终点站等。

显示模块的实现代码如下：

```
void showtrain(Link l)                              /*自定义函数显示列车信息*/
{
   Node *p;
   p=l->next;
   printheader();                                   /*输出列车表头*/
   if(l->next==NULL)                                /*判断有无可显示的信息*/
   printf("no records!");
   else
    while(p!=NULL)                                  /*遍历 p*/
   {
       printdata(p);                                /*输出所有火车数据*/
       p=p->next;                                   /*p 指针后移一位*/
   }
}
```

17.11　保存模块设计

扫一扫，看视频

17.11.1　模块概述

火车订票系统中需要保存的信息有两部分，一部分是录入的火车车票信息；另一部分是订票人的信息。保存模块主要用于将信息保存到指定的磁盘文件中。保存模块运行效果如图 17.9 所示。

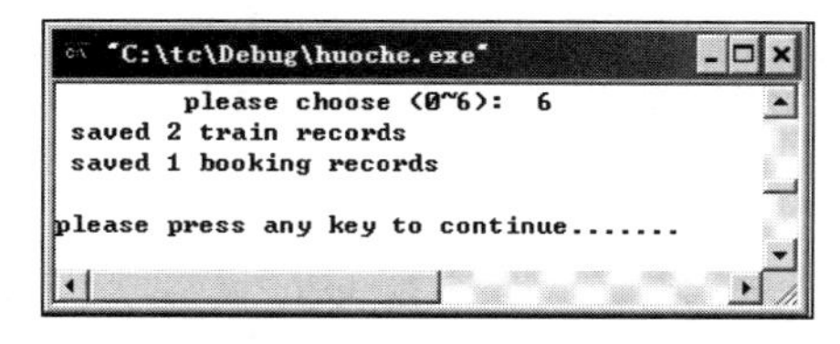

图 17.9　保存效果图

17.11.2 功能实现

保存模块主要应用文件处理来将火车信息和订票人信息保存到指定的磁盘文件中，首先要将磁盘文件以二进制写的方式打开，因为在输出数据块的操作中使用的是 fwrite 函数向磁盘文件输入数据，如果文件以二进制形式打开，fwrite 就可以读写任何类型的信息。在判断文件是否正确写入后将指针后移。保存模块的实现代码如下：

```
/*保存火车信息*/
void SaveTrainInfo(Link l)
{
   FILE*fp ;
   Node*p ;
   int count=0,flag=1 ;
   fp=fopen("f:\\train.txt","wb");                 /*打开只写的二进制文件*/
   if(fp==NULL)
   {
      printf("the file can't be opened!");
      return ;
   }
   p=l->next ;
   while(p)                                        /*遍历 p 指针*/
   {
      if(fwrite(p,sizeof(Node),1,fp)==1)           /*向磁盘文件写入数据块*/
      {
         p=p->next ;                               /*指针指向下一位*/
         count++;
      }
      else
      {
         flag=0 ;
         break ;
      }
   }
   if(flag)
   {
      printf(" saved %d train records\n",count);
      saveflag=0 ;                                 /*保存结束，保存标志清零*/
   }
   fclose(fp);                                     /*关闭文件*/
}
```

说明：

保存订票人信息同保存火车票信息代码类似，在此不做介绍，火车订票系统详细代码请参照下载的资源包中的相关文件。

17.12 开 发 总 结

在开发火车订票系统时，根据该系统的需求分析，开发人员对系统功能进行分析。明确了在该系统中，最为关键的是对指针链表的灵活应用。因此在项目程序中，采用了对链表结点的插入、链表结点的删除和链表结点中信息的修改等难点技术，使程序更加容易理解。

Visual C++开发资源库使用说明

为了更好地学习《C 语言从入门到精通（项目案例版）》，本书还赠送了 Visual C++开发资源库（需下载后使用，具体下载方法详见前言中“本书学习资源列表及获取方式”），以帮助读者快速提升编程水平。

打开下载的资源包中的 Visual C++开发资源库文件夹，双击 Visual C++开发资源库.exe 文件，即可进入 Visual C++开发资源库系统，其主界面如图 1 所示。Visual C++开发资源库内容很多，本书赠送了其中实例资源库中的“范例整合库 1”（包括 881 个完整实例的分析过程）、模块资源库中的 15 个典型模块、项目资源库中的 16 个项目开发的全过程，以及能力测试题库和面试资源库。

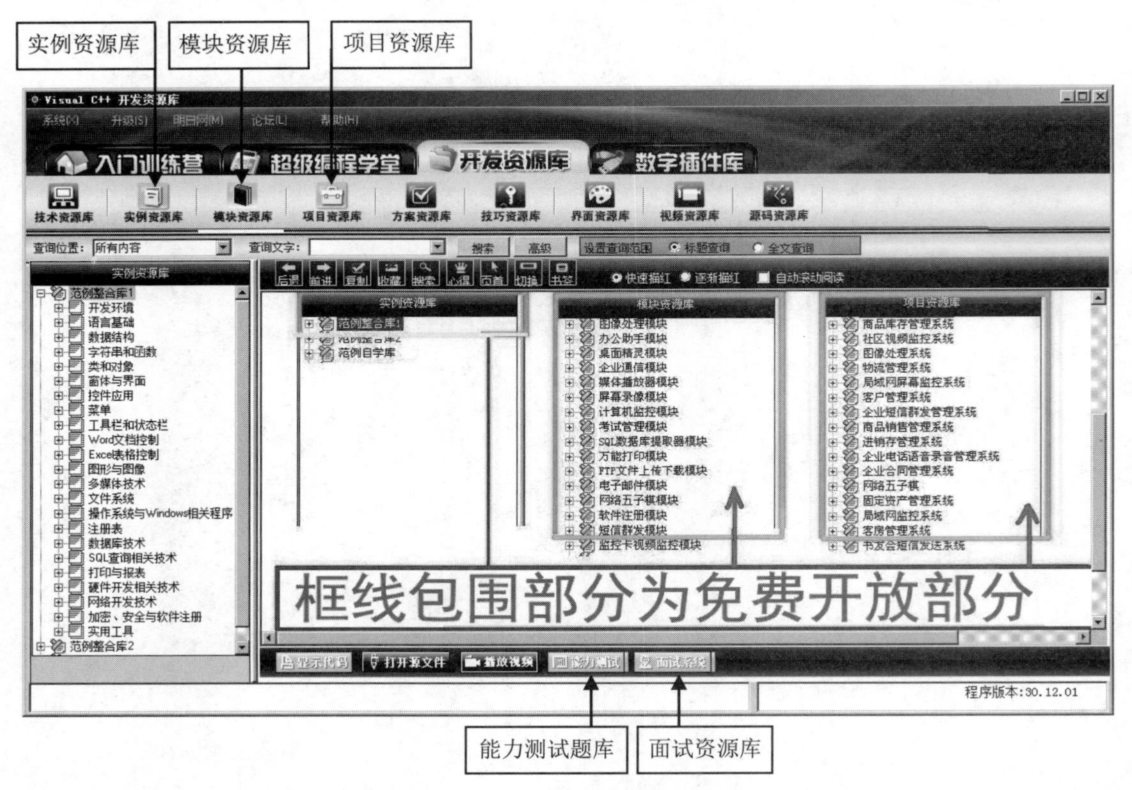

图 1　Visual C++开发资源库主界面

优秀的程序员通常都具有良好的逻辑思维能力和英语读写能力，所以在学习编程前，可以对数学及逻辑思维能力和英语基础能力进行测试，对自己的相关能力进行了解，并根据测试结果进行有针对的训练，以为后期能够顺利学好编程打好基础。本开发资源库能力测试题库部分提供了相关的测试，如图 2 所示。

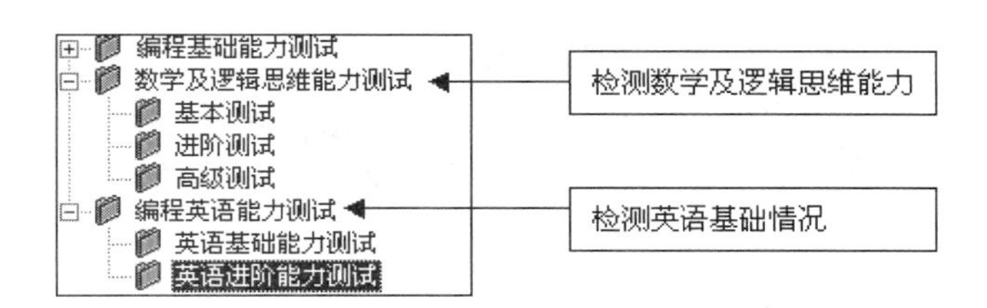

图 2　数学及逻辑思维能力测试和编程英语能力测试目录

在学习编程过程中，可以配合实例资源库，利用其中提供的大量典型实例，巩固所学编程技能，提高编程兴趣和自信心。同时，也可以配合能力测试题库的对应章节进行测试，以检测学习效果。实例资源库和编程能力测试题库目录如图 3 所示。

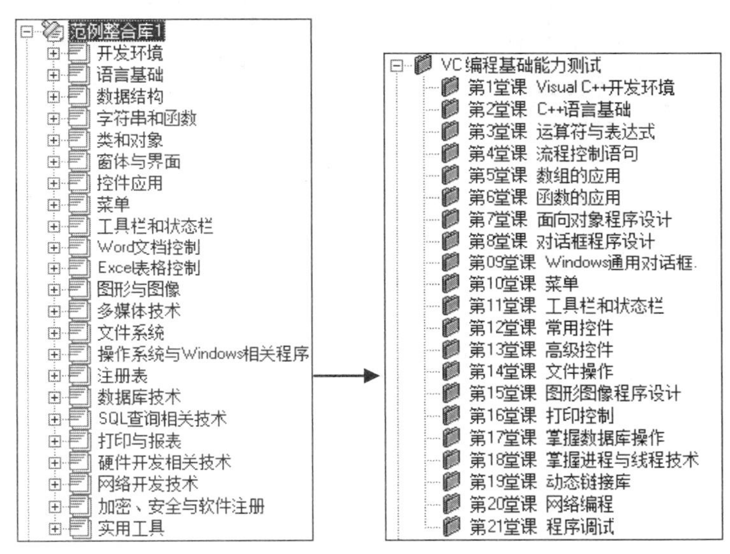

图 3　使用实例资源库和编程能力测试题库

当编程知识点学习完成后，可以配合模块资源库和项目资源库，快速掌握 16 个典型模块和 15 个项目的开发全过程，了解软件编程思想，全面提升个人综合编程技能和解决实际开发问题的能力，为成为软件开发工程师打下坚实基础。具体模块和项目目录如图 4 所示。

图 4　模块资源库和项目资源库目录

学以致用，学完以上内容后，就可以到程序开发的主战场上真正检测学习成果了。为祝您一臂之力，编程人生的面试资源库中提供了大量国内外软件企业的常见面试真题，同时还提供了程序员职业规划、程序员面试技巧、企业面试真题汇编和虚拟面试系统等精彩内容，是程序员求职面试的宝贵资料。面试资源库的具体内容如图 5 所示。

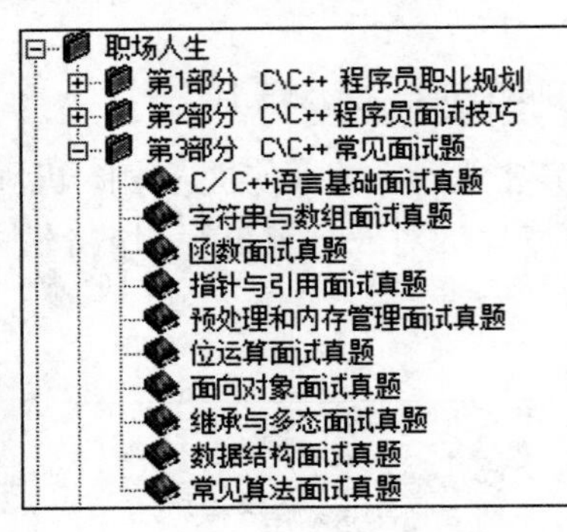

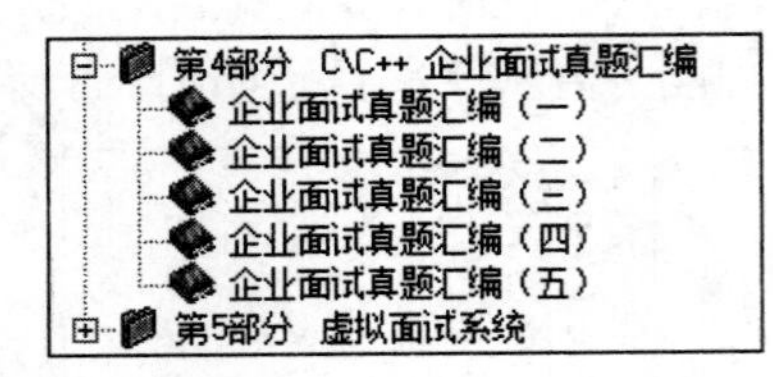

图 5　面试资源库目录

如果您在使用 Visual C++开发资源库时遇到问题，可查看前言中“本书学习资源列表及获取方式”，与我们联系，我们将竭诚为您服务。

150学时在线课程界面展示

专注编程

专业用户，专注编程
提高能力，经验分享

不断学习、成长自己
授人以渔、助人成长

150学时在线课程资源展示及获取方式

体系课程　实战课程

C++入门第一季　主讲：大米粥　课时：20小时9分11秒　开始学习

C#入门第一季　课时：20小时18分40秒　开始学习

Java入门第一季　主讲：根号申　课时：10小时9分15秒　开始学习

体系课程　实战课程　　难 - 中 - 易

实例　　更多>>

猴子吃桃　C++ | 实例　免费　5分24秒　32人学习

判断三角形类型　C++ | 实例　免费　13分51秒　26人学习

计算顾客优惠后的金额　C++ | 实例　免费　17分49秒　15人学习

项目　　更多>>

快乐吃豆子游戏　C++ | 项目　免费　2小时15分55秒　17人学习

桌面破坏王游戏　C++ | 项目　免费　3小时17分9秒　10人学习

坦克动荡游戏　C++ | 项目　免费　3显示21分10秒　21人学习

150 学时在线课程激活方法

150学时在线课程，包括“体系课程”和“实战课程”，其中“体系课程”主要介绍软件各知识点的使用方法，“实战课程”介绍具体项目案例的设计和实现过程，并传达一种软件设计思想和思维方法。

课程激活方法如下：

1、首先登录明日学院网站 http://www.mingrisoft.com/。

2、单击网页右上角的“注册”按钮，按要求注册为网站会员（此时的会员为普通会员，只能观看网站中标注为“免费”字样的视频）。

3、鼠标指向网页右上角的用户名，在展开的列表中选择“我的VIP”选项，如下图所示。

我的课程 |
个人主页
我的VIP
我的笔记
我的荣誉
我的消息
学分9
退出

扫描下面的二维码，可直接进入注册界面，用手机进行注册，在线课程的激活方法与网站激活方法一样，不再赘述。激活后即可用手机随时随地进行学习了。读者也可以下载明日学院 app 进行学习，APP 主界面和观看效果如下图所示。

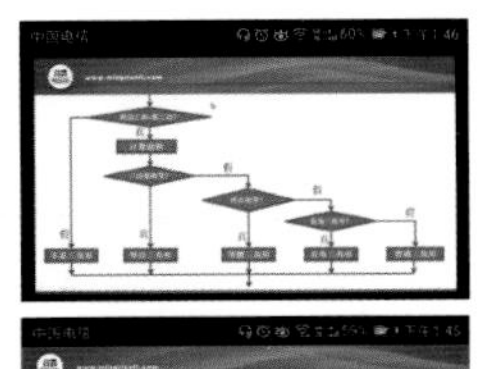

阿姆斯特朗数

你的未来你做主

4、此时刮开封底的涂层，在下图所示的“使用会员验证”文本框中输入学习码，单击“立即使用”按钮，即可获取本书赠送的为期一年的 150 学时在线课程。

有会员验证码的用户可在此处激活

使用会员验证　请输入会员验证码　立即使用

5、激活后的提示如下图所示。注意：用户需在激活后一年内学完所有课程，否则此学习码将作废。另外，此学习码只能激活一次，一年内可无限次使用，另外注册的账号将不能使用此学习码再次激活。

会员记录

类型	数量	开始时间	结束时间	备注
V1会员	1年	2017-10-13	2018-10-13	使用优惠码